JN269141

演習 群・環・体 入門

新妻 弘／著

共立出版株式会社

まえがき

1. 本書は「群・環・体入門」(新妻 弘, 木村哲三) の中にある問と節末の演習問題に解答を与えたものである．したがって，この本を利用されるときは，つねに上記の原テキストを参照することが望ましい．

2. 章の構成は原テキストに従い，各節のはじめに，定義と定理，そして問題の説明に必要と思われる最小限の例題をあげ，ついで節を追って問題を再録し，その解答を与えた．定義と定理にある程度慣れている読者は，本書だけで独立に演習書として使うことができる．

3. 定義，定理，例題の番号は原テキストと全く同じ番号を用いているので，読者が定理の証明等を参照したい場合は，原テキストにおいて同じ定理の番号のところをただちに探すことができる．ただいくつかの問題の解答や説明の中で，本書に載せていない原テキストの例を引用している場合には，例 3.5* のように 例 3.5 に * をつけて表している．このときには，例 3.5 は本書には載っていないが，原テキストの例 3.5 を参照すればよい．

4. 問と演習問題の違いについて．問は原テキストにおいて，定義や定理等で述べられた概念について理解しやすくするため，また後で必要になるので確認しておいたほうが良いことがらなどを問にした．したがって，比較的簡単なものが多い．演習問題のほうは，問の問題とは違って，いくつかの定理を組み合わせたり，1つの定理の応用であっても，よく考えないと解けない問題もある．そして，こちらのほうの問題は面白みも感じられるし，さらに進んだ体系を学ぶときに役に立つ．

5. 数学を学ぶときの注意すべき重要なことの1つは，数学は体系的に構成されているということである．そして，この演習書もなるべく読者が体系的に理解できるように考えられている．したがって，ある命題の証明を述べるときには，その根拠がどこにあるのか，定義であるのか，定理であるのか，定理のような場合には例えば定理 3.4 のように番号をはっきりさせる必要がある．またその根拠が定理でない場合にはこの本のどこに書いてあるかとか，どこにも書かれていない場合には，その根拠を自分で考えて説明しなければならない．そういうことを，きちんとできるようになってもらうこともこの演習書の目的の1つである．

6. 本書は原テキストもそうであるが，数学を学ぶ初心者を対象にしている．したがって，その演習書である本書はいたずらにエレガントな解答を求めるのではなく，初心者が定義に従い定理を用いて考えれば，必ず理解できることを念頭におい

て執筆されている．その1つの例として，証明，説明において数学の本によくある，「明らかである」という言葉はできるだけ避け，かわりにその根拠をあげるか説明するようにしたつもりである．

　最後に，本書の編集を担当していただいておりました共立出版（株）の古川昭政氏が仕事半ばにして急逝されました．ここにご冥福をお祈り申し上げるとともに，後を引き継いでくれました飯島博之氏に深く感謝します．

2000年1月

著　者

記 号 表

全般

$A \cup B : A$ と B の和集合, $A \cap B : A$ と B の共通集合

$a \leqq b$ のかわりに,$a \leq b$ を用いている.

$A \subset B$ は,等しい場合も含めることにして,含めない場合はとくに $A \subsetneq B$ を使用することにした.

$|A|$：集合 A の濃度

$\forall x \in G : G$ に属する任意の元 x

$\exists x \in G : G$ に属するある元 x が存在する

$\mathbb{N}$：自然数, $\mathbb{Z}$：整数, $\mathbb{R}$：実数, $\mathbb{C}$：複素数

$\mathbb{R}^* = \mathbb{R} - \{0\}$, $\mathbb{R}^+ = \{x \in \mathbb{R} \mid x > 0\}$

第 1 章 整数

p.2, $a \mid b : a$ は b の約数,b は a で割り切れる

p.2, $(a_1, a_2, \cdots, a_n) : a_1, a_2, \cdots, a_n$ の最大公約数

p.2, $(a, b) = 1 : a$ と b は互いに素

p.2, $[a_1, a_2, \cdots, a_n] : a_1, a_2, \cdots, a_n$ の最小公倍数

p.13, $[x]$：ガウスの記号

p.15, $a \equiv b \pmod{n} : a$ と b は n を法として合同

p.16, $\bar{a} = C_a = \{x \in \mathbb{Z} \mid x \equiv a \pmod{n}\} : n$ を法とする a の剰余類

p.16, $\mathbb{Z}_n = \{C_a \mid a \in \mathbb{Z}\} : n$ を法とする剰余類全体の集合

p.16, $U(\mathbb{Z}_n)$：既約剰余類

p.30, $\varphi(n)$：オイラーの関数, $\mu(n)$：メビウスの関数

第 2 章 群

p.38, $M_{m,n}(\mathbb{C}) : \mathbb{C}$ を成分とする (m, n) 型行列の全体

p.38, $GL_n(\mathbb{C}) : n$ 次一般線形群, $SL_n(\mathbb{C}) : n$ 次特殊線形群

p.39, $S_3 : 3$ 次の対称群,$D_3 : 3$ 次の 2 面体群,$D_4 : 4$ 次の 2 面体群

p.41, V_4：クラインの 4 元群

p.42, $\mathbb{Q}[\sqrt{2}] = \{a + b\sqrt{2} \mid a, b \in \mathbb{Q}\}$

p.58, $H \leq G : H$ は G の部分群

p.59, $xH = \{xh \mid h \in H\}$, $Hx = \{hx \mid h \in H\}$

p.62, $G_{(k)} = \{x \in G \mid x^k = e\}$, $G^{(k)} = \{x^k \in G \mid x \in G\}$

p.63, $HK = \{hk \mid h \in H, k \in K\}$

p.64, $C_G(S) = \{a \in G \mid as = sa, \forall s \in S\}$：群 G における S の中心化群

p.64, $Z(G) = C_G(G)$：群 G の中心

p.66, $N_G(S) = \{a \in G \mid aS = Sa\}$：群 G における S の正規化群

p.66, A_3：3 次の交代群

p.68, $|G|$：群 G の位数，$|a|$：元 a の位数

p.68, $<a> = \{a^n \mid n \in \mathbb{Z}\}$：$a$ によって生成された群 G の巡回部分群

p.68, $<S>$：S によって生成された G の部分群

p.75, A_n：n 次の交代群

p.80, $a \equiv b \pmod{H}$：a と b は部分群 H を法として合同

p.80, $|G : H|$：群 G における部分群 H の指数

p.81, $X, Y \subset G$ のとき，$XY = \{xy \mid x \in X, y \in Y\}$, $\quad X^{-1} = \{x^{-1} \mid x \in X\}$

p.87, $a, b \in G$ のとき，$a \sim b$：a と b は共役

p.93, $H \trianglelefteq G$：H は G の正規部分群

p.93, G/H：剰余群

p.99, $D(G)$：交換子群

p.101, $G \simeq G'$：G と G' は同型

p.101, $\pi : G \longrightarrow G/H$：群の自然な準同型写像

p.102, $\{a \mid a \in G, \ f(a) = e'\}$：準同型写像 f の核

p.103, $A(G)$：G の自己同型群

p.122, $G_1 \times G_2$：群の直積，$\quad G_1 \dot\times G_2$：群の内部直積

第 3 章　環と体

p.135, $M_n(K)$：n 次正方行列の全体のつくる全行列環

p.136, $U(R)$：環 R の可逆元の全体，$\quad R^* = R - \{0\}$

p.140, $\mathbb{Z}[i]$：ガウスの整数環

p.142, $R \times R'$：環の直積

p.148, $\mathrm{End}(M)$：加法群 M の自己準同型環

p.150, R/I：剰余環

p.151, $(a_1, a_2, \cdots, a_n)$：$a_1, a_2, \cdots, a_n$ によって生成された R のイデアル

p.151, $I_1 + I_2 = \{a_1 + a_2 \mid a_1 \in I_1, a_2 \in I_2\}$：イデアルの和

p.151, $I_1 I_2 = \{a_1 b_1 + \cdots + a_n b_n \mid a_i \in I_1, b_i \in I_2, n \in \mathbb{N}\}$：イデアルの積

p.152, $U(\mathbb{Z}_n)$：既約剰余群

p.152, $N(R) = \{a \in R \mid \exists n \in \mathbb{N}, \ a^n = 0\}$：環 R の根基

p.162, $\sqrt{I} = \{a \in R \mid \exists n \in \mathbb{N}, a^n \in I\}$：イデアル I の根基

p.169, $R \simeq R'$：環の同型

p.169, $\pi : R \longrightarrow R/I$：環の自然な準同型写像

p.169, $\{x \mid x \in R, \ f(x) = 0\}$：環の準同型写像 f の核

p.187, $\deg f(X)$：多項式 $f(X)$ の次数

p.187, $R[X]$, $R[X,Y]$, $R[X_1,\cdots,X_n]$：多項式環

p.187, $K(X_1,\cdots,X_n)$：有理関数体

p.188, $(f(X),g(X))=1$：互いに素

p.203, $a \sim b$：同伴

p.215, $N(\alpha)$：ノルム, $T(\alpha)$：トレース

p.221, $\mathbb{F}_p \simeq \mathbb{Z}_p$：標数 p の素体, $\mathbb{F}_q$：元の個数が $q=p^n$ の有限体

p.221, $[K:F]$：体 F 上のベクトル空間 K の次元

p.221, $K(\alpha_1,\alpha_2,\cdots,\alpha_n)$：体 K と元 $\alpha_1,\alpha_2,\cdots,\alpha_n$ を含む最小の部分体

目　　次

第1章　整　数

§1　基本的な性質

　　定義と定理のまとめ *1*
　　問題と解答 *3*
　　§1 演習問題 *10*

§2　合同式

　　定義と定理のまとめ *15*
　　問題と解答 *16*
　　§2 演習問題 *23*

§3　オイラーの関数, メビュースの関数（定理）

　　定義と定理のまとめ *30*
　　問題と解答 *31*
　　§3 演習問題 *32*

第2章　群

§1　群の定義と群の例

　　定義と定理のまとめ *37*
　　問題と解答 *41*
　　§1 演習問題 *45*

§2　部分群, 一般結合法則

　　定義と定理のまとめ *58*
　　問題と解答 *59*
　　§2 演習問題 *61*

- §3 巡回群, 群の位数, 元の位数
  - 定義と定理のまとめ *68*
  - 問題と解答 *69*
  - §3 演習問題 *75*
- §4 部分群による類別
  - 定義と定理のまとめ *80*
  - 問題と解答 *81*
  - §4 演習問題 *85*
- §5 正規部分群, 剰余群
  - 定義と定理のまとめ *93*
  - 問題と解答 *94*
  - §5 演習問題 *96*
- §6 準同型写像, 準同型定理
  - 定義と定理のまとめ *101*
  - 問題と解答 *102*
  - §6 演習問題 *111*
- §7 直積
  - 定義と定理のまとめ *122*
  - 問題と解答 *123*
  - §7 演習問題 *128*

第3章 環 と 体

- §1 環
  - 定義と定理のまとめ *133*
  - 問題と解答 *135*
  - §1 演習問題 *137*

§2　環のイデアル, 剰余環, 有理整数環 $\mathbb{Z}$

　　　定義と定理のまとめ *150*
　　　問題と解答 *152*
　　　§2 演習問題 *158*

§3　環の準同型写像, 準同型定理

　　　定義と定理のまとめ *169*
　　　問題と解答 *170*
　　　§3 演習問題 *172*

§4　多項式環

　　　定義と定理のまとめ *187*
　　　問題と解答 *189*
　　　§4 演習問題 *191*

§5　商体, 一意分解整域

　　　定義と定理のまとめ *203*
　　　問題と解答 *205*
　　　§5 演習問題 *214*

§6　有限体

　　　定義と定理のまとめ *221*
　　　問題と解答 *223*
　　　§6 演習問題 *226*

あとがき *238*
参考文献 *239*
索　　引 *240*

第1章 整　　　数

§1 基本的な性質

定義と定理のまとめ

　整数全体 $\mathbb{Z}$ の元に対しては，足し算 (加法) と掛け算 (乗法) という 2 種類の演算が定義されている．そして，この加法と乗法は以下に示す基本的性質をもつ．

　I. a, b, c を $\mathbb{Z}$ の元とすれば，$(a+b)+c = a+(b+c)$ である．
　II. a, b を $\mathbb{Z}$ の元とすれば，$a+b = b+a$ である．
　III. $\mathbb{Z}$ の任意の元 a に対して，$0+a = a+0 = a$ である．
　IV. $\mathbb{Z}$ の任意の元 a に対して，$x+a = a+x = 0$ を満たす $\mathbb{Z}$ の元 x が存在する．
　V. a, b, c を $\mathbb{Z}$ の元とすれば，$(ab) \cdot c = a \cdot (bc)$ である．
　VI. a, b を $\mathbb{Z}$ の元とすれば，$ab = ba$ である．
　VII. $\mathbb{Z}$ の任意の元 a に対して，$1 \cdot a = a \cdot 1 = a$ である．
　VIII. a, b, c を $\mathbb{Z}$ の元とすれば，$(a+b) \cdot c = ac + bc$ が成り立つ．
　IX. a, b を $\mathbb{Z}$ の元とするとき，$ab = 0$ ならば $a = 0$ または $b = 0$ である．
　X. a, b を $\mathbb{Z}$ の元とするとき，(i) $a > b$, (ii) $a = b$, (i) $a < b$ のどれか 1 つだけが成り立つ．

　I, II, III, IV は加法に関する性質であり，性質 IV がその存在を保証している x は通常 $-a$ と書かれるものである．また，$b+(-a)$ を $b-a$ と書き，b から a を引いたものということなどよく知られている．性質 V, VI, VII は乗法に関する性質，性質 VIII と IX は加法と乗法との両方に関係する性質であり，通常分配律と呼ばれている．また，X に現れる $a < b$ あるいは $a > b$ の意味は明確であろう．

　これらの基本的な性質をもとに整数を再構成する．

定理 1.1 a, b, c を $\mathbb{Z}$ の元とする．このとき，$a+b = a+c$ ならば $b = c$ である．

定理 1.2 $\mathbb{Z}$ の任意の元 a について，$0 \cdot a = a \cdot 0 = 0$ が成り立つ．

定理 1.3 a, b を $\mathbb{Z}$ の元とする．そのとき，次の (1) 〜 (4) が成り立つ．
　(1) $-(-a) = a$,　　　　(3) $(-a) \cdot b = -(a \cdot b)$,
　(2) $-(a+b) = (-a)+(-b)$,　(4) $(-a)(-b) = a \cdot b$.

定理 1.4 a,b,c を $\mathbb{Z}$ の元とする．もし，$a \neq 0$ であり，$ab = ac$ であるならば $b = c$ である．

定義 1.1 整数 a,b $(b \neq 0)$ についてある整数 q が存在して $a = qb$ とする．このとき a は b で**整除される**，あるいは**割り切れる**という．また，b は a の**約数**，あるいは a は b の**倍数**であるという．このことを記号で，$b \mid a$ と表す．

定義 1.2 $d \mid a_i$ $(i = 1, \cdots, n)$ のとき，d は $a_1, \cdots, a_n$ の**公約数**であるという．公約数のうち最大のものを**最大公約数**といい，$(a_1, \cdots, a_n)$ で表す．$(a,b) = 1$ のとき，a と b は**互いに素**であるという．

定義 1.3 $a_i \mid \ell$ $(i = 1, \cdots, n)$ のとき，ℓ は $a_1, \cdots, a_n$ の**公倍数**であるという．公倍数のうち最小の自然数を**最小公倍数**といい，$[a_1, \cdots, a_n]$ で表す．

定理 1.5 (除法の定理) a,b を整数で，$b > 0$ とすると，
$$a = qb + r, \quad 0 \leq r < b$$
を満足する整数 q, r が存在する．しかも，q, r は a, b により一意的に定まる．

定理 1.6 整数 a, b, q, r について $a = qb + r$ ならば，a と b の最大公約数は b と r の最大公約数に等しい．すなわち，$(a,b) = (b,r)$．

定理 1.7 2つの整数 a, b の最大公約数を d とすれば，$d = ax + by$ を満足する整数 x, y が存在する．すなわち，
$$(a,b) = d \Longrightarrow \exists x, y \in \mathbb{Z}, \ ax + by = d.$$

定理 1.8 n 個の整数 $a_1, a_2, \cdots, a_n$ の最大公約数を d とするとき，次のことが成り立つ．
(1) $(a_1, a_2, \cdots, a_n) = ((a_1, a_2, \cdots, a_{n-1}), a_n)$．
(2) $d = a_1 x_1 + a_2 x_2 + \cdots + a_n x_n$ を満足する整数 $x_1, \cdots, x_n$ が存在する．

定理 1.9 整数 $a_1, a_2, \cdots, a_n$ の最大公約数を d とする．d' が $a_1, \cdots, a_n$ の公約数であれば，d' は d の約数である．すなわち，
$$(a_1, \cdots, a_n) = d, \ d' \mid a_1, \cdots, d' \mid a_n \Longrightarrow d' \mid d.$$

定理 1.10 a, b, c を整数とする．a と b が互いに素で，積 bc が a で割り切れるならば c は a で割り切れる．すなわち，
$$a \mid bc, \ (a,b) = 1 \Longrightarrow a \mid c.$$

定理 1.11 整数 $a_1, \cdots, a_n$ の最大公約数を d とする．このとき不定方程式
$$a_1 x_1 + a_2 x_2 + \cdots + a_n x_n = b$$
を満たす整数 $x_1, \cdots, x_n$ が存在するための必要十分条件は，b が d で割り切れることである．

定義 1.4 $1 < p$ である整数 p が，$1 < a < p$ である約数 a をもたないとき，p を**素数**という．1 でもなく，素数でもない正の整数を**合成数**という．

素数 p の約数は 1 と p だけである．また，n が合成数であるための必要十分条件は，ある整数 s, t $(1 < s, t < n)$ が存在して，$n = st$ となることである．

定理 1.12 (素因数分解の一意性) 1 と異なる自然数は 有限個の素数の積に分解される．また，その結果は因数の順序を除いて唯 1 通りである．

問題と解答

問 1.1 $a \mid b$ かつ $b \mid a$ ならば，$a = b$ または $a = -b$ であることを示せ．

(証明) 仮定 $a \mid b$ より ある整数 c があって，$b = ac$ と表され，また仮定 $b \mid a$ より ある整数 c' があって $a = bc'$ と表される．ゆえに，$a = bc' = acc'$．したがって，$a(1 - cc') = 0$．ここで，$a \neq 0$ だから $1 - cc' = 0$．すなわち，$cc' = 1$ である．c と c' は整数であるから，$c = c' = 1$ または $c = c' = -1$．前者の場合 $a = b$，後者の場合 $a = -b$ である．

問 1.2 $ac \mid bc$ ならば，$a \mid b$ であることを示せ．

(証明) 仮定 $ac \mid bc$ より，ある整数 d があって $bc = acd$ と表される．ゆえに，$c(b - ad) = 0$．ここで，$c \neq 0$ であるから，$b = ad$．すなわち，$a \mid b$ である．

問 1.3 $a \mid b$ かつ $b \mid c$ ならば，$a \mid c$ であることを示せ．

(証明) $a \mid b$ と $b \mid c$ より $b = aa'$, $c = bb'$ $(a', b' \in \mathbb{Z})$ と表される．第 1 式を第 2 式に代入すると，$c = aa'b'$ である．ここで，$a'b' \in \mathbb{Z}$ であるから，$a \mid c$ を得る．

問 1.4 正の整数 a, b について，$(a, b) = a$ は何を意味しているか．

(解答) $(a, b) = a$ とすると，a は a と b の最大公約数であるから，$a \mid b$ である．逆に，$a \mid b$ とすると，a は a と b の公約数である．一方，d を a と b の任意の公約数とすると，$d \leq a$ であるから，a は a と b の最大公約数である．ゆえに，$(a, b) = a$．以上によって，$(a, b) = a$ は a が b の約数であることと同値である．

問 1.5 正の整数 a, b について，$[a, b] = a$ は何を意味しているか．

(解答) $[a, b] = a$ とすると，a は a と b の最小公倍数であるから，$b \mid a$ である．逆に，$b \mid a$ とすると，a は a と b の公倍数である．一方，ℓ を a と b の任意の正の公倍数とすると，$a \leq \ell$ であるから，a は a と b の最小公倍数である．ゆえに，$[a, b] = a$. 以上によって，$[a, b] = a$ は b が a の倍数であることと同値である．

問 1.6 正の整数 a, b について，$(a, b) = [a, b]$ ならば $a = b$ であることを示せ．

(証明) $d = (a, b) = [a, b]$ とおく．$d = (a, b)$ より d は a と b の約数であるから $d \mid a, d \mid b$ である．また，$d = [a, b]$ より d は a と b の倍数であるから $a \mid d, b \mid d$ である．ゆえに，$d \mid a, a \mid d$ より $a = d$ であり，$d \mid b, b \mid d$ より $b = d$ (問 1.1). したがって，$a = d = b$ であるから，$a = b$ を得る．

問 1.7 b を正の整数とするとき，$[a_1 b, a_2 b, a_3 b] = [a_1, a_2, a_3] b$ であることを示せ．

(証明) $[a_1, a_2, a_3] = \ell$ とおき，$[a_1 b, a_2 b, a_3 b] = \ell b$ を示す．

(1) ℓb は $a_1 b, a_2 b, a_3 b$ の倍数であること：$\ell = a_1 a_1' = a_2 a_2' = a_3 a_3'$ ($\exists a_1', a_2', a_3' \in \mathbb{Z}$) と表されるから，
$$\ell b = a_1 a_1' b = (a_1 b) a_1', \quad \ell b = a_2 a_2' b = (a_2 b) a_2', \quad \ell b = a_3 a_3' b = (a_3 b) a_3'.$$
ゆえに，$a_1 b \mid \ell b, \ a_2 b \mid \ell b, \ a_3 b \mid \ell b$.

(2) ℓb が最小であること：すなわち，ℓ' を $a_1 b, a_2 b, a_3 b$ の正の公倍数として，$\ell b \leq \ell'$ を示せばよい．ℓ' は $\ell' = a_1 b c_1 = a_2 b c_2 = a_3 b c_3$ ($\exists c_1, c_2, c_3 \in \mathbb{Z}$) と表される．このとき，
$$\ell'/b = a_1 c_1 = a_2 c_2 = a_3 c_3 \in \mathbb{Z}.$$
ゆえに，整数 ℓ'/b は a_1, a_2, a_3 の公倍数である．ところが今，a_1, a_2, a_3 の最小公倍数は ℓ であるから $\ell \leq \ell'/b$. すなわち，$\ell b \leq \ell'$ が示された．

問 1.8 整数 $a_1, a_2, \cdots, a_n$ の最小公倍数を ℓ とする．このとき，$a_1, a_2, \cdots, a_n$ の任意の公倍数 m は最小公倍数 ℓ の倍数であることを示せ．

(証明) m を ℓ で割ると，$\exists q, r \in \mathbb{Z}, \ m = q\ell + r \ (0 \leq r < \ell)$ と表される (定理 1.5). このとき，$r = m - q\ell$ である．各 i について，$a_i \mid m, a_i \mid \ell$ であるから $a_i \mid r$. すなわち，r は $a_1, a_2, \cdots, a_n$ の公倍数である．r が 0 でないとすると，定義により ℓ は $a_1, a_2, \cdots, a_n$ の最小公倍数であるから $\ell \leq r$ となり矛盾である．よって，$r = 0$ でなければならない．ゆえに，$m = q\ell$ が得られる．

問 1.9 次の最大公約数を求めよ．
(1) $(3962, 1859)$ (2) $(3126, 1386)$

(解答) (1)　$3962 = 1859 \times 2 + 244$　　(2)　$3126 = 1386 \times 2 + 354$
$1859 = 244 \times 7 + 151$　　　　　$1386 = 354 \times 3 + 324$
$244 = 151 \times 1 + 93$　　　　　　$354 = 324 + 30$
$151 = 93 + 58$　　　　　　　　　$324 = 30 \times 10 + 24$
$93 = 58 + 35$　　　　　　　　　$30 = 24 + 6$
$58 = 35 + 23$　　　　　　　　　$24 = 6 \cdot 4.$
$35 = 23 + 12$　　　　　ユークリッドの互除法より
$23 = 12 + 11$　　　　(1)　$(3962, 1859) = 1.$
$12 = 11 + 1$　　　　　(2)　$(3126, 1386) = 6.$
$11 = 11 + 0.$

問 1.10 36 と 52 の最大公約数 d を求めて，$d = 36x + 52y$ となる整数 x, y を求めよ．

(解答) 簡単のため，$a = 52, b = 36$ とおく．
$$52 = 1 \cdot 36 + 16 \implies 16 = 52 - 1 \cdot 36 = a - b,$$
$$36 = 2 \cdot 16 + 4 \implies 4 = 36 - 2 \cdot 16 = b - 2 \cdot 16,$$
$$16 = 4 \cdot 4.$$
これらを使えば，$d = (52, 36) = (36, 16) = (16, 4) = 4.$ さらに，
$$4 = b - 2 \cdot 16 = b - 2 \cdot (a - b) = b - 2a + 2b = 3b - 2a = 36 \cdot 3 + 52 \cdot (-2).$$

問 1.11 a と b の最大公約数を d とするとき，次を示せ．
$a \mid c, \ b \mid c \implies ab \mid cd.$

(証明) 定理 1.7 より $ax + by = d \ (\exists x, y \in \mathbb{Z})$ と表される．両辺に c をかけると
$$acx + bcy = cd.$$
ここで，$b \mid c$ より $ab \mid ac$ であり，また $a \mid c$ より $ab \mid bc$ である．したがって，左辺は ab で割り切れるので，右辺 cd も ab で割り切れる．

問 1.12 b を正の整数とするとき，$(a_1 b, a_2 b, \cdots, a_n b) = (a_1, \cdots, a_n) b$ であることを示せ．

(証明) $d = (a_1, \cdots, a_n)$ として，$(a_1 b, \cdots, a_n b) = bd$ であることを示す．
(1) bd が $a_1 b, \cdots, a_n b$ の公約数であること: d は $a_1, \cdots, a_n$ の公約数であるから，各 i について，$a_i = d a_i' \ (\exists a_i' \in \mathbb{Z})$. ゆえに，$a_i b = d a_i' b = a_i' b d.$ すなわち，$bd \mid a_i b$ である．
(2) bd が公約数の中で最大であること: k を $a_1 b, \cdots, a_n b$ の公約数とする．$d = (a_1, \cdots, a_n)$ だから，定理 1.8(2) より次の式が成り立つ．
$$\exists x_1, \cdots, x_n \in \mathbb{Z}, \ a_1 x_1 + \cdots a_n x_n = d.$$

b をかけると, $a_1bx_1 + \cdots + a_nbx_n = bd$. ここで, $k \mid a_ib$ $(i = 1, \cdots, n)$ であるから, $k \mid bd$ である. よって, $k \leq bd$ を得る.

問 1.13 $[a_1, a_2, \cdots, a_n] = [[a_1, \cdots, a_{n-1}], a_n]$ を示せ.

(証明) n についての帰納法によって示す.
(1) $n = 3$ のとき: $[a_1, a_2, a_3] = \ell, [a_1, a_2] = \ell_1, [\ell_1, a_3] = \ell'$ とおき, $\ell = \ell'$ を示す.
(i) $\ell \leq \ell'$ であること: ℓ' は ℓ_1 と a_3 の公倍数であるから, $a_1 \mid \ell', a_2 \mid \ell', a_3 \mid \ell'$. 一方, ℓ は a_1, a_2, a_3 の最小公倍数だから, $\ell \leq \ell'$.
(ii) $\ell' \leq \ell$ であること: このためには $\ell_1 \mid \ell$ と $a_3 \mid \ell$ を示せば, ℓ_1 と a_3 の最小公倍数は ℓ' であるから $\ell' \leq \ell$ が得られる.

定義より $a_3 \mid \ell$ であるから, $\ell_1 \mid \ell$ を確かめればよい. ℓ は a_1, a_2, a_3 の最小公倍数だから, ℓ は a_1, a_2 の公倍数である. また, ℓ_1 は a_1 と a_2 の最小公倍数であるから, 問 1.8 より $\ell_1 \mid \ell$ が得られる.

(2) $n > 3$ として, $n - 1$ まで正しいと仮定する.
$\ell = [a_1, \cdots, a_n], \ell_1 = [a_1, \cdots, a_{n-1}], \ell' = [\ell_1, a_n]$ とおき, $\ell = \ell'$ を示す. ℓ' は ℓ_1 と a_n の公倍数だから, $a_1, \cdots, a_{n-1}, a_n$ の公倍数である. よって ℓ の定義より, $\ell \leq \ell'$ である. そこで, $\ell_1 \mid \ell, a_n \mid \ell$ を示せば, $\ell' = [\ell_1, a_n]$ より $\ell' \leq \ell$ を得る. 定義より $a_n \mid \ell$ であるから, $\ell_1 \mid \ell$ をみれば十分である. ところが, ℓ_1 は $a_1, \cdots, a_{n-1}$ の最小公倍数で, ℓ は $a_1, \cdots, a_{n-1}$ の公倍数であるから, 問 1.8 より $\ell_1 \mid \ell$ が得られる.

問 1.14 m, n を互いに素な整数とする. このとき, 整数 a が m と n で割り切れるならば, a は mn で割り切れる. すなわち $(m, n) = 1$ のとき,
$$m \mid a, n \mid a \Longrightarrow mn \mid a$$
であることを証明せよ.

(証明) $(m, n) = 1$ だから, 定理 1.7 より $mx + ny = 1$ $(\exists x, y \in \mathbb{Z})$ と表される. ゆえに, $amx + any = a$. ここで, $m \mid a$ より $mn \mid an$. 同様に, $n \mid a$ より $mn \mid am$. よって, 上式の左辺が mn で割り切れるから, 右辺 a も mn で割り切れる.

問 1.15 a, b, c, d を $(a, b) = 1, (c, d) = 1$ を満たす正の整数とする. このとき, $a/b + d/c$ が整数であれば, $b = c$ であることを示せ.

(証明) $a/b + d/c = (ac + bd)/(bc) \in \mathbb{N}$ とすると,
$$bc \mid ac + bd \Longrightarrow b \mid ac + bd \Longrightarrow b \mid ac \Longrightarrow b \mid c,$$
$$bc \mid ac + bd \Longrightarrow c \mid ac + bd \Longrightarrow c \mid bd \Longrightarrow c \mid b.$$
したがって, $b \mid c$ と $c \mid b$ より $b = c$ を得る (問 1.1).

問 1.16 a, b, c を整数とするとき,「$(a,b) = 1 \Longrightarrow (ac,b) = (b,c)$」を示せ.

(証明) $(b,c) = d$ とおき, $(ac,b) = d$ であることを示す.

(1) d は b と c の約数であるから, b と ac の約数である.

(2) $d' \mid b$, $d' \mid ac$ と仮定する. このとき, $(d',a) > 1$ とすると, $d' \mid b$ より $(a,b) > 1$ で矛盾であるから, $(d',a) = 1$ である. ゆえに, $d' \mid ac$ より $d' \mid c$. したがって, $d' \mid b$, $d' \mid c$ である. d は b と c の最大公約数であるから, $d' \leq d$.

(1), (2) より d は b と ac の最大公約数である.

問 1.17 a, b を正の整数とするとき, $(a,b) = d$ とおけば, ある整数 a', b' があって
$$a = a'd, \ b = b'd, \ (a',b') = 1$$
と表される. このとき, $[a,b] = a'b'd = ab' = a'b$ であることを示せ.

(証明) $a'b'd$ が a と b の最小公倍数であることを示せば十分である.

(1) $a'b'd$ が a と b の公倍数であること: $a'b'd = (a'd)b' = ab'$ より $a \mid a'b'd$ であり, また $a'b'd = (b'd)a' = a'b$ より $b \mid a'b'd$ である.

(2) a と b の公倍数の中で $a'b'd$ が最小であること: すなわち, ℓ が a と b の任意の公倍数ならば $a'b'd \leq \ell$ であることを示せばよい.

ℓ は a と b の倍数だから, $\ell = aa'' = bb''$ ($\exists a'', b'' \in \mathbb{Z}$) と表される. すると, $a = a'd$, $b = b'd$ をこれに代入して, $a'da'' = b'db''$. ゆえに,
$$a'a'' = b'b''. \quad \cdots\cdots\cdots (*)$$
ここで, $(a',b') = 1$ だから $a' \mid b''$, $b' \mid a''$ である. したがって,
$$\exists c_1, c_2 \in \mathbb{Z}, \ b'' = a'c_1, \ a'' = b'c_2$$
と表される. これを $(*)$ の式に代入すると, $a'b'c_2 = b'a'c_1$. すなわち, $c_1 = c_2$ を得る. $c = c_1 = c_2$ とおけば, $b'' = a'c$, $a'' = b'c$. すると,
$$\ell = aa'' = ab'c = a'db'c = (a'b'd)c.$$
したがって, $a'b'd \leq \ell$ が得られる.

問 1.18 エラトステネスのふるいを用いて, 例 1.3 における 100 までの素数を確かめよ.

(解答) 省略 (例 1.3* 参照).

問 1.19 p, q を素数とするとき,「$p \mid q \Longrightarrow p = q$」であることを示せ.

(証明) $p \mid q$ より $q = pa$ ($\exists a \in \mathbb{Z}$) と表される. ところが q は素数であるから, q の約数は 1 か q である. 一方, p は素数で $1 < p$ だから $p = q$, $a = 1$ でなければならない.

> **問 1.20** p, q を異なる素数とするとき,「$p \mid a, q \mid a \Longrightarrow pq \mid a$」を示せ.

(証明) 問 1.11 または 問 1.14 を適用すればよい.

> **問 1.21** p を素数とするとき,次を示せ.
> (1) $p \mid ab \Longrightarrow p \mid a$ または $p \mid b$.
> (2) $p \mid a_1 a_2 \cdots a_n \Longrightarrow \exists i (1 \leq i \leq n), p \mid a_i$.

(証明) (1) $p \mid ab$ とする. p は素数であるから, p の約数は 1 か p である. ゆえに, $(p, a) = 1$ または $(p, a) = p$ である. $(p, a) = 1$ とすると, 仮定 $p \mid ab$ に定理 1.10 を適用すれば $p \mid b$ を得る. また, $(p, a) = p$ とすると, これは $p \mid a$ を意味している (問 1.4). ゆえに, (1) は示された.

(2) n に関する帰納法で示す. $n = 2$ のとき, (1) で示した. $n > 2$ として, $n - 1$ まで正しいと仮定する. $p \mid (a_1 \cdots a_{n-1}) a_n$ と考えると, $(p, a_n) = 1$ であれば 定理 1.10 より $p \mid (a_1 \cdots a_{n-1})$ となり, 数学的帰納法の仮定より ある番号 $i(1 \leq i \leq n-1)$ があって, $p \mid a_i$ となる. $(p, a_n) = p$ であれば, $p \mid a_n$ である. 以上によって, $\exists i (1 \leq i \leq n), p \mid a_i$ が示された.

> **問 1.22** $\sqrt{2}, \sqrt{3}$ は有理数ではないことを示せ.

(証明) (1) $\sqrt{2}$ は有理数ではないことを証明する. $\sqrt{2} \in \mathbb{Q}$ と仮定する. このとき,
$$\exists m, n \in \mathbb{N}, \ \sqrt{2} = m/n, \ (m, n) = 1$$
と表される. したがって, $\sqrt{2} n = m$ より $2n^2 = m^2$ である. 2 は素数だから定理 1.10 を使うと, $2 \mid m^2$ より $2 \mid m$. そこで, $m = 2a (a \in \mathbb{N})$ とおき, 上式に代入すると $2n^2 = 4a^2$. ゆえに, $n^2 = 2a^2$. よって, $2 \mid n^2$ より $2 \mid n$ が得られる. したがって, m と n は 2 を約数としてもつので, $2 \leq (m, n)$ となり矛盾である.

(2) $\sqrt{3}$ は有理数ではないことを証明する. $\sqrt{3} \in \mathbb{Q}$ と仮定すると,
$$\exists m, n \in \mathbb{N}, \ \sqrt{3} = m/n, \ (m, n) = 1$$
と表される. すると, $\sqrt{2}$ のときと同様にして,
$$\sqrt{3} n = m \Longrightarrow 3n^2 = m^2 \Longrightarrow 3 \mid m^2 \Longrightarrow 3 \mid m.$$
ゆえに, $m = 3a (\exists a \in \mathbb{N})$ と表すと,
$$3n^2 = 9a^2 \Longrightarrow n^2 = 3a^2 \Longrightarrow 3 \mid n^2 \Longrightarrow 3 \mid n.$$
したがって, $3 \leq (m, n)$ で矛盾である.

> **問 1.23** n, a, b を整数とするとき, 次を示せ.
> $$(n, a) = 1, \ (n, b) = 1 \Longrightarrow (n, ab) = 1.$$

(証明) $(n,ab) = d > 1$ と仮定する．d の素因数を p とすると，$p > 1$．このとき，
$$d \mid n, \ d \mid ab \Longrightarrow p \mid n, \ p \mid ab.$$
ここで，問 1.21 (1) を使うと，$p \mid ab$ より $p \mid a$ または $p \mid b$．ゆえに，$p \mid n, p \mid a$ であれば $p \leq (n,a)$ であり，また $p \mid n, p \mid b$ であれば $p \leq (n,b)$ で矛盾である．

> **問 1.24** $n \ (n > 0), a, b$ を整数とするとき，次を示せ．
> $$(a,b) = 1 \Longrightarrow (a^n, b^n) = 1.$$

(証明) $(a^n, b^n) = d > 1$ と仮定すると，d の素因数 $p \ (p > 1)$ が存在する．$p \mid a^n$, $p \mid b^n$ であるから，問 1.21 (2) を使うと，$p \mid a$, $p \mid b$．ゆえに，$p \leq (a,b)$ で $(a,b) = 1$ に矛盾する．

> **問 1.25** n, a, b を正の整数とするとき，素因数分解を用いないで次を示せ．
> $$(a,b) = d, \ [a,b] = \ell \Longrightarrow \ell d = ab.$$

(証明) $(a,b) = d$ より $a = a'd, \ b = b'd \ (a', b' \in \mathbb{Z})$ と表される．ただし，$(a', b') = 1$ である．このとき，問 1.17 より
$$\ell = [a,b] = a'b'd = a'b = ab'$$
であることがわかっている．したがって，$\ell d = (a'b'd)d = (a'd)(b'd) = ab$．

> **問 1.26** 正の整数 a, b の素因数分解を
> $$a = p_1^{\alpha_1} p_2^{\alpha_2} \cdots p_s^{\alpha_s} \ (p_1, \cdots, p_s \text{ は相異なる素因数}),$$
> $$b = p_1^{\beta_1} p_2^{\beta_2} \cdots p_s^{\beta_s} \ (\alpha_i \geq 0, \ \beta_i \geq 0, \ 1 \leq i \leq s)$$
> とするとき，次を示せ．
> (1) $(a,b) = p_1^{\gamma_1} p_2^{\gamma_2} \cdots p_s^{\gamma_s}$, (2) $[a,b] = p_1^{\delta_1} p_2^{\delta_2} \cdots p_s^{\delta_s}$,
> (3) $(a,b)[a,b] = ab$.
> ただし，$\gamma_i = \min(\alpha_i, \beta_i), \ \delta_i = \max(\alpha_i, \beta_i) \ (1 \leq i \leq s)$ とする．

(証明) (1) $d = p_1^{\gamma_1} p_2^{\gamma_2} \cdots p_s^{\gamma_s}$ とおく．

(i) $d \mid a, d \mid b$ を示す．$\gamma_i = \min(\alpha_i, \beta_i) \leq \alpha_i$ より $p_1^{\gamma_1} p_2^{\gamma_2} \cdots p_s^{\gamma_s} \mid p_1^{\alpha_1} p_2^{\alpha_2} \cdots p_s^{\alpha_s}$. すなわち，$d \mid a$．同様にして，$\gamma_i \leq \beta_i$ より $d \mid b$．

(ii) d が a と b の約数の中で最大であることを示す．$d' \mid a, d' \mid b$ と仮定する．このとき，d' の素因数分解において，$p_1, \cdots, p_s$ 以外の素数は現れない．そこで，$d' = p_1^{\gamma_1'} p_2^{\gamma_2'} \cdots p_s^{\gamma_s'}$ とおくことができる．$d' \mid a$ より $\gamma_i' \leq \alpha_i$，また $d' \mid b$ より $\gamma_i' \leq \beta_i$ である．したがって，$\gamma_i' \leq \min(\alpha_i, \beta_i) = \gamma_i$ より $\gamma_i' \leq \gamma_i$．以上より，$d' \mid d$ であるから $d' \leq d$ が得られる．

(2) $\ell = p_1^{\delta_1} p_2^{\delta_2} \cdots p_s^{\delta_s}$ とおく．

(i) $a\mid\ell, b\mid\ell$ を示す. $\alpha_i \leq \max(\alpha_i,\beta_i) = \delta_i$ より $p_1^{\alpha_1}p_2^{\alpha_2}\cdots p_s^{\alpha_s} \mid p_1^{\delta_1}p_2^{\delta_2}\cdots p_s^{\delta_s}$ である. ゆえに, $a\mid\ell$. 同様にして, $\beta_i \leq \delta_i$ より, $b\mid\ell$.

(ii) ℓ が a と b の公倍数の中で最小であることを示す. $a\mid\ell', b\mid\ell'$ とする. このとき, $\ell' = p_1^{\delta_1'}p_2^{\delta_2'}\cdots p_s^{\delta_s'}$ の形のものだけを考えれば十分である. $a\mid\ell'$ より $\alpha_i \leq \delta_i'$, また $b\mid\ell'$ より $\beta_i \leq \delta_i'$ である. ゆえに, $\delta_i = \max(\alpha_i,\beta_i) \leq \delta_i'$. したがって, $\delta_i \leq \delta_i'$ を得る.

(3) はじめに, $\gamma_i + \delta_i = \min(\alpha_i,\beta_i) + \max(\alpha_i,\beta_i) = \alpha_i + \beta_i$ が成り立つことに注意すると,

$$\begin{aligned}(a,b)[a,b] &= (p_1^{\gamma_1}p_2^{\gamma_2}\cdots p_s^{\gamma_s})(p_1^{\delta_1}p_2^{\delta_2}\cdots p_s^{\delta_s}) = p_1^{\gamma_1+\delta_1}p_2^{\gamma_2+\delta_2}\cdots p_s^{\gamma_s+\delta_s}\\ &= p_1^{\alpha_1+\beta_1}p_2^{\alpha_2+\beta_2}\cdots p_s^{\alpha_s+\beta_s} = (p_1^{\alpha_1}p_2^{\alpha_2}\cdots p_s^{\alpha_s})(p_1^{\beta_1}p_2^{\beta_2}\cdots p_s^{\beta_s})\\ &= ab.\end{aligned}$$

第 1 章 §1 演 習 問 題

1. 素数は無限に多く存在することを証明せよ.

(証明) 素数が有限個であると仮定する.
すなわち, $\{p_1,\cdots,p_n\}$ がすべての素数であると仮定する. このとき,
$$p = p_1p_2\cdots p_n + 1$$
なる整数を考えると, p は $p_1,\cdots,p_n$ で割り切れない. よって, p はどんな素数でも割り切れないことになる. したがって, p は 1 と p 以外の約数をもたないので素数である.

2. a,b,k を整数とする. 1次不定方程式 $ax+by=k$ の一つの解を $x=x_0, y=y_0$ とするとき, 任意の解は
$$x = x_0 - b'r, \ y = y_0 + a'r \quad (r \text{ は任意})$$
で与えられることを示せ. ただし, $d=(a,b), a=a'd, b=b'd$ とする.

(証明) 1次不定方程式 $ax+by=k$ の 1 つの解を $x=x_0, y=y_0$ とすれば, $ax_0 + by_0 = k$ を満たす. よって,
$$a(x-x_0) + b(y-y_0) = 0.$$
ゆえに, 移項して約分すると
$$a'(x-x_0) = -b'(y-y_0). \quad\quad\cdots\cdots\cdots\text{①}$$
したがって, $a'\mid b'(y-y_0)$. ここで, $(a',b')=1$ であるから, $a'\mid(y-y_0)$. ゆえに, $y-y_0 = a'r \ (\exists r \in \mathbb{Z})$ と表されるので,
$$y = y_0 + a'r$$

を得る．また，これを ① 式に代入すると，$a'(x - x_0) = -b' \cdot a'r$ であるから，$x - x_0 = -b'r$．よって，
$$x = x_0 - b'r.$$

また，$x = x_0 - b'r, y = y_0 - a'r$ は 1 次不定方程式 $ax + by = k$ の解であることは次のように確かめられる．
$$ax + by = a(x_0 - b'r) + b(y_0 + a'r) = ax_0 + by_0 - ab'r + a'br$$
$$= ax_0 + by_0 = k.$$

---

3. 整数 $c_0, c_1, \cdots, c_n$ において $c_0 \neq 0, c_n \neq 0$ とする．このとき次の方程式
$$c_0 x^n + c_1 x^{n-1} + \cdots + c_{n-1} x + c_n = 0$$
が有理数の解 a/b（$(a,b) = 1$）をもつならば，b は c_0 の約数であり，a は c_n の約数であることを示せ．

（証明）a/b が上の方程式の解とすると，次の式を満たす．
$$c_0 \frac{a^n}{b^n} + c_1 \frac{a^{n-1}}{b^{n-1}} + \cdots + c_{n-1} \frac{a}{b} + c_n = 0.$$
両辺を b^n 倍すると
$$c_0 a^n + c_1 a^{n-1} b + \cdots + c_{n-1} ab^{n-1} + c_n b^n = 0. \quad \cdots\cdots (*)$$
$$\therefore \quad c_0 a^n = -(c_1 a^{n-1} b + \cdots + c_{n-1} ab^{n-1} + c_n b^n).$$
右辺は b で割り切れるので $b \mid c_0 a^n$ である．一方，$(a,b) = 1$ より $(a^n, b) = 1$ である（問1.24）．すると，$b \mid c_0 a^n$ より $b \mid c_0$（定理1.10）．次に，$(*)$ の式の $c_n b^n$ という項に注目すると，
$$c_n b^n = -(c_0 a^n + c_1 a^{n-1} b + \cdots + c_{n-1} ab^{n-1}).$$
右辺が a で割り切れるので，$a \mid c_n b^n$．ここで，$(a, b^n) = 1$ であるから $a \mid c_n$ が得られる．

---

4. 合成数 n は $\sqrt{n}$ を超えない素因数をもつことを証明せよ．
これを用いて，419 が素数であることを示せ．

（証明）(1) n の素因数のうち，最小のものを p とする．
$n = pq$ とおけば，q は $1 < q$ なる整数である．
(1) q が素数のときは，$p \leq q$ である．このとき，
$$p \leq q \Longrightarrow p^2 \leq pq = n \Longrightarrow p \leq \sqrt{n}.$$
q が合成数のときは，q の一つの素因数を q' とすると，$p \leq q' < q$ である．ゆえに，
$$p \leq q' < q \Longrightarrow p^2 \leq pq' < pq = n \Longrightarrow p^2 < n \Longrightarrow p < \sqrt{n}.$$
(2) $400 < 419 < 441$ より $20 < \sqrt{419} < 21$．ここで，$\sqrt{419}$ より小さい素数は
$$2, 3, 5, 7, 11, 13, 17, 19$$
であって，419 はこれらの素数で割り切れない．よって，(1) より 419 は素数である．

5. n を自然数とするとき，次を示せ．
$$\frac{1}{2} + \frac{1}{3} + \cdots + \frac{1}{n} \notin \mathbb{N}.$$

(証明) $A = \frac{1}{2} + \frac{1}{3} + \cdots + \frac{1}{n}$ とおく．このとき，
$$2^m \leq n < 2^{m+1}. \qquad\cdots\cdots\cdots(*)$$
を満たす自然数 m が存在する．分母の最小公倍数 $N = [2, 3, \cdots, n]$ を共通分母として A を通分すると，$A = M/N$ と表される．N を素因数分解したときの，2 の累乗部分は $(*)$ より 2^m である．A の和の項の1つに $1/2^m$ がある．$1/2^m = a/N$ と表したとき，a は奇数である．他の項について，通分したときの分子はすべて偶数である．よって，分子 M は奇数である．したがって，分数
$$\frac{M}{N} = \frac{奇数}{\cdots 2^m \cdots}$$
は約分できない．ゆえに，A は自然数ではない．

6. $2^r - 1$ が素数とすると，r は素数であることを示せ．$2^r - 1$ の形の素数を**メルセンヌ数**という．

(証明) もし，r が素数でないとすると，$r = st\,(s > 1, t > 1)$ と分解される．すると，$2^r - 1 = 2^{st} - 1 = (2^s)^t - 1 = (2^s - 1)(2^{(t-1)s} + \cdots + 2^{2s} + 2^s + 1)$．ここで，$2^s - 1 > 1$, $2^{(t-1)s} + \cdots + 2^{2s} + 2^s + 1 > 1$ であるから，$2^r - 1$ も素数でなくなる．ゆえに，対偶によって，$2^r - 1$ が素数であれば，r は素数である．

7. $2^r + 1$ が素数であれば，r は 2 のベキであることを示せ．$2^r + 1$ の形の素数を**フェルマーの素数**という．

(証明) $r = sk = 2^e k$, $(k, 2) = 1$, $2^e = s$ とおけば，$1 \leq s$ かつ $1 \leq k$ である．r が 2 のベキでないとすると，k は奇数である．このとき，$k = 2t + 1$ とおけば
$$2^r + 1 = 2^{sk} + 1 = 2^{(2t+1)s} + 1 = (2^s + 1)(2^{2ts} - 2^{(2t-1)s} + \cdots + 2^{2s} - 2^s + 1)$$
と分解される．$1 < 2^s + 1$, $1 < 2^{2ts} - 2^{(2t-1)s} + \cdots + 2^{2s} - 2^s + 1$ であるから，$2^r + 1$ は素数ではない．対偶によって，$2^r + 1$ が素数であれば，r は 2 のベキになる．

8. n を正の整数とするとき，n の正の約数すべての和を $\sigma(n)$ で表すことにする．
(1) p を素数とするとき，$\sigma(p^e)\,(e \in \mathbb{N})$ を求めよ．
(2) n を任意の正の整数とするとき，$\sigma(n)$ を求めよ．
(3) 100 の正の約数すべての和を求めよ．

(証明) (1) p^e の約数は $1, p, p^2, \cdots, p^e$ であるから，
$$\sigma(p^e) = 1 + p + p^2 + \cdots + p^e = (p^{e+1} - 1)/(p - 1).$$

(2) n を素因数分解して，$n = p_1^{e_1} p_2^{e_2} \cdots p_r^{e_r}$ とする．このとき，各 $p_i^{e_i}$ について
$$1 + p_1 + p_1^2 + \cdots + p_1^{e_1} = (p_1^{e_1+1} - 1)/(p_1 - 1),$$
$$1 + p_2 + p_2^2 + \cdots + p_2^{e_2} = (p_2^{e_2+1} - 1)/(p_2 - 1),$$
$$\cdots\cdots$$
$$1 + p_r + p_r^2 + \cdots + p_r^{e_r} = (p_r^{e_r+1} - 1)/(p_r - 1).$$
上の r 個の式の左辺を全部かければ，n のすべての正の約数が 1 回ずつ現れるので，
$$\sigma(n) = \frac{p_1^{e_1+1} - 1}{p_1 - 1} \cdot \frac{p_2^{e_2+1} - 1}{p_2 - 1} \cdots \frac{p_r^{e_r+1} - 1}{p_r - 1}.$$
(3)
$$\sigma(100) = \sigma(2^2 \cdot 5^2)$$
$$= \frac{2^3 - 1}{2 - 1} \cdot \frac{5^3 - 1}{5 - 1} = 7 \cdot \frac{124}{4} = 7 \cdot 31 = 217.$$

---

9. x を任意の実数とするとき，x を超えない整数すべての集合において最大のものを記号 $[x]$ で表す．これを**ガウスの記号**という．このとき，次を証明せよ．
(1) $[x] \leq x < [x] + 1$,   (3) $x \in \mathbb{R},\ a \in \mathbb{Z} \Longrightarrow [x + a] = [x] + a$,
(2) $y \leq x \Longrightarrow [y] \leq [x]$, (4) $a, b \in \mathbb{Z}, b > 0,\ a = \left[\dfrac{a}{b}\right] b + \left(a - \left[\dfrac{a}{b}\right] b\right)$.

(証明) $x \in \mathbb{R}$ に対して，$x - [x] = r$ とおけば，$0 \leq r < 1$ である．ゆえに，$x = [x] + r\ (0 \leq r < 1)$ と表される．このとき，次の性質がある．

(1) $0 \leq r < 1$ より $[x] \leq [x] + r < [x] + 1$．ゆえに，$[x] \leq x < [x] + 1$．

(2) $y \leq x \Longrightarrow [y] \leq [x]$: x と y をそれぞれ，
$$x = [x] + r,\ 0 \leq r < 1, \qquad y = [y] + r',\ 0 \leq r' < 1$$
と表す．仮定より $[y] + r' \leq [x] + r$ であるから，$[y] - [x] \leq r - r'$．ここで，$r - r' < 1$ より $[y] - [x] \leq 0$．ゆえに，$[y] \leq [x]$ を得る．

(3) $x \in \mathbb{R}, a \in \mathbb{Z} \Longrightarrow [x + a] = [x] + a$: $x = [x] + r,\ 0 \leq r < 1$ とする．両辺に a を加えると，$x + a = [x] + a + r$．ここで，$[x] + a$ は整数であり，$0 \leq r < 1$ であるから $[x + a] = [[x] + a + r] = [x] + a$ を得る．

(4) 除法の定理 1.5 より $a = bq + r\ (q, r \in \mathbb{Z}, 0 \leq r < b)$ と表される．これより，$a/b = q + r/b\ (0 \leq r/b < 1)$．ゆえに，$[a/b] = [q + r/b] = q$ であるから $r = a - [a/b]b$．したがって，$a = qb + r = [a/b]b + r = [a/b]b + a - [a/b]b$．

---

10. x を正の実数，n を正の整数とする．1 から x までの正の整数のうち，n の倍数であるものの個数は $\left[\dfrac{x}{n}\right]$ に等しいことを示せ．

(証明) 演習問題 9 (1) より $[x/n] \leq x/n \leq [x/n] + 1$．ゆえに，$[x/n]n \leq x \leq ([x/n] + 1)n$．この式より，1 から x までの整数のうち，n の倍数となるものは $n, 2n, \cdots, [x/n]n$ であるから，$[x/n]$ 個である．

11. a を正の整数とする.このとき,任意の正の整数 k $(k > 1)$ に対して a は
$$a = r_n k^n + r_{n-1} k^{n-1} + \cdots + r_1 k + r_0,$$
$$0 < r_n < k,\ 0 \leq r_{n-1} < k,\ \cdots,\ 0 \leq r_1 < k,\ 0 \leq r_0 < k$$
という形に一意的に表されることを証明せよ. a をこのような形に表すことを a の **k 進表示** という.

(証明)(1) 表されること:a についての帰納法で示す. $a = 1$ のとき,$1 = 1$ で $r_0 = 1$ とすればよい.

$a > 1$ として,$a - 1$ まで成り立つと仮定する. a を超えない k の累乗のうち,最大のものを k^n とする. $k^n \leq a < k^{n+1}$ より $k^{n-1} \leq a/k < k^n$. ゆえに,$k^{n-1} \leq [a/k] < k^n$. ここで,$[a/k] < a$ であるから帰納法の仮定より,
$$[a/k] = r_n k^{n-1} + r_{n-1} k^{n-2} + \cdots + r_2 k + r_1,$$
$$0 < r_n < k,\ 0 \leq r_{n-1} < k,\ \cdots,\ 0 \leq r_2 < k,\ 0 \leq r_1 < k$$
と表される.さらに,練習問題 9(4) より a は $a = [a/k]k + r_0$ $(0 \leq r_0 < k)$ と表されるから,この式に上式を代入すると次が得られる.
$$a = k(r_n k^{n-1} + r_{n-1} k^{n-2} + \cdots + r_2 k + r_1) + r_0$$
$$= r_n k^n + r_{n-1} k^{n-1} + \cdots + r_2 k^2 + r_1 k + r_0.$$

(2) 一意的であること:

$a = 1$ のとき,表現が一意的であることは容易にわかる.

$a > 1$ として,$a - 1$ まで正しいと仮定する.このとき,
$$r_n k^n + r_{n-1} k^{n-1} + \cdots + r_2 k^2 + r_1 k + r_0 = 0 \implies r_n = r_{n-1} = \cdots = r_0 = 0$$
を示せば十分である.仮定の式を変形すると,
$$r_n k^n + r_{n-1} k^{n-1} + \cdots + r_2 k^2 + r_1 k = -r_0.$$
ゆえに,$r_0 \equiv 0 \pmod{k}$. ここで,$0 \leq r_0 < k$ であるから $r_0 = 0$. したがって,
$$r_n k^{n-1} + r_{n-1} k^{n-2} + \cdots + r_2 k + r_1 = 0.$$
帰納法の仮定より,$r_n = r_{n-1} = \cdots = r_1 = 0$.

§2 合同式

定義と定理のまとめ

定義 2.1 n を 1 より大きい整数とする．2 つの整数 a, b について，差 $a - b$ が n で割り切れるとき，a と b は **n を法として合同**であるといい，$a \equiv b \pmod{n}$，で表す．このような関係を表す式を**合同式**という．

定理 2.1 n を 1 より大きい整数とする．このとき，任意の整数 a, b, c, d について，次のことが成り立つ．
  (1) 反射律: $a \equiv a \pmod{n}$.
  (2) 対称律: $a \equiv b \pmod{n}$ ならば $b \equiv a \pmod{n}$.
  (3) 推移律: $a \equiv b \pmod{n}$ かつ $b \equiv c \pmod{n}$ ならば $a \equiv c \pmod{n}$.
  (4) $a \equiv b \pmod{n}$ かつ $c \equiv d \pmod{n}$ ならば
$$a \pm c \equiv b \pm d \pmod{n}, \quad a \cdot c \equiv b \cdot d \pmod{n}.$$

定理 2.2 n を 1 より大きい整数とする．任意の整数 m, a, b について，$d = (m, n)$, $n = n'd$, $m = m'd$ とおくとき，次のことが成り立つ．
$$ma \equiv mb \pmod{n} \iff a \equiv b \pmod{n'}.$$
特に，$(m, n) = 1$ のとき，$ma \equiv mb \pmod{n} \iff a \equiv b \pmod{n}$.

定理 2.3 a, b を整数，m, n を 1 より大きい整数とする．$(m, n) = 1$ であれば，次が成り立つ．
$$a \equiv b \pmod{m},\ a \equiv b \pmod{n} \iff a \equiv b \pmod{mn}.$$

定理 2.4 $(a, n) = 1$ ならば，$ax \equiv b \pmod{n}$ を満足する整数解 x が存在し，n を法として唯 1 つである．

定理 2.5 $ax \equiv b \pmod{n}$ が解をもつための必要十分条件は $(a, n) \mid b$ なることである．

定理 2.6 合同方程式 $ax \equiv b \pmod{n}$ が解をもち $(a, n) = d > 1$ であるならば，解の個数は n を法として d 個である．

定理 2.7 (中国式剰余の定理) $n_1, \ldots, n_s$ を 1 より大きい整数とし，$(n_i, n_j) = 1$ $(i \neq j)$ とする．このとき，任意の整数の組 $a_1, \ldots, a_s$ に対して連立合同式
$$x \equiv a_1 \pmod{n_1},\ \cdots,\ x \equiv a_s \pmod{n_s}$$
は，$n = n_1 \cdots n_s$ を法として唯 1 つの解をもつ．

定義 2.2 a を任意の整数とするとき，$C_a = \{x \in \mathbb{Z} \mid x \equiv a \pmod{n}\} = a + n\mathbb{Z} = \{a + nt \mid t \in \mathbb{Z}\}$ を n を法とする a の **剰余類** という．

また，n を法とする剰余類の集合を $\mathbb{Z}_n$ で表す．すなわち，$\mathbb{Z}_n = \{C_a \mid a \in \mathbb{Z}\}$．

定理 2.8 n を 1 より大きい整数，a, b を任意の整数とするとき次が成り立つ．
$$a \equiv b \pmod{n} \iff C_a = C_b.$$

定理 2.9 (剰余類の性質) C_a を n を法とする a の剰余類を表すものとする．このとき，次のことが成り立つ．
 (1) $a \in C_a$．
 (2) $C_a \cap C_b \neq \phi \iff C_a = C_b$．
 (3) $\mathbb{Z}_n$ は相異なる n 個の元 $C_0, C_1, \cdots, C_{n-1}$ から構成される．
$$\mathbb{Z}_n = \{C_0, C_1, \cdots, C_{n-1}\},\ C_i \cap C_j = \phi\ (i \neq j).$$
また，このとき $\mathbb{Z} = C_0 \cup C_1 \cup \cdots \cup C_{n-1}$ となっている．

定理 2.9 において確かめられた事実
$$\mathbb{Z}_n = \{C_0, C_1, \cdots, C_{n-1}\},\ C_i \cap C_j = \phi\ (i \neq j)$$
を，$\mathbb{Z}$ は同値関係 $a \equiv b \pmod{n}$ によって **類別** されているという．

また，$\mathbb{Z}_n$ に属するすべての剰余類 $C_0, C_1, \cdots, C_{n-1}$ から 1 つずつ元をとってきて集めた集合 $\{a_0, a_1, \cdots, a_{n-1}\}$ $(a_0 \in C_0, a_1 \in C_1, a_2 \in C_2, \cdots, a_{n-1} \in C_{n-1})$ をこの同値関係，あるいは類別の **完全代表系** という．

定義 2.3 n を法とする a の剰余類 C_a は $(a, n) = 1$ であるとき，**既約剰余類** であるという．n を法とする剰余類の集合 $\mathbb{Z}_n$ において，既約剰余類の集合を $U(\mathbb{Z}_n)$ で表す．

問題と解答

> **問 2.1** 整数 a, b, n $(n > 1)$ について次のことを示せ．
> $$a \equiv b \pmod{n} \iff \begin{cases} a \text{ を } n \text{ で割ったときの余りと,} \\ b \text{ を } n \text{ で割ったときの余りが等しい．} \end{cases}$$

(証明) 除法の定理 1.5 より，ある整数 q_i, r_i $(i = 1, 2)$ が存在して $a = q_1 n + r_1$ $(0 \leq r_1 < n)$，$b = q_2 n + r_2$ $(0 \leq r_2 < n)$ と表される．このとき，
$$a \equiv b \pmod{n} \iff q_1 n + r_1 \equiv q_2 n + r_2 \pmod{n}$$
$$\iff r_1 \equiv r_2 \pmod{n} \iff r_1 = r_2.$$

問 2.2 整数 a, b, m, $n(n>1)$ と正の整数 k について，次のことを示せ．
(1) $a \equiv b \pmod{mn} \Longrightarrow a \equiv b \pmod{m}, a \equiv b \pmod{n}$.
(2) $a \equiv b \pmod{n} \Longleftrightarrow ka \equiv kb \pmod{kn}$.
(3) $a \equiv b \pmod{n} \Longrightarrow ka \equiv kb \pmod{n}$.

(証明) (1) $a \equiv b \pmod{mn} \Longleftrightarrow mn \mid a-b \Longrightarrow m \mid a-b, \ n \mid a-b$.
(2)
$$a \equiv b \pmod{n} \Longleftrightarrow n \mid a-b \Longrightarrow kn \mid k(a-b)$$
$$\Longleftrightarrow kn \mid ka-kb \Longleftrightarrow ka \equiv kb \pmod{kn}.$$
(3)
$$a \equiv b \pmod{n} \Longleftrightarrow ka \equiv kb \pmod{kn} \quad ((2) \text{より})$$
$$\Longrightarrow ka \equiv kb \pmod{n} \quad ((1) \text{より})$$

問 2.3 定理 2.3 は $(m,n)=1$ のとき
$$a \equiv 0 \pmod{m}, \ a \equiv 0 \pmod{n} \Longrightarrow a \equiv 0 \pmod{mn}$$
という命題から導かれることを示せ．

(証明) はじめに，$a \equiv b \pmod{m} \Longleftrightarrow a-b \equiv 0 \pmod{m}$, $a \equiv b \pmod{n} \Longleftrightarrow a-b \equiv 0 \pmod{n}$, $a \equiv b \pmod{mn} \Longleftrightarrow a-b \equiv 0 \pmod{mn}$ であるから，定理 2.3 は「$a-b \equiv 0 \pmod{m}$, $a-b \equiv 0 \pmod{n} \Longrightarrow a-b \equiv 0 \pmod{mn}$」と書きかえられる．よって，「$a \equiv 0 \pmod{n}$, $a \equiv 0 \pmod{n} \Longrightarrow a \equiv 0 \pmod{mn}$」を証明すれば十分である．

問 2.4 $(m,n)>1$ のとき，
$$a \equiv 0 \pmod{m}, \ a \equiv 0 \pmod{n} \Longrightarrow a \equiv 0 \pmod{mn}$$
は一般に成り立たないことを示せ．

(証明) 反例を示す．$12 \equiv 0 \pmod{4}, 12 \equiv 0 \pmod{6}$ であるが，$12 \equiv 0 \pmod{24}$ は成立しない．すなわち，12 は 4 と 6 で割り切れるが，4 と 6 の積 24 では割り切れない．

問 2.5 10 進法で表された数の各桁の数字の和が 3 で割り切れれば，もとの数が 3 で割り切れることを示せ．

(証明) (1) 3 桁の数 x で示す．このとき，x は
$$x = a \cdot 10^2 + b \cdot 10 + c \ (1 \leq a \leq 9, \ 0 \leq b, c \leq 9)$$
と表される．$10 \equiv 1 \pmod{3}$ と $10 \equiv 1 \pmod{3}$ を辺々かければ $10^2 \equiv 1 \pmod{3}$ を得る (定理 2.1 (4))．同様にして，
$$10^2 \equiv 1 \pmod{3}, a \equiv a \pmod{3} \Longrightarrow a \cdot 10^2 \equiv a \pmod{3} \cdots ①$$
$$10 \equiv 1 \pmod{3}, b \equiv b \pmod{3} \Longrightarrow b \cdot 10 \equiv b \pmod{3} \cdots ②$$

さらに，$c \equiv c \pmod{3}$ (③) として，式 ①, ②, ③ を辺々加えると (定理 2.1 (4)),
$$a \cdot 10^2 + b \cdot 10 + c \equiv a + b + c \pmod{3}.$$
ここで，仮定より $a + b + c \equiv 0 \pmod{3}$ であるから，
$$x = a \cdot 10^2 + b \cdot 10 + c \equiv 0 \pmod{3}.$$
以上より，$x \equiv 0 \pmod{3}$. すなわち，x は 3 で割り切れる．

> **問 2.6** 10 進法で表された数の奇数位の和と偶数位の数の和との差が 11 で割り切れるとき，もとの整数は 11 で割り切れることを示せ．

(証明) x が奇数桁の場合を示す．x はこのとき，
$$x = a_{2n+1}10^{2n} + a_{2n}10^{2n-1} + \cdots + a_3 10^2 + a_2 10 + a_1$$
と表される．奇数桁に並ぶ数は $a_1, a_3, \cdots, a_{2n-1}, a_{2n+1}$. 偶数桁に並ぶ数は $a_2, a_4, \cdots, a_{2n-2}, a_{2n}$. このとき，仮定より
$$(a_1 + a_3 + \cdots + a_{2n-1} + a_{2n+1}) - (a_2 + a_4 + \cdots + a_{2n}) \equiv 0 \pmod{11}.$$
$10 \equiv -1 \pmod{11}$ であるから，
$$10^2 \equiv 1 \pmod{11}, \ 10^3 \equiv -1 \pmod{11}, \ \cdots, 10^k \equiv (-1)^k \pmod{11}.$$
ゆえに，$10^{2k} \equiv 1 \pmod{11}, 10^{2k+1} \equiv -1 \pmod{11}$. これらを使うと，
$$\begin{aligned}
x &= a_{2n+1}10^{2n} + a_{2n}10^{2n-1} + \cdots + a_2 10 + a_1 \\
&= (a_{2n+1}10^{2n} + a_{2n-1}10^{2n-2} + \cdots + a_1) + (a_{2n}10^{2n-1} + \cdots + a_2 10) \\
&\equiv (a_{2n+1} + a_{2n-1} + \cdots + a_1) - (a_{2n} + a_{2n-2} + \cdots + a_2) \pmod{11} \\
&\equiv 0 \pmod{11}.
\end{aligned}$$
したがって，$x \equiv 0 \pmod{11}$ となり，x は 11 で割り切れる．
n が偶数桁の場合も同様である．

> **問 2.7** 次の合同式を解け．
> (1) $3x \equiv 1 \pmod{5}$
> (2) $8x \equiv 5 \pmod{12}$
> (3) $3x^2 - x \equiv 2 \pmod{7}$
> (4) $9x \equiv 6 \pmod{15}$
> (5) $31x \equiv 3 \pmod{56}$
> (6) $41x \equiv 10 \pmod{310}$

(解答) 基本的にはユークリッドの互助法によって，x の係数を小さくしていって，最終的に 1 にすることを目標にする．

(1) $3x \equiv 1 \pmod{5}$:

$$\begin{array}{rrll}
\text{与えられた式} & 3x \equiv 1 & \pmod{5} & \cdots\cdots ① \\
\text{一方} & 3x \equiv -2x & \pmod{5} & \cdots\cdots ② \\
① と ② より & -2x \equiv 1 & \pmod{5} & \cdots\cdots ③ \\
① + ③ & x \equiv 2 & \pmod{5} &
\end{array}$$

(2) $8x \equiv 5 \pmod{12}$:
$(8, 12) = 4$ で $4 \nmid 5$ であるから,定理 2.5 より解をもたない.

(3) $3x^2 - x \equiv 2 \pmod{7}$:移項して,$3x^2 - x - 2 \equiv 0 \pmod{7}$,因数分解して,$(3x+2)(x-1) \equiv 0 \pmod{7}$.したがって,$3x+2 \equiv 0 \pmod{7}$ または $x-1 \equiv 0 \pmod{7}$ (問 1.21).ゆえに,$3x \equiv -2 \pmod{7}$ または $x \equiv 1 \pmod{7}$.

ここで,$3x \equiv -2 \pmod{7}$ について.

$$\begin{array}{rrl} \text{もとの式} & 3x \equiv -2 & \pmod{7} \cdots\cdots \text{①} \\ \text{一方} & 3x \equiv -4x & \pmod{7} \cdots\cdots \text{②} \\ \text{① と ② より} & -4x \equiv -2 & \pmod{7} \cdots\cdots \text{③} \\ \text{① + ③} & -x \equiv -4 & \pmod{7} \cdots\cdots \text{④} \\ -1 \times \text{④} & x \equiv 4 & \pmod{7} \end{array}$$

以上より,解は $x \equiv 1 \pmod{7}$ または $x \equiv 4 \pmod{7}$.

(4) $9x \equiv 6 \pmod{15}$:
$(9, 15) = 3$ であるから,定理 2.6 より 15 を法として,3 個の解をもつ.

$$\begin{array}{rrl} \text{与えられた式} & 9x \equiv 6 & \pmod{5} \\ \text{両辺を 3 で割って (定理 2.2)} & 3x \equiv 2 & \pmod{5} \cdots\cdots \text{①} \\ \text{一方} & 3x \equiv -2x & \pmod{5} \cdots\cdots \text{②} \\ \text{① と ② より} & -2x \equiv 2 & \pmod{5} \cdots\cdots \text{③} \\ \text{① + ③} & x \equiv 4 & \pmod{5}. \end{array}$$

ゆえに,定理 2.6 より 15 を法として解は
$$x \equiv 4 \pmod{15},\ x \equiv 9 \pmod{15},\ x \equiv 14 \pmod{15}.$$

(5) $31x \equiv 3 \pmod{56}$:
$(31, 51) = 1$ で,$1 \mid 3$ であるから,定理 2.4 より解は 56 を法として唯 1 つである.

$$\begin{array}{rrl} \text{与えられた式} & 31x \equiv 3 & \pmod{56} \cdots\cdots \text{①} \\ \text{一方} & 31x \equiv -25x & \pmod{56} \cdots\cdots \text{②} \\ \text{① と ② より} & -25x \equiv 3 & \pmod{56} \cdots\cdots \text{③} \\ \text{① + ③} & 6x \equiv 6 & \pmod{56} \cdots\cdots \text{④} \\ 4 \times \text{④} & 24x \equiv 24 & \pmod{56} \cdots\cdots \text{⑤} \\ \text{③ + ⑤} & -x \equiv 27 & \pmod{56} \cdots\cdots \text{⑥} \\ (-1) \times \text{⑥} & x \equiv -27 & \pmod{56} \\ \therefore & x \equiv 29 & \pmod{56}. \end{array}$$

(6) $41x \equiv 10 \pmod{310}$:
$(41, 310) = 1$,$1 \mid 10$ であるから,定理 2.4 より解は 310 を法として唯 1 つである.

はじめに，310 を 41 で割ると，$310 = 41 \cdot 7 + 23$ と表される．

$$287 \equiv -23 \pmod{310} \quad \cdots\cdots ①$$
$$41x \equiv 10 \pmod{310} \quad \cdots\cdots ②$$
両辺を 7 倍すると $\quad 287x \equiv 70 \pmod{310} \quad \cdots\cdots ③$
① より $\quad -23x \equiv 70 \pmod{310} \quad \cdots\cdots ④$
② + ④ $\quad 18x \equiv 80 \pmod{310} \quad \cdots\cdots ⑤$
④ + ⑤ $\quad -5x \equiv 150 \pmod{310} \quad \cdots\cdots ⑥$
⑥ × 4 $\quad -20x \equiv 600 \equiv 290 \pmod{310} \quad \cdots\cdots ⑦$
⑦ + ⑤ $\quad -2x \equiv 370 \equiv 60 \pmod{310} \quad \cdots\cdots ⑧$
⑧ × 2 $\quad -4x \equiv 120 \pmod{310} \quad \cdots\cdots ⑨$
⑥ − ⑨ $\quad -x \equiv 30 \pmod{310} \quad \cdots\cdots ⑩$
$(-1) \times ⑩ \quad x \equiv -30 \equiv 280 \pmod{310}$
∴ $\quad x \equiv 280 \pmod{310}$．

問 2.8 次の合同式を解け．
(1) $\begin{cases} 3x \equiv 1 \pmod 5 \\ 4x \equiv 5 \pmod 7 \end{cases}$ (2) $\begin{cases} 2x \equiv 3 \pmod 7 \\ 5x \equiv 1 \pmod{11} \end{cases}$

(解答) (1) $3x \equiv 1 \pmod 5$ は問 2.7 の (1) より，$x \equiv 2 \pmod 5$．
$4x \equiv 5 \pmod 7$ については，

$$\text{もとの式} \quad 4x \equiv 5 \pmod 7 \quad \cdots\cdots ①$$
$$\text{一方} \quad 4x \equiv -3x \pmod 7 \quad \cdots\cdots ②$$
① と ② より $\quad -3x \equiv 5 \pmod 7 \quad \cdots\cdots ③$
① + ③ $\quad x \equiv 10 \equiv 3 \pmod 7$．

ゆえに，連立方程式 $x \equiv 2 \pmod 5$, $x \equiv 3 \pmod 7$ を解けばよい．

$x \equiv 2 \pmod 5$ の解については，ある整数 t が存在して，$x = 2 + 5t$ と表される．これを第 2 式に代入すると，

$$2 + 5t \equiv 3 \pmod 7$$
∴ $\quad 5t \equiv 1 \pmod 7 \quad \cdots\cdots ④$
$\quad 5t \equiv -2t \pmod 7 \quad \cdots\cdots ⑤$
④ と ⑤ より $\quad -2t \equiv 1 \pmod 7 \quad \cdots\cdots ⑥$
④ + ⑥ $\quad 3t \equiv 2 \pmod 7 \quad \cdots\cdots ⑦$
⑥ + ⑦ $\quad t \equiv 3 \pmod 7$
問 2.2 の (2) より $\quad 5t \equiv 15 \pmod{35}$．
したがって，$x = 2 + 5t \equiv 2 + 15 \pmod{35}$．
∴ $\quad x \equiv 17 \pmod{35}$．

(検算) $3 \cdot 17 = 51 \equiv 1 \pmod 5$, $4 \cdot 17 = 68 \equiv 5 \pmod 7$．

(2) $2x \equiv 3 \pmod 7$ について．

$$\begin{array}{rrll}
\text{与えられた式} & 2x \equiv 3 & \pmod 7 & \cdots\cdots ① \\
\text{一方} & 2x \equiv -5x & \pmod 7 & \cdots\cdots ② \\
①\text{と}②\text{より} & -5x \equiv 3 & \pmod 7 & \cdots\cdots ③ \\
①+③ & -3x \equiv 6 & \pmod 7 & \cdots\cdots ④ \\
①+④ & -x \equiv 9 \equiv 2 & \pmod 7 & \cdots\cdots ⑤ \\
(-1)\times ⑤ & x \equiv -2 & \pmod 7 & \\
\therefore & x \equiv 5 & \pmod 7. &
\end{array}$$

$5x \equiv 1 \pmod{11}$ について．

$$\begin{array}{rrll}
\text{与えられた式} & 5x \equiv 1 & \pmod{11} & \cdots\cdots ① \\
\text{一方} & 5x \equiv -6x & \pmod{11} & \cdots\cdots ② \\
①\text{と}②\text{より} & -6x \equiv 1 & \pmod{11} & \cdots\cdots ③ \\
①+③ & -x \equiv 2 & \pmod{11} & \cdots\cdots ④ \\
(-1)\times ④ & x \equiv -2 & \pmod{11} & \\
\therefore & x \equiv 9 & \pmod{11}. &
\end{array}$$

ゆえに，連立方程式 $x \equiv 5 \pmod 7$, $x \equiv 9 \pmod{11}$ を解けばよい．

$x \equiv 5 \pmod 7$ の解について，ある整数 t が存在して，$x = 5+7t$ と表される．これを，第2式に代入して，

$$\begin{array}{rrl}
& 5 + 7t \equiv 9 & \pmod{11} \\
\text{移項して} & 7t \equiv 4 & \pmod{11} \\
7 \equiv -4 \pmod{11} \text{より} & -4t \equiv 4 & \pmod{11} \\
(4,11)=1 \text{より (定理 2.2)} & t \equiv -1 & \pmod{11} \\
\therefore & t \equiv 10 & \pmod{11}. \\
& 7t \equiv 70 & \pmod{77}.
\end{array}$$

ゆえに，$x = 5 + 7t \equiv 75 \pmod{77}$ となり，$x \equiv 75 \pmod{77}$ を得る．

(検算) $2 \cdot 75 = 150 \equiv 3 \pmod 7$, $5 \cdot 75 = 375 \equiv 1 \pmod{11}$.

問 2.9 $C'_a = \{x \mid x \equiv a \pmod m\}, C_a = \{x \mid x \equiv a \pmod n\}$ とする．n が m の約数とすれば，$C'_a \subset C_a$ であることを示せ．

(証明) $b \in C'_a$ とする．定義より，$b \equiv a \pmod m$. 仮定より，$n \mid m$ であるから，問 2.2 (1) より，$b \equiv a \pmod n$. ゆえに，$b \in C_a$. したがって，$C'_a \subset C_a$ が示された．

> **問 2.10** 正の整数 m, n について $m = dn$ であるとする. このとき, m, n を法とする a の剰余類をそれぞれ C'_a, C_a とする. すなわち
> $$C'_a = \{x \mid x \equiv a \pmod{m}\}, \quad C_a = \{x \mid x \equiv a \pmod{n}\}$$
> とする. このとき次を示せ.
> $$C_a = C'_a \cup C'_{a+n} \cup C'_{a+2n} \cup \cdots \cup C'_{a+(d-1)n} \quad (どの 2 つも共通部分はない).$$

(証明) a は簡単のため $0 \leq a < n$ としておく. このとき, $a + (d-1)n < n + (d-1)n = dn = m$ であるから
$$0 \leq a < a + n < a + 2n < \cdots < a + (d-1)n < m.$$
m を法とする剰余類 $C'_a, C'_{a+n}, C'_{a+2n}, \cdots, C'_{a+(d-1)n}$ はすべて相異なる (定理 2.8). ゆえに, 定理 2.9 より $C'_{a+in} \cap C'_{a+jn} = \phi \ (0 \leq i, j \leq d-1)$.

(1) $x \in C'_{a+rn} \ (0 \leq r \leq d-1)$ とする. このとき, $x \equiv a + rn \pmod{m}$. 問 2.2 (1) より, $x \equiv a + rn \equiv a \pmod{n}$. ゆえに, $x \in C_a$ である. 以上より, $C'_{a+rn} \subset C_a$ であることが示された. したがって,
$$C_a \supset C'_a \cup C'_{a+n} \cup \cdots \cup C'_{a+(d-1)n}.$$

(2) $x \in C_a$ とする. このとき, ある整数 t があって, $x = a + nt$ と表される. さらに, t を d で割ると, $t = dq + r \ (0 \leq r < d)$ と表される (定理 1.5). すると,
$$x = a + nt = a + n(dq + r) = (a + nr) + ndq = (a + nr) + mq.$$
ゆえに, $x \equiv a + nr \pmod{m}$ であるから $x \in C'_{a+nr} \ (0 \leq r < d)$.

以上 (1), (2) より $C_a = C'_a \cup C'_{a+n} \cup \cdots \cup C'_{a+(d-1)n}$ が示された.

> **問 2.11** n を法とする a の剰余類を C_a とするとき
> $$x, y \in C_a \Longrightarrow x \equiv y \pmod{n}$$
> であり, またこのとき $C_x = C_y = C_a$ となっていることを示せ.

(証明) $x \in C_a$ とすると, 定義より $x \equiv a \pmod{n}$. 同様に, $y \in C_a$ より $y \equiv a \pmod{n}$. 対称律より $a \equiv y \pmod{n}$ であるから, 推移律によって $x \equiv y \pmod{n}$ を得る. 後半は $x \in C_x \cap C_a$ であるから, 定理 2.9 の (2) より $C_x = C_a$ であり $C_y = C_a$ も同様である. ゆえに, $C_x = C_y = C_a$.

> **問 2.12** n, a, b を正の整数とするとき, 次を示せ.
> $$(a, n) = 1, \ (b, n) = 1 \Longrightarrow (ab, n) = 1$$

(証明) $(ab, n) > 1$ と仮定する. このとき, ある素数 p が存在して $p \mid ab$, $p \mid n$ となっている. ここで, 問 1.21 (1) より
$$p \mid ab \Longrightarrow p \mid a \text{ または } p \mid b.$$

したがって，(i) $p \mid a, p \mid n$ または (ii) $p \mid b, p \mid n$ である．(i) のとき，$p \leq (a, n)$ であり，(ii) のとき，$p \leq (b, n)$ であるから，いずれにしても仮定に矛盾する．

第 1 章 §2 演習問題

> **1.** 次の連立合同式を解け．
> (1) $\begin{cases} 2x \equiv 1 \pmod{5} \\ 3x \equiv 4 \pmod{7} \end{cases}$
> (2) $\begin{cases} x \equiv 1 \pmod{3} \\ x \equiv 2 \pmod{5} \\ x \equiv 6 \pmod{11} \end{cases}$

(証明) (1) $2x \equiv 1 \pmod{5}$ について．

$$
\begin{array}{rll}
\text{与えられた式} & 2x \equiv 1 & \pmod{5} \cdots\cdots ① \\
\text{一方} & 2x \equiv -3x & \pmod{5} \cdots\cdots ② \\
\text{① と ② より} & -3x \equiv 1 & \pmod{5} \cdots\cdots ③ \\
① + ③ & -x \equiv 2 & \pmod{5} \\
& x \equiv -2 & \pmod{5} \\
\therefore \quad & x \equiv 3 & \pmod{5}.
\end{array}
$$

$3x \equiv 4 \pmod{7}$ について．

$$
\begin{array}{rll}
\text{与えられた式} & 3x \equiv 4 & \pmod{7} \cdots\cdots ① \\
\text{一方} & 3x \equiv -4x & \pmod{7} \cdots\cdots ② \\
\text{① と ② より} & -4x \equiv +4 & \pmod{7} \\
\text{定理 2.2 より} & x \equiv -1 & \pmod{7} \\
\therefore \quad & x \equiv 6 & \pmod{7}.
\end{array}
$$

ゆえに，連立合同式 $x \equiv 3 \pmod 5$, $x \equiv 6 \pmod 7$ を解けばよい．

$x \equiv 3 \pmod 5$ の解について，ある整数 t が存在して，$x = 3 + 5t$ と表される．これを，第 2 式に代入して，

$$
\begin{array}{rll}
& 3 + 5t \equiv 6 & \pmod{7} \\
\text{移項して} & 5t \equiv 3 & \pmod{7} \cdots\cdots ① \\
\text{一方} & 5t \equiv -2t & \pmod{7} \cdots\cdots ② \\
\text{① と ② より} & -2t \equiv 3 & \pmod{7} \cdots\cdots ③ \\
2 \times ④ & -4t \equiv 6 & \pmod{7} \cdots\cdots ④ \\
① + ④ & t \equiv 9 & \pmod{7} \\
\therefore \quad & t \equiv 2 & \pmod{7}. \\
\text{さらに} & 5t \equiv 10 & \pmod{35}.
\end{array}
$$

したがって，$x = 3 + 5t \equiv 13 \pmod{35}$ であるから，解は $x \equiv 13 \pmod{35}$ である．
　(検算) $2 \cdot 13 = 26 \equiv 1 \pmod 5$, $3 \cdot 13 = 39 \equiv 4 \pmod 7$.

(2) はじめに，$x \equiv 1 \pmod{3}$, $x \equiv 2 \pmod{5}$ を解く．

$x \equiv 1 \pmod{3}$ の解について，ある整数 t が存在して，$x = 1 + 3t$ と表される．これを，第2式に代入して，

$$1 + 3t \equiv 2 \pmod{5}$$

$$\text{移項して} \quad 3t \equiv 1 \pmod{5} \quad \cdots\cdots \text{①}$$
$$\text{一方} \quad 3t \equiv -2t \pmod{5} \quad \cdots\cdots \text{②}$$
$$\text{① と ② より} \quad -2t \equiv 1 \pmod{5} \quad \cdots\cdots \text{③}$$
$$\text{① + ③} \quad t \equiv 2 \pmod{5} \quad \cdots\cdots \text{④}$$
$$3 \times \text{④} \quad 3t \equiv 6 \pmod{15}.$$

したがって，$x = 1 + 3t \equiv 7 \pmod{15}$ であるから，解は $x \equiv 7 \pmod{15}$ である．

次に，連立合同式 $x \equiv 6 \pmod{11}$, $x \equiv 7 \pmod{15}$ を解く．

$x \equiv 6 \pmod{11}$ の解について，ある整数 a が存在して，$x = 6 + 11a$ と表される．これを，第2式に代入して，

$$6 + 11a \equiv 7 \pmod{15}$$

$$\text{移項して} \quad 11a \equiv 1 \pmod{15} \quad \cdots\cdots \text{①}$$
$$\text{一方} \quad 11a \equiv -4a \pmod{15} \quad \cdots\cdots \text{②}$$
$$\text{① と ② より} \quad -4a \equiv 1 \pmod{15} \quad \cdots\cdots \text{③}$$
$$3 \times \text{③} \quad -12a \equiv 3 \pmod{15} \quad \cdots\cdots \text{④}$$
$$\text{① + ④} \quad -a \equiv 4 \pmod{15}$$
$$\therefore \quad a \equiv -4 \pmod{15}.$$
$$\therefore \quad a \equiv 11 \pmod{15}.$$
$$\text{さらに} \quad 11a \equiv 121 \pmod{165}.$$

したがって，$x = 6 + 11a \equiv 127 \pmod{165}$ であるから，解は $x \equiv 127 \pmod{165}$ である．

(検算) $127 \equiv 1 \pmod{3}$, $127 \equiv 2 \pmod{5}$, $127 \equiv 6 \pmod{11}$.

2. $x^2 \equiv 35 \pmod{100}$ は解をもたないことを証明せよ．

(証明) もし解が存在したとすると，

$$\exists t \in \mathbb{Z}, \ x^2 = 100t + 35 = 5(20t + 7)$$

と表される．定理1.10 より $5 \mid x$ であるから，$x = 5y$ $(y \in \mathbb{Z})$ として上式に代入し，5で割ると $5y^2 = 20t + 7$ という式が得られる．7 は 5 で割り切れないので矛盾である．よって，この合同方程式は解をもたない．

3. n を整数とするとき，$n^2 \equiv 0 \pmod{4}$ かまたは $n^2 \equiv 1 \pmod{4}$ が成り立つことを証明せよ．

(証明) $2 \mid n$ のとき，$n = 2a$ $(a \in \mathbb{Z})$ と表される．ゆえに，$n^2 = 4a^2 \equiv 0$

(mod 4). また, $2 \nmid n$ のとき, $n = 2a + 1 \ (a \in \mathbb{Z})$ と表される. ゆえに, $n^2 = (2a+1)^2 = 4a^2 + 4a + 1 \equiv 1 \pmod{4}$.

4. a, b を整数, e を自然数, p を素数とするとき, 次を証明せよ.
(1) $(a+b)^p \equiv a^p + b^p \pmod{p}$.
(2) $(a_1 + a_2 + \cdots + a_n)^p \equiv a_1^p + a_2^p + \cdots + a_n^p \pmod{p}$.
(3) $(a+b)^{p^e} \equiv a^{p^e} + b^{p^e} \pmod{p}$.

(証明) (1) 2 項定理によって,
$$(a+b)^p = \sum_{k=0}^{p} {}_p\mathrm{C}_k a^k b^{p-k}$$
$$= a^p + {}_p\mathrm{C}_1 a^{p-1} b + {}_p\mathrm{C}_2 a^{p-2} b^2 + \cdots + {}_p\mathrm{C}_{p-1} ab^{p-1} + b^p.$$
ここで, ${}_p\mathrm{C}_r$ は 2 項係数を表している. すなわち,
$${}_p\mathrm{C}_r = \frac{p!}{r!(p-r)!} = \frac{p(p-1)\cdots(p-r+1)}{r!}.$$
${}_p\mathrm{C}_r$ は整数で, もし $r \neq 0, p$ であれば ${}_p\mathrm{C}_r$ は p で割り切れる. すなわち,
$${}_p\mathrm{C}_1 \equiv 0 \pmod{p}, \cdots, {}_p\mathrm{C}_{p-1} \equiv 0 \pmod{p}.$$
ゆえに, $(a+b)^p \equiv a^p + b^p \pmod{p}$.

(2) n についての帰納法で示す. $n = 2$ のときは (1) の場合である. $n > 2$ と仮定して, $n-1$ まで正しいと仮定すると,
$$(a_1 + a_2 + \cdots + a_n)^p = \{(a_1 + \cdots + a_{n-1}) + a_n\}^p$$
$$\equiv (a_1 + \cdots + a_{n-1})^p + a_n^p \pmod{p}$$
$$\equiv a_1^p + \cdots + a_{n-1}^p + a_n^p \pmod{p}.$$

(3) e についての帰納法で示す. $e = 1$ のときは (1) の場合である. $e > 1$ と仮定して, $e-1$ まで正しいと仮定すると,
$$(a+b)^{p^e} = \{(a+b)^{p^{e-1}}\}^p \equiv (a^{p^{e-1}} + b^{p^{e-1}})^p \pmod{p}$$
$$\equiv (a^{p^{e-1}})^p + (b^{p^{e-1}})^p \pmod{p} \equiv a^{p^e} + b^{p^e} \pmod{p}.$$

5. $10^{6n} - 1$ は 7, 9, 11, 13 で割り切れることを証明せよ.

(解答) (1) $10^{6n} - 1$ が 7 で割り切れること: $10 \equiv 3 \pmod{7}$ に注意すると,
$$10^{6n} - 1 \equiv 3^{6n} - 1 \pmod{7} = 9^{3n} - 1$$
$$\equiv 2^{3n} - 1 \pmod{7} \quad (9 \equiv 2 \pmod{7}\text{ であるから})$$
$$= 8^n - 1 \equiv 1^n - 1 \pmod{7} = 1 - 1 = 0.$$
(2) $10^{6n} - 1$ は 9 で割り切れること: $10 \equiv 1 \pmod{9}$ に注意すると,
$$10^{6n} - 1 \equiv 1^{6n} - 1 = 1 - 1 = 0.$$
(3) $10^{6n} - 1$ は 11 で割り切れること: $10 \equiv -1 \pmod{11}$ に注意すると,
$$10^{6n} - 1 \equiv (-1)^{6n} - 1 = 1 - 1 = 0.$$

(4) $10^{6n} - 1$ は 13 で割り切れること: $10 \equiv -3 \pmod{13}$ に注意すると,
$$10^{6n} - 1 \equiv (-3)^{6n} - 1 \pmod{13} = (-27)^{2n} - 1$$
$$\equiv (-1)^{2n} \pmod{13} = 1 - 1 = 0.$$

6. 次の合同式を証明せよ.
$$1^{30} + 2^{30} + \cdots + 10^{30} \equiv -1 \pmod{11}.$$

(証明) 合同式はすべて mod 11 で考えるものとする.

(1) $1^{30} = 1$.

(2) $2^{30} = (2^5)^6 = (32)^6 \equiv (-1)^6 = 1$.

(3) 3^{30} について: $3^{10} = (3^2)^5 = 9^5 \equiv (-2)^5 = -32 \equiv 1$.
ゆえに, $3^{30} = (3^{10})^3 \equiv 1^3 = 1$.

(4) $4^{30} = (2^2)^{30} = (2^{30})^2 \equiv 1^2 = 1$.

(5) 5^{30} について: $5^5 = 5^4 \cdot 5 = (5^2)^2 \cdot 5 = 25^2 \cdot 5 \equiv 3^2 \cdot 5 = 9 \cdot 5 = 45 \equiv 1$.
ゆえに, $5^5 \equiv 1$ であるから $5^{30} = (5^5)^6 \equiv 1$.

(6) 上の (2) と (3) より, $6^{30} = 2^{30} \cdot 3^{30} \equiv 1$.

(7) $5^5 \equiv 1$ を使うと, $7^{30} = (7^2)^{15} = 49^{15} \equiv 5^{15} = (5^5)^3 \equiv 1^3 = 1$.

(8) (2) より, $8^{30} = (2^3)^{30} = (2^{30})^3 \equiv 1$.

(9) (3) より, $9^{30} = (3^3)^{30} = (3^{30})^3 \equiv 1$.

(10) $10^{30} \equiv (-1)^{30} = 1$.

以上より, $1^{30} + 2^{30} + \cdots + 10^{30} \equiv \overbrace{1 + \cdots + 1}^{10} = 10 \equiv -1 \pmod{11}$.

7. p を 3 より大きい素数とするとき, 合同式 $p^2 \equiv 1 \pmod{12}$ を証明せよ.

(証明) $12 = 2^2 \cdot 3$ で $3 < p$ あるから, $(p, 12) = 1$ である. $12 < p$ のとき, p を 12 で割ると,
$$\exists q, r \in \mathbb{Z}, \, p = q \cdot 12 + r \, (0 \leq r < 12)$$
と表される. このとき, $p^2 \equiv r^2 \pmod{12}$ であるから $r < 12$ なる整数 r を調べればよい. ここで, $(12, p) = 1$ より r は素数でなければならない. もし素数でないとすると, それらは 4, 6, 8, 9, 10 のいずれかである. このとき上式より, $1 < (12, p)$ となってしまう. よって, r は次の数のどれかである.
$$1, 2, 3, 5, 7, 11.$$
ところが, $r = 2, 3$ のとき, p は素数ではなくなる. 以上より, $p \equiv 1, 5, 7, 11$ mod 12 のときだけが問題である. これらの場合に実際計算すると,
$$p \equiv 1 \pmod{12} \text{ のとき}, p^2 \equiv 1 \pmod{12},$$
$$p \equiv 5 \pmod{12} \text{ のとき}, p^2 \equiv 25 \equiv 1 \pmod{12},$$
$$p \equiv 7 \pmod{12} \text{ のとき}, p^2 \equiv 49 \equiv 1 \pmod{12},$$
$$p \equiv 11 \pmod{12} \text{ のとき}, p^2 \equiv 121 \equiv 1 \pmod{12}.$$

したがって, p を 3 より大きい素数とするとき, $p^2 \equiv 1 \pmod{12}$ であることが示された.

8. 不定方程式 $x^2 + y^2 = z^2$ は素数の解をもたないことを証明せよ.

(証明) (1) x, y のどちらかが偶数であるとする. このとき, 偶数である素数は 2 だけである. $x = 2$ とする. すると与えられた式は
$$4 = z^2 - y^2 = (z+y)(z-y)$$
となる. このとき,

(i) $z + y = 4, z - y = 1$ (ii) $z + y = 2, z - y = 2$ (iii) $z + y = 1, z - y = 4$.

のどれかが起こる. (i) のとき, $z = 5/2 \notin \mathbb{Z}$. (ii) のとき, $z = 2, y = 0$. (iii) のとき, $z = 5/2 \notin \mathbb{Z}$. したがって, この場合は解はない.

(2) x と y のどちらも奇数とする. このとき, $x \equiv 1 \pmod{2}, y \equiv 1 \pmod{2}$ であるから,
$$x^2 \equiv 1 \pmod{4}, \quad y^2 \equiv 1 \pmod{4}.$$
したがって, $x^2 + y^2 \equiv 2 \pmod{4}$ であるから, $z^2 \equiv 2 \pmod{4}$ を得る.

このとき, 問 2.2(1) より $z^2 \equiv 0 \pmod 2$. すなわち, $2 \mid z^2$. ゆえに, 定理 1.10 より $2 \mid z$ であるから z は偶数となり矛盾である ($z = 2$ のとき, x, y はない).

9. k を奇数とするとき, $1^k + 2^k + \cdots + n^k$ は $1 + 2 + \cdots + n$ で割り切れることを証明せよ.

(証明) $1 + 2 + \cdots + n = n(n+1)/2$ であるから, $n(n+1) \mid 2(1^k + 2^k + \cdots + n^k)$ を示せば十分である.

(1) $\bmod n$ で考える.
$$2(1^k + 2^k + \cdots + n^k) \equiv 2(1^k + 2^k + \cdots + (n-1)^k)$$
$$\equiv \left(1^k + (n-1)^k\right) + \left(2^k + (n-2)^k\right) + \cdots + \left((n-1)^k + 1^k\right)$$
$(-a)^k \equiv (n-a)^k \pmod n$ に注意すれば
$$\equiv \left(1^k + (-1)^k\right) + \left(2^k + (-2)^k\right) + \cdots + \left((-1)^k + 1^k\right).$$
k は奇数だから
$$\equiv (1^k - 1^k) + (2^k - 2^k) + \cdots + (-1^k + 1^k) = 0.$$

(2) $\bmod (n+1)$ で考える. $n - i + 1 \equiv -i \pmod{n+1}$ と, k は奇数であることに注意して (1) と同様にする.
$$2(1^k + 2^k + \cdots + n^k)$$
$$\equiv \left(1^k + n^k\right) + \left(2^k + (n-1)^k\right) + \cdots + \left(n^k + 1^k\right)$$
$$\equiv \left(1^k + (-1)^k\right) + \left(2^k + (-2)^k\right) + \cdots + \left((-1)^k + 1^k\right) = 0.$$

$(n, n+1) = 1$ だから, (1) と (2) より $n(n+1) \mid 2(1^k + 2^k + \cdots + n^k)$ を得る.

10. $4n+3$ という形の素数は無限に存在することを証明せよ．

(証明) $4n+3$ という形の素数が有限個しかないと仮定して，それらを $p_1, p_2, \cdots, p_k$ とする．そこで，
$$a = (p_1 p_2 \cdots p_k)^2 + 2 \qquad \cdots\cdots\cdots ①$$
なる数を考える．各 p_i を $p_i = 4n_i + 3$ $(i=1,\cdots,k)$ とおく．このとき，$p_i \equiv -1 \pmod 4$ であるから，$p_1 \cdots p_k \equiv (-1)^k \pmod 4$. ゆえに，
$$a = (p_1 \cdots p_k)^2 + 2$$
$$\equiv (-1)^{2k} + 2 = 1 + 2 = 3 \equiv -1 \pmod 4.$$
ゆえに，$a \equiv -1 \pmod 4$．したがって，a は $4n+3$ という形の数である．

次に，奇数の素数は $\bmod 4$ で考えると，$1 \pmod 4$ か $3 \pmod 4$ である．すなわち，$1 \pmod 4$ かまたは $-1 \pmod 4$ である．a の素因数がすべて $1 \pmod 4$ であれば，$a \equiv 1 \pmod 4$ となり上の結果に矛盾する．よって，a は $-1 \pmod 4$ である素因数をもつ．この素因数は $p_1, \cdots, p_n$ の中の 1 つである．これを p_i とする．$\bmod p_i$ では，
$$a \equiv 0 \pmod{p_i}. \qquad \cdots\cdots\cdots ②$$
一方，① より
$$a = (p_1 \cdots p_k)^2 + 2 \equiv 2 \pmod{p_i}. \qquad \cdots\cdots\cdots ③$$
したがって，② と ③ より $2 \equiv 0 \pmod{p_i}$．ゆえに，$p_i = 2$ となるが，これは p_i が $4n+3$ の形の素数であることに矛盾する．

11. 次の**中国式剰余の定理** (定理 2.7) を帰納法を使わないで証明せよ．
$n_1, \cdots, n_s$ を 1 より大きい整数とし，$(n_i, n_j) = 1$ $(i \neq j)$ とする．このとき任意の整数の組 $a_1, \cdots, a_s$ に対して連立合同式
$$x \equiv a_1 \pmod{n_1}, \cdots, x \equiv a_s \pmod{n_s} \qquad \cdots\cdots\cdots ①$$
は，$n = n_1 \cdots n_s$ を法として唯 1 つの解をもつ．

(証明) 存在: 各 $i (1 \leq i \leq s)$ について
$$n'_i = n/n_i = n_1 \cdots n_{i-1} n_{i+1} \cdots n_s$$
とおく．仮定より $(n_i, n'_i) = 1$ であるから (問 1.23)，$\beta_i n_i + \alpha_i n'_i = 1$, $(\exists \alpha_i, \beta_i \in \mathbb{Z})$ なる関係がある．ゆえに，
$$\alpha_i n'_i \equiv 1 \pmod{n_i}. \qquad \cdots\cdots\cdots ②$$
そこで
$$a = a_1 n'_1 \alpha_1 + \cdots + a_s n'_s \alpha_s$$
とおくと，
$$a - a_1 n'_1 \alpha_1 = a_2 n'_2 \alpha_2 + \cdots + a_s n'_s \alpha_s.$$

ここで，$n_1 \mid n_2', \ldots, n_1 \mid n_s'$ であるから，$a \equiv a_1 n_1' \alpha_1 \pmod{n_1}$. ゆえに，② より $a \equiv a_1 \pmod{n_1}$. 同様にすれば $i = 1, \ldots, s$ について $a \equiv a_i \pmod{n_i}$ が成り立つ．よって，a は連立方程式 ① の解の 1 つである．

唯 1 つであること：連立方程式 ① の解を $x = a, x = b$ とする．すなわち
$$a \equiv a_i \pmod{n_i} \ (i = 1, \ldots, s), \ b \equiv a_i \pmod{n_i} \ (i = 1, \ldots, s)$$
とすると $a \equiv b \pmod{n_i} \ (i = 1, \ldots, s)$ となっている．$a - b$ は $n_1, \ldots, n_s$ の公倍数であるから，その最小公倍数 $[n_1, \ldots, n_s] = n_1 \cdots n_s = n$ で割り切れる (問 1.8)．ゆえに，$a \equiv b \pmod{n}$.

§3 オイラーの関数，メビュースの関数 (定理)

定義と定理のまとめ

定義 3.1 n を自然数とするとき，$1, 2, \cdots, n$ のうち n と互いに素なるものの個数を $\varphi(n)$ により表し，これを**オイラーの関数**という．

定理 3.1 n を法とする既約剰余類の個数は $\varphi(n)$ である．すなわち
$$|U(\mathbb{Z}_n)| = \varphi(n).$$

定理 3.2 オイラーの関数は**乗法的**である．すなわち，$n = n_1 \cdot n_2$ のとき，次が成り立つ．$(n_1, n_2) = 1 \implies \varphi(n) = \varphi(n_1) \cdot \varphi(n_2)$．

定理 3.3 $n = p_1^{e_1} p_2^{e_2} \cdots p_s^{e_s}$ (p_i は互いに異なる素数，$e_i \geq 1$) であれば，次の等式が成り立つ．
$$\varphi(n) = n \left(1 - \frac{1}{p_1}\right)\left(1 - \frac{1}{p_2}\right) \cdots \left(1 - \frac{1}{p_s}\right).$$

定理 3.4 n を自然数とするとき，次の等式が成り立つ．
$$\sum_{d|n} \varphi(d) = n.$$
ここで，和は n のすべての正の約数についての和を意味するものとする．

定義 3.2 $n = 1$ であるとき $\mu(1) = 1$，n が素数の 2 乗で割り切れるとき $\mu(n) = 0$，n が相異なる r 個の素数の積であるとき $\mu(n) = (-1)^r$ として定義される関数 $\mu(n)$ を**メビュースの関数**という．

定理 3.5 メビュースの関数は乗法的である．すなわち，
$$(n_1, n_2) = 1 \implies \mu(n_1 n_2) = \mu(n_1)\mu(n_2).$$

定理 3.6 n を自然数とするとき，つぎの式が成り立つ．
$$\sum_{d|n} \mu(d) = \begin{cases} 1 & (n = 1) \\ 0 & (n > 1) \end{cases}$$
ただし，和は n のすべての正の約数 d についての和を表すものとする．

定理 3.7 (メビュースの反転公式) $F(n), f(d)$ を整数の集合 $\mathbb{Z}$ から $\mathbb{Z}$ への関数とする．このとき，$F(n) = \sum_{d|n} f(d)$ が成り立てば $f(n) = \sum_{d|n} \mu(d) F\left(\frac{n}{d}\right)$ が成り立つ．ただし，和は n のすべての正の約数 d についての和を表すものとする．

問題と解答

問 3.1 $n = 12, 30$ について，定理 3.2 が成り立っていることを確かめよ．

(解答) (1) $n = 12$ のとき，$12 = 3 \cdot 4$ と分解する．このとき，$(3, 4) = 1$．また，$\varphi(3) = 2, \varphi(4) = 2, \varphi(12) = 4$ であるから，$\varphi(12) = \varphi(3)\varphi(4)$ が成り立っている．

(2) $n = 30$ のとき，$30 = 5 \cdot 6$ と分解する．このとき，$(5, 6) = 1$．前に確かめたように $\varphi(5) = 4, \varphi(6) = 2$ であり，また
$$U(\mathbb{Z}_{30}) = \{\overline{1}, \overline{7}, \overline{11}, \overline{13}, \overline{17}, \overline{19}, \overline{23}, \overline{29}\}$$
であるから，$\varphi(30) = |U(\mathbb{Z}_{30})| = 8$ である．したがって，$\varphi(30) = \varphi(5)\varphi(6)$ が成り立つ．

問 3.2 $(n_1, n_2) > 1$ のとき，定理 3.2 が成り立たないことを例によって確かめよ．

(解答) $36 = 2 \times 18$ という分解について調べてみよう．このとき，$(2, 18) = 2 > 1$ となっている．1 から 36 までの整数で 36 と互いに素である整数は
$$1,\ 5,\ 7,\ 11,\ 13,\ 17,\ 19,\ 23,\ 25,\ 29,\ 31,\ 35$$
の 12 個である．よって，$\varphi(36) = 12$．また，1 から 18 までの整数で 18 と互いに素である整数は 1, 5, 7, 11, 13, 17 の 6 個である．よって，$\varphi(18) = 6$．したがって，$\varphi(2)\varphi(18) = 1 \cdot 6 = 6$ であるから，$\varphi(36) \neq \varphi(2)\varphi(18)$ である．

問 3.3 次の問に答えよ．
(1) 1 から 36 までの整数の中で 36 と互いに素である数の個数を求めよ．
(2) 1 から 72 までの整数の中で 72 と互いに素である数の個数を求めよ．

(解答) (1) $36 = 4 \cdot 9, (4, 9) = 1$ であるから，定理 3.2 より
$$\varphi(36) = \varphi(4)\varphi(9) = 2 \cdot 6 = 12.$$
(2) $72 = 8 \cdot 9, (8, 9) = 1$ であるから，定理 3.2 より
$$\varphi(72) = \varphi(8)\varphi(9) = 4 \cdot 6 = 24.$$

問 3.4 オイラーの関数の値 $\varphi(30), \varphi(35), \varphi(72), \varphi(90), \varphi(588), \varphi(1089)$ を求めよ．

(解答) (1) $30 = 2 \cdot 3 \cdot 5$ であるから，定理 3.3 より
$$\varphi(30) = \varphi(2 \cdot 3 \cdot 5) = 30\left(1 - \frac{1}{2}\right)\left(1 - \frac{1}{3}\right)\left(1 - \frac{1}{5}\right)$$
$$= (2-1)(3-1)(5-1) = 1 \cdot 2 \cdot 4 = 8.$$
(2) $\quad \varphi(35) = \varphi(5 \cdot 7) = 35\left(1 - \frac{1}{5}\right)\left(1 - \frac{1}{7}\right)$
$$= (5-1)(7-1) = 4 \cdot 6 = 24.$$

(3) $72 = 2^3 \cdot 3^2$ であるから，定理 3.3 より
$$\varphi(72) = 72\left(1 - \frac{1}{2}\right)\left(1 - \frac{1}{3}\right)$$
$$= 12(2-1)(3-1) = 12 \cdot 1 \cdot 2 = 24.$$

(4) $90 = 2 \cdot 3^2 \cdot 5$ であるから，定理 3.3 より
$$\varphi(90) = 90\left(1 - \frac{1}{2}\right)\left(1 - \frac{1}{3}\right)\left(1 - \frac{1}{5}\right)$$
$$= 3(2-1)(3-1)(5-1) = 3 \cdot 1 \cdot 2 \cdot 4 = 24.$$

(5) $588 = 2^2 \cdot 3 \cdot 7^2$ であるから，定理 3.3 より
$$\varphi(588) = 588\left(1 - \frac{1}{2}\right)\left(1 - \frac{1}{3}\right)\left(1 - \frac{1}{7}\right)$$
$$= 14(2-1)(3-1)(7-1) = 14 \cdot 1 \cdot 2 \cdot 6 = 168.$$

(6) $1089 = 3^2 \cdot 11^2$ であるから，定理 3.3 より
$$\varphi(1089) = 1089\left(1 - \frac{1}{3}\right)\left(1 - \frac{1}{11}\right)$$
$$= 33(3-1)(11-1) = 33 \cdot 2 \cdot 10 = 660.$$

問 3.5 次のそれぞれにおける，数のメビウスの関数の値を求めよ．
(1) 20 (2) 126 (3) 361 (4) 1365 (5) 24374

(解答) (1) $20 = 2^2 \cdot 5$ であるから，$\mu(20) = 0$.
(2) $126 = 2 \cdot 3^2 \cdot 7 \cdot 9$ であるから，$\mu(126) = 0$.
(3) $361 = 19^2$ であるから，$\mu(361) = 0$.
(4) $1365 = 3 \cdot 5 \cdot 7 \cdot 13$ であるから，$\mu(1365) = (-1)^4 = 1$.
(5) $24374 = 2 \cdot 7 \cdot 1741$ であるから，$\mu(24374) = (-1)^3 = -1$.
ここで，1741 は素数である．なぜならば，$\sqrt{1741} = 41.7...$ であって 41 以下の素数
$$2,\ 3,\ 5,\ 7,\ 11,\ 13,\ 17,\ 19,\ 23,\ 29,\ 31,\ 37,\ 41$$
で割り切れない．よって，§1 演習問題 4 によって 1741 は素数であることがわかる．

第 1 章 §3 演 習 問 題

1. $\varphi(n) = 6$ を満たす自然数 n を求めよ．

(解答) n を素因数分解して $n = p_1^{e_1} \cdots p_s^{e_s}$ とすると，定理 3.3 より
$$\varphi(n) = n\left(1 - \frac{1}{p_1}\right)\left(1 - \frac{1}{p_2}\right)\cdots\left(1 - \frac{1}{p_s}\right)$$
$$= p_1^{e_1-1}(p_1-1)p_2^{e_2-1}(p_2-1)\cdots p_s^{e_s-1}(p_s-1).$$
そこで，$6 = p_1^{e_1-1}(p_1-1)\cdots p_s^{e_s-1}(p_s-1)$ なる式を考えると，n の素因数として現れる p_i は $p_i \leq 7$ でなければならない．このような素数は，2, 3, 5, 7 で全部

である．このとき，$p_i - 1$ にあたるものは 1, 2, 4, 6 である．したがって，n の素因数である可能性のある p_i は 2, 3, 7 であることがわかる．すなわち，n は次の形をしている．
$$n = 2^\alpha 3^\beta 7^\gamma \quad (0 \leq \alpha, \, 0 \leq \beta, \, 0 \leq \gamma).$$
はじめに，n は 3 と 7 の積の形にはなり得ない．何故ならば，$n = 3^\beta 7^\gamma$ とすると
$$\varphi(n) = 3^{\beta-1}(3-1)7^\gamma(7-1) = 12 \cdot 3^{\beta-1} 7^\gamma \neq 6.$$
また，$n = 2^\alpha$ とすると，
$$\varphi(n) = 2^{\alpha-1}(2-1) = 2^{\alpha-1} \neq 6.$$
したがって，
$$n = 2^\alpha 3^\beta \ (0 \leq \alpha, \, 0 \leq \beta) \cdots ①, \quad n = 2^\alpha 7^\gamma \ (0 \leq \alpha, \, 0 \leq \gamma) \cdots ②$$
の場合を考えればよい．

① の場合を調べる．さらに，$\alpha = 0$ のとき，$n = 3^\beta$ であるから，
$$6 = \varphi(n) = 3^{\beta-1}(3-1) = 2 \cdot 3^{\beta-1}.$$
ゆえに，$3 = 3^{\beta-1}$ であるから，$\beta = 2$ である．したがって，このとき $n = 3^2 = 9$.
$n = 2^\alpha 3^\beta \ (1 \leq \alpha, \, 0 \leq \beta)$ のとき，
$$6 = \varphi(n) = 2^{\alpha-1}(2-1)3^{\beta-1}(3-1)$$
より，$3 = 2^{\alpha-1} 3^{\beta-1}$. ゆえに，$\alpha = 1, \beta = 2$. したがって，このとき $n = 2^1 \cdot 3^2 = 18$.

② の場合を調べる．さらに，$\alpha = 0$ のとき，$n = 7^\gamma$ であるから，
$$6 = \varphi(n) = 7^{\gamma-1}(7-1) = 6 \cdot 7^{\gamma-1}.$$
ゆえに，$1 = 7^{\gamma-1}$ であるから，$\gamma = 1$ である．したがって，このとき $n = 7^1 = 7$.
$n = 2^\alpha 7^\gamma \ (1 \leq \alpha, \, 0 \leq \gamma)$ のとき，
$$6 = \varphi(n) = 2^{\alpha-1}(2-1)7^{\gamma-1}(7-1).$$
ゆえに，$1 = 2^{\alpha-1} 7^{\gamma-1}$ であるから，$\alpha = 1, \gamma = 1$ である．したがって，このとき $n = 2^1 \cdot 7^1 = 14$.

以上によって，$\varphi(n) = 6$ を満たす自然数は 7, 9, 14, 18 である．

---

2. 正の既約分数 $\dfrac{a}{b}$ で $b \leq n$, $\dfrac{a}{b} \leq 1$ であるものの個数は
$$\varphi(1) + \varphi(2) + \cdots + \varphi(n)$$
であることを証明せよ．

(証明) 上記の条件を満足する既約分数は，
$$b = 1 \text{ のとき，} 1/1 \quad \cdots \varphi(1) \text{ 個}$$
$$b = 2 \text{ のとき，} 1/2 \quad \cdots \varphi(2) \text{ 個}$$
$$b = 3 \text{ のとき，} 1/3, \, 2/3 \cdots \varphi(3) \text{ 個}$$
$$\cdots \qquad \cdots \qquad \cdots$$

$b = n$ のとき，$1/n, 2/n, \cdots, (n-1)/n, n/n = 1$ の中で既約分数の個数は $\varphi(n)$ 個である．よって，求める個数は $\varphi(1) + \varphi(2) + \cdots + \varphi(n)$ である．

---

3. 次の問に答えよ．
(1) $\varphi(n) = \dfrac{1}{2}n$ を満たす自然数 n を求めよ．
(2) $\varphi(n) = \dfrac{2}{3}n$ を満たす自然数 n を求めよ．

(解答) (1) n の素因数分解を $n = p_1^{e_1} \cdots p_s^{e_s}$ ($p_i > 0$) とする．このとき，
$$\frac{\varphi(n)}{n} = \left(1 - \frac{1}{p_1}\right)\left(1 - \frac{1}{p_2}\right) \cdots \left(1 - \frac{1}{p_s}\right).$$
したがって，
$$\frac{1}{2} = \left(1 - \frac{1}{p_1}\right)\left(1 - \frac{1}{p_2}\right) \cdots \left(1 - \frac{1}{p_s}\right).$$
通分して整理すると，$p_1 p_2 \cdots p_s = 2(p_1 - 1)(p_2 - 1) \cdots (p_s - 1)$．ゆえに，$p_1, \cdots, p_s$ の中のどれかは 2 である．そこで，$p_1 = 2$ としてよい．$1 < s$ とすると，$p_2 \cdots p_s = (p_2 - 1) \cdots (p_s - 1)$．この式は成り立たない．よって，$p_1 = 2$ で，$p_2, \cdots, p_s$ は現れない．すなわち，$\varphi(n) = n/2$ を満たす自然数 n は，$n = 2^{e_1}$ ($e_1 > 0$) という形をしている．

(2) (1) と同様に考えると，
$$\left(1 - \frac{1}{p_1}\right)\left(1 - \frac{1}{p_2}\right) \cdots \left(1 - \frac{1}{p_s}\right) = \frac{2}{3}$$
より $2p_1 p_2 \cdots p_s = 3(p_1 - 1)(p_2 - 1) \cdots (p_s - 1)$．このとき，左辺には必ず 3 が現れる．$p_1 = 3$ としてよい．$s > 1$ と仮定すると，$p_2 \cdots p_s = (p_2 - 1) \cdots (p_s - 1)$ となる．ところがこの式は成り立たない．すなわち，n の素因数分解において 3 の他に素数は現れない．よって，$n = 3^e$ ($e > 0$) である．

---

4. 次を証明せよ．
(1) n が偶数のとき，$\varphi(2n) = 2\varphi(n)$ であり，n が奇数のとき，$\varphi(2n) = \varphi(n)$ である．
(2) n が 3 の倍数であるとき，$\varphi(3n) = 3\varphi(n)$ であり n が 3 で割り切れないとき，$\varphi(3n) = 2\varphi(n)$ である．

(証明) (1) (i) n が偶数であれば $n = 2^e a$ ($1 \leq e, 2 \nmid a$) と表される．$(2^e, a) = 1$ だから，定理 3.2 より
$$\varphi(n) = \varphi(2^e)\varphi(a) = 2^e(1 - 1/2)\varphi(a) = 2^{e-1}\varphi(a).$$
一方，$2n = 2^{e+1} \cdot a$ だから $\varphi(2n) = \varphi(2^{e+1})\varphi(a) = 2^e \varphi(a)$．ゆえに，$\varphi(2n) = 2\varphi(n)$ を得る．

(ii) n が奇数であれば $(2, n) = 1$ だから，定理 3.2 より $\varphi(2n) = \varphi(2) \cdot \varphi(n) = \varphi(n)$．

(2) $3 \mid n$ のとき，$n = 3^e \cdot a \ (1 \leq e, 3 \nmid a)$ と表される．したがって，
$$\varphi(n) = \varphi(3^e \cdot a) = \varphi(3^e)\varphi(a) = 2 \cdot 3^{e-1}\varphi(a),$$
$$\varphi(3n) = \varphi(3^{e+1} \cdot a) = \varphi(3^{e+1})\varphi(a) = 2 \cdot 3^e \varphi(a),$$
$$\therefore \quad \varphi(3n) = 3\varphi(n).$$

5. $\sum_{d \mid n} |\mu(d)| = 2^k \ (*)$ を証明せよ．ただし，k は n の相異なる素因数の個数である．

(証明) $n = 1$ のとき，定義より $\mu(1) = 1$ であり，n の素因数の個数は 0 であるから式 $(*)$ は成り立つ．$n > 1$ として，n の素因数分解を $n = p_1^{\alpha_1} p_2^{\alpha_2} \cdots p_k^{\alpha_k}$ (p_i は素数) とする．このとき，n の約数は $p_1^{\beta_1} \cdots p_k^{\beta_k} \ (0 \leq \beta_i \leq \alpha_i)$ という形をしている．

$\sum_{d \mid n} |\mu(d)| = \sum_{d \mid n} |\mu(p_1^{\beta_1} \cdots p_k^{\beta_k})| \quad (\beta_i = 0 \text{ または } 1)$
$= |\mu(1)| + |\mu(p_1)| + \cdots + |\mu(p_k)| + |\mu(p_1 p_2)| + \cdots + |\mu(p_{k-1} p_k)|$
$\quad + \cdots\cdots + |\mu(p_1 p_2 \cdots p_k)|$
$= 1 + {}_k C_1 + {}_k C_2 + \cdots + {}_k C_k = 2^k.$

最後のところの等式は，n 個の集合のべき集合の個数であることに注意しよう．

6. n を 1 より大きい正の整数とする．n より小さく，n と互いに素な正の整数を $a_1, a_2 \cdots, a_{\varphi(n)}$ とするとき，次を求めよ．
$$a_1 + a_2 + \cdots + a_{\varphi(n)} = \sum_{(x,n)=1,\ 0 \leq x < n} x.$$

(証明) $f(n) = a_1 + a_2 + \cdots + a_{\varphi(n)} = \sum_{(x,n)=1} x$ とおく．$1 \leq x < n$ で $(x, n) = d$ なる x の和は $d f(n/d)$ に等しい (定理 3.4 の証明参照)．d を n の約数全部動かして足せば，0 から $n-1$ までの数全部が現れるから
$$\sum_{d \mid n} d f\left(\frac{n}{d}\right) = 0 + 1 + \cdots + (n-1) = \frac{n(n-1)}{2}.$$
ここで，$\sum_{d \mid n} d f\left(\frac{n}{d}\right) = \sum_{d \mid n} \frac{n}{d} f(d)$ であるから，$\sum_{d \mid n} \frac{n}{d} f(d) = \frac{n(n-1)}{2}$．すなわち，$\sum_{d \mid n} \frac{f(d)}{d} = \frac{n-1}{2}$ を得る．反転公式 (定理 3.7) と定理 3.6 より
$$\frac{f(n)}{n} = \sum_{d \mid n} \frac{d-1}{2} \mu\left(\frac{n}{d}\right) = \frac{1}{2} \sum_{d \mid n} (d-1) \mu\left(\frac{n}{d}\right)$$
$$= \frac{1}{2} \sum_{d \mid n} d \mu\left(\frac{n}{d}\right) - \frac{1}{2} \sum_{d \mid n} \mu(d) = \frac{1}{2} \varphi(n) - \frac{1}{2} \cdot 0 = \frac{\varphi(n)}{2}.$$
$$\therefore \quad f(n) = \frac{n \varphi(n)}{2}.$$

7. $\lambda(1) = 1$ とし，$n > 1$ のとき，n を素因数分解して偶数個または奇数個の素数の積になるとき，それぞれ $\lambda(n) = 1$ または $\lambda(n) = -1$ と定める．次に n が平方数のとき 1, そうでないとき 0 と定めて，これを $f(n)$ で表す．このとき，次を示せ
(1) $f(n) = \sum_{d|n} \lambda(d)$, (2) $\lambda(n) = \sum_{d|n} \mu(d) f\left(\dfrac{n}{d}\right)$.
$\lambda(n)$ を**リウヴィルの関数**という．

(証明) はじめに $\lambda(ab) = \lambda(a)\lambda(b)$ が成り立つことを場合に分けて示す．

① a が偶数個の素数の積で，b が偶数個の素数の積のとき，ab は偶数個の素数の積であるから，
$$\lambda(ab) = 1 = 1 \cdot 1 = \lambda(a)\lambda(b).$$
② a が偶数個の素数の積で，b が奇数個の素数の積のとき，ab は奇数個の素数の積であるから，
$$\lambda(ab) = -1 = 1 \cdot (-1) = \lambda(a)\lambda(b).$$
$(a, b) =$ (奇, 偶)，$(a, b) =$ (奇, 奇) のときも同様に確かめられる．

同様にして，a, b が平方数であるかないかということで場合分けをすれば，$f(ab) = f(a)f(b)$ が示される．

n の素因数分解を $n = p_1^{\alpha_1} p_2^{\alpha_2} \cdots p_r^{\alpha_r}$ (p_i は素数) とする．
(1) r についての帰納法によって，$f(n) = \sum_{d|n} \lambda(d)$ を示す．
(i) $r = 1$, すなわち，$n = p_1^{\alpha_1}$ のとき:
$$\sum_{d|n} \lambda(d) = \sum_{0 \leq \beta_1 \leq \alpha_1} \lambda(p_1^{\beta_1}) = \sum_{0 \leq \beta_1 \leq \alpha_1} (-1)^{\beta_1}.$$
ここで，$\sum_{0 \leq k \leq 2n} (-1)^k = 1$, $\sum_{0 \leq k \leq 2n+1} (-1)^k = 0$ が成り立つことに注意する．
n が平方数のとき，α_1 は偶数である．このとき，上で調べたことを使うと
$$\sum_{d|n} \lambda(d) = 1 = f(n).$$
n が平方数でないとき，α_1 は奇数である．ゆえに，
$$\sum_{d|n} \lambda(d) = 0 = f(n).$$
(ii) $r > 1$ として，$r - 1$ まで正しいと仮定する．
$$f(n) = f(p_1^{e_1} \cdots p_r^{e_r}) = f(p_1^{e_1} \cdots p_{r-1}^{e_{r-1}}) f(p_1^{e_r})$$
$$= \left(\sum_{d_1 | p_1^{e_1} \cdots p_{r-1}^{e_{r-1}}} \lambda(d_1)\right) \left(\sum_{d_2 | p_r^{e_r}} \lambda(d_2)\right)$$
$$= \sum_{d_1 d_2 | p_1^{e_1} \cdots p_r^{e_r}} \lambda(d_1 d_2) = \sum_{d|n} \lambda(d).$$
(2) (1) において，反転公式 (定理 3.7) を使えばよい．

第 2 章 群

§1 群の定義と群の例

定義と定理のまとめ

定義 1.1 集合 G の直積集合 $G \times G$ から G への写像が1つ与えられているとする. この写像を G の **2項演算**といい, $G \times G$ の元 (a,b) のこの写像による像を a と b の**積**といい, 記号 $a \circ b$ または ab で表す. また, このとき集合 G に1つの2項演算 (あるいは単に**演算**) が与えられているといい, $(G, \circ)$ と表す.

定義 1.2 集合 G に1つの演算が与えられていて, 次の条件を満足するとき, G はこの演算に関して**群をなす**, あるいは, **群である**という.

(G1) **結合律**: G に属する任意の元 a, b, c に対して常に $(a \circ b) \circ c = a \circ (b \circ c)$ が成立する.

(G2) **単位元の存在**: G の中に特別な元 e が存在し, G のいかなる元 a に対しても $a \circ e = e \circ a = a$ が成立する.

(G3) **逆元の存在**: G に属する任意の元 a に対して, $a \circ b = b \circ a = e$ となる元 b が G に存在する.

定理 1.1 (1) 群 G に属するすべての元 a に対して, $a \circ e = e \circ a = a$ を満足する G の元 e は唯1つである.

(2) G に属する任意の元 a に対して, $a \circ b = b \circ a = e$ を満たす G の元 b は a により一意的に定まる.

定義 1.3 (G2) における e を群 G の**単位元**という. また, (G3) における b を a の**逆元**といい, a^{-1} で表す.

定義 1.4 a, b を群 G の元とする. $a \circ b = b \circ a$ のとき, a と b は**可換**であるという. G に属する任意の2元 a, b に対して $a \circ b = b \circ a$ が成立しているとき, G を**可換群**, または, **アーベル群**という.

G が可換群のとき, G の演算を**加法**で書くことがある. つまり, a と b の結合を $a + b$ と書くことがあるが, このとき, $a + b$ を a と b の**和**, 単位元を**零元**, あるいは**ゼロ元**といい, 0 で表す. また, a の逆元は $-a$ で表す. 加法で書かれた可換群を**加法群**ということもある. また, 簡単のため $a + (-b)$ を $a - b$ と表す.

定理 1.2 (逆演算可能性) G が群であるとする．このとき，G に属する任意の 2 つの元 a, b に対して，
$$a \circ x = b, \quad y \circ a = b$$
を満足する G の元 x および y が存在し，しかも，唯 1 通りに定まる．

定理 1.3 演算の与えられた空でない集合 G が，結合律 (G1) を満足し，また G において逆演算可能であれば，G はその演算に関して群である．

定理 1.4 (消去律) 群 G においては，消去律が成り立つ．すなわち，群 G に属する任意の元 a, b, c について，$a \circ c = b \circ c$ ならば $a = b$ であり，$c \circ a = c \circ b$ ならば $a = b$ が成り立つ．

定理 1.5 G を有限集合とする．G が群であるためには，次の 3 条件の成り立つことが必要十分である．
 (1) 演算が定義されている．
 (2) この演算に関して結合律 (G1) が成り立つ．
 (3) この演算に関して消去律が成り立つ．

定義 1.5 G に属する元の個数が有限のとき G は**有限群**，そうでないとき，**無限群**という．

例 1.1 有理整数の全体 $\mathbb{Z}$ は加法に関して群になる．

例 1.2 0 でない有理数の全体 $\mathbb{Q}^*$ は乗法に関して群になる．

例 1.3 複素数の集合 $\mathbb{C}$ の元を成分とする (m, n) 型行列の全体 $M_{m,n}(\mathbb{C})$ は行列の加法に関して群になる．

例 1.4 $\mathbb{C}$ の元を成分とする n 次正則行列全体 $GL_n(\mathbb{C})$ は行列の積に関して群になる．この群を **n 次一般線型群**という．また，行列式の値が 1 である n 次正則行列の全体 $SL_n(\mathbb{C})$ は行列の積に関して群になる，これを **n 次特殊線形群**という．

例 1.5 $\{1, -1\}$ は普通の数の乗法に関して群になる．

例 1.6 剰余類の集合 $\mathbb{Z}_n = \{\overline{0}, \overline{1}, \overline{2}, \cdots, \overline{n-1}\}$ は $\overline{a} + \overline{b} = \overline{a+b}$ なる演算によって加法群になる．単位元は $\overline{0}$ であり，$\overline{a}$ の逆元は $-\overline{a} = \overline{-a}$ である．

例 1.7 (1) 自然数 1, 2, 3 からなる集合を $\mathbb{N}_3$ として ($\mathbb{N}_3 = \{1, 2, 3\}$)，$\mathbb{N}_3$ から $\mathbb{N}_3$ への全単射全体の集合を S_3 とする．S_3 は写像の積 (合成) に関して群になる．

この群 S_3 を **3 次の対称群**という．次に，S_3 のすべての元に次のように名前をつける．

$$S_3 = \{\rho_0, \rho_1, \rho_2, \mu_1, \mu_2, \mu_3\}.$$

$$\rho_0 = \begin{pmatrix} 1\ 2\ 3 \\ 1\ 2\ 3 \end{pmatrix},\ \rho_1 = \begin{pmatrix} 1\ 2\ 3 \\ 2\ 3\ 1 \end{pmatrix},\ \rho_2 = \begin{pmatrix} 1\ 2\ 3 \\ 3\ 1\ 2 \end{pmatrix},$$

$$\mu_1 = \begin{pmatrix} 1\ 2\ 3 \\ 1\ 3\ 2 \end{pmatrix},\ \mu_2 = \begin{pmatrix} 1\ 2\ 3 \\ 3\ 2\ 1 \end{pmatrix},\ \mu_3 = \begin{pmatrix} 1\ 2\ 3 \\ 2\ 1\ 3 \end{pmatrix}.$$

3 次の対称群 S_3 は可換群ではない (非可換な群である)．

例 1.8 (1) 正 3 角形をそれ自身の上にかさねる合同変換を，正 3 角形の **シンメトリー** という．正 3 角形のシンメトリーの全体は，合同変換の積 (合成) に関して群となる．この群を **3 次の 2 面体群**といい，D_3 で表す．

正 3 角形のシンメトリーは全部で 6 個あり，それらは次のようである．

$D_3 = \{r_0, r_1, r_2, s_1, s_2, s_3\}$
$r_0 :=$ 中心 O のまわりの $0°$ の回転
$r_1 :=$ O のまわりの $120°$ の回転
$r_2 :=$ O のまわりの $240°$ の回転
$s_1 :=$ 直線 ℓ_1 に関する折り返し
$s_2 :=$ 直線 ℓ_2 に関する折り返し
$s_3 :=$ 直線 ℓ_3 に関する折り返し

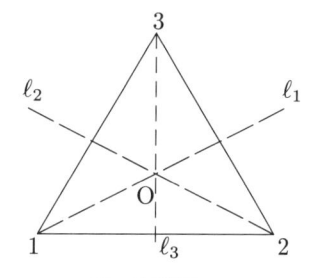

S_3 の群表

$\cdot$	ρ_0	ρ_1	ρ_2	μ_1	μ_2	μ_3
ρ_0	ρ_0	ρ_1	ρ_2	μ_1	μ_2	μ_3
ρ_1	ρ_1	ρ_2	ρ_0	μ_3	μ_1	μ_2
ρ_2	ρ_2	ρ_0	ρ_1	μ_2	μ_3	μ_1
μ_1	μ_1	μ_2	μ_3	ρ_0	ρ_1	ρ_2
μ_2	μ_2	μ_3	μ_1	ρ_2	ρ_0	ρ_1
μ_3	μ_3	μ_1	μ_2	ρ_1	ρ_2	ρ_0

D_3 の群表

$\cdot$	r_0	r_1	r_2	s_1	s_2	s_3
r_0	r_0	r_1	r_2	s_1	s_2	s_3
r_1	r_1	r_2	r_0	s_3	s_1	s_2
r_2	r_2	r_0	r_1	s_2	s_3	s_1
s_1	s_1	s_2	s_3	r_0	r_1	r_2
s_2	s_2	s_3	s_1	r_2	r_0	r_1
s_3	s_3	s_1	s_2	r_1	r_2	r_0

(2) 正 3 角形の場合と同様に，正 4 角形のシンメトリーの全体は合同変換の積に関して群となる．この群を **4 次の 2 面体群**といい，D_4 で表す．

正 4 角形のシンメトリーは全部で 8 個あり，それらは次のようである．

$D_4 = \{1, r_1, r_2, r_3, s_1, s_2, t_1, t_2\}$
$r_0 :=$ O のまわりの $0°$ の回転
$r_1 :=$ O のまわりの $90°$ の回転
$r_2 :=$ O のまわりの $180°$ の回転
$r_3 :=$ O のまわりの $270°$ の回転
$s_1 :=$ OY を軸とする折り返し
$s_2 :=$ OX を軸とする折り返し
$t_1 :=$ 直線 ξ に関する折り返し
$t_2 :=$ 直線 η に関する折り返し

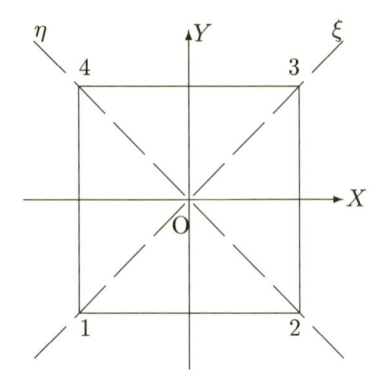

2 面体群 D_4 の群表は次のようである.

D_4 の群表

·	r_0	r_1	r_2	r_3	s_1	s_2	t_1	t_2
r_0	r_0	r_1	r_2	r_3	s_1	s_2	t_1	t_2
r_1	r_1	r_2	r_3	r_0	t_2	t_1	s_1	s_2
r_2	r_2	r_3	r_0	r_1	s_2	s_1	t_2	t_1
r_3	r_3	r_0	r_1	r_2	t_1	t_2	s_2	s_1
s_1	s_1	t_1	s_2	t_2	r_0	r_2	r_1	r_3
s_2	s_2	t_2	s_1	t_1	r_2	r_0	r_3	r_1
t_1	t_1	s_2	t_2	s_1	r_3	r_1	r_0	r_2
t_2	t_2	s_1	t_1	s_2	r_1	r_3	r_2	r_0

(3) 一般の長方形のシンメトリーのつくる群

一般の長方形のシンメトリーは全部で 4 個あり,それらは次のようである.

$V_4 = \{r_0, r_1, s_1, s_2\}$
$r_0 :=$ O のまわりの $0°$ の回転
$r_1 :=$ O のまわりの $180°$ の回転
$s_1 :=$ OY を軸とする折り返し
$s_2 :=$ OX を軸とする折り返し

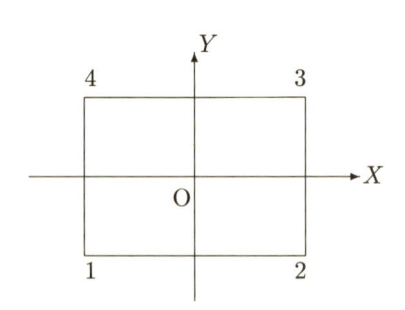

V_4 の群表

·	r_0	r_1	s_1	s_2
r_0	r_0	r_1	s_1	s_2
r_1	r_1	r_0	s_2	s_1
s_1	s_1	s_2	r_0	r_1
s_2	s_2	s_1	r_1	r_0

この群を**クラインの 4 元群**という．この群のすべての元は 2 乗すると単位元，すなわち，V_4 のすべての元は自分自身が逆元になっているという特徴をもっている．

問題と解答

問 1.1 単位元の逆元は単位元であることを確かめよ．

(証明) e を群 G の単位元とすると，G の任意の元 a に対して
$$e \circ a = a \circ e = a.$$
したがって，特に $a = e$ とすると，$e \circ e = e \circ e = e$ となり，群の公理 (G3) の逆元の定義を満たす．よって，e の逆元は e 自身である．

問 1.2 群 G の元を a, b とする．a と b が可換であるとき，$a \circ b^{-1} = b^{-1} \circ a$ が成り立つことを示せ．

(証明) $ab = ba$ の両辺に左と右から b^{-1} をかけると，
$$b^{-1}(ab)b^{-1} = b^{-1}(ba)b^{-1}.$$
ここで，左辺 $= b^{-1}(ab)b^{-1} = b^{-1}\{a(bb^{-1})\} = b^{-1}(ae) = b^{-1}a$．
右辺 $= b^{-1}(ba)b^{-1} = \{b^{-1}(ba)\}b^{-1} = \{(b^{-1}b)a\}b^{-1} = (ea)b^{-1} = ab^{-1}$．
したがって，$ab^{-1} = b^{-1}a$ が成り立つ．

問 1.3 整数の集合 $\mathbb{Z}$ は普通の乗法に関して群になるか．

(解答) $a, b \in \mathbb{Z}$ に対して $a \circ b = ab \in \mathbb{Z}$ と定義すれば，普通の数の乗法は $\mathbb{Z}$ 上の演算になる．また，結合律も成り立っている (第 1 章 $\mathbb{Z}$ の性質 V 参照)．

この演算に対して，整数の $1 \in \mathbb{Z}$ は単位元の定義を満足している (第 1 章 $\mathbb{Z}$ の性質 VII 参照)．すなわち，$1 \cdot a = a \cdot 1$ $(a \in \mathbb{Z})$．自然数 $a \in \mathbb{Z}$ に対して，普通の乗法における逆元 b は $ab = 1$ を満足しなければならない．しかしながら，$a \neq \pm 1$ のとき，b は整数ではない．したがって，$a \neq \pm 1$ の逆元は $\mathbb{Z}$ に存在しない．よって，$\mathbb{Z}$ は乗法に関して群ではない．

問 1.4 絶対値 1 の複素数の全体は乗法に関して群になることを確かめよ．

(証明) $G = \{z \in \mathbb{C} \mid |z| = 1\}$ とおく．$z_1, z_2 \in G$ のとき，$|z_1 z_2| = |z_1||z_2| = 1 \cdot 1 = 1$ であるから，$z_1 z_2 \in G$．よって，G は乗法に関して閉じている．

(G1) 普通の数の乗法であるから，G において結合律は成り立っている．

(G2) $|1|=1$ であるから，1 は G に属しており，1 が G の単位元であることは容易に確かめられる．

(G3) $z \in G$ のとき，$|z^{-1}|=1/|z|=1$ であるから，$z^{-1} \in G$．よって，逆元も存在するから G は群である．

> **問 1.5** $\mathbb{Q}[\sqrt{2}]$ から 0 を除いた集合 $\mathbb{Q}[\sqrt{2}]^*$ は乗法に関して群になることを確かめよ．

(証明) 演算が定義されること: $x, y \in \mathbb{Q}[\sqrt{2}]^*$ とすると，$x \neq 0, y \neq 0$ である．x と y は $x = a + b\sqrt{2},\ y = c + d\sqrt{2}\ (a, b, c, d \in \mathbb{Q})$ と表される．このとき，
$$xy = (ac + 2bd) + (ad + bc)\sqrt{2}.$$
この式で，$ac + 2bd \in \mathbb{Q},\ ad + bc \in \mathbb{Q}$ であるから $xy \in \mathbb{Q}$ である．

$xy = 0$ と仮定すると，$ac + 2bd = 0, ad + bc = 0$．これより，$a = b = 0$ または $c = d = 0$．ゆえに，$x = 0$ または $y = 0$．これは矛盾である．よって，$xy \neq 0$ である．すなわち，$xy \in \mathbb{Q}[\sqrt{2}]^*$．以上より，$\mathbb{Q}[\sqrt{2}]^*$ は乗法に関して閉じている．

(G1) 結合律を満足すること: $x, y \in \mathbb{Q}[\sqrt{2}]^*$ に対して，簡単な計算によって $x(yz) = (xy)z$ であることが確かめられる．

(G2) 単位元の存在: $1 = 1 + 0 \cdot \sqrt{2} \in \mathbb{Q}[\sqrt{2}]^*$ であって，$x \in \mathbb{Q}[\sqrt{2}]^*$ に対して，$x \cdot 1 = 1 \cdot x$ を満たすので，1 が単位元である．

(G3) 逆元の存在: $x \in \mathbb{Q}[\sqrt{2}]^*$ とする．このとき，$x = a + b\sqrt{2}\ (a, b \in \mathbb{Q})$ と表される．$x \neq 0$ なので $a \neq 0$，または $b \neq 0$ である．$\sqrt{2}$ は有理数ではないので，$a^2 - 2b^2 \neq 0$．ゆえに，
$$y = \frac{1}{a + b\sqrt{2}} = \frac{a - b\sqrt{2}}{a^2 - 2b^2} = \frac{a}{a^2 - 2b^2} + \frac{-b}{a^2 - 2b^2}\sqrt{2}$$
という数を考えることができる．ここで，$a/(a^2 - 2b^2) \in \mathbb{Q},\ -b/(a^2 - 2b^2) \in \mathbb{Q}$ であるから，$y = 1/(a + b\sqrt{2}) \in \mathbb{Q}[\sqrt{2}]^*$ で，$xy = yx = 1$ が成り立つ．よって，x の逆元 y が $\mathbb{Q}[\sqrt{2}]^*$ に存在する．

以上により，$\mathbb{Q}[\sqrt{2}]^*$ は乗法に関して群になる．

> **問 1.6** 逆演算可能条件 (定理 1.2) と消去律 (定理 1.4) を演算を加法として表せ．

(解答) (1) 定理 1.2（逆演算可能）は「G を加法群とするとき，G の任意の元 a, b に対して $a + x = b, y + a = b$ となる x と y が唯 1 組存在する」と書き換えられる．

このとき加法は可換であるから $x = y$ となるので，「加法群 G の任意の元 a, b に対して，$a + x = b$ となる x が唯 1 つ G に存在する」と言ってもよい．

(2) 定理 1.4（消去律）は $a + c = b + c \Longrightarrow a = b$ という表現になる．

問 1.7 $\mathbb{Z}_7, \mathbb{Z}_8, \cdots, \mathbb{Z}_{12}$ の加法群としての群表をつくれ．また，$\mathbb{Z}_n^*$ と $U(\mathbb{Z}_n)$ ($n = 7, \cdots, 12$) について，積の演算の表をつくれ．

(解答) 簡単のため，表の中の数 $\bar{a}$ は ‾ をとって単に a として表現している．

(1) $(\mathbb{Z}_7, +)$

+	0	1	2	3	4	5	6
0	0	1	2	3	4	5	6
1	1	2	3	4	5	6	0
2	2	3	4	5	6	0	1
3	3	4	5	6	0	1	2
4	4	5	6	0	1	2	3
5	5	6	0	1	2	3	4
6	6	0	1	2	3	4	5

$(\mathbb{Z}_7, \cdot)$

·	0	1	2	3	4	5	6
0	0	0	0	0	0	0	0
1	0	1	2	3	4	5	6
2	0	2	4	6	1	3	5
3	0	3	6	2	5	1	4
4	0	4	1	5	2	6	3
5	0	5	3	1	6	4	2
6	0	6	5	4	3	2	1

$U(\mathbb{Z}_7) = \{\bar{1}, \bar{2}, \bar{3}, \bar{4}, \bar{5}, \bar{6}\} = \mathbb{Z}_7^*$

·	1	2	3	4	5	6
1	1	2	3	4	5	6
2	2	4	6	1	3	5
3	3	6	2	5	1	4
4	4	1	5	2	6	3
5	5	3	1	6	4	2
6	6	5	4	3	2	1

$\bar{3}^2 = \bar{2}, \ \bar{3}^3 = \bar{6},$
$\bar{3}^4 = \bar{4}, \ \bar{3}^5 = \bar{5},$
$\bar{3}^6 = \bar{1},$
$U(\mathbb{Z}_7)$ は $\bar{3}$ を生成元とする巡回群である．

(2) $(\mathbb{Z}_8, +)$

+	0	1	2	3	4	5	6	7
0	0	1	2	3	4	5	6	7
1	1	2	3	4	5	6	7	0
2	2	3	4	5	6	7	0	1
3	3	4	5	6	7	0	1	2
4	4	5	6	7	0	1	2	3
5	5	6	7	0	1	2	3	4
6	6	7	0	1	2	3	4	5
7	7	0	1	2	3	4	5	6

$(\mathbb{Z}_8, \cdot)$

·	0	1	2	3	4	5	6	7
0	0	0	0	0	0	0	0	0
1	0	1	2	3	4	5	6	7
2	0	2	4	6	0	2	4	6
3	0	3	6	1	4	7	2	5
4	0	4	0	4	0	4	0	4
5	0	5	2	7	4	1	6	3
6	0	6	4	2	0	6	4	2
7	0	7	6	5	4	3	2	1

§1 群の定義と群の例

$U(\mathbb{Z}_8) = \{\bar{1}, \bar{3}, \bar{5}, \bar{7}\}$ $U(\mathbb{Z}_{10}) = \{\bar{1}, \bar{3}, \bar{7}, \bar{9}\}$

·	1	3	5	7
1	1	3	5	7
3	3	1	7	5
5	5	7	1	3
7	7	5	3	1

·	1	3	7	9
1	1	3	7	9
3	3	9	1	7
7	7	1	9	3
9	9	7	3	1

$\bar{3}^2 = \bar{9},\ \bar{3}^3 = \bar{7},$
$\bar{3}^4 = \bar{1},$
$U(\mathbb{Z}_{10})$ は $\bar{3}$ を生成元とする巡回群である.

クラインの 4 元群.

加法群 $\mathbb{Z}_n\ (9 \leq n \leq 12)$ については同様であるから省略して, $U(\mathbb{Z}_n)$ についてだけ記す.

$U(\mathbb{Z}_9) = \{\bar{1}, \bar{2}, \bar{4}, \bar{5}, \bar{7}, \bar{8}\}$

·	1	2	4	5	7	8
1	1	2	4	5	7	8
2	2	4	8	1	5	7
4	4	8	7	2	1	5
5	5	1	2	7	8	4
7	7	5	1	8	4	2
8	8	7	5	4	2	1

$U(\mathbb{Z}_{12}) = \{\bar{1}, \bar{5}, \bar{7}, \overline{11}\}$

·	1	5	7	11
1	1	5	7	11
5	5	1	11	7
7	7	11	1	5
11	11	7	5	1

クラインの 4 元群

$U(\mathbb{Z}_9)$ においては, $\bar{2}^2 = \bar{4},\ \bar{2}^3 = \bar{8},\ \bar{2}^4 = \bar{7},\ \bar{2}^5 = \bar{5},\ \bar{2}^6 = \bar{1}$.
よって, $U(\mathbb{Z}_9)$ は $\bar{2}$ を生成元とする巡回群である.

$U(\mathbb{Z}_{11}) = \{\bar{1}, \bar{2}, \bar{3}, \bar{4}, \bar{5}, \bar{6}, \bar{7}, \bar{8}, \bar{9}, \overline{10}\}$

·	1	2	3	4	5	6	7	8	9	10
1	1	2	3	4	5	6	7	8	9	10
2	2	4	6	8	10	1	3	5	7	9
3	3	6	9	1	4	7	10	2	5	8
4	4	8	1	5	9	2	6	10	3	7
5	5	10	4	9	3	8	2	7	1	6
6	6	1	7	2	8	3	9	4	10	5
7	7	3	10	6	2	9	5	1	8	4
8	8	5	2	10	7	4	1	9	6	3
9	9	7	5	3	1	10	8	6	4	2
10	10	9	8	7	6	5	4	3	2	1

$$\begin{aligned}
&\bar{2}^0 = \bar{1}, && \bar{2}^4 = \overline{16} = \bar{5}, && \bar{2}^8 = \overline{14} = \bar{3},\\
&\bar{2}^1 = \bar{2}, && \bar{2}^5 = \overline{10}, && \bar{2}^9 = \bar{6},\\
&\bar{2}^2 = \bar{4}, && \bar{2}^6 = \overline{20} = \bar{9}, && \bar{2}^{10} = \overline{12} = \bar{1}.\\
&\bar{2}^3 = \bar{8}, && \bar{2}^7 = \overline{18} = \bar{7},
\end{aligned}$$

$U(\mathbb{Z}_{11})$ の元はすべて $\bar{2}$ の累乗によって表されるので，この群は $\bar{2}$ によって生成される巡回群である (定義 3.4 参照).

問 1.8 (1) 対称群 S_3 において，次の式を S_3 の群表を使って求めよ．
  (a) $\rho_1 \cdot \rho_2$, (b) $\rho_1 \cdot \mu_2$, (c) $\mu_3 \cdot \mu_2$.
(2) 群 D_4' において，次の式を D_4' の群表を使って求めよ (例 1.7(2)* 参照)．
  (a) $\rho_1 \cdot \mu_2$, (b) $\mu_2 \cdot \delta_2$, (c) $\delta_1 \cdot \rho_2$.

(解答) 例 1.7 における S_3, D_4' の群表を見ればよい．
(1) (a) $\rho_1 \cdot \rho_2 = \rho_0$,   (b) $\rho_1 \cdot \mu_2 = \mu_1$,   (c) $\mu_3 \cdot \mu_2 = \rho_2$.
(2) (a) $\rho_1 \cdot \mu_2 = \delta_1$,   (b) $\mu_2 \cdot \delta_2 = \rho_3$,   (c) $\delta_1 \cdot \rho_2 = \delta_2$.

問 1.9 (1) 2面体群 D_3 において，次の式を D_3 の群表を使って求めよ．
  (a) $r_1 \cdot r_2$, (b) $r_1 \cdot s_2$, (c) $s_3 \cdot s_2$.
(2) 2面体群 D_4 において，次の式を D_4 の群表を使って求めよ．
  (a) $r_1 \cdot s_2$, (b) $s_2 \cdot t_2$, (c) $t_1 \cdot r_2$.

(解答) 例 1.8 における D_3, D_4 の群表を見ればよい．
(1) (a) $r_1 \cdot r_2 = r_0$,   (b) $r_1 \cdot s_2 = s_1$,   (c) $s_3 \cdot s_2 = r_2$.
(2) (a) $r_1 \cdot s_2 = t_1$,   (b) $s_2 \cdot t_2 = r_1$,   (c) $t_1 \cdot r_2 = t_2$.

第 2 章 §1 演 習 問 題

---

1. 空集合でない集合 S の直積集合 $S \times S$ から S への写像が与えられているとする．すなわち，S には 2 項演算が定義されているとする．この 2 項演算が結合法則を満たしているとき，S をこの 2 項演算に関する**半群**という．次の各 2 項演算 $*$ は結合法則を満たすかどうかを調べよ．
(1) $\mathbb{Z}$ において $*$ を $a * b = a - b$ と定義する．
(2) $\mathbb{Q}$ において $*$ を $a * b = ab + 1$ と定義する．
(3) $\mathbb{Q}$ において $*$ を $a * b = \dfrac{ab}{2}$ と定義する．
(4) $\mathbb{N}$ において $*$ を $a * b = 2^{ab}$ と定義する．
(5) $\mathbb{Z}$ において $*$ を $a * b = a^b$ と定義する．

(解答) (1) $a * (b * c) = a * (b - c) = a - (b - c) = a - b + c$,
$(a * b) * c = (a - b) * c = (a - b) - c = a - b - c$.
よって，一般に $a * (b * c) = (a * b) * c$ は成立しない．

(2) $a * (b * c) = a * (bc + 1) = a(bc + 1) + 1 = abc + a + 1$,
$(a * b) * c = (ab + 1) * c = (ab + 1)c + 1 = abc + c + 1$.
一般に，$a \neq c \Longrightarrow abc + a + 1 \neq abc + c + 1$ であるので，結合律は成立しない．

(3) $a * (b * c) = a * \dfrac{bc}{2} = \dfrac{1}{2}\left(a \cdot \dfrac{bc}{2}\right) = \dfrac{abc}{4}$, $(a * b) * c = \dfrac{1}{2}ab * c = \dfrac{1}{2}\left(\dfrac{1}{2}ab \cdot c\right) = \dfrac{abc}{4}$.

よって，結合律は成り立つ．

(4) $a * (b * c) = a * 2^{bc} = 2^{a \cdot 2^{bc}} = 2^{a2^{bc}}$, $(a * b) * c = 2^{ab} * c = 2^{2^{ab}c}$.
一般に，$a2^{bc} = c2^{ab}$ は成り立たないので，結合律は成立しない．

(5) $a * (b * c) = a * b^c = a^{b^c}$, $(a * b) * c = a^b * c = (a^b)^c = a^{bc}$.
一般に，$b^c \neq bc$ なので，結合律は成立しない．

---

2. 次のように定義された 2 項演算 $*$ は，それぞれの集合に群の構造を定めるかどうか調べよ．群の構造にならないときには，その理由を述べよ．
(1) $\mathbb{Z}$ において，$*$ を $a * b = ab$ と定義する．
(2) $\mathbb{Z}$ において，$*$ を $a * b = a - b$ と定義する．
(3) $\mathbb{R}^+$ を正の実数全体の集合とする．$\mathbb{R}^+$ において，$*$ を $a * b = ab$ と定義する．
(4) $\mathbb{Q}$ において，$*$ を $a * b = ab$ と定義する．
(5) 負ではない実数全体の集合 において，$*$ を $a * b = ab$ と定義する．
(6) $\mathbb{C}$ において，$*$ を $a * b = a + b$ と定義する．

(解答) (1) $(\mathbb{Z}, *)$, $a * b = ab$: 結合律を満足し，$1 \in \mathbb{Z}$ が単位元である．ところが，$2 \in \mathbb{Z}$ について，$2a = 1$ となる $a \in \mathbb{Z}$ は存在しないので，2 の逆元がない．したがって，$(\mathbb{Z}, *)$ は群ではない．

(2) $(\mathbb{Z}, *)$, $a * b = a - b$: 演習問題 1.(1) で見たように，この演算 $*$ は結合律を満足しないので $(\mathbb{Z}, *)$ は群ではない．

(3) $(\mathbb{R}^+, *)$, $a * b = ab$: 結合律を満足し，$1 \in \mathbb{R}^+$ が単位元である．$a \in \mathbb{R}^+$ とすると，$a \neq 0$ であるから，$1/a \in \mathbb{R}^+$ で $a * 1/a = a \cdot 1/a = 1$ を満たす．ゆえに，$\mathbb{R}^+$ の任意の元 a に対して，a の逆元が存在するので $(\mathbb{R}^+, *)$ は群となる．

(4) $(\mathbb{Q}, *)$, $a * b = ab$: この演算は結合律を満足し，$1 \in \mathbb{Q}$ が単位元であることがわかる．しかしながら，$\mathbb{Q}$ の元 0 に対して，$a * 0 = 1$ となる元 $a \in \mathbb{Q}$ は存在しないので，$(\mathbb{Q}, *)$ は群ではない．

(5) $G = \{x \in \mathbb{R} \mid 0 \leq x\} = \mathbb{R}^+ \cup \{0\}$: (4) と同様に，0 の逆元がないので群で

はない.

(6) $(\mathbb{C}, *)$, $a * b = a + b$: 結合律を満足し, $0 \in \mathbb{C}$ が単位元である. $a \in \mathbb{C}$ に対して, $-a \in \mathbb{C}$ が存在して, $a + (-a) = 0$ であるから, 逆元が存在し, $(\mathbb{C}, *)$ は群である.

---

3. G を群とする. e は G の単位元を表す.
(1) 任意の元 $x \in G$ に対して, $x^2 = e$ が成り立つならば, G は可換群であることを示せ.
(2) 任意の元 $x, y \in G$ に対して $(xy)^2 = x^2 y^2$ が成り立つならば, G は可換群であることを示せ.

(証明) (1) $x, y \in G$ に対して, $xy = yx$ を示せばよい. 仮定より $x^2 = e$ であるから,
$$x \cdot x = x \cdot x = e.$$
定義によって, x の逆元は x である. すなわち, $x^{-1} = x$ である. x は G の任意の元であったから, G の元 y についても, $y^{-1} = y$. したがって,
$$xy(yx)^{-1} = xyx^{-1}y^{-1} = xyxy = (xy)^2 = e.$$
ゆえに, $xy(yx)^{-1} = e$ であるから, $xy = yx$ が得られる.

(2) $(xy)^2 = x^2 y^2$ とすると,
$$xyxy = (xy)^2 = x^2 y^2 = xxyy,$$
ゆえに, $xyxy = xxyy$ であるから, 消去律によって, $yx = xy$ を得る.

---

4. G を群とする. 次の G から G への写像は, いずれも全単射であることを示せ.
(1) $f : G \longrightarrow G$, $x \longmapsto x^{-1}$.
(2) $\ell_a : G \longrightarrow G$, $x \longmapsto ax$ (ただし, $a \in G$).
(3) $r_a : G \longrightarrow G$, $x \longmapsto xa$ (ただし, $a \in G$).

(解答) (1) $f(x) = x^{-1}$ について.
単射であること: $f(x) = f(y)$ とすると, $x^{-1} = y^{-1}$. このとき,
$$x^{-1} = y^{-1} \Rightarrow xx^{-1} = xy^{-1} \Rightarrow e = xy^{-1} \Rightarrow e \cdot y = (xy^{-1})y \Rightarrow y = x.$$
全射であること: G の任意の元を x とする. G は群であるから, x^{-1} が G に存在する. ゆえに, $f(x^{-1}) = (x^{-1})^{-1} = x$.

(2) $\ell_a(x) = ax$ について.
単射であること: $\ell_a(x) = \ell_a(y)$ とすると, $ax = ay$. 消去律によって $x = y$.
全射であること: G の任意の元を x とする. $a \in G$ より, $a^{-1} \in G$. ゆえに, $a^{-1}x \in G$ である. したがって, $\ell_a(a^{-1}x) = a(a^{-1}x) = x$.

§1 群の定義と群の例

(3) $r_a(x) = xa$ も (2) と同様である.

---

5. $GL_2(\mathbb{Z}_5)$ を $\mathbb{Z}_5$ の元を成分とする 2 次正則行列全体とする. $GL_2(\mathbb{Z}_5)$ は乗法に関して群になることを示せ.

(証明) $GL_2(\mathbb{Z}_5)$ を式で表すと次のようである.
$$GL_2(\mathbb{Z}_5) = \left\{ \begin{pmatrix} \bar{a} & \bar{b} \\ \bar{c} & \bar{d} \end{pmatrix} \mid \det \begin{pmatrix} \bar{a} & \bar{b} \\ \bar{c} & \bar{d} \end{pmatrix} \neq \bar{0},\ \bar{a}, \bar{b}, \bar{c}, \bar{d} \in \mathbb{Z}_5 \right\}.$$
演算 (行列の積) に関して閉じていること, すなわち
$$A, B \in GL_2(\mathbb{Z}_5) \Longrightarrow AB \in GL_2(\mathbb{Z}_5)$$
を示す. $A, B \in GL_2(\mathbb{Z}_5)$ とすると, $|A| \neq \bar{0}, |B| \neq \bar{0}$. ゆえに, $|AB| = |A||B| \neq \bar{0}$. したがって, $AB \in GL_2(\mathbb{Z}_5)$.

(G1) 結合律は一般に行列の積について成り立っている. $A(BC) = (AB)C$.

(G2) 単位元: $\bar{E}_2 = \begin{pmatrix} \bar{1} & \bar{0} \\ \bar{0} & \bar{1} \end{pmatrix} \in GL_2(\mathbb{Z}_5)$ が単位元である.

(G3) 逆元について調べる. $A = \begin{pmatrix} \bar{a} & \bar{b} \\ \bar{c} & \bar{d} \end{pmatrix} \in GL_2(\mathbb{Z}_5)$ とすると, $|A| = \bar{a}\bar{d} - \bar{b}\bar{c} = \overline{ad - bc} \neq \bar{0}$. 簡単のため, $\alpha = ad - bc \in \mathbb{Z}$ とおく. $\bar{\alpha} \neq \bar{0}$ であるから, $\bar{\alpha} \in \mathbb{Z}_5^*$. ここで, $\mathbb{Z}_5^*$ は乗法に関して群であるから (例 1.6 (2)*参照), 逆元 $\bar{\beta} \in \mathbb{Z}_5^*$ が存在する. すなわち, $\bar{\alpha}\bar{\beta} = \bar{1}$.

そこで, $B = \bar{\beta} \begin{pmatrix} \bar{d} & -\bar{b} \\ -\bar{c} & \bar{a} \end{pmatrix}$ を考えると, $|B| = \bar{\beta}(\bar{a}\bar{d} - \bar{b}\bar{c}) = \bar{\beta}\bar{\alpha} = \bar{1} \neq \bar{0}$ であるから, $B \in GL_2(\mathbb{Z}_5)$ であり,
$$AB = \begin{pmatrix} \bar{a} & \bar{b} \\ \bar{c} & \bar{d} \end{pmatrix} \cdot \bar{\beta} \begin{pmatrix} \bar{d} & -\bar{b} \\ -\bar{c} & \bar{a} \end{pmatrix} = \bar{\beta} \begin{pmatrix} \overline{ad-bc} & \bar{0} \\ \bar{0} & \overline{ad-bc} \end{pmatrix}$$
$$= \bar{\beta} \begin{pmatrix} \bar{\alpha} & \bar{0} \\ \bar{0} & \bar{\alpha} \end{pmatrix} = \bar{\alpha}\bar{\beta} \begin{pmatrix} \bar{1} & \bar{0} \\ \bar{0} & \bar{1} \end{pmatrix} = \bar{1} \begin{pmatrix} \bar{1} & \bar{0} \\ \bar{0} & \bar{1} \end{pmatrix} = \begin{pmatrix} \bar{1} & \bar{0} \\ \bar{0} & \bar{1} \end{pmatrix}.$$
同様に $BA = \bar{E}_2$ が示せるので, A の逆元 B が $GL_2(\mathbb{Z}_5)$ に存在する. 以上により, $GL_2(\mathbb{Z}_5)$ は乗法に関して群になる.

---

6. $S = \mathbb{R} - \{-1\}$ として演算 $a * b = a + b + ab$ を考える. 次の問に答えよ.
(1) $*$ は S 上の演算であることを示せ.
(2) $(S, *)$ が群であることを示せ.
(3) $3 * x * 4 = 10$ の解を S で求めよ.

(解答) (1) $*$ は S 上の演算であること, すなわち
$$a, b \in S \Longrightarrow a * b \in S$$
であることを示す. $a \in S \Longleftrightarrow a \neq -1$ であることに注意すると, このことは

$$a \neq -1,\ b \neq -1 \Longrightarrow a*b \neq -1$$

と同値である．以下対偶によってこれを示す．もし，$a*b = -1$ と仮定すると，
$$-1 = a*b = a+b+ab = (a+1)(b+1) - 1,$$
ゆえに，$(a+1)(b+1) = 0$．したがって，$a = -1$ または $b = -1$ である．

この演算が可換 $a*b = b*a$ であることは，定義により容易にわかる．

(2) $(S, *)$ が群であること:

(G1) 結合律: $a, b, c \in S$ について，
$$\begin{aligned}
a*(b*c) &= a*\{(b+1)(c+1) - 1\} \\
&= (a+1)\{(b+1)(c+1) - 1 + 1\} - 1 \\
&= (a+1)(b+1)(c+1) - 1 \\
(a*b)*c &= \{(a+1)(b+1) - 1\}*c \\
&= \{(a+1)(b+1) - 1 + 1\}(c+1) - 1 \\
&= (a+1)(b+1)(c+1) - 1
\end{aligned}$$
$\therefore\ a*(b*c) = (a*b)*c$．

(G2) 単位元: この演算は可換であるから，S の元 a に対して $a*e = a$ を満たす元 e を調べる．すなわち，$a + e + ae = a$，より $e(1+a) = 0$．ここで，$a \neq -1$ であるから，$e = 0$ となる．0 は S の元である．0 について，確かに
$$a*0 = (a+1)(0+1) - 1 = a + 1 - 1 = a$$
で，$a*0 = 0*a = a$ を満たすことが確かめられるので，0 は S の単位元である．

(G3) 逆元: $a \in S$ に対して，$a*b = 0$ を満たす元 b を求める．
$$a + b + ab = 0 \text{ より } b(a+1) = -a.$$
ここで，$a+1 \neq 0$ であるから，$b = -a/(a+1)$．元 $-a/(a+1)$ は確かに S の元である．$-a/(a+1)$ について，
$$a*\left(-\frac{a}{a+1}\right) = (a+1)\left(-\frac{a}{a+1} + 1\right) - 1 = \{-a + (a+1)\} - 1 = 0.$$
よって，$-a/(a+1)$ は a の S における逆元である．

(3) $3 * x * 4 = 10$ の解を S で求める．
$$3 * x * 4 = (3+1)(x+1)(4+1) - 1 = 20(x+1) - 1 = 20x + 19.$$
ゆえに，$20x + 19 = 10$ より $x = -9/20 \in S$ を得る．

---

7. $G = \{(a,b) \mid a \neq 0, a, b \in \mathbb{R}\} = \mathbb{R}^* \times \mathbb{R}$ なる集合と演算 $(a,b)(c,d) = (ac, bc+d)$ を考えるとき，G はこの演算に関して群になることを示せ．

(解答) (a,b) と (c,d) を G の元とすると，$a \neq 0,\ c \neq 0$ であるから，$ac \neq 0$．ゆえに，$(a,b)(c,d) = (ac, bc+d)$ も G の元である．よって，上の規則によって G 上に演算が定義される．

(G1) 結合律: G の元 a, b, c, d, f, g について，

$$(a,b)\{(c,d)(f,g)\} = (a,b)(cf, df+g) = (acf, bcf+df+g),$$
$$\{(a,b)(c,d)\}(f,g) = (ac, bc+d)(f,g) = (acf, bcf+df+g).$$

ゆえに, $(a,b)\{(c,d)(f,g)\} = \{(a,b)(c,d)\}(f,g)$ が成り立つ.

(G2) 単位元: $(a,b)(e_1, e_2) = (a,b)$ とすると $(ae_1, be_1+e_2) = (a,b)$ である. これより, $ae_1 = a$, $be_1 + e_2 = b$ でなければならない. $a \neq 0$ であることに注意して, $e_1 = 1$, $e_2 = 0$ が得られる. 実際 G の元 $(1,0)$ について,
$$(a,b)(1,0) = (a, b+0) = (a,b), \quad (1,0)(a,b) = (a, 0+b) = (a,b).$$
よって, $(1,0)$ は G の単位元である.

(3) 逆元: G の元 (a,b) について, $(a,b)(c,d) = (1,0)$ とする. すなわち, $(ac, bc+d) = (1,0)$. これより, $ac = 1$, $bc+d = 0$ でなければならない. $a \neq 0$ であることに注意して, $c = 1/a$, $d = -bc = -b/a$ を得る. G の元 $(1/a, -b/a)$ について,
$$(a,b)(1/a, -b/a) = (1, b/a - b/a) = (1,0),$$
$$(1/a, -b/a)(a,b) = (1, b/a - b/a) = (1,0).$$
したがって, $(1/a, -b/a)$ は (a,b) の逆元である.

注意として, この群は可換群ではない. たとえば,
$$(1,2)(3,4) = (3, 6+4) = (3, 10), \quad (3,4)(1,2) = (3, 4+2) = (3,6).$$
ゆえに, $(1,2)(3,4) \neq (3,4)(1,2)$ である.

---

8. 位数 4 以下の群を群表を用いて考察せよ. 位数の定義は定義 3.1 (p.68).

(解答) G を群とし, e をその単位元とする.

(1) $|G| = 1$ とする. このとき, $G = \{e\}$.

(2) $|G| = 2$ とする. このとき, $G = \{e, a\}$.
e を単位元とすれば, 演算は
$$e \cdot e = e, \quad e \cdot a = a, \quad a \cdot e = a, \quad a \cdot a = e$$
となる. これを表にしてみると, 加法群 $\mathbb{Z}_2$ と構造が同じである.

$\cdot$	e	a
e	e	a
a	a	e

$\simeq$

$+$	$\bar{0}$	$\bar{1}$
$\bar{0}$	$\bar{0}$	$\bar{1}$
$\bar{1}$	$\bar{1}$	$\bar{0}$

(3) $|G| = 3$ とする. このとき, $G = \{e, a, b\}$ として, 群表をつくって考える. はじめに, 消去律によって 各列, 各行には $\{e, a, b\}$ の順列が並ぶことに注意する.

次ページの最初の表の第 1 行について: $e \circ e = e$, $e \circ a = a$, $e \circ b = b$.

第 2 行について: $a \circ e = a$. 次に, $a \circ a = e$ とすると, $a \circ b = b$ でなければならない. ところが, 消去律によって, この式から $a = e$. これは矛盾である. よって,
$$a \circ a = b, \quad a \circ b = e.$$
第 3 行について, $b \circ e = b$. 次に, $b \circ a = a$ とすると, 消去律によって, $b = e$. こ

れは矛盾である．よって，
$$b \circ a = e,\ b \circ b = a.$$

下図のように群表をつくり，これを用いて結合律を次のように確かめることができる．

·	e	a	b
e	e	a	b
a	a	b	e
b	b	e	a

$e \cdot (a \cdot b) = a \cdot e = e,\ (e \cdot a) \cdot b = a \cdot b = e$
$e \cdot (b \cdot a) = e \cdot e = e,\ (e \cdot b) \cdot a = b \cdot a = e$
$a \cdot (e \cdot b) = a \cdot b = e,\ (a \cdot e) \cdot b = a \cdot b = e$
$a \cdot (b \cdot e) = a \cdot b = e,\ (a \cdot b) \cdot e = e \cdot e = e$
$b \cdot (e \cdot a) = b \cdot a = e,\ (b \cdot e) \cdot a = b \cdot a = e$
$b \cdot (a \cdot e) = b \cdot a = e,\ (b \cdot a) \cdot e = e \cdot e = e.$

この群においては，$e^{-1} = e,\ a^{-1} = b,\ b^{-1} = a$．

また，$a^2 = a \circ a = b,\ a^3 = a \circ (a \circ a) = a \circ b = e$ が成り立つ．

よって，G のすべての元は a の累乗で表される．あとで定義する言葉を使えば，G は巡回群である (定義 3.4 参照)．したがって，この群は加法群 $\mathbb{Z}_3$ と構造が同じである．また，主対角線に関して対称であるから，この群 G は可換群である．

·	e	a	b
e	e	a	b
a	a	b	e
b	b	e	a

$\simeq$

+	$\bar{0}$	$\bar{1}$	$\bar{2}$
$\bar{0}$	$\bar{0}$	$\bar{1}$	$\bar{2}$
$\bar{1}$	$\bar{1}$	$\bar{2}$	$\bar{0}$
$\bar{2}$	$\bar{2}$	$\bar{0}$	$\bar{1}$

(4) $|G| = 4$ とする．このとき，$G = \{e, a, b, c\}$ として，群表をつくって考える．

·	e	a	b	c
e	e	a	b	c
a	a	?		
b	b			
c	c			

このとき，? のところは e, a, b, c の 4 つの可能性がある．

? = a とすると，$a \cdot a = a$．ゆえに，消去律によって $a = e$ となり矛盾である．したがって，? = e, ? = b または ? = c．

(i) ? = e とする．

·	e	a	b	c
e	e	a	b	c
a	a	e	c	b
b	b	c		
c	c	b		

さらに $a \cdot b = b$ とすると，$a = e$ で矛盾であるから $a \cdot b = c$ である．したがって，$a \cdot c = b$．同様にすれば，$b \cdot a = c,\ c \cdot a = b$ であることがわかる．このとき，表は左の図のようになる．

次に，$b \cdot b = e$ または a である．
$b \cdot b = e$ のときの表を (I)，$b \cdot b = a$ のときの表を (II) とする．

§1 群の定義と群の例

(I)

·	e	a	b	c
e	e	a	b	c
a	a	e	c	b
b	b	c	e	a
c	c	b	a	e

(II)

·	e	a	b	c
e	e	a	b	c
a	a	e	c	b
b	b	c	a	e
c	c	b	e	a

(ii) $?=b$ または $?=c$ のとき.

$?=c$ のとき，b と c のおく場所を交換して，次に b と c を入れかえても ($b \to c, c \to b$), 群表の表す構造は変わらない.

·	e	a	b	c
e	e	a	b	c
a	a	c		
b	b			
c	c			

=

·	e	a	c	b
e	e	a	c	b
a	a	c		
c	c			
b	b			

$\Longrightarrow$

·	e	a	b	c
e	e	a	b	c
a	a	b		
b	b			
c	c			

したがって，$?=b$ か $?=c$ のとき，$?=b$ として考えれば十分である．

$?=b$ とする．このとき，$a \cdot b = e$ とすると，$a \cdot c = c$ となり，$a=e$ で矛盾である．よって，$a \cdot b = c,\ a \cdot c = e, \quad b \cdot a = c,\ c \cdot a = e$.

(III)

·	e	a	b	c
e	e	a	b	c
a	a	b	c	e
b	b	c	e	a
c	c	e	a	b

次に，$b \cdot b = a$ または $b \cdot b = e$ であるが，$b \cdot b = a$ とすると，$b \cdot c = a$. ゆえに，$b \cdot b = b \cdot c$ より $b = c$ となり矛盾である．したがって，$b \cdot b = e$ である．以上により，$?=b$ のとき，群表は (III) のようになる．

この最後の表 (III) で，b と a を入れかえて ($a \to b, b \to a$), さらに a と b のおく場所を交換すると表は (II) になる.

·	e	b	a	c
e	e	b	a	c
b	b	a	c	e
a	a	c	e	b
c	c	e	b	a

= (II)

·	e	a	b	c
e	e	a	b	c
a	a	e	c	b
b	b	c	a	e
c	c	b	e	a

以上の考察より，4 個の元からなる集合 G 上に群構造が入るとすれば，タイプ (I) と (II) の 2 通りの構造が入ることがわかる.

しかしながら，結合律については別に調べなければならない．次の式の中で，
$$x \cdot (y \cdot z) = (x \cdot y) \cdot z$$
x, y, z のうち 1 つが e であれば，e が単位元の性質をもつように演算表をつくっているので，結合律が成り立つのは表より容易に確かめられる．x, y, z のうち，どれも e ではない場合は $3! = 6$ 通りである．

タイプ (I) の場合に，この 6 通りについて結合律を確かめてみよう．

$$\begin{aligned}
a \cdot (b \cdot c) &= a \cdot a = e, & (a \cdot b) \cdot c &= c \cdot c = e \\
a \cdot (c \cdot b) &= a \cdot a = e, & (a \cdot c) \cdot b &= b \cdot b = e \\
b \cdot (a \cdot c) &= b \cdot b = e, & (b \cdot a) \cdot c &= b \cdot c = e \\
b \cdot (c \cdot a) &= b \cdot b = e, & (b \cdot c) \cdot a &= a \cdot a = e \\
c \cdot (a \cdot b) &= c \cdot c = e, & (c \cdot a) \cdot b &= b \cdot b = e \\
c \cdot (b \cdot a) &= c \cdot c = e, & (c \cdot a) \cdot b &= b \cdot b = e.
\end{aligned}$$

上の計算によって，タイプ (I) の場合に結合律が成り立つことが確かめられる．タイプ (II) の場合にも同様に結合律が成り立つことが確かめられる．

タイプ (I) の群は例題 1.8 (3) のクラインの 4 元群 V_4 と構造が同じである．

タイプ (II) の群について．
$$b^2 = a, \quad b^3 = b^2 \cdot b = a \cdot b = c, \quad b^4 = b^3 \cdot b = c \cdot b = e.$$
したがって，この群は b によって生成される巡回群である．そして，この群は加法群 $\mathbb{Z}_4$ と構造が同じである．すなわち，
$$b \longleftrightarrow \bar{1}, \quad a \longleftrightarrow \bar{2}, \quad c \longleftrightarrow \bar{3}$$
という対応を考えれば，G の群表 (II) から $\mathbb{Z}_4$ の群表が得られる．このとき，G と $\mathbb{Z}_4$ は同型であるという (§6 参照).

·	e	a	b	c
e	e	a	b	c
a	a	e	c	b
b	b	c	a	e
c	c	b	e	a

$=$

·	e	b	a	c
e	e	b	a	c
b	b	a	c	e
a	a	c	e	b
c	c	e	b	a

$\simeq$

+	$\bar{0}$	$\bar{1}$	$\bar{2}$	$\bar{3}$
$\bar{0}$	$\bar{0}$	$\bar{1}$	$\bar{2}$	$\bar{3}$
$\bar{1}$	$\bar{1}$	$\bar{2}$	$\bar{3}$	$\bar{0}$
$\bar{2}$	$\bar{2}$	$\bar{3}$	$\bar{0}$	$\bar{1}$
$\bar{3}$	$\bar{3}$	$\bar{0}$	$\bar{1}$	$\bar{2}$

以上の考察によって，4 個の元からなる群は加法群 $\mathbb{Z}_4$ かクラインの 4 元群 V_4 と構造が同じ (同型) であることがわかる．

群表が主対角線に関して対称であれば可換群である．これまで調べてきた群表は，すべて主対角線に関して対称であることがわかるので，元の個数が 4 以下の群はすべて可換群である．

§1 群の定義と群の例

9. 集合 G と結合律 (G1) を満足している演算 $\circ$ が与えられている.このとき,次の条件が満足されれば,G は群であることを証明せよ.
(1) $\exists e \in G, \forall a \in G, a \circ e = a.$
(2) $\forall a \in G, \exists b \in G, a \circ b = e.$

(証明) 群の公理の結合律 (G1) は満足されているので,(G2) と (G3) が成り立つことを示せばよい.

(i) (G2) について:G の任意の元を a とする.このとき (1) より,ある元 e が G に存在して
$$a \circ e = a \qquad \cdots\cdots\cdots ①$$
が成り立っている.このとき,$e \circ a = a$ であることを示す.(2) より
$$\exists a' \in G, \quad a \circ a' = e, \qquad \cdots\cdots\cdots ②$$
$$\exists a'' \in G, \quad a' \circ a'' = e. \qquad \cdots\cdots\cdots ③$$
② の両辺に右から a'' をかけると
$$(a \circ a') \circ a'' = e \circ a''. \qquad \cdots\cdots\cdots ④$$
式 ④ において左辺を計算する.式 ③ と ① に注意すると
$$左辺 = (a \circ a') \circ a'' = a \circ (a' \circ a'') = a \circ e = a.$$
ゆえに,
$$a = e \circ a''. \qquad \cdots\cdots\cdots ⑤$$
この式 ⑤ を使うと,
$$e \circ a = e \circ (e \circ a'') = (e \circ e) \circ a'' = e \circ a'' = a.$$
したがって,$e \circ a = a$ であることが示された.よって,群の定義 (G2) が示された.

(ii) (G3) について:G の任意の元を a とする.このとき (2) より,ある元 b が G に存在して
$$a \circ b = e \qquad \cdots\cdots\cdots ⑥$$
が成り立っている.このとき,$b \circ a = e$ であることを示す.再び,仮定 (2) を使うと,
$$\exists b' \in G, \quad b \circ b' = e. \qquad \cdots\cdots\cdots ⑦$$
この式の両辺に,左から a をかけると,
$$a \circ (b \circ b') = a \circ e.$$
この式の左辺と右辺を計算する.式 ⑥ と,(i) で証明した「e が単位元である」ことを使うと
$$左辺 = a \circ (b \circ b') = (a \circ b) \circ b' = e \circ b' = b',$$
$$右辺 = a \circ e = a.$$
ゆえに,$b' = a$ であるから,⑦ より $b \circ a = e$ が得られる.よって,群の定義 (G3) が示された.

10. 次の 6 つの関数は写像の積に関して群になることを確かめよ．
$$f_0(x) = x, \quad f_1(x) = \frac{1}{1-x}, \quad f_2(x) = \frac{x-1}{x},$$
$$f_3(x) = 1-x, \quad f_4(x) = \frac{x}{x-1}, \quad f_5(x) = \frac{1}{x}.$$

(解答) $f_1 f_0(x) = f_1(x),$

$f_1 f_1(x) = f_1\left(\dfrac{1}{1-x}\right) = \dfrac{1}{1 - \dfrac{1}{1-x}} = \dfrac{x-1}{x} = f_2(x),$

$f_1 f_2(x) = f_1\left(\dfrac{x-1}{x}\right) = \dfrac{1}{1 - \dfrac{x-1}{x}} = x = f_0(x),$

$f_1 f_3(x) = f_1(1-x) = \dfrac{1}{1-(1-x)} = \dfrac{1}{x} = f_5(x),$

$f_1 f_4(x) = f_1\left(\dfrac{x}{x-1}\right) = \dfrac{1}{1 - \dfrac{x}{x-1}} = 1 - x = f_3(x),$

$f_1 f_5(x) = f_1\left(\dfrac{1}{x}\right) = \dfrac{1}{1 - \dfrac{1}{x}} = \dfrac{x}{x-1} = f_4(x).$

他も同様に計算すると次のようになる．

$f_2 f_0 = f_2, \ f_2 f_1 = f_0, \ f_2 f_2 = f_1, \ f_2 f_3 = f_4, \ f_2 f_4 = f_5, \ f_2 f_5 = f_3,$

$f_3 f_0 = f_3, \ f_3 f_1 = f_4, \ f_3 f_2 = f_5, \ f_3 f_3 = f_0, \ f_3 f_4 = f_1, \ f_3 f_5 = f_2,$

$f_4 f_0 = f_4, \ f_4 f_1 = f_5, \ f_4 f_2 = f_3, \ f_4 f_3 = f_2, \ f_4 f_4 = f_0, \ f_4 f_5 = f_1,$

$f_5 f_0 = f_5, \ f_5 f_1 = f_3, \ f_5 f_2 = f_4, \ f_5 f_3 = f_1, \ f_5 f_4 = f_2, \ f_5 f_5 = f_0.$

以上より演算表をつくると表 2.1 のようになる．次のように 2 面体群 D_3 の元と対応させると，

f_0	f_1	f_2	f_3	f_4	f_5
r_0	r_1	r_2	s_3	s_4	s_5

演算表 2.1 は 2 面体群 D_3 の群表 (表 2.2) と全く同じになる．

表 2.1

·	f_0	f_1	f_2	f_3	f_4	f_5
f_0	f_0	f_1	f_2	f_3	f_4	f_5
f_1	f_1	f_2	f_0	f_5	f_3	s_4
f_2	f_2	f_0	f_1	f_4	f_5	f_3
f_3	f_3	f_4	f_5	f_0	f_1	f_2
f_4	f_4	f_5	f_3	f_2	f_0	f_1
f_5	f_5	f_3	f_4	f_1	f_2	f_0

表 2.2

·	r_0	r_1	r_2	s_1	s_2	s_3
r_0	r_0	r_1	r_2	s_1	s_2	s_3
r_1	r_1	r_2	r_0	s_3	s_1	s_2
r_2	r_2	r_0	r_1	s_2	s_3	s_1
s_1	s_1	s_2	s_3	r_0	r_1	r_2
s_2	s_2	s_3	s_1	r_2	r_0	r_1
s_3	s_3	s_1	s_2	r_1	r_2	r_0

11. 次の 6 つの行列は行列の積に関して群になることを確かめよ.

$$A_0 = \begin{pmatrix} 1 & 0 \\ 0 & 1 \end{pmatrix}, \ A_1 = \begin{pmatrix} 0 & 1 \\ 1 & 0 \end{pmatrix}, \ A_2 = \begin{pmatrix} 1 & -1 \\ 0 & -1 \end{pmatrix},$$

$$A_3 = \begin{pmatrix} -1 & 0 \\ -1 & 1 \end{pmatrix}, \ A_4 = \begin{pmatrix} 0 & -1 \\ 1 & -1 \end{pmatrix}, \ A_5 = \begin{pmatrix} -1 & 1 \\ -1 & 0 \end{pmatrix}.$$

(解答)

$$A_1 A_0 = \begin{pmatrix} 0 & 1 \\ 1 & 0 \end{pmatrix} \begin{pmatrix} 1 & 0 \\ 0 & 1 \end{pmatrix} = \begin{pmatrix} 0 & 1 \\ 1 & 0 \end{pmatrix} = A_1,$$

$$A_1 A_1 = \begin{pmatrix} 0 & 1 \\ 1 & 0 \end{pmatrix} \begin{pmatrix} 0 & 1 \\ 1 & 0 \end{pmatrix} = \begin{pmatrix} 1 & 0 \\ 0 & 1 \end{pmatrix} = A_0,$$

$$A_1 A_2 = \begin{pmatrix} 0 & 1 \\ 1 & 0 \end{pmatrix} \begin{pmatrix} 1 & -1 \\ 0 & -1 \end{pmatrix} = \begin{pmatrix} 0 & -1 \\ 1 & -1 \end{pmatrix} = A_4,$$

$$A_1 A_3 = \begin{pmatrix} 0 & 1 \\ 1 & 0 \end{pmatrix} \begin{pmatrix} -1 & 0 \\ -1 & 1 \end{pmatrix} = \begin{pmatrix} -1 & 1 \\ -1 & 0 \end{pmatrix} = A_5,$$

$$A_1 A_4 = \begin{pmatrix} 0 & 1 \\ 1 & 0 \end{pmatrix} \begin{pmatrix} 0 & -1 \\ 1 & -1 \end{pmatrix} = \begin{pmatrix} 1 & -1 \\ 0 & -1 \end{pmatrix} = A_2,$$

$$A_1 A_5 = \begin{pmatrix} 0 & 1 \\ 1 & 0 \end{pmatrix} \begin{pmatrix} -1 & 1 \\ -1 & 0 \end{pmatrix} = \begin{pmatrix} -1 & 0 \\ -1 & 1 \end{pmatrix} = A_3.$$

他も同様に計算すると

$$A_2 A_0 = A_2, A_2 A_1 = A_5, A_2 A_2 = A_0, A_2 A_3 = A_4, A_2 A_4 = A_3, A_2 A_5 = A_1,$$

$$A_3 A_0 = A_3, A_3 A_1 = A_4, A_3 A_2 = A_5, A_3 A_3 = A_0, A_3 A_4 = A_1, A_3 A_5 = A_2,$$

$$A_4 A_0 = A_4, A_4 A_1 = A_3, A_4 A_2 = A_1, A_4 A_3 = A_2, A_4 A_4 = A_5, A_4 A_5 = A_0,$$

$A_5A_0 = A_5, A_5A_1 = A_2, A_5A_2 = A_3, A_5A_3 = A_1, A_5A_4 = A_0, A_5A_5 = A_4.$

これらの結果より演算表をつくり，並べかえると，次のようになる．

·	A_0	A_1	A_2	A_3	A_4	A_5
A_0	A_0	A_1	A_2	A_3	A_4	A_5
A_1	A_1	A_0	A_4	A_5	A_2	A_3
A_2	A_2	A_5	A_0	A_4	A_3	A_1
A_3	A_3	A_4	A_5	A_0	A_1	A_2
A_4	A_4	A_3	A_1	A_2	A_5	A_0
A_5	A_5	A_2	A_3	A_1	A_0	A_4

·	A_0	A_4	A_5	A_1	A_2	A_3
A_0	A_0	A_4	A_5	A_1	A_2	A_3
A_4	A_4	A_5	A_0	A_3	A_1	A_2
A_5	A_5	A_0	A_4	A_2	A_3	A_1
A_1	A_1	A_2	A_3	A_0	A_4	A_5
A_2	A_2	A_3	A_1	A_5	A_0	A_4
A_3	A_3	A_1	A_2	A_4	A_5	A_0

さらに，次のように3次の対称群 S_3 の元と対応させると，

A_0	A_1	A_2	A_3	A_4	A_5
ρ_0	μ_1	μ_2	μ_3	ρ_1	ρ_2

上の演算表は3次の対称群 S_3 の群表となる．

·	ρ_0	ρ_1	ρ_2	μ_1	μ_2	μ_3
ρ_0	ρ_0	ρ_1	ρ_2	μ_1	μ_2	μ_3
ρ_1	ρ_1	ρ_2	ρ_0	μ_3	μ_1	μ_2
ρ_2	ρ_2	ρ_0	ρ_1	μ_2	μ_3	μ_1
μ_1	μ_1	μ_2	μ_3	ρ_0	ρ_1	ρ_2
μ_2	μ_2	μ_3	μ_1	ρ_2	ρ_0	ρ_1
μ_3	μ_3	μ_1	μ_2	ρ_1	ρ_2	ρ_0

12. 2つの群 $(G_1, \circ), (G_2, *)$ に対して直積集合 $G_1 \times G_2$ を考える．このとき，$(a_1, a_2), (b_1, b_2) \in G_1 \times G_2$ に対して，
$$(a_1, a_2) \cdot (b_1, b_2) = (a_1 \circ b_1, a_2 * b_2)$$
と定義すれば，$G_1 \times G_2$ はこの演算に関して群になることを示せ．この群を直積群という（§7 参照）．

(解答)　「群・環・体入門」の第2章§7を参照せよ．

§2 部分群，一般結合法則

定義と定理のまとめ

定義 2.1 群 G の部分集合 H が G の演算に関して群になっているとき，H を G の**部分群**という．またこのことを記号で，$H \leq G$ と書くことにする．

G を群とするとき，$\{e\}$ は G の部分群であり，G 自身も G の部分群である．$\{e\}$ と G を G の自明な部分群という．G の部分群 H で $H \neq \{e\}$, $H \neq G$ であるものを G の**真部分群**という．

定理 2.1 (部分群の判定定理) 群 G の空でない部分集合を H とする．H が G の部分群であるための必要十分条件は，H が次の条件 (1) と (2) を満足していることである．
 (1) $\forall a, b \in H \implies a \circ b \in H$,
 (2) $\forall a \in H \implies a^{-1} \in H$.
さらに (1), (2) は，次の条件 (3) と同値である．
 (3) $\forall a, b \in H \implies a \circ b^{-1} \in H$.

定理 2.1 の条件 (1) が成り立つとき，H は G の演算に関して**閉じている**という．

系 (1) H が G の部分群であるとき，H は単位元を G と共有する．
  すなわち，H の単位元は G の単位元と同じ e である．
 (2) H が G の部分群のとき，H の元 a の H における逆元は a^{-1} である．
  すなわち，a の H における逆元は a の G における逆元と同じである．

定理 2.2 $H_1, \ldots, H_n$ を G の部分群とするとき，$H_1 \cap \cdots \cap H_n$ も G の部分群である．このことは，有限個でない部分群の共通部分についても同様に成り立つ．

定理 2.3 群 G の空でない有限部分集合を H とする．H が部分群になるための必要十分条件は，G の演算に関して H が閉じていることである．

定義 2.2 群 G の元 $a_1, a_2, \cdots, a_n$ $(n \geq 3)$ について，積 $a_1 a_2 \cdots a_n$ を帰納的に次のように定義する．
$$a_1 a_2 a_3 = (a_1 a_2) a_3, \ a_1 a_2 a_3 a_4 = (a_1 a_2 a_3) a_4, \cdots, \ a_1 a_2 \cdots a_n = (a_1 a_2 \cdots a_{n-1}) a_n.$$

定理 2.4 (一般結合法則) $a_1, a_2, \cdots, a_n$ $(n \geq 3)$ を G の元とするとき，$1 \leq r < n$ について，$(a_1 \cdots a_r)(a_{r+1} \cdots a_n) = a_1 \cdots a_n$ が成り立つ．
 したがって，$1 \leq r < s < n$ のとき，次が成り立つ．

$$(a_1 \cdots a_r)(a_{r+1} \cdots a_s)(a_{s+1} \cdots a_n) = a_1 \cdots a_n.$$

定義 2.3 群 G の単位元を e とする．このとき，G の任意の元 a と整数 n について，次のように定義する．

$$a^n = \begin{cases} \overbrace{a \cdots a}^{n}, & n > 0 \\ e, & n = 0 \\ (a^{-1})^{|n|} & n < 0 \end{cases}$$

定理 2.5 (指数法則) 群 G の元 a と整数 m, n について，次の式が成り立つ．
 (1) $a^m \cdot a^n = a^{m+n}$,   (2) $(a^m)^n = a^{mn}$.

定理 2.6 群 G の元 $a_1, \cdots, a_n$ について，積 $a_1 \cdots a_n$ の逆元は次の式で与えられる．
$$(a_1 \cdots a_n)^{-1} = a_n^{-1} \cdots a_1^{-1}.$$

定理 2.7 G が可換群のとき，G の任意の元 a, b について次のことが成立する．
$$(a \cdot b)^n = a^n \cdot b^n.$$

問題と解答

問 2.1 a を 0 でない有理数とする．このとき，集合 $H = \{a^n \mid n \in \mathbb{Z}\}$ は 0 でない有理数のつくる乗法群 $\mathbb{Q}^*$ の部分群であることを示せ．

(証明) 部分群の判定定理 2.1 を使う．$1 = a^0 \in H$ であるから，$H \neq \phi$ である．
 (1) $x \in H$, $y \in H$ とする．このとき，$x = a^m$, $y = a^n$ $(\exists m, n \in \mathbb{Z})$ と表される．すると，$x \cdot y = a^m \cdot a^n = a^{m+n}$. ここで，$m + n \in \mathbb{Z}$ であるから，$x \cdot y \in H$ を得る．
 (2) $x \in H$ とする．このとき，(1) の表現を使うと，$x^{-1} = (a^m)^{-1} = a^{-m}$. ここで，$-m \in \mathbb{Z}$ であるから，$x^{-1} \in H$.
 (1), (2) より，H は乗法群 $\mathbb{Q}^*$ の部分群である．

問 2.2 H を群 G の部分群とし，x を G の任意の元として $xH = \{xh \mid h \in H\}$, $Hx = \{hx \mid h \in H\}$ とおく．このとき次が成り立つことを示せ．
$$x \in H \iff xH = H \iff Hx = H.$$

(証明) $x \in H \iff xH = H$ を示せば，$x \in H \iff Hx = H$ も同様に示される．
 (1) $x \in H \implies xH = H$ を示す．
 $xH \subset H$ であること: xH の任意の元は xh $(h \in H)$ と表される．仮定より，$x \in H$ である．H は部分群であるから，$x \in H$ と $h \in H$ より $xh \in H$ を得る．

$xH \supset H$ であること：仮定より $x \in H$ で，H は部分群であるから，$x^{-1} \in H$. すると，H の任意の元 h は
$$h = e \cdot h = (xx^{-1})h = x(x^{-1}h)$$
と表される．$x^{-1} \in H$ と $h \in H$ より $x^{-1}h \in H$. ゆえに，$h = x(x^{-1}h) \in xH$ を得る．

(2) $xH = H \Longrightarrow x \in H$ を示す．
$e \in H$ であるから，$x = xe \in xH = H$ より $x \in H$.

> **問 2.3** H, K を群 G の部分群とするとき，$H \cup K$ が G の部分群であるための条件は何か．

(証明) $H \cup K$ が G の部分群であると仮定する．このとき，$H \not\subset K$ とすると，K に属さない H の元 a_0 が存在する．
$$\exists a_0 \in H - K.$$
K の任意の元を b とする．このとき，$H \cup K$ が G の部分群であるから，
$$a_0 \in H \cup K, b \in H \cup K \Longrightarrow a_0 b \in H \cup K$$
でなければならない．したがって，$a_0 b \in H$ または $a_0 b \in K$ である．ところが，$a_0 b \in K$ は起こらない．何故ならば，もし $a_0 b \in K$ とすると，$b \in K$ であるから $a_0 \in K$ となる．これは a_0 のとり方に矛盾する．よって，$a_0 b \notin K$ である．したがって，$a_0 b \in H$ である．このとき，$a_0 \in H$ であるから $b \in H$ を得る．b は K の任意の元であったから，$K \subset H$ を得る．

以上より $H \cup K$ が G の部分群のとき，
$$H \not\subset K \Longrightarrow K \subset H$$
であることが示された．言いかえると，次のことを示したことになる．
$$H \cup K \leq G \Longrightarrow H \subset K \text{ または } K \subset H.$$
逆に，$H \subset K$ と仮定すると $H \cup K = K$ となり，これは G の部分群である．$K \subset H$ のときも同様である．

以上より，$H \cup K$ が G の部分群であるための必要十分条件は $H \subset K$ または $K \subset H$ なることである．

> **問 2.4** 集合 $H = \{1, -1, i, -i\}$ は 0 でない複素数のつくる乗法群 $\mathbb{C}^*$ の部分群であることを示せ．

(証明) 演算表をつくってみると，

·	1	−1	i	$-i$
1	1	−1	i	$-i$
−1	−1	1	$-i$	i
i	i	$-i$	−1	1
$-i$	$-i$	i	1	−1

H は乗法に関して閉じているので，定理 2.3 より H は乗法群 $\mathbb{C}^*$ の部分群である．H は i を生成元とする巡回群である．

問 2.5 群 G の元を a, b とする．このとき，任意の整数 n について次のことを証明せよ． (1) $ab = ba \Longrightarrow ab^n = b^n a$, (2) $ab = ba \Longrightarrow a^m b^n = b^n a^m$.

(証明) $ab^n = b^n a \cdots\cdots (*)$

(1) (i) $n \geq 0$ のとき，n に関する数学的帰納法によって $(*)$ を証明する．
$n = 0$ のとき，$ab^0 = ae = a = ea = b^0 a$ で $(*)$ は正しい．
$n = 1$ のとき $(*)$ は仮定である．
$n = k$ のとき $(*)$ が成立すると仮定して，$n = k+1$ のときに成り立つことを示そう．

$$\begin{aligned}
ab^{k+1} &= a(bb^k) &&\text{(一般結合法則)} \\
&= (ab)b^k &&\text{(結合法則)} \\
&= (ba)b^k &&\text{(仮定より)} \\
&= b(ab^k) &&\text{(結合法則)} \\
&= b(b^k a) &&\text{(帰納法の仮定)} \\
&= (bb^k)a &&\text{(結合法則)} \\
&= b^{k+1} a. &&\text{(累乗の定義)}
\end{aligned}$$

(ii) $n < 0$ のとき，$n = -n'$ $(n' > 0)$ とおく．はじめに，問 1.2 によって $ab^{-1} = b^{-1}a$ が成り立っていることに注意しよう．

$$\begin{aligned}
ab^n &= ab^{-n'} \\
&= a(b^{-1})^{n'} &&\text{(指数の定義)} \\
&= (b^{-1})^{n'} a &&\text{($ab^{-1} = b^{-1}a$ だから，(i) の結果より)} \\
&= b^n a. &&\text{(指数の定義)}
\end{aligned}$$

(2) $ab = ba$ とすると，(1) より $ab^n = b^n a$．すると，再び (1) を用いて $a^m b^n = b^n a^m$ が得られる．

第 2 章 §2 演習問題

1. H を群 G の部分群とする．G の元 a に対して，aHa^{-1} は G の部分群であることを示せ．ただし，$aHa^{-1} = \{axa^{-1} \mid x \in H\}$ とする．aHa^{-1} のことを H の共役部分群という．

(証明) $e = aea^{-1} \in aHa^{-1}$ より $aHa^{-1} \neq \phi$ である.

(1) 演算に関して閉じていること: $x, y \in aHa^{-1}$ とする. x と y は $x = aha^{-1}$, $y = aka^{-1}$ $(h, k \in H)$ と表される. このとき,
$$xy = (aha^{-1})(aka^{-1}) = ahka^{-1}.$$
ここで, H は部分群であるから $hk \in H$. したがって, $xy \in aHa^{-1}$.

(2) $x \in aHa^{-1}$ として, $x^{-1} \in aHa^{-1}$ を示す. (1) と同じ記号 $x = aha^{-1}$ $(h \in H)$ を使うと, $x^{-1} = (aha^{-1})^{-1} = (a^{-1})^{-1}h^{-1}a^{-1} = ah^{-1}a^{-1}$. ここで, $h \in H$ で H は部分群であるから $h^{-1} \in H$. したがって,
$$x^{-1} = ah^{-1}a^{-1} \in aHa^{-1}.$$
(1), (2) より, 部分群の判定定理 2.1 を使うと aHa^{-1} は G の部分群である.

2. G を可換群, k を正の整数とするとき, $G_{(k)} = \{x \in G \mid x^k = e\}$ は G の部分群であることを示せ.

(証明) $e^k = e$ であるから, $e \in G_{(k)}$. ゆえに, $G_k \neq \phi$.

(1) $a, b \in G_{(k)}$ とすると, $a^k = e$, $b^k = e$ である. G は可換群だから, 定理 2.7 より $(ab)^k = a^k b^k = e \cdot e = e$. ゆえに, $ab \in G_{(k)}$.

(2) $a \in G_{(k)}$ とする. $a^k = e$ であるから, $(a^{-1})^k = (a^k)^{-1} = e^{-1} = e$. ゆえに, $a^{-1} \in G_{(k)}$.

(1), (2) より, 部分群の判定定理 2.1 を使うと $G_{(k)}$ は G の部分群である.

3. G を可換群, k を正の整数とするとき, $G^{(k)} = \{x^k \in G \mid x \in G\}$ は G の部分群であることを示せ.

(証明) $e = e^k \in G^{(k)}$. ゆえに, $G^{(k)} \neq \phi$.

(1) $x, y \in G^{(k)}$ とする. このとき, $x = a^k$, $y = b^k$ $(\exists a, b \in G)$ と表される. ここで, G は群であるから, $ab \in G$. また, G は可換群だから, $xy = a^k b^k = (ab)^k$ (定理 2.7). ゆえに, $xy \in G^{(k)}$.

(2) $x \in G^{(k)}$ とする. x は $x = a^k$ $(\exists a \in G)$ と表される. G は群であるから, $a^{-1} \in G$. すると, $x^{-1} = (a^k)^{-1} = (a^{-1})^k$. ゆえに, $x^{-1} \in G^{(k)}$.

(1), (2) より, 部分群の判定定理 2.1 を使うと $G^{(k)}$ は G の部分群である.

4. G が次のような群のとき, それぞれの場合に演習問題 2 と 3 で定義した $G_{(k)} = \{a \in G \mid a^k = e\}$, $G^{(k)} = \{a^k \mid a \in G\}$ $(k = 0, 1, 2, 3, \cdots)$ を求めよ.
(1) G を加法群 $\mathbb{Z}, \mathbb{Q}, \mathbb{R}, \mathbb{C}$ とするとき.
(2) G をクラインの 4 元群 V_4 とするとき (例 1.8 (3) 参照).
(3) $G = S_3, D_3$ とするとき. (例 1.7 (1), 例 1.8 (1) 参照).
(4) $G = D_4$ とするとき (例 1.8 (2) 参照).

(解答) $k = 0$ のとき. G が群であれば, G の任意の元 a に対して, $a^0 = e$ (e は単位元) であるから, $G_{(0)} = G$, $G^{(0)} = \{e\}$.

次に, $k > 0$ のときに, それぞれの場合を調べる.

(1) $G = \mathbb{Z}$ の場合: $G_{(k)} = \{a \in \mathbb{Z} \mid ka = 0\} = \{0\}$, $G^{(k)} = \{ka \mid a \in \mathbb{Z}\} = k\mathbb{Z}$.
$G = \mathbb{Q}$, $\mathbb{R}$, $\mathbb{C}$ の場合: $G_{(k)} = \{0\}$, $G^{(k)} = \mathbb{Q}, \mathbb{R}, \mathbb{C}$.

(2) $G = V_4$ の場合: V_4 の任意の元 a に対して, $a^2 = r_0$ であることに注意する.
(i) $G_{(1)} = \{r_0\}$, $G_{(2)} = V_4$, $G_{(3)} = \{a \in V_4 \mid a^3 = r_0\} = \{a \in V_4 \mid a = r_0\} = \{r_0\}$, $G_{(2k)} = V_4$, $G_{(2k+1)} = \{r_0\}$.
(ii) $G^{(1)} = V_4$, $G^{(2)} = \{r_0\}$, $G^{(3)} = \{a^3 \mid a \in V_4\} = \{a \mid a \in V_4\} = V_4$, $G^{(2k)} = \{r_0\}$, $G^{(2k+1)} = V_4$.

(3) $G = S_3 = \{\rho_0, \rho_1, \rho_2, \mu_1, \mu_2, \mu_3\}$ の場合:

$G_{(1)} = \{\rho_0\}$, $\quad\quad\quad\quad\quad\quad G^{(1)} = S_3$,
$G_{(2)} = \{\rho_0, \mu_1, \mu_2, \mu_3\}$, $\quad\quad G^{(2)} = \{\rho_0, \rho_1, \rho_2\}$,
$G_{(3)} = \{\rho_0, \rho_1, \rho_2\}$, $\quad\quad\quad G^{(3)} = \{\rho_0, \mu_1, \mu_2, \mu_3\}$,
$G_{(4)} = \{\rho_0, \mu_1, \mu_2, \mu_3\}$, $\quad\quad G^{(4)} = \{\rho_0, \rho_1, \rho_2\}$,
$G_{(5)} = \{\rho_0\}$, $\quad\quad\quad\quad\quad\quad G^{(5)} = S_3$,
$G_{(6)} = S_3$. $\quad\quad\quad\quad\quad\quad\quad G^{(6)} = \{\rho_0\}$.

$6 < k$ のとき, $k = 6q + r$ $(0 \leq r < 6)$ と表せば, $G_{(k)} = G_{(r)}$, $G^{(k)} = G^{(r)}$.

(4) $G = D_4 = \{r_0, r_1, r_2, r_3, s_1, s_2, t_1, t_2\}$ の場合:

$G_{(1)} = \{r_0\}$, $\quad\quad\quad\quad\quad\quad\quad G^{(1)} = D_3$,
$G_{(2)} = \{r_0, r_2, s_1, s_2, t_1, t_2\}$, $\quad G^{(2)} = \{r_0, r_2\}$,
$G_{(3)} = \{r_0\}$, $\quad\quad\quad\quad\quad\quad\quad G^{(3)} = D_4$,
$G_{(4)} = D_4$, $\quad\quad\quad\quad\quad\quad\quad\; G^{(4)} = \{r_0\}$,
$G_{(5)} = \{r_0\}$, $\quad\quad\quad\quad\quad\quad\quad G^{(5)} = D_4$,
$G_{(6)} = \{r_0, r_2, s_1, s_2, t_1, t_2\}$, $\quad G^{(6)} = \{r_0, r_2\}$,
$G_{(7)} = \{r_0\}$, $\quad\quad\quad\quad\quad\quad\quad G^{(7)} = D_4$,
$G_{(8)} = D_4$. $\quad\quad\quad\quad\quad\quad\quad G^{(8)} = \{r_0\}$.

$9 < k$ のとき, $k = 9q + r$ $(0 \leq r < 9)$ と表せば, $G_{(k)} = G_{(r)}$, $G^{(k)} = G^{(r)}$.

---

5. H を群 G の部分群, K を G の空でない部分集合とするとき, 次の条件は同値であることを示せ. (1) $KH = H$, (2) $K \subset H$, (3) $HK = H$. (問 2.2 の一般化). ただし, $HK = \{hk \mid h \in H, k \in K\}$.

(証明) (1) $\Longleftrightarrow$ (2) を示せば, (2) $\Longleftrightarrow$ (3) も同様に示される.

$KH = H \Longrightarrow K \subset H$: $k \in K$ とする. H は G の部分群であるから, $e \in H$. ゆえに, $k = k \cdot e \in KH = H$. したがって, $k \in H$ であるから, $K \subset H$ が示された.

$KH = H \Longleftarrow K \subset H$:

(i) $KH \subset H$ であることを示す．$x \in KH$ とすると，$x = kh$ ($k \in K, h \in H$) と表される．ここで，仮定より $k \in K \subset H$ であり，H は部分群であるから
$$h \in H, k \in H \Longrightarrow x = k \cdot h \in H.$$ よって，$KH \subset H$ が示された．

(ii) $H \subset KH$ であることを示す．$h \in H$ とする．$K \neq \phi$ であるから，K はある元 x を含んでいる．$k \in K \subset H$ より，$k \in H$ である．さらに，H は部分群であるから $k^{-1} \in H$ である．すると，
$$h = eh = (kk^{-1})h = k(k^{-1}h) \in KH$$
となる．ここで，$k^{-1} \in H, h \in H$ より $k^{-1}h \in H$ である．したがって，$H \subset KH$ が示された．

(i), (ii) より $H = KH$ が得られる．

---

6. H, K を群 G の部分群とする．このとき，集合 $HK = \{hk \mid h \in H, k \in K\}$ が G の部分群であるための必要十分条件は，$HK = KH$ であることを示せ．したがって，G が可換群のときには，HK は常に G の部分群である．

(証明) $e = e \cdot e \in HK$ であるから，$HK \neq \phi$ であることに注意しよう．

$HK \leq G \Longrightarrow HK = KH$ を示す．

(1) $HK \subset KH$ であること：$a \in HK$ とする．HK は部分群であるから，$a^{-1} \in HK$ である．ゆえに，$a^{-1} = h_1 k_1$ ($h_1 \in H, k_1 \in K$) と表される．したがって，$a = (h_1 k_1)^{-1} = (k_1)^{-1}(h_1)^{-1} \in KH$．したがって，$HK \subset KH$ が示された．

(2) $KH \subset HK$ であること：$a \in KH$ とする．a は $a = kh$ ($h \in H, k \in K$) と表される．このとき，$k = e \cdot k \in HK$, $h = h \cdot e \in HK$ と考えられる．HK は部分群であるから，$a = kh = (e \cdot k)(h \cdot e) \in HK$.

$HK \leq G \Longleftarrow HK = KH$ を示す．

(i) 演算に関して閉じていること：$a, b \in HK$ とする．このとき，
$$a = h_1 k_1 \ (h_1 \in H, k_1 \in K), \ b = h_2 k_2 \ (h_2 \in H, k_2 \in K)$$
と表される．このとき，$k_1 h_2 \in KH = HK$ より $k_1 h_2 = h_2' k_1'$ ($h_2' \in H, k_1' \in K$) と表されることに注意すれば
$$ab = (h_1 k_1)(h_2 k_2) = h_1(k_1 h_2)k_2 = h_1(h_2' k_1')k_2 = (h_1 h_2')(k_1' k_2) \in HK.$$

(ii) $a \in HK \Longrightarrow a^{-1} \in HK$ を示す．a は $a = hk$ ($h \in H, k \in K$) と表される．このとき，$k^{-1}h^{-1} \in KH = HK$ より $k^{-1}h^{-1} = h'k'$ ($h' \in H, k' \in K$) と表されることに注意すれば，$a^{-1} = (hk)^{-1} = k^{-1}h^{-1} = h'k' \in HK$.

(i), (ii) より，部分群の判定定理 2.1 を使うと HK は G の部分群である．

---

7. S を群 G の部分集合とする．このとき，$C_G(S) = \{a \in G \mid as = sa, \forall s \in S\}$ とおけば，$C_G(S)$ は G の部分群であることを示せ．$C_G(S)$ を S の**中心化群**という．特に，$S = G$ であるとき，$C_G(G)$ を群 G の**中心**といい，$Z(G)$ と表す．

(証明) G の単位元 e について, $es = se$ ($\forall s \in S$) であるから $e \in C_G(S)$. ゆえに, $C_G(S) \neq \phi$.

(1) $a, b \in C_G(S) \Longrightarrow ab \in C_G(S)$ を示す. S の任意の元 s について,
$$\begin{aligned}(ab)s &= a(bs) \quad (結合律)\\ &= a(sb) \quad (b \in C_G(S) \text{ より})\\ &= (as)b \quad (結合律)\\ &= (sa)b \quad (a \in C_G(S) \text{ より})\\ &= s(ab). \quad (結合律)\end{aligned}$$
したがって, $ab \in C_G(S)$ を得る.

(2) $a \in C_G(S) \Longrightarrow a^{-1} \in C_G(S)$ を示す. $a \in C_G(S)$ とする. このとき, S の任意の元 s について, $as = sa$. 両辺に, 左と右から a^{-1} をかけると, $a^{-1}(as)a^{-1} = a^{-1}(sa)a^{-1}$. ここで,
$$左辺 = a^{-1}(as)a^{-1} = (a^{-1}a)sa^{-1} = esa^{-1} = sa^{-1},$$
$$右辺 = a^{-1}(sa)a^{-1} = a^{-1}s(aa^{-1}) = a^{-1}se = a^{-1}s.$$
ゆえに, $sa^{-1} = a^{-1}s$ が得られ, $a^{-1} \in C_G(S)$ であることが示された.

(1),(2) より部分群の判定定理 2.1 を使って, $C_G(S)$ が G の部分群であることが示された.

8. 3 次の 2 面体群 D_3, 4 次の 2 面体群 D_4 とクラインの 4 元群 V_4 について, 中心 $Z(D_3)$, $Z(D_4)$, $Z(V_4)$ を求めよ.

(解答) $a \in Z(S)$ ということは, 群表では a の行と a の列が一致していることに注意する. 例 1.8 の群表より,
$$Z(D_3) = \{r_0\}, \quad Z(D_4) = \{r_0, r_2\}, \quad Z(V_4) = V_4.$$

(1) D_3 において,
$$C_{D_3}(r_0) = D_3, \qquad\qquad C_{D_3}(s_1) = \{r_0, s_1\} = <s_1>,$$
$$C_{D_3}(r_1) = \{r_0, r_1, r_2\} = <r_1>, \quad C_{D_3}(s_2) = \{r_0, s_2\} = <s_2>,$$
$$C_{D_3}(r_2) = \{r_0, r_1, r_2\} = <r_1>, \quad C_{D_3}(s_3) = \{r_0, s_3\} = <s_3>.$$
$$\therefore \quad Z(D_3) = \bigcap_{a \in D_3} C_{D_3}(a) = \{r_0\}.$$

(2) D_4 において,
$$C_{D_4}(r_0) = D_4, \qquad\qquad\qquad C_{D_4}(s_2) = \{r_0, r_2, s_1, s_2\},$$
$$C_{D_4}(r_1) = C_{D_4}(r_2) = C_{D_4}(r_3) = <r_1>, \quad C_{D_4}(t_1) = \{r_0, r_2, t_1, t_2\},$$
$$C_{D_4}(s_1) = \{r_0, r_2, s_1, s_2\}, \qquad\qquad C_{D_4}(t_2) = \{r_0, r_2, t_1, t_2\}.$$
$$\therefore \quad Z(D_4) = \bigcap_{a \in D_4} C_{D_4}(a) = \{r_0, r_2\}.$$

(3) クラインの 4 元群は可換群であるから, $Z(V_4) = V_4$ である.

9. S を群 G の部分集合とする. このとき, $N_G(S) = \{a \in G \mid aS = Sa\}$ とおけば, $N_G(S)$ は G の部分群であることを示せ. ただし, $aS = \{as \mid s \in S\}$ とする. $N_G(S)$ を S の**正規化群**という.

(証明) G の単位元 e について, $eS = Se = S$ であるから $e \in N_G(S)$. ゆえに, $N_G(S) \neq \phi$. また, 結合律 $(ab)S = a(bS)$ が成り立つ (問 4.2 参照).

(1) $a, b \in N_G(S) \Longrightarrow ab \in N_G(S)$ を示す. S の任意の元 s について,
$$\begin{aligned}(ab)S &= a(bS) \quad (結合律)\\ &= a(Sb) \quad (b \in N_G(S) \text{ より})\\ &= (aS)b \quad (結合律)\\ &= (Sa)b \quad (a \in N_G(S) \text{ より})\\ &= S(ab). \quad (結合律)\end{aligned}$$
したがって, $ab \in N_G(S)$ を得る.

(2) $a \in N_G(S) \Longrightarrow a^{-1} \in N_G(S)$ を示す. $a \in N_G(S)$ とする. このとき, $aS = Sa$. 両辺に, 左と右から a^{-1} をかけると,
$$a^{-1}(aS)a^{-1} = a^{-1}(Sa)a^{-1}.$$
ここで,
$$\begin{aligned}\text{左辺} &= a^{-1}(aS)a^{-1} & \text{右辺} &= a^{-1}(Sa)a^{-1}\\ &= (a^{-1}a)Sa^{-1} & &= a^{-1}S(aa^{-1})\\ &= eSa^{-1} & &= a^{-1}Se\\ &= Sa^{-1}. & &= a^{-1}S.\end{aligned}$$
ゆえに, $Sa^{-1} = a^{-1}S$ が得られ, $a^{-1} \in N_G(S)$ であることが示された.

(1), (2) より部分群の判定定理 2.1 を使って, $N_G(S)$ が G の部分群であることが示された.

10. 3 次の対称群 S_3 の 部分群 (交代群) $A_3 = \{\rho_0, \rho_1, \rho_2\}$ と 4 次の 2 面体群 D_4 の部分群 $K = \{r_0, s_2\}$ について, 正規化群 $N_{S_3}(A_3)$, $N_{D_4}(K)$ を求めよ.

(解答) (1) $A_3 = \{\rho_0, \rho_1, \rho_2\} = <\rho_1> \leq S_3$. $\rho_i \in A_3$ であるから, 問 2.2 より $\rho_i A_3 = A_3 = A_3 \rho_i$ ($i = 0, 1, 2$). また, 例 1.7 (1) の群表より
$$\mu_1 A_3 = \{\mu_1, \mu_2, \mu_3\} = A_3 \mu_1, \quad \mu_2 A_3 = \{\mu_1, \mu_2, \mu_3\} = A_3 \mu_2.$$
ゆえに, $N_{S_3}(A_3) = S_3$. したがって, A_3 は群 S_3 の正規部分群である.

(2) $K = \{r_0, s_2\} \leq D_4$.
$$\begin{aligned}&r_0 K = \{r_0, s_2\} = K r_0 = \{r_0, s_2\}, & &s_1 K = \{s_1, r_2\} = K s_1 = \{s_1, r_2\},\\ &r_1 K = \{r_1, t_1\} \neq K r_1 = \{r_1, t_2\}, & &s_2 K = \{s_2, r_0\} = K s_2 = \{s_2, r_0\},\\ &r_2 K = \{r_2, s_1\} = K r_2 = \{r_2, s_1\}, & &t_1 K = \{t_1, r_1\} \neq K t_1 = \{t_1, r_3\},\\ &r_3 K = \{r_3, t_2\} \neq K r_3 = \{r_3, t_1\}, & &t_2 K = \{t_2, r_3\} \neq K t_2 = \{t_2, r_1\}.\end{aligned}$$

以上より,
$$N_{D_4}(K) = \{r_0, r_2, s_1, s_2\} \simeq V_4$$
群表をつくると,

·	r_0	r_2	s_1	s_2
r_0	r_0	r_2	s_1	s_2
r_1	r_2	r_0	s_2	s_1
s_1	s_1	s_2	r_0	r_2
s_2	s_2	s_1	r_2	r_0

これは,クラインの 4 元群である.

§3 巡回群，群の位数，元の位数

定義と定理のまとめ

定義 3.1 群 G に属する元の個数を G の**位数**といい，記号 $|G|$ で表す．G が無限群のときは $|G| = \infty$ とする．

定義 3.2 群 G の元 a に対して，$a^n = e$ となるような最小の正の整数を (それがあるときは) a の**位数**という．そのような整数がないとき，a の**位数は無限**という．記号 $|a|$ で a の位数を表すことにする．a の位数が無限のとき，$|a| = \infty$ と表す．

ある自然数 n に対して，$a^n = e$ であれば，定義によって元 a の位数は
$$|a| = \min\{n \in \mathbb{N} \mid a^n = e\}$$
と表される．また，$|a| \geq 1$ であるが，特に $|a| = 1 \iff a = e$ が成り立つ．

定理 3.1 a の累乗の全体からなる G の部分集合 $<a> = \{a^n \mid n \in \mathbb{Z}\}$ は G の部分群になる．また，この群は a を含む G の最小の部分群である．

定義 3.3 定理 3.1 の部分群 $<a>$ を a で生成された G の**巡回部分群**という．

定義 3.4 群 G のすべての元が G のある元 a の累乗になっているとき，G は a で生成された**巡回群**であるといい，a をその**生成元**という．すなわち，
$$G: \text{巡回群} \iff \exists a \in G, G = <a>.$$

定理 3.2 a を群 G の元とする．a の位数を n とするとき，任意の整数 k について次が成り立つ．
 (1) $a^k = e \iff k \equiv 0 \pmod{n} \iff n \mid k$,
 (2) $a^k = a^\ell \iff k \equiv \ell \pmod{n} \iff n \mid k - \ell$.

定理 3.3 巡回群の部分群は巡回群である．

定理 3.4 a を群 G の元とするとき，元 a の位数は a で生成された巡回部分群 $<a>$ の位数に等しい．すなわち，$|a| = |<a>|$．

定義 3.5 S を群 G の部分集合とする．このとき，S を含む G の部分群のすべての共通部分 $<S>$ は G の部分群になる (定理 2.2)．この $<S>$ を S により**生成された G の部分群**といい，S を部分群 $<S>$ の**生成系**という．

S によって生成された部分群 $<S>$ は次の条件を満足している．

(1) $<S>$ は G の部分群,
(2) $<S> \supset S$,
(3) H が G の部分群で $H \supset S$ ならば $H \supset <S>$ である.

すなわち, $<S>$ は S を含む G の部分群の最小のものである.

定理 3.5 G を群として, S をその部分集合とする. このとき,
$$<S> = \{a_{i_1}^{e_1} a_{i_2}^{e_2} \cdots a_{i_n}^{e_n} \mid a_{i_1}, \cdots, a_{i_n} \in S, \ e_i \in \mathbb{Z}, \ n \in \mathbb{N}\}.$$

定理 3.6 G を a によって生成される位数 n の巡回群とする. このとき, G の元 a^k の位数は $n/(n,k)$ となる. ただし, (n,k) は n と k の最大公約数を表す.
$$|a^k| = n/(n,k).$$

系 1 r, s を自然数とする. 群 G の元 a の位数を rs とすると, 元 a^r の位数は s であり, 元 a^s の位数は r である. すなわち,
$$|a| = rs \Longrightarrow |a^r| = s, \ |a^s| = r.$$

系 2 G を a によって生成される位数 n の巡回群とする. このとき, G の元 a^k が G の生成元であるための必要十分条件は, $(n,k) = 1$ なることである. すなわち,
$$a^k \text{ が } G \text{ の生成元} \Longleftrightarrow (n,k) = 1.$$

定理 3.7 群 G の 2 つの元 a, b が可換で, 位数が, それぞれ m, n とする. このとき, m と n が互いに素であれば元 ab の位数は mn である.
$$ab = ba, \ |a| = m, \ |b| = n, \ (m,n) = 1 \Longrightarrow |ab| = mn.$$

定理 3.8 群 G の可換な 2 つの元 a, b の位数がそれぞれ m, n とする. m と n の最小公倍数を ℓ とするとき, G に位数 ℓ の元が存在する.

問題と解答

問 3.1 加法群 $\mathbb{Z}_{12}$ において, 各元の位数を求めよ.

(解答) $\mathbb{Z}_{12} = \{\bar{0}, \bar{1}, \bar{2}, \bar{3}, \bar{4}, \bar{5}, \bar{6}, \bar{7}, \bar{8}, \bar{9}, \overline{10}, \overline{11}\}$. 加法群 $\mathbb{Z}_{12}$ の単位元は $\bar{0}$ である. 元の位数の定義に従って, $\bar{a}$ の位数は $n\bar{a} = \bar{0}$ となる整数 n の中で最小の正の整数である. このことを, $\mathbb{Z}_{12}$ の元について確認してみよう.

- $1\bar{0} = \bar{0}$ であるから, $|\bar{0}| = 1$.
- $\bar{1}$ について: $n\bar{1} \neq \bar{0} \ (0 < n < 12)$, $12\bar{1} = \overbrace{\bar{1} + \bar{1} + \cdots + \bar{1}}^{12} = \overline{12} = \bar{0}$. ゆえに, $|\bar{1}| = 12$.

- $\bar{2}$ について: $n\bar{2} \neq \bar{0}$ $(0 < n < 6)$, $6\bar{2} = \overbrace{\bar{2}+\bar{2}+\cdots+\bar{2}}^{6} = \overline{12} = \bar{0}$. ゆえに, $|\bar{2}| = 6$.
- $\bar{3}$ について: $n\bar{3} \neq \bar{0}$ $(0 < n < 4)$, $4\bar{3} = \bar{0}$. ゆえに, $|\bar{3}| = 4$.
- $\bar{4}$ について: $n\bar{4} \neq \bar{0}$ $(0 < n < 3)$, $3\bar{4} = \bar{0}$. ゆえに, $|\bar{4}| = 3$.
- $\bar{5}$ について: $n\bar{5} = \bar{0}$ とすると, $5n \equiv 0 \pmod{12}$. すなわち, 第 1 章定理 2.2 より $n \equiv 0 \pmod{12}$. ゆえに, $n\bar{5} \neq \bar{0}$ $(0 < n < 12)$, $12\bar{5} = \bar{0}$. したがって, $|\bar{5}| = 12$.
- $\bar{6}$ について: $1\bar{6} = \bar{6}$, $2\bar{6} = \bar{0}$. ゆえに, $|\bar{6}| = 2$.
- $\bar{7}$ について: $n\bar{7} = \bar{0}$ とすると, $7n \equiv 0 \pmod{12}$. すなわち, 第 1 章定理 2.2 より $n \equiv 0 \pmod{12}$. ゆえに, $n\bar{7} \neq \bar{0}$ $(0 < n < 12)$, $12\bar{7} = \bar{0}$. したがって, $|\bar{7}| = 12$.
- $\bar{8}$ について: $1\bar{8} = \bar{8}$, $2\bar{8} = \bar{4}$, $3\bar{8} = \bar{0}$. ゆえに, $|\bar{8}| = 3$.
- $\bar{9}$ について: $1\bar{9} = \bar{9}$, $2\bar{9} = \bar{6}$, $3\bar{9} = \bar{3}$, $4\bar{9} = \bar{0}$. ゆえに, $|\bar{9}| = 4$.
- $\overline{10}$ について: $1\overline{10} = \overline{10}$, $2\overline{10} = \bar{8}$, $3\overline{10} = \bar{6}$, $4\overline{10} = \bar{2}$, $5\overline{10} = \bar{2}$, $6\overline{10} = \bar{0}$. ゆえに, $|\overline{10}| = 6$.
- $\overline{11}$ について: $n\overline{11} = \bar{0}$ とすると, $11n \equiv 0 \pmod{12}$. すなわち, 第 1 章定理 2.2 より $n \equiv 0 \pmod{12}$. ゆえに, $n\overline{11} \neq \bar{0}$ $(0 < n < 12)$, $12\overline{11} = \bar{0}$. したがって, $|\overline{11}| = 12$.

問 3.2 0 でない複素数のつくる乗法群 $\mathbb{C}^*$ において, i の位数を求めよ.

(解答) $i = i$, $i^2 = -1$, $i^3 = (-1) \cdot i = -i$, $i^4 = (i^2)^2 = (-1)^2 = 1$.
ゆえに, i の位数は 4 である (問 2.4 参照).

問 3.3 巡回群は可換群であることを示せ.

(証明) G を巡回群とすると, ある生成元 a によって $G = <a>$ と表される. すなわち, G の任意の元を $x, y \in G$ とすると, x と y は $x = a^m$, $y = a^n$ $(m, n \in \mathbb{Z})$ と表される. このとき,
$$xy = a^m \cdot a^n = a^{m+n} = a^{n+m} = a^n \cdot a^m = yx.$$
ゆえに, $xy = yx$. よって, G は可換群である.

問 3.4 例 3.2 において, $\mathbb{Z}_n$ $(1 \leq n \leq 12)$ の部分群の位数は $\mathbb{Z}_n$ の位数 n の約数になっていることを確かめよ.

(解答) ● $\mathbb{Z}_1 = \{\bar{0}\}$ は位数 1 の群である: $\mathbb{Z}_1$ の部分群は $\mathbb{Z}_1$ だけである. $|\mathbb{Z}_1| = 1$ で, 1 は 1 の約数である.
● $\mathbb{Z}_2$ は位数 2 の群である: $\mathbb{Z}_2$ の部分群は $<\bar{0}>$, $<\bar{1}> = \mathbb{Z}_2$ で真部分群はない. $|<\bar{0}>| = 1$, $|<\bar{1}>| = 2$ で, 1 と 2 は 2 の約数である.

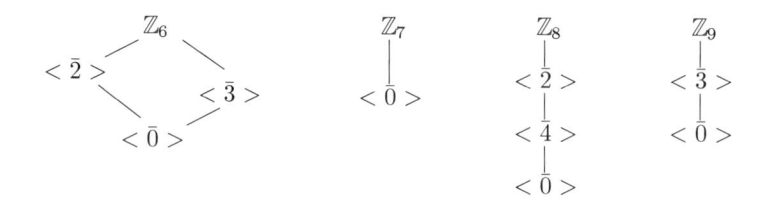

- $\mathbb{Z}_3$ は位数 3 の群である: $\mathbb{Z}_3$ の部分群は $<\bar{0}>, <\bar{1}>=\mathbb{Z}_3$ で真部分群はない. $|<\bar{0}>|=1$, $|<\bar{1}>|=3$ で 1, 3 は, それぞれ 3 の約数である.
- $\mathbb{Z}_4$ は位数 4 の群である: $\mathbb{Z}_4$ の部分群は $<\bar{0}>, <\bar{2}>, <\bar{1}>=\mathbb{Z}_4$ で全部である. $|<\bar{0}>|=1$, $|<\bar{2}>|=2$, $|<\bar{1}>|=|\mathbb{Z}_4|=4$ で 1, 2, 4 は, それぞれ 4 の約数である.
- $\mathbb{Z}_5$ は位数 5 の群である: $\mathbb{Z}_5$ の部分群は $<\bar{0}>, <\bar{1}>=\mathbb{Z}_5$ で真部分群はない. $|<\bar{0}>|=1$, $|<\bar{1}>|=5$ で 1, 5 は, それぞれ 5 の約数である.

```
    ℤ₂           ℤ₃           ℤ₄           ℤ₅
    |            |            |            |
  <0̄>          <0̄>          <2̄>          <0̄>
                              |
                            <0̄>
```

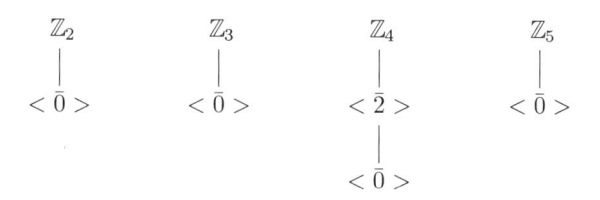

- $\mathbb{Z}_6$ は位数 6 の群である: $\mathbb{Z}_6$ の部分群は $<\bar{0}>, <\bar{2}>, <\bar{3}>, <\bar{1}>=\mathbb{Z}_6$ で全部である. $|<\bar{0}>|=1$, $|<\bar{2}>|=3$, $|<\bar{3}>|=2$, $|<\bar{1}>|=6$ で 1, 2, 3, 6 は, それぞれ 6 の約数である.
- $\mathbb{Z}_7$ は位数 7 の群である: $\mathbb{Z}_7$ の部分群は $<\bar{0}>, <\bar{1}>=\mathbb{Z}_7$ で真部分群はない. $|<\bar{0}>|=1$, $|<\bar{1}>|=7$ で 1, 7 は, それぞれ 7 の約数である.
- $\mathbb{Z}_8$ は位数 8 の群である: $\mathbb{Z}_8$ の部分群は $<\bar{0}>, <\bar{2}>, <\bar{4}>, <\bar{1}>=\mathbb{Z}_8$ で全部である. $|<\bar{0}>|=1$, $|<\bar{2}>|=4$, $|<\bar{4}>=2$, $|<\bar{1}>|=8$ で 1, 4, 2, 8 は, それぞれ 8 の約数である.
- $\mathbb{Z}_9$ は位数 9 の群である: $\mathbb{Z}_9$ の部分群は $<\bar{0}>, <\bar{3}>, <\bar{1}>=\mathbb{Z}_9$ で全部である. $|<\bar{0}>|=1$, $|<\bar{3}>|=3$, $|<\bar{1}>|=9$ で 1, 3, 9 は, それぞれ 9 の約数である.

```
          ℤ₆                  ℤ₇           ℤ₈           ℤ₉
        /    \                |            |            |
     <2̄>    <3̄>             <0̄>         <2̄>          <3̄>
        \    /                              |            |
         <0̄>                              <4̄>          <0̄>
                                            |
                                          <0̄>
```

- $\mathbb{Z}_{10}$ は位数 10 の群である: $\mathbb{Z}_{10}$ の部分群は $<\bar{0}>, <\bar{2}>, <\bar{5}>, <\bar{1}>=\mathbb{Z}_{10}$ で全部である. $|<\bar{0}>|=1$, $|<\bar{2}>|=5$, $|<\bar{5}>=2$, $|<\bar{1}>|=10$ で 1, 2, 5, 10 は, それぞれ 10 の約数である.
- $\mathbb{Z}_{11}$ は位数 11 の群である: $\mathbb{Z}_{11}$ の部分群は $<\bar{0}>, <\bar{1}>=\mathbb{Z}_{11}$ で真部分群はない. $|<\bar{0}>|=1$, $|<\bar{1}>|=11$ で 1, 11 は, それぞれ 11 の約数である.

- $\mathbb{Z}_{12}$ は位数 12 の群である: $\mathbb{Z}_{12}$ の部分群は $<\bar{0}>$, $<\bar{6}>$, $<\bar{4}>$, $<\bar{3}>$, $<\bar{2}>$, $<\bar{1}>=\mathbb{Z}_{12}$ で全部である. それらの位数は $|<\bar{0}>|=1$, $|<\bar{6}>|=2$, $|<\bar{4}>|=3$, $|<\bar{3}>|=4$, $|<\bar{2}>|=6$, $|<\bar{1}>|=12$ であり $1,2,3,4,6,12$ はすべて 12 の約数である.

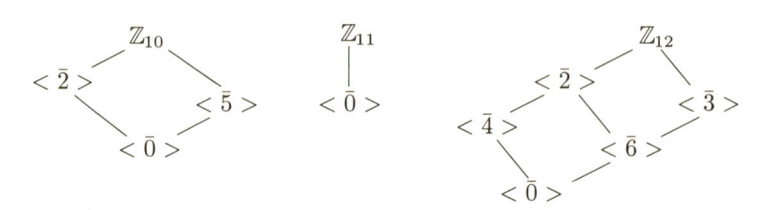

$\mathbb{Z}_{10}$
$<\bar{2}>$
$<\bar{5}>$
$<\bar{0}>$

$\mathbb{Z}_{11}$
$<\bar{0}>$

$\mathbb{Z}_{12}$
$<\bar{2}>$
$<\bar{4}>$ $<\bar{3}>$
$<\bar{6}>$
$<\bar{0}>$

上で調べたところによると,群の位数が素数である $\mathbb{Z}_3$, $\mathbb{Z}_5$, $\mathbb{Z}_7$, $\mathbb{Z}_{11}$ においては自明な部分群しかないことに注意しよう (問 4.5 参照). また,群の位数が合成数 n である巡回群 $\mathbb{Z}_n$ においては,n の各約数に対応して部分群が唯 1 つ存在することに注意せよ (§4 演習問題 12 参照).

問 3.5 2 面体群 D_3, D_4 は巡回群でないことを示せ.

(解答) (1) $D_3 = \{r_0, r_1, r_2, s_1, s_2, s_3\}$ について: D_3 の位数は 6 である. 例 1.8 (1) の群表より各元の位数を調べると,
$$|r_0|=1,\ |r_1|=3,\ |r_2|=3,\ \ |s_1|=|s_2|=|s_3|=2.$$
よって, D_3 のどの元をとっても生成元とはなり得ないので, D_3 は巡回群ではない.

(2) $D_4 = \{r_0, r_1, r_2, r_3, s_1, s_2, t_1, t_2\}$ について: D_4 の位数は 8 である. 例 1.8 (2) の群表より各元の位数を調べると,
$$|r_0|=1,\ |r_1|=4,\ |r_2|=2,\ |r_3|=4,\ |s_1|=|s_2|=|t_1|=|t_2|=2.$$
よって, D_4 のどの元をとっても生成元とはなり得ないので, D_4 は巡回群ではない.

問 3.6 3 次の 2 面体群 D_3 は $<r_1>, <s_1>, <s_2>, <s_3>$ のほかに真部分群をもたないことを示せ.

(証明) 1 個の元によって生成されたすべての巡回部分群は次のようである.
$<r_1> = <r_2> = \{r_0, r_1, r_2\}$,
$<s_1> = \{r_0, s_1\}$, $<s_2> = \{r_0, s_2\}$, $<s_3> = \{r_0, s_3\}$.
H を D_3 の $\{r_0\}$ でない部分群とする.

(i) $r_1 \in H$ または $r_2 \in H$ のとき, $<r_1> \subset H$ となる. ここで, もし $<r_1> \subsetneq H$ とすると, s_1, s_2, s_3 のどれかは H に属する. たとえば, $s_1 \in H$ とすると, 群表 (例 1.8 (1)) より $s_2 = s_1 r_1 \in H$, $s_3 = s_1 r_2 \in H$. ゆえに, $\{r_0, r_1, r_2, s_1, s_2, s_3\} \subset H$. また, $s_2 \in H, s_3 \in H$ についても同様に $\{r_0, r_1, r_2, s_1, s_2, s_3\} \subset H$ となることが確かめられる. したがって, $H = D_3$ となる.

(ii) $r_1 \notin H$ かつ $r_2 \notin H$ のとき，H は s_1, s_2, s_3 のどれかを含む．$s_i \in H$ とすると，$<s_i> = \{r_0, s_i\} \subset H$. ここで，$<s_i> \subsetneq H$ とすると，$s_j \in H$ $(i \neq j)$. 群表 (例 1.8 (1)) より $s_i \cdot s_j = r_1 \in H$ または $r_2 \in H$ となり，これは仮定に矛盾する．よって，$<s_i> = \{r_0, s_i\} = H$ でなければならない．

以上より，D_3 の部分群は $<r_1>, <s_1>, <s_2>, <s_3>$ のほかに真部分群をもたない．

問 3.7 次の各々において巡回部分群の位数を求めよ．
(1) $(\mathbb{C}^*, \cdot) \geq <(1+i)/\sqrt{2}>$.
(2) $(\mathbb{C}^*, \cdot) \geq <1+i>$.

(解答) (1) $\left(\dfrac{1+i}{\sqrt{2}}\right)^2 = \dfrac{1+2i+i^2}{2} = i,$

$\left(\dfrac{1+i}{\sqrt{2}}\right)^3 = i \cdot \dfrac{1+i}{\sqrt{2}} = \dfrac{i+i^2}{\sqrt{2}} = \dfrac{-1+i}{\sqrt{2}},$

$\left(\dfrac{1+i}{\sqrt{2}}\right)^4 = \dfrac{-1+i}{\sqrt{2}} \cdot \dfrac{1+i}{\sqrt{2}} = \dfrac{i^2-1}{2} = \dfrac{-2}{2} = -1,$

$\left(\dfrac{1+i}{\sqrt{2}}\right)^5 = -1 \cdot \dfrac{1+i}{\sqrt{2}},$

$\left(\dfrac{1+i}{\sqrt{2}}\right)^6 = -\dfrac{1+i}{\sqrt{2}} \cdot \dfrac{1+i}{\sqrt{2}} = -\dfrac{1+2i+i^2}{2} = -\dfrac{2i}{2} = -i,$

$\left(\dfrac{1+i}{\sqrt{2}}\right)^7 = -i \cdot \dfrac{1+i}{\sqrt{2}} = \dfrac{-i-i^2}{\sqrt{2}} = \dfrac{1-i}{\sqrt{2}},$

$\left(\dfrac{1+i}{\sqrt{2}}\right)^8 = \dfrac{1-i}{\sqrt{2}} \cdot \dfrac{1+i}{\sqrt{2}} = \dfrac{1-i^2}{2} = 1.$

以上より，$\dfrac{1+i}{\sqrt{2}}$ の位数は 8 である．

(2)
$(1+i)^2 = 1+2i+i^2 = 2i,$
$(1+i)^3 = 2i(1+i) = 2(i+i^2) = 2(-1+i),$
$(1+i)^4 = 2(-1+i)(1+i) = 2(i^2-1) = -4,$
$(1+i)^5 = -4(1+i),$
$(1+i)^6 = -4(1+i)(1+i) = -4 \cdot 2i = -8i.$

このように見てくると，n が大きくなると，複素数の絶対値が大きくなるので何乗しても $(1+i)^n$ は 1 にはならない．したがって，$1+i$ の位数は有限ではない．

問 3.8 群 G の元を a とするとき，$|a^{-1}| = |a|$ であることを示せ．

(証明) はじめに，指数法則 (定理 2.5) より「$(a^n)^{-1} = a^{-n} = (a^{-1})^n$」が成り立

つ．これより，$a^n = e \iff (a^{-1})^n = e$ が成り立つ．何故ならば，
　　　$(\Longrightarrow)$：$(a^{-1})^n = (a^n)^{-1} = e^{-1} = e$.
　　　$(\Longleftarrow)$：$(a^{-1})^n = e \Longrightarrow (a^n)^{-1} = e \Longrightarrow a^n = e$.
　　　$\therefore$　$|a| = \min\{n \in \mathbb{N} \mid a^n = e\} = \min\{n \in \mathbb{N} \mid (a^{-1})^n = e\} = |a^{-1}|$.

問 3.9 群 G の部分集合を S とするとき，次を示せ．
$$<S> = \{a_{i_1}^{\pm 1} a_{i_2}^{\pm 1} \cdots a_{i_n}^{\pm 1} \mid a_{i_1}, \cdots, a_{i_n} \in S,\ n \in \mathbb{N}\}.$$

(解答) 右辺の集合を $H = \{a_{i_1}^{\pm 1} a_{i_2}^{\pm 1} \cdots a_{i_n}^{\pm 1} \mid a_{i_1}, \cdots, a_{i_n} \in S,\ n \in \mathbb{N}\}$ とおき，$<S> = H$ を示す．定理 3.5 より，
$$<S> = \{a_{i_1}^{e_1} a_{i_2}^{e_2} \cdots a_{i_n}^{e_n} \mid a_{i_1}, \cdots, a_{i_n} \in S,\ e_i \in \mathbb{Z}, n \in \mathbb{N}\}$$
であるから，$<S> \supset H$ である．

逆に，$<S>$ の任意の元を $a_{i_1}^{e_1} a_{i_2}^{e_2} \cdots a_{i_n}^{e_n}\ (a_{i_1}, \cdots, a_{i_n} \in S)$ とする．各 $a_{i_r}^{e_r}$ は
$$e_1 > 0 \text{ のとき}, a_{i_1}^{e_1} = \overbrace{a_{i_1}^{1} a_{i_1}^{1} \cdots a_{i_1}^{1}}^{e_1}.$$
$$e_1 < 0 \text{ のとき}, a_{i_1}^{e_1} = (a_{i_1}^{-1})^{|e_1|} = \overbrace{a_{i_1}^{-1} a_{i_1}^{-1} \cdots a_{i_1}^{-1}}^{|e_1|}.$$
と表されるので，$a_{i_1}^{e_1} a_{i_2}^{e_2} \cdots a_{i_n}^{e_n} \in H$ と考えられる．したがって，$<S> \subset H$ である．

問 3.10 (1) 加法群 $\mathbb{Z}_{60}$ において，次のそれぞれの部分集合によって生成された部分群を調べよ．
(a) $<\bar{2}, \bar{5}>$, 　(b) $<\bar{2}, \bar{3}, \overline{10}>$, 　(c) $<\overline{10}, \overline{12}, \overline{36}>$.
(2) n 次の対称群 S_n は $n-1$ 個の互換 $(1, 2), (1, 3), \cdots, (1, n)$ によって生成されることを示せ．すなわち，$S_n = <(1, 2), (1, 3), \cdots, (1, n)>$.

(解答) (1) (a) $(2, 5) = 1, 3\bar{2} - \bar{5} = \bar{6} - \bar{5} = \bar{1}$. ゆえに，$\bar{1} \in <\bar{2}, \bar{5}>$ より，$<\bar{2}, \bar{5}> = \mathbb{Z}_{60}$.

(b) $(2, 3) = 1, 2\bar{2} - \bar{3} = \bar{1}$. ゆえに，$\bar{1} \in <\bar{2}, \bar{3}, \overline{10}>$ より，$<\bar{2}, \bar{3}, \overline{10}> = \mathbb{Z}_{60}$.

(c) $(10, 12, 36) = 2, \bar{2} = \overline{12} - \overline{10} \in <\overline{10}, \overline{12}, \overline{36}>$. ゆえに，$<\bar{2}> \subset <\overline{10}, \overline{12}, \overline{36}>$. 逆に，$\overline{12} = 6\bar{2} \in <\bar{2}>$, $\overline{10} = 5\bar{2} \in <\bar{2}>$, $\overline{36} = 18\bar{2} \in <\bar{2}>$ であるから $<\bar{2}> \supset <\overline{10}, \overline{12}, \overline{36}>$. したがって，$<\overline{10}, \overline{12}, \overline{36}> = <\bar{2}>$.

(2) n 次の対称群 S_n の任意の元は互換の積として表される．また，任意の互換 (a, b) に対して，
$$(a, b) = (1, a)(1, b)(1, a)$$
なる関係が成り立つ．ただし，置換の積は右側から順番に行うものとする．したがって，n 次の対称群 S_n の任意の元は，$n-1$ 個の互換 $(1, 2), (1, 3), \cdots, (1, n)$ によって生成される．すなわち，$S_n = <(1, 2), (1, 3), \cdots, (1, n)>$.

> **問 3.11** 次の問に答えよ．
> (1) $\mathbb{Z}_{60}$ において，元 $\overline{12}$ と $\overline{35}$ の位数を求めよ．
> (2) $\mathbb{Z}_{32}$ において，$\overline{15}$ と $\overline{30}$ の位数を求めよ．

（解答）(1) $\mathbb{Z}_{60} = <\overline{1}>$ で，$\overline{12} = 12\,\overline{1}$ であるから，定理 3.6 を適用する（例 3.7* 参照）．

$$|\overline{12}| = \frac{60}{(12, 60)} = \frac{60}{12} = 5, \quad |\overline{35}| = \frac{60}{(35, 60)} = \frac{60}{5} = 12.$$

(2)
$$|\overline{15}| = \frac{32}{(15, 32)} = \frac{32}{1} = 32, \quad |\overline{30}| = \frac{32}{(30, 32)} = \frac{32}{2} = 16.$$

第 2 章 §3 演習問題

> **1.** n 次の交代群 A_n の位数を求めよ．

（解答）n 次の交代群 A_n は S_n の偶置換の全体である．S_n の奇置換の全体の集合を B_n とおけば，$S_n = A_n \cup B_n$, $A_n \cap B_n = \phi$ となっている．A_n と B_n の個数が一致していれば，上の事実より $|A_n| = |S_n|/2 = n!/2$ であることがわかる．そこで，以下において A_n と B_n の個数が一致していることを証明する．

S_n の置換の 1 つである互換 $\tau = (1\,2)$ を固定する．互換 $\tau = (1\,2)$ は奇置換であるから $\tau \notin A_n$．ここで，次のような写像を考える．
$$f : S_n \longrightarrow S_n \quad (\sigma \longmapsto \sigma\tau = f(\sigma))$$
この写像 f が全単射であることを示そう．

単射であること：S_n の元 σ_1, σ_2 について，$f(\sigma_1) = f(\sigma_2)$ と仮定する．このとき，
$$f(\sigma_1) = f(\sigma_2) \Longrightarrow \sigma_1 \tau = \sigma_2 \tau \Longrightarrow (\sigma_1 \tau)\tau^{-1} = (\sigma_2 \tau)\tau^{-1} \Longrightarrow \sigma_1 = \sigma_2.$$

全射であること：S_n の任意の元を ρ とする．このとき，$\rho\tau \in S_n$ である．すると，
$$f(\rho\tau) = (\rho\tau)\tau = \rho\tau^2 = \rho.$$
よって，$\rho\tau$ が ρ の原像である．

上の写像 f の対応において，偶置換 σ に互換 τ をかけて得られる置換 $\sigma\tau$ は奇置換であるから，$f(A_n) \subset B_n$．また，全射のときの証明において，S_n の任意の奇置換を $\rho \in B_n$ とすると，原像 $\rho\tau$ は偶置換となり，$\rho\tau \in A_n$．ゆえに，$\rho = f(\rho\tau) \in f(A_n)$．以上より，$f(A_n) = B_n$ が得られる．したがって，f は A_n から B_n への全単射となるので $|A_n| = |B_n|$ である．

> **2.** 可換群 G において，位数が有限である元の全体は G の部分群であることを示せ．

(証明) 可換群 G において，位数が有限である元の集合を H とおく．すなわち，
$$H = \{a \in G \mid |a| < \infty\}.$$

(i) $a, b \in H$ とする．$|a| = m$, $|b| = n$ とおくと，定理 2.7 より
$$(ab)^{mn} = a^{mn}b^{mn} = (a^m)^n(b^n)^m = e \cdot e = e.$$
ゆえに，$(ab)^{mn} = e$ であるから，$|ab| \leq mn < \infty$. よって，$ab \in H$.

(ii) $a \in H$ とする．$|a| = m < \infty$ とすると，$(a^{-1})^m = (a^m)^{-1} = e^{-1} = e$. ゆえに，$|a^{-1}| \leq m < \infty$. よって，$a^{-1} \in H$ である．

(i),(ii) が示されたので，部分群の判定定理 2.1 より H は G の部分群である．

3. G を群，e をその単位元とする．G が真部分群をもたなければ，G は位数が素数 p の巡回群であることを示せ．ただし，$G \neq \{e\}$ とする．

(証明) (1) 単位元でない G の元を a とする．このとき，a によって生成された巡回部分群 $<a>$ を考えると，$\{e\} \subsetneq <a> \subset G$ である．仮定により $<a> = G$ でなければならない．よって，G は a を生成元とする巡回群である．

(2) G の位数は有限である：もし，$<a> = G$ の位数が有限でないとすると
$$\forall n \in \mathbb{Z}^* = \mathbb{Z} - \{0\},\ a^n \neq e. \quad \cdots\cdots\cdots (*)$$
このとき，$<a^2> \neq <a>$ である．何故ならば，$<a^2> = <a>$ とすると
$$a \in <a> = <a^2> \Longrightarrow \exists n \in \mathbb{Z}^*,\ a = (a^2)^n.$$
$$\therefore \quad a^{2n-1} = e,\ 2n - 1 \neq 0.$$
これは $(*)$ に矛盾する．ゆえに，$\{e\} \subsetneq <a^2> \subsetneq <a> = G$. したがって，$<a^2>$ は G の真部分群となり仮定に反する．以上より，G の位数は有限であることが示された．

(3) $G = <a>$ の位数 n が素数でないとすると，$n = rs\ (r, s \in \mathbb{N},\ 1 < r, s)$ と分解される．このとき，定理 3.6 系 1 より $<a^r>$ は位数 s の部分群で，$1 < s < n$ であるから，$\{e\} \subsetneq <a^r> \subsetneq <a> = G$ となっている．これは，G が真部分群をもたないことに矛盾する．

以上 (1), (2), (3) より真部分群をもたない群 $G(\neq \{e\})$ は位数が素数 p の巡回群であることが示された．

4. p, q を相異なる素数とするとき，$(\mathbb{Z}_{pq}, +)$ の生成元の個数を求めよ．

(解答) $\mathbb{Z}_{pq}$ は $\bar{1}$ を生成元とする巡回群で $\bar{a} = a\bar{1}\ (0 \leq a < pq)$ であることに注意する．$\mathbb{Z}_{pq}$ の元 $\bar{a}$ が生成元であるための必要十分条件は定理 3.6 の系 2 によって，$(pq, a) = 1$ なることである．したがって，$1 \leq a \leq pq$ なる a で，pq と互いに素であるものの個数を求めればよい．pq と互いに素であるものの個数はオイラーの関数を用いて $\varphi(pq)$ で表される．ゆえに，$\mathbb{Z}_{pq}$ の生成元の個数は，第 1 章定理 3.3 より $\varphi(pq) = (p-1)(q-1)$ を得る．

5. p を素数, r を正の整数とするとき, $(\mathbb{Z}_{p^r}, +)$ の生成元の個数を求めよ.

(解答) 演習問題 4 と同様に $\mathbb{Z}_{p^r}$ の元 $\bar{a}$ が生成元であるための必要十分条件は定理 3.6 の系 2 によって, $(p^r, a) = 1$ なることである. したがって, $1 \le a \le p^r$ なる a で, p^r と互いに素であるものの個数を求めればよい. 1 から p^r までの数で, p^r と互いに素であるものの個数はオイラーの関数を用いて $\varphi(p^r)$ と表される. したがって,
$$\varphi(p^r) = p^r \left(1 - \frac{1}{p}\right) = p^{r-1}(p-1).$$
よって, 互いに素であるものの個数は $p^r - p^{r-1} = p^{r-1}(p-1)$ である.

6. 自然数 r, s の最大公約数を d とする. 群 G の元 a に対して, 次が成り立つことを示せ. ただし, e は G の単位元とする.
$$a^r = e,\ a^s = e \Longrightarrow a^d = e.$$

(証明) $(r, s) = 1$ とすると, 定理 1.7 より $mr + ns = d, (m, n \in \mathbb{Z})$ と表される. したがって,
$$a^d = a^{mr+ns} = a^{mr} \cdot a^{ns} = (a^r)^m (a^s)^n = (e)^m (e)^n = e \cdot e = e.$$

7. a, b, c を有限群 G の元とするとき, 次を示せ.
(1) $|ab| = |ba|$. (2) $|abc| = |bca| = |cab|$.

(証明) (1) ab と ba は G の元であるから, ab と ba の位数は有限である. よって, $(ab)^k = e$ となる正の整数が存在する. 正の整数 k について, $(ab)^k = e \Longleftrightarrow (ba)^k = e$ が成り立つ. 何故ならば,
$$\begin{aligned}
(ab)^k = e &\Longleftrightarrow \overbrace{(ab)(ab)(ab)\cdots(ab)(ab)}^{k} = e \\
&\Longleftrightarrow a\overbrace{(ba)(ba)\cdots(ba)(ba)}^{k-1}b = e \\
&\Longleftrightarrow a(ba)^{k-1}b = e \\
&\Longleftrightarrow (ba)^{k-1} = a^{-1}b^{-1} = (ba)^{-1} \\
&\Longleftrightarrow (ba)^k = e.
\end{aligned}$$
したがって,
$$|ab| = \min\{n \in \mathbb{N} \mid (ab)^n = e\} = \min\{n \in \mathbb{N} \mid (ba)^n = e\} = |ba|.$$
(2) (1) を使えば, $|abc| = |(ab)c| = |c(ab)| = |cab| = |(ca)b| = |b(ca)| = |bca|$.

8. 位数 $2n$ $(n > 1)$ の群には, $a^2 = e$ となる元が単位元以外に少なくとも 1 つは存在することを示せ.

(証明) $a, b \in G$ について，
$$a \sim b \iff a = b \text{ または } b = a^{-1}$$
によって G における関係を定義する．$\sim$ は同値関係である．

反射律 $a \sim a$：これは $a = a$ より成り立つ．

対称律 $a \sim b \Longrightarrow b \sim a$：仮定 $a \sim b$ より $a = b$ または $b = a^{-1}$．したがって，$b = a$ または $a = b^{-1}$．ゆえに，$b \sim a$ である．

推移律 $a \sim b, b \sim c \Longrightarrow a \sim c$：
$$\begin{pmatrix} a = b \\ \text{または } b = a^{-1} \end{pmatrix}, \begin{pmatrix} b = c \\ \text{または } c = b^{-1} \end{pmatrix} \Longrightarrow \begin{pmatrix} a = c \\ \text{または } c = a^{-1} \end{pmatrix}$$
を示せばよい．4 つの場合に分けて調べる．

(i) $a = b, b = c$ のとき，$a = c$．

(ii) $a = b, c = b^{-1}$ のとき，$c = b^{-1} = a^{-1}$．

(iii) $b = a^{-1}, b = c$ のとき，$c = b = a^{-1}$．

(iv) $b = a^{-1}, c = b^{-1}$ のとき，$c = b^{-1} = a$．

以上によって推移律が示された．

a の同値類は $C_a = \{a, a^{-1}\}$ であり，特に $a = e$ のときには $C_e = \{e\}$ となっている．$|a| = 2$ のとき，$a^2 = e$ だから，$a = a^{-1}$．ゆえに，このとき $C_a = \{a\}$．$|a| = 1$ のとき，$a = e$ だから，$C_a = \{e\}$．したがって，
$$|a| \leq 2 \iff |C_a| = 1, \quad |a| \geq 3 \iff |C_a| = 2.$$
X をこの同値関係の完全代表系とすると
$$G = \bigcup_{a \in G} C_a = \bigcup_{a \in X} C_a$$
と表される．ここで，X の中の位数 2 の元の集合を X_1，X の中の位数 3 以上の元の集合を X_2 とする．すなわち，$X = \{e\} \cup X_1 \cup X_2$．このとき，
$$|G| = 1 + \sum_{a \in X_1} |C_a| + \sum_{a \in X_2} |C_a| = 1 + |X_1| + 2|X_2|.$$
ゆえに，$2n = 1 + |X_1| + 2|X_2|$ という式が得られるので，$|X_1| \neq 0$．ゆえに，$X_1 \neq \phi$ である．すなわち，位数が 2 の元が存在する．

---

9. 有限群 G の位数を n とする．n と m が互いに素であれば，$G^{(m)} = G$ であることを示せ．ただし，$G^{(m)} = \{a^m \mid a \in G\}$ とする (§2 演習問題 3, 定理 4.4 の系 3 参照).

(証明) $G^{(m)}$ は G の部分群であるから，$G \subset G^{(m)}$ を示せば十分である．$a \in G$ とする．$(n, m) = 1$ だから $nr + ms = 1$ $(r, s \in \mathbb{Z})$(第 1 章定理 1.7)．したがって，
$$a = a^1 = a^{nr+ms} = a^{nr} a^{ms} = (a^n)^r (a^m)^s$$
$$= e^r (a^m)^s = (a^m)^s \in G^{(m)}.$$

ここで，後出定理 4.4 の系 3 (G の位数を n とすると，G の任意の元 a に対して $a^n = e$ が成り立つ) を使っている．

---

10. (1) $a_1, \cdots, a_t$ を群 G の互いに可換な元で，a_i の位数を m_i とする．$m_1, \cdots, m_t$ の最小公倍数を ℓ とすれば，ある整数 $r_1, \cdots, r_t$ が存在して，G の元 $x = a_1^{r_1} \cdots a_t^{r_t}$ の位数が ℓ に等しくなることを示せ．
(2) G を有限可換群とする．G のすべての元の位数の最小公倍数を ℓ とすれば，G に位数 ℓ の元が存在することを示せ．

(証明) (1) t に関する帰納法によって示す．

$t = 2$ のとき，定理 3.8 である．そこで，$t > 2$ として，$t - 1$ まで主張が正しいと仮定する．$[m_1, m_2, \cdots, m_{t-1}] = \ell'$ とすると，帰納法の仮定によってある整数 $r_1, r_2, \cdots, r_{t-1}$ が存在して $y = a_1^{r_1} \cdots a_{t-1}^{r_{t-1}}$, $|y| = \ell'$ とすることができる．このとき，y と a_t について，再び定理 3.8 を使うと，ある整数 h, k が存在して $x = y^h a_t^k$, $|x| = [\ell', m_r] = \ell$ を得る (第 1 章 問 1.13)．このとき，$x = y^h a_t^k = a_1^{hr_1} \cdots a_{t-1}^{hr_{t-1}} a_t^k$.

(2) G は有限可換群であるから $G = \{a_1, a_2, \cdots, a_t\}$ と表される．このとき，(1) を適用すればよい．

§4 部分群による類別

定義と定理のまとめ

定理 4.1 G を群，H を G の部分群とする．このとき，G の元 a,b について，次の (1) から (5) の条件は同値であり，また (1′) から (5′) の条件も同値である．
(1) $aH = bH$, (2) $a^{-1}b \in H$, (3) $b \in aH$, (4) $a \in bH$, (5) $aH \cap bH \neq \phi$.
(1′) $Ha = Hb$, (2′) $ab^{-1} \in H$, (3′) $b \in Ha$, (4′) $a \in Hb$, (5′) $Ha \cap Hb \neq \phi$.

系 G を群，H を G の部分群とする．このとき，G の任意の元 a について次の (1), (2), (3) は同値である．
(1) $a \in H$,　(2) $aH = H$,　(3) $Ha = H$.

定義 4.1 G を群，H を G の部分群とし，a,b を G の元とする．$aH = bH$ となるとき，あるいは言いかえると $a^{-1}b \in H$ となるとき，a と b は H を法として**左合同**であるといい，$a \equiv_\ell b \pmod{H}$ と表す．同様に，$Ha = Hb$ のとき，すなわち $ab^{-1} \in H$ となるとき，a と b は H を法として**右合同**であるといい，$a \equiv_r b \pmod{H}$ と表す．

定理 4.2 H を群 G の部分群とするとき，次が成り立つ．
(1) H を法とする左合同および右合同という関係は同値関係である．
(2) G の任意の元 $a, b, c \in G$ について，
$$a \equiv_\ell b \pmod{H} \iff ca \equiv_\ell cb \pmod{H},$$
$$a \equiv_r b \pmod{H} \iff ac \equiv_r bc \pmod{H}.$$

定義 4.2 G を群，H を G の部分群，a を G の元とする．このとき，H を法として a と左合同である G の元全体の集合を a の H を法とする**左剰余類** (あるいは，単に H の左剰余類) という．また，H を法として a と右合同である G の元全体の集合を a の H を法とする**右剰余類** (あるいは，単に H の右剰余類) という．

定理 4.3 G を群，H を G の部分群とするとき，H の左剰余類の集合の濃度と H の右剰余類の集合の濃度は一致する．

定義 4.3 G を群，H を G の部分群とするとき，H の左剰余類の集合の濃度を G における H の**指数**といい，$|G:H|$ で表す．

特に，$|G:\{e\}| = |G|$, $|G:G| = 1$ となっていることに注意せよ．

定理 4.4（ラグランジュ） G を有限群，H を G の部分群とすると，G の位数は H の位数と指数 $|G:H|$ の積になる．すなわち，$|G| = |G:H| \cdot |H|$.

系 1 有限群 G の部分群の位数は G の位数の約数である．

系 2 有限群 G の元の位数は G の位数の約数である．

系 3 G を位数 n の有限群とする．このとき，G の任意の元 a に対して $a^n = e$ が成り立つ．すなわち，$|G| = n \Longrightarrow \forall a \in G,\ a^n = e$.

問題と解答

> **問 4.1** 定理 4.1 の $(1')$ から $(5')$ が同値であることを証明せよ．
> $(1')\ Ha = Hb,\ (2')\ ab^{-1} \in H,\ (3')\ b \in Ha,\ (4')\ a \in Hb,\ (5')\ Ha \cap Hb \neq \phi$.

（証明）$(1') \Longrightarrow (2')$：$a \in Ha = Hb$ より，$a = hb$ を満たす H の元 h がある．ゆえに，$ab^{-1} = h \in H$.

$(2') \Longrightarrow (3')$：$ab^{-1} \in H$ とすれば，ある H の元 h が存在して $ab^{-1} = h$ である．したがって，$b = h^{-1}a \in Ha$.

$(3') \Longrightarrow (4')$：$b \in Ha$ とすると，$b = ha\ (\exists h \in H)$. ゆえに，$a = h^{-1}b \in Hb$.

$(4') \Longrightarrow (5')$：$a \in Ha$ であり，また仮定より $a \in Hb$ であるから，$a \in Ha \cap Hb$. ゆえに，$Ha \cap Hb \neq \phi$.

$(5') \Longrightarrow (1')$：仮定より $Ha \cap Hb \neq \phi$ であるから，$\exists c \in Ha \cap Hb$. このとき，$c \in Ha$ より $c = h_1 a\ (\exists h_1 \in H)$，$c \in Hb$ より $c = h_2 b\ (\exists h_2 \in H)$ である．ゆえに，$h_1 a = c = h_2 b$ であるから，a と b の間には $a = h_1^{-1} h_2 b$ という関係がある．これを用いて $Ha = Hb$ を示す．はじめに，$Ha \subset Hb$ を示す．Ha の元は $ha\ (h \in H)$ と表され，$h, h_1, h_2 \in H$ で H は部分群であるから，$hh_1^{-1}h_2 \in H$ であることに注意すると，
$$ha = h(h_1^{-1}h_2 b) = (hh_1^{-1}h_2)b \in Hb.$$
したがって，$ha \in Hb$. ゆえに $Ha \subset Hb$ が示された．また同様にすれば，$Hb \subset Ha$ も示されるので $Ha = Hb$ を得る．

> **問 4.2** 群 G の部分集合 X, Y, Z と元 $a, b \in G$ について，
> $$XY = \{xy \mid x \in X, y \in Y\},\quad X^{-1} = \{x^{-1} \mid x \in X\}$$
> とおく．特に，$X = \{x\}$ のときは簡単のため $\{x\}Y = xY$ と表すことにする．このとき，次を示せ．
> (1) $(XY)Z = X(YZ)$,　(4) $X \subset Y \Rightarrow aX \subset aY,\ Xa \subset Ya$,
> (2) $(XY)^{-1} = Y^{-1}X^{-1}$,　(5) $aX = bY \Leftrightarrow X = a^{-1}bY$,
> (3) $(X^{-1})^{-1} = X$,　　　(6) $a(X \cap Y) = aX \cap aY,\ (X \cap Y)b = Xb \cap Yb$.

(証明) (1)
$$(XY)Z = \{(xy)z \mid x \in X, y \in Y, z \in Z\}$$
$$= \{x(yz) \mid x \in X, y \in Y, z \in Z\} = X(YZ).$$
(2) $(XY)^{-1} = \{(xy)^{-1} \mid x \in X, y \in Y\} = \{y^{-1}x^{-1} \mid x \in X, y \in Y\} = Y^{-1}X^{-1}$.
(3) $(X^{-1})^{-1} = \{((x)^{-1})^{-1} \mid x \in X\} = \{x \mid x \in X\} = X$.
(4) aX の元 g は定義によって，$g = ax \ (x \in X)$ と表される．仮定によって，$x \in X \subset Y$ であるから $x \in Y$．ゆえに，$g = ax \in aY$．したがって，$aX \subset aY$．$Xa \subset Ya$ についても同様である．

(5) $(aX = bY \Longrightarrow X = a^{-1}bY)$: $x \in X$ とする．
$$ax \in aX = bY \Longrightarrow \exists y \in Y, \ ax = by$$
$$\Longrightarrow \exists y \in Y, \ x = a^{-1}by \in a^{-1}bY$$
ゆえに，$X \subset a^{-1}bY$ である．逆に $g \in a^{-1}bY$ とすると，$g = a^{-1}by \ (\exists y \in Y)$ と表される．仮定より，$by \in bY = aX$．ゆえに，$by = ax \ (\exists x \in X)$．したがって，
$$g = a^{-1}by = a^{-1}(ax) = (a^{-1}a)x = ex = x \in X.$$
ゆえに，$g \in X$ であるから，$a^{-1}bY \subset X$ が得られ，$X = a^{-1}bY$ が示された．

$(aX = bY \Longleftarrow X = a^{-1}bY)$: aX の任意の元は $ax \ (x \in X)$ と表される．$x \in X = a^{-1}bY$ であるから，$x = a^{-1}by \ (y \in Y)$ と表される．ゆえに，
$$ax = a(a^{-1}by) = by \in bY.$$
したがって，$aX \subset bY$ が示された．$bY \subset aX$ も同様に示される．

(6) $X \supset X \cap Y$ であるから，(4) を使えば $aX \supset a(X \cap Y)$．同様にして，$aY \supset a(X \cap Y)$．ゆえに，$aX \cap aY \supset a(X \cap Y)$．逆に，$z \in aX \cap aY$ とする．このとき，$z \in aX$ より $z = ax \ (x \in X)$，また $z \in aY$ より $z = ay \ (y \in Y)$ と表される．G は群であるから，消去律 (定理 1.4) によって $ax = z = ay$ より $x = y$ を得る．ゆえに，$x \in X \cap Y$．したがって，$z = ax \in a(X \cap Y)$．それゆえ，$aX \cap aY \subset a(X \cap Y)$．以上によって，$aX \cap aY = a(X \cap Y)$ が示された．

問 4.3 定理 4.2 の右合同の部分を証明せよ．

(証明) (1) H を法として右合同という関係は同値関係であることを示す．
反射律: $Ha = Ha$ より $a \equiv_r a \pmod{H}$．
対称律: $Ha = Hb$ であれば $Hb = Ha$．ゆえに
$$a \equiv_r b \pmod{H} \Longrightarrow b \equiv_r a \pmod{H}.$$
推移律: $Ha = Hb, \ Hb = Hc$ であれば $Ha = Hc$．ゆえに，合同式に書きかえると
$$a \equiv_r b \pmod{H}, \ b \equiv_r c \pmod{H} \Longrightarrow a \equiv_r c \pmod{H}.$$
(2) G の任意の元 $a, b, c \in G$ について，
$$a \equiv_r b \pmod{H} \Longleftrightarrow ac \equiv_r bc \pmod{H}.$$

が成り立つことを示す. $ac(bc)^{-1} = ac(c^{-1}b^{-1}) = a(cc^{-1})b^{-1} = ab^{-1}$ に注意すれば,
$$a \equiv_r b \pmod{H} \iff ab^{-1} \in H \iff ac(bc)^{-1} \in H \iff ac \equiv_r bc \pmod{H}.$$

問 4.4 4次の2面体群 D_4 において, D_4 の部分群
$$\{r_0, r_2, s_1, s_2\}, \quad \{r_0, r_1, r_2, r_3\}, \quad \{r_0, r_2, t_1, t_2\}$$
$$\{r_0, r_2\}, \quad \{r_0, t_1\}, \quad \{r_0, s_1\}$$
による, それぞれの左剰余類と右剰余類の集合を求めよ (例 1.8(2) 参照).

(解答) (1) $H = \{r_0, r_2, s_1, s_2\}$ とする.
　　　　左剰余類 $r_1 H = \{r_1 r_0, r_1 r_2, r_1 s_1, r_1 s_2\} = \{r_1, r_3, t_2, t_1\}$,
　　　　∴ $D_4 = H \cup r_1 H$ ($H \cap r_1 H = \phi$).
　　　　右剰余類 $H r_1 = \{r_0 r_1, r_2 r_1, s_1 r_1, s_2 r_1\} = \{r_1, r_3, t_1, t_2\}$,
　　　　∴ $D_4 = H \cup H r_1$ ($H \cap H r_1 = \phi$).
左剰余類の集合は $\{H, r_1 H\}$, 右剰余類の集合は $\{H, H r_1\}$ である.
$r_1 H = H r_1$ となっていることに注意せよ. H は正規部分群である.

(2) $H = \{r_0, r_1, r_2, r_3\}$ とする.
　　　　左剰余類 $s_1 H = \{s_1 r_0, s_1 r_1, s_1 r_2, s_1 r_3\} = \{s_1, t_1, s_2, t_2\}$,
　　　　∴ $D_4 = H \cup s_1 H$ ($H \cap s_1 H = \phi$).
　　　　右剰余類 $H s_1 = \{r_0 s_1, r_1 s_1, r_2 s_1, r_3 s_1\} = \{s_1, t_2, s_2, t_1\}$.
　　　　∴ $D_4 = H \cup H s_1$ ($H \cap H s_1 = \phi$).
左剰余類の集合は $\{H, s_1 H\}$, 右剰余類の集合は $\{H, H s_1\}$ である.
ここで, $s_1 H = H s_1$ であることに注意しよう. H は正規部分群である.

(3) $H = \{r_0, r_2, t_1, t_2\}$ とする.
　　　　左剰余類 $r_1 H = \{r_1 r_0, r_1 r_2, r_1 t_1, r_1 t_2\} = \{r_1, r_3, s_1, s_2\}$.
　　　　∴ $D_4 = H \cup r_1 H$ ($H \cap r_1 H = \phi$).
　　　　右剰余類 $H r_1 = \{r_0 r_1, r_2 r_1, t_1 r_2, t_2 r_1\} = \{r_1, r_3, s_2, s_1\}$.
　　　　∴ $D_4 = H \cup H r_1$ ($H \cap H r_1 = \phi$).
左剰余類の集合は $\{H, r_1 H\}$, 右剰余類の集合は $\{H, H r_1\}$ である.
ここで, $r_1 H = H r_1$ であることに注意しよう. H は正規部分群である.

(4) $H = \{r_0, r_2\}$ とする.
　左剰余類 $r_1 H = \{r_1 r_0, r_1 r_2\} = \{r_1, r_3\}$, $s_1 H = \{s_1 r_0, s_1 r_2\} = \{s_1, s_2\}$,
　　$t_1 H = \{t_1 r_0, t_1 r_2\} = \{t_1, t_2\}$.
　　　　∴ $D_4 = H \cup r_1 H \cup s_1 H \cup t_1 H$,
　　　　　　$H, r_1 H, s_1 H, t_1 H$ はどの2つも共通部分をもたない.
左剰余類の集合は $\{H, r_1 H, s_1 H, t_1 H\}$ で完全代表系の1つは $\{r_0, r_1, s_1, t_1\}$ である.

右剰余類　$Hr_1 = \{r_0r_1,\ r_2r_1\} = \{r_1,\ r_3\}, Hs_1 = \{r_0s_1,\ r_2s_1\} = \{s_1,\ s_2\}$,
　　　　　　$Ht_1 = \{r_0t_1,\ r_2t_1\} = \{t_1,\ t_2\}$,
　　　∴　　$D_4 = H \cup Hr_1 \cup Hs_1 \cup Ht_1$,
　　　　　　　　H, Hr_1, Hs_1, Hr_1 はどの 2 つも共通部分をもたない.
右剰余類の集合は $\{H, Hr_1, Hs_2, Ht_1\}$ で完全代表系の 1 つは $\{r_0, r_1, s_1, t_2\}$ である.

(5) $H = \{r_0,\ t_1\}$ とする.
　左剰余類　$r_1H = \{r_1r_0,\ r_1t_1\} = \{r_1,\ s_1\},\ r_2H = \{r_2r_0,\ r_2t_1\} = \{r_2,\ t_2\}$,
　　　　　　$s_2H = \{s_2r_0,\ s_2t_1\} = \{s_2,\ r_3\}$.
　　　∴　　$D_4 = H \cup r_1H \cup r_2H \cup s_2H$,
　　　　　　　　H, r_1H, r_2H, s_2H はどの 2 つも共通部分をもたない.
左剰余類の集合は $\{H, r_1H, r_2H, s_2H\}$ で完全代表系の 1 つは $\{r_0, r_1, r_2, s_2\}$ である.
　右剰余類　$Hr_1 = \{r_0r_1,\ t_1r_1\} = \{r_1,\ s_2\},\ Hr_2 = \{r_0r_2,\ t_1r_2\} = \{r_2,\ t_2\}$,
　　　　　　$Hs_1 = \{r_0s_1,\ t_1s_1\} = \{s_1,\ r_3\}$.
　　　∴　　$D_4 = H \cup Hr_1 \cup Hr_2 \cup Hs_1$
　　　　　　　　H, Hr_1, Hr_2, Hs_1 はどの 2 つも共通部分をもたない.
右剰余類の集合は $\{H, Hr_1, Hr_2, Hs_1\}$ で完全代表系の 1 つは $\{r_0, r_1, r_2, s_1\}$ である.

(6) $H = \{r_0,\ s_1\}$ とする.
　左剰余類　$r_1H = \{r_1r_0,\ r_1s_1\} = \{r_1,\ t_2\},\ r_2H = \{r_2r_0,\ r_2s_1\} = \{r_2,\ s_2\}$,
　　　　　　$r_3H = \{r_3r_0,\ r_3s_1\} = \{r_3,\ t_1\}$.
　　　∴　　$D_4 = H \cup r_1H \cup r_2H \cup r_3H$,
　　　　　　　　H, r_1H, r_2H, r_3H はどの 2 つも共通部分をもたない.
左剰余類の集合は $\{H, r_1H, r_2H, s_2H\}$ で完全代表系の 1 つは $\{r_0, r_1, r_2, s_2\}$ である.
　右剰余類　$Hr_1 = \{r_0r_1,\ s_1r_1\} = \{r_1,\ t_1\},\ Hr_2 = \{r_0r_2,\ s_1r_2\} = \{r_2,\ s_2\}$,
　　　　　　$Hr_3 = \{r_0r_3,\ s_1r_3\} = \{r_3,\ t_2\}$.
　　　∴　　$D_4 = H \cup Hr_1 \cup Hr_2 \cup Hr_3$,
　　　　　　　　H, Hr_1, Hr_2, Hr_3 はどの 2 つも共通部分をもたない.
右剰余類の集合は $\{H, Hr_1, Hr_2, Hr_3\}$ で完全代表系の 1 つは $\{r_0, r_1, r_2, r_3\}$ である.

問 4.5 位数が素数である群は,真部分群をもたない巡回群であることを証明せよ.

(証明) G を位数が素数 p である群とする.H を G の部分群とすると,ラグランジュの定理 4.4 の系 1 より,H の位数は群 G の位数 p の約数である.p は素数であるから,$|H| = 1$ または $|H| = p$ である.

$|H| = 1$ のとき,$H = \{e\}$ であり,$|H| = p$ のとき,$H = G$ である.よって,G は真部分群をもたない.

a を単位元でない G の元とすると,上の議論によって,$<a> = G$ となるので,

G は巡回群である．すなわち，G は単位元ではないすべての元が生成元となっている巡回群である (§3 演習問題 3 参照)．

第 2 章 §4 演 習 問 題

1. 位数が素数 p のベキである群 $G \neq \{e\}$ は位数 p の元をもつことを示せ．

(証明) 単位元 e と異なる G の元を a とする．定理 4.4 の系 2 より a の位数は p のベキである．ゆえに，$|a| = p^k$ $(k \in \mathbb{N})$ と表される．もし，$k > 1$ であれば定理 3.6 の系 1 より $|a^{p^{k-1}}| = p$ である．

2. G を群，H をその部分群とし，H の G における指数を n とする．$a_1, a_2, \cdots, a_n$ が H を法とする左剰余類の完全代表系とするとき，次を証明せよ．
(1) $a_1^{-1}, a_2^{-1}, \cdots, a_n^{-1}$ は H を法とする右剰余類の完全代表系である．
(2) 任意の G の元 a に対して，$aa_1, aa_2, \cdots, aa_n$ も H を法とする左剰余類の完全代表系である．

(証明) はじめに，$a_1, a_2, \cdots, a_n$ は H を法とする左剰余類の完全代表系であるから，$G = a_1 H \cup \cdots \cup a_n H$, $a_i H \cap a_j H = \phi$ $(i \neq j)$ となっている．

(1) (i) $G = H a_1^{-1} \cup \cdots \cup H a_n^{-1}$ であることを示す．G の任意の元を x とする．G は群であるから，$x^{-1} \in G = a_1 H \cup \cdots \cup a_n H$．ゆえに，ある番号 i があって，$x^{-1} \in a_i H$ となっているので $x^{-1} = a_i h$ $(h \in H)$ と表される．したがって，$x = (a_i h)^{-1} = h^{-1} a_i^{-1} \in H a_i^{-1}$．

(ii) $H a_i^{-1} \cap H a_j^{-1} \neq \phi$ $(1 \leq i, j \leq n)$ と仮定すると，定理 4.1 より $H a_i^{-1} = H a_j^{-1}$．定理 4.3 の証明で $a_i H = a_j H \Leftrightarrow H a_i^{-1} = H a_j^{-1}$ を示した ($a_i H = a_j H \Leftrightarrow a_i^{-1} a_j \in H \Leftrightarrow H a_i^{-1} a_j = H \Leftrightarrow H a_i^{-1} (a_j^{-1})^{-1} = H \Leftrightarrow H a_i^{-1} = H a_j^{-1}$)．ゆえに，$a_i H = a_j H$．したがって，仮定より $a_i = a_j$ である．

(i),(ii) より $a_1^{-1}, a_2^{-1}, \cdots, a_n^{-1}$ は H を法とする右剰余類の完全代表系である．

(2) (i) $G = aa_1 H \cup \cdots \cup aa_n H$ であることを示す．G の任意の元を x とする．a は G の元であるから $a^{-1} \in G$ である．ゆえに，$a^{-1} x \in G$ より $a^{-1} x \in G = a_1 H \cup \cdots \cup a_n H$．ある番号 i について，$a^{-1} x \in a_i H$ であるから $a^{-1} x = a_i h$ $(h \in H)$ と表される．ゆえに，$x = aa_i h \in aa_i H$ となる．以上より，$G \subset aa_1 H \cup \cdots \cup aa_n H$ が示された．逆の包含関係は当然成り立つので，$G = aa_1 H \cup \cdots \cup aa_n H$ であることが示された．

(ii) $1 \leq i, j \leq n$ とする．このとき，定理 4.1 より
$$aa_i H \cap aa_i H \neq \phi \iff (aa_i)^{-1}(aa_j) \in H \iff a_i^{-1} a^{-1} aa_j \in H$$
$$\iff a_i^{-1} a_j \in H \iff a_i H = a_j H \iff a_i = a_j.$$

(i),(ii) より $aa_1, aa_2, \cdots, aa_n$ は H を法とする左剰余類の完全代表系である.

3. 群 G の部分集合 S に対して, aSa^{-1} を S の**共役**な集合という. S が部分群のときは, aSa^{-1} は G の部分群であった (§2 演習問題 1). 有限群 G の部分集合 S に共役な集合の個数は $|G : N_G(S)|$ であることを証明せよ.

(証明) 中心化群 $N_G(S)$ の定義を思い起こそう (§2 演習問題 7).
$$N_G(S) = \{a \in G \mid aS = Sa\} \leq G.$$
$N_G(S)$ による左剰余類の集合を $G/N_G(S)$ で表す. このとき $G/N_G(S)$ の元である左剰余類 $\bar{a} = aN_G(S)$ に対して, S の共役な集合 aSa^{-1} を対応させる. この対応は写像になることが次のようにしてわかる. 定理 4.1 と問 4.2 に注意すると,
$$aN_G(S) = bN_G(S) \iff a^{-1}b \in N_G(S) \iff a^{-1}bS = Sa^{-1}b$$
$$\iff a^{-1}bSb^{-1} = Sa^{-1} \iff bSb^{-1} = aSa^{-1}.$$
よって, 次のような単射 Φ が定義されたことになる.
$$\Phi : G/N_G(S) \longrightarrow \{aSa^{-1} \mid a \in G\} \quad (\bar{a} \longmapsto \Phi(\bar{a}) = aSa^{-1}).$$
また, この写像 Φ は定義より全射であるから Φ は全単射である. ゆえに,
$$|G : N_G(S)| = |G/N_G(S)| = |\{aSa^{-1} \mid a \in G\}|.$$

4. H を有限群 G の真部分群とする. H と共役なすべての部分群の和集合 $\bigcup_{a \in G} aHa^{-1}$ は G の真部分集合であることを示せ.

(証明) $A = \bigcup_{a \in G} aHa^{-1}$, $|G| = n$, $|H| = m$ とおく. さらに, $|G : N_G(H)| = r$ とおけば, 演習問題 3 より, H と共役な部分群の数は r 個である. $r = 1$ であれば $G = N_G(H)$ であるから H は G の正規部分群である. この場合は $A = H$ であるから, 仮定より A は G の真部分群である. そこで, 以下 $r > 1$ として証明する. H と共役なすべての部分群を $H_1, \cdots, H_r$ とする. このとき, $A = H_1 \cup \cdots \cup H_r$ となっている. 各 H_i は $H_i = a_i H a_i^{-1} \ (a_i \in G)$ と表されるので $|H_i| = |H| = m$ である. ゆえに, $|A| \leq rm$ が成り立つ. さらに, $r > 1$ であることに注意すると各共役な部分群 H_i は単位元 e を共通に含んでいるから, $|A| < rm$. H の任意の元 h については $hHh^{-1} = H$ であるから, $h \in N_G(H)$. よって, $H \subset N_G(H)$ であるから, ラグランジュの定理 4.4 より
$$|G| = |G : N_G(H)||N_G(H)| = r|N_G(H)| \geq r|H| = rm.$$
したがって, $rm < |G| = n$ であるから $|A| < rm \leq n$. これより A は G の真部分集合である.

5. a, b を群 G の2元とする．G のある元 t が存在して $b = tat^{-1}$ を満たすとき，a と b は**共役**であるといい，$a \sim b$ と表す．

(1) 共役 $\sim$ という関係は同値関係であることを示せ．共役という同値関係による同値類を**共役類**という．

(2) G を有限群とする．G の共役類を $C_1, C_2, \cdots, C_k$ とする．C_i に属する元の個数を ℓ_i とし，$a_i \in C_i$ とすれば，$\ell_i = |G : N_G(a_i)|$ が成り立つことを示せ．

(3) a_i を C_i の元，G の中心を $Z(G)$（§2 演習問題 7）とするとき，次が成り立つことを示せ．
$$a_i \in Z(G) \iff \ell_i = 1.$$

(4) G の位数を n，G の中心 $Z(G)$ の位数を z とし，適当に ℓ_i の番号 i を付けかえれば，$n = z + \ell_1 + \ell_2 + \cdots + \ell_s$ $(1 < \ell_i)$ と表せることを証明せよ．この式を G の**類等式**という．

(証明) (1) (i) 反射律: $a = eae^{-1}$ であるから $a \sim a$．

(ii) 対称律: $a \sim b$ とすると，ある G の元 t が存在して $b = tat^{-1}$ と表される．ゆえに，$a = t^{-1}bt = t^{-1}b(t^{-1})^{-1}$ $(t^{-1} \in G)$．これより，$b \sim a$ が得られる．

(iii) 推移律 $a \sim b$, $b \sim c$ とすると，ある G の元 s, t が存在して $b = sas^{-1}, c = tbt^{-1}$ と表される．ゆえに，
$$c = tbt^{-1} = t(sas^{-1})t^{-1} = tsas^{-1}t^{-1} = (ts)a(ts)^{-1} \ (ts \in G).$$
これより，$a \sim c$ が得られる．

(2) $a_i \in C_i$ とすると，a_i に共役である集合は a_i が属している共役類 $C_i = \{x \in G \mid a_i \sim x\} = \{ta_it^{-1} \mid t \in G\}$ である．したがって，演習問題 3 を $S = \{a_i\}$ として適用すれば $\ell_i = |C_i| = |G : N_G(a_i)|$．

(3) $a_i \in C_i$ とする．さらに，$a_i \in Z(G)$ とすると，$ta_it^{-1} = a_itt^{-1} = a_i$ であるから，$C_i = \{ta_it^{-1} \mid t \in G\} = \{a_i\}$．ゆえに，このとき $\ell_i = |C_i| = 1$ となる．

逆に，$|C_i| = 1$, $a_i \in C_i$ とすると，$C_i = \{a_i\}$．任意の G の元 t に対して $ta_it^{-1} \in C_i = \{a_i\}$ である．ゆえに，$ta_it^{-1} = a_i$．したがって，$ta_i = a_it \ (\forall t \in G)$. すなわち，$a_i \in Z(G)$．

(4) G のすべての共役類を $C_1, C_2, \cdots, C_k$ とする．このとき，
$$G = C_1 \cup C_2 \cup \cdots \cup C_k, \ (C_i \cap C_j = \phi, \ i \neq j)$$
となっている．$|Z(G)| = z$ とし，必要なら適当に番号を付けかえて，$Z(G) = \{a_{s+1}, \cdots, a_k\}$ $(k - s = z), a_i \in C_i \ (s+1 \leq i \leq k)$ としてよい．このとき，$i = s+1, \cdots, k$ について，(3) より $C_i = \{a_i\}$ であるから $\ell_i = |C_i| = 1$. したがって，$\ell_{s+1} = \ell_{s+2} = \cdots = \ell_k = 1$. ゆえに，

$$|G| = |C_1| + \cdots + |C_s| + |C_{s+1}| + \cdots + |C_k|$$
$$= \ell_1 + \cdots + \ell_s + \ell_{s+1} + \cdots + \ell_k$$
$$= \ell_1 + \cdots + \ell_s + z.$$

ここで, $1 < \ell_i$ $(i = 1, \cdots, s)$ である.

6. 素数ベキ p^r を位数とする群 G の中心 $Z(G)$ は単位元 e 以外の元を含むことを示せ.

(証明) 演習問題 5(4) の類等式を使うと,
$$p^r = \ell_1 + \cdots + \ell_s + z \quad (1 < \ell_i, i = 1, \cdots, s)$$
と表される. 各 i $(1 \leq i \leq s)$ については, $\ell_i = |C_i| = |G : N_G(a_i)|$ $(a_i \in C_i)$ であるから, $p \mid \ell_i$ である. したがって, 上の等式より $p \mid z$ が得られる. よって, $|Z(G)| = z \geq p > 1$. ゆえに, 単位元でない元 a が G の中心 $Z(G)$ に存在する.

7. G を群とし, H, K を指数有限の部分群とするとき, 次を示せ.
(1) KH に含まれる H の左剰余類の個数 $= |K : H \cap K|$,
(2) KH に含まれる K の右剰余類の個数 $= |H : H \cap K|$.

(証明) (1) $H \cap K$ は K の部分群である. そこで, 2 つの左剰余類の集合 $K/H \cap K$ と G/H を考える. $K/H \cap K$ の左剰余類 $x(H \cap K)$ $(x \in K)$ に対して, G/H の左剰余類 xH を対応させる. この対応は
$$x(H \cap K) = y(H \cap K) \Longrightarrow xH = yH$$
であることを示せば写像となる. $x(H \cap K) = y(H \cap K)$ とすると, $y \in y(H \cap K) = x(H \cap K)$ であるから, $y = xa$ $(a \in H \cap K)$ と表される. ゆえに, $yH = xaH = x(aH) = xH$ (定理 4.1 系). この写像を
$$\tilde{f} : K/H \cap K \longrightarrow G/H \quad (x \in K, \ \tilde{f}(x(H \cap K)) = xH)$$
とする. 写像 $\tilde{f}$ の像は $Im\tilde{f} = \{xH \mid x \in K\}$ である. また, $KH = \bigcup_{x \in K} xH$ であるから,
$$KH \text{ に含まれる } H \text{ の左剰余類の集合} = Im\tilde{f}.$$
写像 $\tilde{f}$ は単射であることを示す. そこで,
$$\tilde{f}(x(H \cap K)) = \tilde{f}(y(H \cap K)) \quad (x, y \in K)$$
と仮定する. すると, $xH = yH$ であるから, $x^{-1}y \in H$ (定理 4.1). 一方, $x, y \in K$ であるから, $x^{-1}y \in K$. ゆえに, $x^{-1}y \in H \cap K$. したがって, $x(H \cap K) = y(H \cap K)$. $\tilde{f}$ は単射であるから, $|K/H \cap K| = |Im\tilde{f}|$. したがって,
$$KH \text{ に含まれる } H \text{ の左剰余類の個数} = |Im\tilde{f}| = |K/H \cap K|.$$

(2) も同様に示される.

8. 有限群 G の部分群を H, K とする.H と K の指数が互いに素であれば $G = HK$ であることを示せ.

(証明) $|G| = n, |H| = m, |K| = \ell$ とおけば,ラグランジュの定理 4.4 より
$$|G : H| = |G|/|H| = n/m, \quad |G : K| = |G|/|K| = n/\ell.$$
仮定より,$(n/m, n/\ell) = 1$ である.このとき,n は m と ℓ の最小公倍数である.すなわち,$[m, \ell] = n$.

次に,HK に含まれる K の左剰余類の個数を r とすると
$$HK = h_1 K \cup \cdots \cup h_r K \quad (i \neq j, h_i K \cap h_j K = \phi)$$
と類別される.$|h_i K| = |K| = \ell$ であるから,$|HK| = r\ell$ となり,$\ell \mid |HK|$.同様に,$m \mid |HK|$.ゆえに,$n = [m, \ell] \mid |HK|$.したがって,$n \leq |HK|$.

一方,$HK \subset G$ であるから $|HK| \leq n$.ゆえに,$|HK| = n$.すると,$HK \subset G$ で,$|HK| = |G| = n$ であるから $G = HK$ を得る.

9. H, K を群 G の部分群で $K \subset H$ とする.$|G : H| < \infty, |H : K| < \infty$ とすれば,$|G : K| < \infty$ で $|G : K| = |G : H||H : K|$ が成り立つことを示せ.

(証明) はじめに,$|G : H| = r, |H : K| = s$ とおけば,仮定より
$$G = a_1 H \cup \cdots \cup a_r H \quad (a_i \in G, i \neq j \text{ のとき } a_i H \cap a_j H = \phi), \quad \cdots\cdots\text{①}$$
$$H = b_1 K \cup \cdots \cup b_s K \quad (b_i \in H, i \neq j \text{ のとき } b_i K \cap b_j K = \phi) \quad \cdots\cdots\text{②}$$
と類別される.したがって,
$$G = \bigcup_{i=1}^{r} a_i H = \bigcup_{i=1}^{r} a_i \left(\bigcup_{j=1}^{s} b_j K \right) = \bigcup_{i=1}^{r} \bigcup_{j=1}^{s} a_i b_j K.$$
$(i, j) \neq (k, \ell)$ のとき,$a_i b_j K \cap a_k b_\ell K = \phi$ であることを示す.もし,$a_i b_j K \cap a_k b_\ell K \neq \phi$ と仮定すると,定理 4.1 より $(a_i b_j)^{-1} a_k b_\ell \in K$.このとき,
$$b_j^{-1} a_i^{-1} a_k b_\ell \in K \text{ (③)} \Longrightarrow a_i^{-1} a_k \in b_j K b_\ell^{-1}.$$
ここで,$b_j, b_\ell \in H$ でかつ $K \subset H$ であるから,$b_j K b_\ell^{-1} \subset H$.したがって,$a_i^{-1} a_k \in H$.ゆえに,$a_i H = a_k H$ となり,① より $a_i = a_k$ を得る.すると,③ より $b_j^{-1} b_\ell \in K$.したがって,$b_j K = b_\ell K$ となり,② より $b_j = b_\ell$ を得る.すなわち,$(i, j) = (k, \ell)$ を得る.

以上より,$G = \bigcup_{i=1}^{r} \bigcup_{j=1}^{s} a_i b_j K$ は共通部分のない和集合である.よって,$|G : K| = rs = |G : H| \cdot |H : K| < \infty$.

10. $H_1, \cdots, H_r$ を群 G の指数有限の部分群とすれば,$H = H_1 \cap \cdots \cap H_r$ も指数有限であることを示せ.

(証明) $r = 2$ の場合に示せば十分である.すなわち,H, K が指数有限のとき,$H \cap K$ も指数有限であることを示す.

$$|G:H|<\infty,\ |G:K|<\infty \Longrightarrow |G:H\cap K|<\infty.$$

演習問題 7 より

$|K:H\cap K|=KH$ に含まれる H の左剰余類の個数 $\leq |G:H|<\infty$.
そこで, K をその部分群 $H\cap K$ で類別する. $|K:H\cap K|=n$ として,
$$K=b_1(H\cap K)\cup\cdots\cup b_n(H\cap K)\quad (b_i\in K). \qquad\cdots\cdots\cdots\text{①}$$
一方, G を部分群 K で類別する. $|G:K|=m$ として,
$$G=a_1K\cup\cdots\cup a_mK\ (a_i\in G,\ i\neq j\ \text{のとき}\ a_iK\cap a_jK=\phi). \qquad\cdots\cdots\cdots\text{②}$$
したがって,
$$G=\bigcup_{i=1}^m a_iK=\bigcup_{i=1}^m a_i\left(\bigcup_{j=1}^n b_j(H\cap K)\right)=\bigcup_{i=1}^m\bigcup_{j=1}^n a_ib_j(H\cap K).$$
ここで, $(i,j)\neq(k,\ell)$ のとき, $a_ib_j(H\cap K)\cap a_kb_\ell(H\cap K)=\phi$ である. 何故ならば, もし $a_ib_j(H\cap K)\cap a_kb_\ell(H\cap K)\neq\phi$ とすると, 定理 4.1 より
$$(a_ib_j)^{-1}a_kb_\ell=b_j^{-1}a_i^{-1}a_kb_\ell\in H\cap K. \qquad\cdots\cdots\cdots\text{③}$$
ゆえに, $b_j^{-1}(a_i^{-1}a_k)b_\ell\in K$ であることがわかる. ところが, $b_j,\ b_\ell\in K$ であるから, $a_i^{-1}a_k\in K$. ゆえに, $a_iK=a_kK$. 類別 ② より $i=k$. このとき, ③ より $b_j^{-1}b_\ell\in H\cap K$. ゆえに, $b_j(H\cap K)=b_\ell(H\cap K)$. したがって, 類別 ① より $j=\ell$ であるから $(i,j)=(k,\ell)$ であることが示された.

以上より, $G=\bigcup_{i=1}^m\bigcup_{j=1}^n a_ib_j(H\cap K)$ は共通部分のない和集合である. また,
$$|a_ib_j(H\cap K)|=|H\cap K|\quad (1\leq i\leq m,\ 1\leq j\leq n)$$
であるから,
$$|G:H\cap K|=m\cdot n=|G:K|\cdot|K:H\cap K|\leq|G:K|\cdot|G:H|<\infty.$$
よって, $|G:H|<\infty,\ |G:K|<\infty\Longrightarrow|G:H\cap K|<\infty$ であることが示された.

上の証明の中で以下のことが成り立つことに注意しよう.

- $|G:H\cap K|\leq|G:K|\cdot|K:H\cap K|,\quad |G:H\cap K|\leq|G:H|\cdot|H:H\cap K|.$

11. H,K を群 G の部分群とする. $|G:H|=m,|G:K|=n$ とし, $[m,n]=\ell$ とおけば, $\ell\leq|G:H\cap K|$ が成り立つことを示せ. さらに, もし $(m,n)=1$ であれば $|G:H\cap K|=mn$ となる.

(証明) 演習問題 9 より
$$|G:H\cap K|=|G:K|\cdot|K:H\cap K|\cdots\cdots\cdots(*)$$
$$=n\cdot|K:H\cap K|.$$
ゆえに, $n\mid|G:H\cap K|$ であり, 同様にして, $m\mid|G:H\cap K|$ を得る. したがって, $[m,n]\mid|G:H\cap K|$ であるから $\ell\leq|G:H\cap K|$ が得られる.

$(m,n) = 1$ のとき，$\ell = [m,n] = mn$ であるから，今証明した不等式より
$$mn \leq |G : H \cap K|.$$
次に，演習問題 7 より
$$|K : H \cap K| = KH \text{ に含まれる } H \text{ の左剰余類の個数} \leq |G : H| < \infty$$
であることに注意すると，$(*)$ より
$$|G : H \cap K| = |G : K| \cdot |K : H \cap K| \leq |G : K| \cdot |G : H| = mn.$$
以上より，$|G : H \cap K| = mn$ が得られる．

---

12. G を位数 m の有限可換群とするとき，次の条件は同値であることを示せ．
(1) G は巡回群である
(2) m の任意の約数 k に対して，G に位数 k の部分群が唯 1 つ存在する．
(3) $\forall k \geq 1$ に対して，$|G_{(k)}| \leq k$ が成り立つ．ただし，$G_{(k)} = \{a \mid a^k = e\}$ （§2 演習問題 2 参照）．

(証明) (1) $\Longrightarrow$ (2)：G は巡回群であるから，G のある元 a があって $G = <a>$ と表される．また，k は m の約数であるから，$m = kk'$ ($k' \in \mathbb{Z}$) と表される．

(i) 位数 k の部分群が存在すること：$H = <a^{k'}>$ なる部分群を考えれば，この群 H の位数は定理 3.4 と 定理 3.6 系 1 によって，$|H| = |<a^{k'}>| = |a^{k'}| = k$ となる．

(ii) 位数 k の部分群は唯 1 つであること：K を位数が k である G の部分群とする．定理 3.3 より，巡回群の部分群は巡回群であるから，K は巡回群である．よって，$K = <a^h>$ ($h \in \mathbb{N}$) と表される．このとき，
$$k = |K| = |<a^h>| = |a^h|.$$
すなわち，$|a^h| = k$ となっている．ゆえに，位数の定義によって $(a^h)^k = e$. よって，
$$a^{hk} = e \Longrightarrow m \mid hk \text{ (定理 3.2)} \Longrightarrow kk' \mid hk \Longrightarrow k' \mid h.$$
これより $<a^h> \subset <a^{k'}>$ であることがわかる．ここで，$|<a^h>| = |<a^{k'}>| = k$ に注意すれば，包含関係があって位数が同じであるから，$K = <a^h>$ と $H = <a^{k'}>$ は一致する．

(2) $\Longrightarrow$ (3)：G は仮定によって可換群であるから，§2 演習問題 2 によって $G_{(k)}$ は部分群である．$G_{(k)}$ のすべての元の位数の最小公倍数を ℓ とする．§3 演習問題 10 (2) より，$G_{(k)}$ に位数 ℓ の元 b が存在する．このとき，$G_{(k)} = <b>$ であることを示す．$b \in G_{(k)}$ であるから，$<b> \subset G_{(k)}$ である．このとき $<b> \supset G_{(k)}$ を示そう．x を $G_{(k)}$ の任意の元として，$|x| = h$ とおく．ℓ の選び方より $\ell = hh'$ ($h' \in \mathbb{N}$) と表される．したがって，
$$|<x>| = |x| = h, \quad |<b^{h'}>| = |b^{h'}| = h.$$
ここで，$h \mid m$ (定理 4.4 系 2) であるから，仮定 (2) より，$<x> = <b^{h'}>$. したがって，$x \in <x> = <b^{h'}> \subset <b>$. 以上により，$G_{(k)} \subset <b>$.

最後に，$b \in G_{(k)}$ であるから，$b^k = e$. ゆえに，定理 3.2 より $\ell | k$ となり $\ell \leq k$.
以上より，$|G_{(k)}| = | <b> | = \ell \leq k$.

(3) $\Longrightarrow$ (1)：G のすべての元の位数の最小公倍数を n とする．G の任意の元を x とすると，n の選び方より $x^n = e$. ゆえに，$x \in G_{(n)}$ であるから，$G \subset G_{(n)}$. したがって，$G = G_{(n)}$ となる．すると，
$$m = |G| = |G_{(n)}| \leq n$$
ゆえに，$m \leq n$. 一方，§3 演習問題 10 (2) より，G に位数 n のある元 a が存在する．このとき，$<a> \subset G$. よって，
$$n = | <a> | \leq |G| = m$$
したがって，$n \leq m$ であるから，$n = m$. このことは $G = <a>$ であることを意味している．

§5 正規部分群，剰余群

定義と定理のまとめ

定理 5.1 H を群 G の部分群とするとき，次の条件は同値である．
(1) $\forall a \in G, aH = Ha$.
(2) $\forall a, b \in G, a \equiv_\ell b \pmod{H} \iff a \equiv_r b \pmod{H}$.
(3) $\forall a, b, c, d \in G, a \equiv_\ell b \pmod{H}, c \equiv_\ell d \pmod{H} \implies ac \equiv_\ell bd \pmod{H}$.
(4) $\forall a \in G, aHa^{-1} \subset H$.
(5) $\forall a \in G, aHa^{-1} = H$.

定義 5.1 G のすべての元 a に対し $aH = Ha$ となるとき，あるいは，言いかえると G のすべての元 a に対し $aHa^{-1} = H$ となるとき，H を G の**正規部分群**または**不変部分群**といい，$H \triangleleft G$ で表す．このとき，右剰余類，左剰余類の区別をしなくてもよいので，単に**剰余類**という．H を法とする G の剰余類全体の集合を G/H で表す．また，$a \equiv_\ell b \pmod{H}$ を $a \equiv b \pmod{H}$ と書き，H を法として a と b は**合同**であるという．

定義 5.2 群 G が自明な部分群 $\{e\}$ と G 以外に正規部分群をもたないとき，G を**単純群**という．

定理 5.2 G を群，H を G の正規部分群とする．このとき，$G/H \times G/H$ の任意の元 (aH, bH) に G/H の元 $aH * bH = abH$ を対応させると，これは $G/H \times G/H$ から G/H への写像となる．すなわち，この対応は G/H に1つの2項演算を与え，さらに集合 G/H は，この演算に関して群をなす．この群 G/H の単位元は H で，G/H の元 aH の逆元は $(aH)^{-1} = a^{-1}H$ である．

定義 5.3 定理 5.2 の群を 群 G の 正規部分群 H による**剰余群**，あるいは**因子群**といい，剰余類全体の集合と同じ G/H で表す．

群 G の正規部分群を K として，剰余群 G/K を考える．
(1) 群 G の部分群 H で K を含んでいるものを考えると，K は H の正規部分群である．したがって，剰余群 H/K を考えることができる．H/K の元 aK $(a \in H)$ を G/K の元と同一視すれば，G/K の部分集合 H/K は G/K の部分群であると考えられる．
(2) 逆に剰余群 G/K の任意の部分群は，G のある部分群 H で K を含んでいるものにより，H/K という形に表される．

問題と解答

> **問 5.1** 群 G において,G の中心 $Z(G)$ は正規部分群であることを示せ($Z(G)$ の定義については §2 演習問題 7 を参照せよ).

(証明)$a \in Z(G)$ とすると G の任意の元 x に対して,
$$xax^{-1} = xx^{-1}a = ea = a$$
であるから $xZ(G)x^{-1} \subset Z(G)$ が成り立つ.よって,$Z(G)$ は正規部分群である.

> **問 5.2** 指数が 2 の部分群は正規部分群であることを示せ.

(証明)群 G の部分群を H として,$|G:H|=2$ ならば H は G の正規部分群であることを示す.はじめに,H の G における指数が 2 であるから,$H \neq G$ である.

(1) $a \in H$ について,$aH = H = Ha$ (定理 4.1 の系).

(2) $a \notin H$ のとき,$aH \neq H$, $Ha \neq H$ である.仮定より $|G:H|=2$ であるから,
$$G = H \cup aH = H \cup Ha \quad (H \cap aH = \phi,\ H \cap Ha = \phi).$$
したがって,$aH = Ha$ でなければならない.

以上 (1),(2) によって,$\forall a \in G$, $aH = Ha$ が示されたので H は G の正規部分群である.

> **問 5.3** 問 5.2 を用いて n 次交代群 A_n は n 次対称群 S_n の正規部分群であることを確かめよ.

(解答)§3 演習問題 1 で $|A_n| = n!/2 = |S_n|/2$ を示した.ゆえに,$|S_n : A_n| = |S_n|/|A_n| = 2$.したがって,問 5.2 より A_n は S_n の正規部分群である.

> **問 5.4** G を群,H, K を G の部分群とする.さらに,K が G の正規部分群であれば,$HK = KH$ が成り立ち,集合 HK は G の部分群であることを示せ.

(解答)(1) $HK = KH$ を示す.

$x \in HK$ とすると,$x = hk$ ($h \in H, k \in K$) と表される.ここで,K は G の正規部分群だから $hK = Kh$.ゆえに,$x = hk \in hK = Kh \subset KH$.したがって,$HK \subset KH$ が得られる.逆の包含関係も同様に示されるので $HK = KH$ が証明された.

(2) (1) より $HK = KH$ が成り立つので,HK が G の部分群であることは §2 演習問題 6 より導かれる.

> **問 5.5** H と K が G の正規部分群であれば,HK, $H \cap K$ もまた G の正規部分群であることを示せ.

94 第 2 章 群

(証明) (1) $H, K \triangleleft G \Longrightarrow HK \triangleleft G$: K は G の正規部分群であるから, $\forall x \in G$, $xK = Kx$. したがって,
$$HK = \bigcup_{x \in H} xK = \bigcup_{x \in H} Kx = KH.$$
このとき, §2 演習問題 6 より, HK は G の部分群である. また, H, K は G の正規部分群であるから, $\forall x \in G$, $xHx^{-1} = H$, $xKx^{-1} = K$. ゆえに, 問 4.2(1) を使えば
$$xHKx^{-1} = (xHx^{-1})(xKx^{-1}) = HK.$$
したがって, HK は G の正規部分群である.

(2) $H, K \triangleleft G \Longrightarrow H \cap K \triangleleft G$: 定理 2.2 によって $H \cap K$ は G の部分群である. $x \in G$ とする. H と K は G の正規部分群であるから, $xHx^{-1} = H$, $xKx^{-1} = K$ となっている. ゆえに, 問 4.2(6) を使えば
$$x(H \cap K)x^{-1} = xHx^{-1} \cap xKx^{-1} = H \cap K.$$
したがって, $H \cap K$ は G の正規部分群である.

> **問 5.6** G を群, H と K を G の部分群とする. さらに, K が G の正規部分群であるとき, 次を示せ.   (1) $H \cap K \triangleleft H$, (2) $K \triangleleft HK$.

(証明) (1) $H \cap K$ は定理 2.2 より G の部分群であるから H の部分群である. H の任意の元 a に対して定理 4.1 の系より $aHa^{-1} = H$, また K は G の正規部分群であるから, G の任意の元 a に対して, $aKa^{-1} = K$. したがって,
$$a(H \cap K)a^{-1} = aHa^{-1} \cap aKa^{-1} = H \cap K.$$
H の任意の元 a に対して $a(H \cap K)a^{-1} = H \cap K$ であるから, $H \cap K$ は H の正規部分群である.

(2) 問 5.4 より HK は G の部分群である. K も G の部分群であって, $K \subset HK$ であるから, K は HK の部分群である. あとは, K が HK の正規部分群であることを示せばよい. $\forall x \in HK$ に対して $xKx^{-1} \subset K$ を示す. $x = hk$ ($h \in H$, $k \in K$) と表されるので, K が G の正規部分群であることと定理 4.1 の系を使えば
$$xKx^{-1} = (hk)K(hk)^{-1} = hkKk^{-1}h^{-1}$$
$$= hKh^{-1} = K.$$

> **問 5.7** G を群, H をその正規部分群とする. このとき, 剰余群 G/H において
> $$(\overline{a})^n = \overline{a^n} \quad (n \in \mathbb{Z}) \quad \text{すなわち} \quad (aH)^n = a^n H$$
> が成り立つことを示せ.

(証明) $n > 0$ のとき, n についての帰納法で示す. $n = 1$ のとき, $\overline{a}^1 = \overline{a} = \overline{a^1}$. $n > 1$ として, $n - 1$ まで正しいと仮定する.
$$(\overline{a})^n = (\overline{a})^{n-1} \cdot \overline{a} = \overline{a^{n-1}} \cdot \overline{a} = \overline{a^{n-1} \cdot a} = \overline{a^n}.$$

$n = 0$ のとき, $\overline{a}^0 = \overline{e} = \overline{a^0}$.

$n < 0$ のとき, $n' = -n > 0$ とおく.
$$(\overline{a})^n = (\overline{a})^{(-n')} = \{(\overline{a})^{-1}\}^{n'} = (\overline{a^{-1}})^{n'} = \overline{(a^{-1})^{n'}} = \overline{a^{-n'}} = \overline{a^n}.$$

問 5.8 G を巡回群とする. このとき, G の部分群 H による剰余群 G/H も巡回群であることを示せ.

(証明) G は巡回群であるから, G のある元 a によって生成されている. すなわち, $G = <a>$. このとき, $G/H = <\overline{a}>$, $\overline{a} = aH$ であること, 言いかえると, G/H は元 $\overline{a}$ によって生成されていることが, 次のようにしてわかる.

G/H の任意の元は $\overline{x} (= xH, x \in G)$ と表される. $x \in G$ であるから, $x = a^k (\exists k \in \mathbb{Z})$ と表される. ゆえに, $\overline{x} = \overline{a^k} = \overline{a}^k \in <\overline{a}>$. したがって, $G/H = <\overline{a}>$.

第2章 §5 演習問題

1. $\mathbb{C}$ 上の n 次特殊線形群 $SL_n(\mathbb{C})$ は, n 次一般線形群 $GL_n(\mathbb{C})$ の正規部分群であることを示せ.

(証明) はじめに, 定義を確認すると,
$$GL_n(\mathbb{C}) = \{A \in M_n(\mathbb{C}) \mid \det A \neq 0\},\ SL_n(\mathbb{C}) = \{A \in GL_n(\mathbb{C}) \mid \det A = 1\}.$$
n 次特殊線形群 $SL_n(\mathbb{C})$ が n 次一般線形群 $GL_n(\mathbb{C})$ の正規部分群であることを示すには
$$\forall X \in GL_n(\mathbb{C}),\ \forall A \in SL_n(\mathbb{C}),\ XAX^{-1} \in SL_n(\mathbb{C})$$
を示せば十分である. $\det A = 1$ であるから,
$$\det XAX^{-1} = \det X \cdot \det A \cdot \det X^{-1}$$
$$= \det X \cdot 1 \cdot (\det X)^{-1} = \det X \cdot (\det X)^{-1} = 1.$$
したがって, $XAX^{-1} \in SL_n(\mathbb{C})$ となる.

2. 群 G の部分群 H の位数を n とする. 位数 n の部分群が H 以外に存在しなければ H は G の正規部分群であることを示せ.

(証明) §2 演習問題 1 より, G の任意の元 a に対して aHa^{-1} は G の部分群である. G の任意の元 a に対して写像
$$H \longrightarrow aHa^{-1}\ (x \longmapsto axa^{-1})$$
は全単射であるから, $|aHa^{-1}| = |H| = n$. ゆえに, aHa^{-1} は位数が n の G の部分群である. ここで, 仮定により位数 n の部分群は H 唯1つであるから, $aHa^{-1} = H$ でなければならない. a は G の任意の元であったから H は G の正規部分群である.

3. 有限群 G の正規部分群 H は集合として，いくつかの G の共役類の和集合であることを示せ (共役類については §4 演習問題 5 を参照せよ)．

(証明) $a \in G$ として，a の共役類を C_a とする．すなわち，
$$C_a = \{x \in G \mid a \sim x\} = \{x \in G \mid x = tat^{-1},\ t \in G\}.$$
H を G の正規部分群とする．H の元 a に対して，a の共役類 C_a を考える．$x \in C_a$ とすると，定義によって
$$x \in C_a \iff x = tat^{-1}\ (\exists t \in G).$$
ここで，H は正規部分群であるから，$x = tat^{-1} \in H$. ゆえに，$x \in C_a \implies x \in H$ が示されたので，$C_a \subset H$. したがって，$\bigcup_{a \in H} C_a \subset H$. 逆に，$a \in H$ とすると，$a \in C_a \subset \bigcup_{a \in H} C_a$. ゆえに，$H = \bigcup_{a \in H} C_a$.

4. 3 次の対称群 S_3 と 4 次の 2 面体群 D_4 について，その部分群が正規部分群かどうかを調べよ．

(解答) (1) 3 次の対称群の部分群は $A_3 = <\rho_1> = \{\rho_0, \rho_1, \rho_2\}$, $<\mu_1> = \{\rho_0, \mu_1\}$, $<\mu_2> = \{\rho_0, \mu_2\}$, $<\mu_3> = \{\rho_0, \mu_3\}$ で全部である．

- $|S_3 : A_3| = 2$ であるから 問 5.2 より，$A_3 = <\rho_1>$ は正規部分群である．
- $<\mu_1>$ は例 5.2* で調べてあるように正規部分群ではない．
- $<\mu_2>, <\mu_3>$ も同様にして正規部分群ではないことがわかる．

(2) 4 次の 2 面体群の部分群は $\{r_0, r_2, s_1, s_2\}$, $\{r_0, r_1, r_2, r_3\}$, $\{r_0, r_2, t_1, t_2\}$, $\{r_0, t_2\}$, $\{r_0, s_2\}$, $\{r_0, r_2\}$, $\{r_0, t_1\}$, $\{r_0, s_1\}$ で全部である (例 3.4* 参照)．

$\{r_0, r_2, s_1, s_2\}$, $\{r_0, r_1, r_2, r_3\}$, $\{r_0, r_2, t_1, t_2\}$ については，指数が 2 であるから正規部分群である (問 5.2)．

他の群については，問 4.4 で左剰余類と右剰余類を調べた．これを使えば $<r_2>$ は正規部分群であり，$<t_1>, <s_1>, <t_2>, <s_2>$ は正規部分群でないことがわかる．

5. H は群 G の位数 m の正規部分群で，H の G における指数を r とする．m と r が互いに素であれば，位数が m の約数である G の部分群はすべて H に含まれることを示せ．

(証明) K を G の部分群で，その位数 n は m の約数であるとする．このとき，$K \subset H$ であることを示す．

H は群 G の正規部分群であるから，その剰余群 G/H を考えることができる．G/H の位数は r である．n は m の約数であるから $m = nn'\ (\exists n' \in \mathbb{Z})$ と表される．

仮定より，$(m, r) = 1$ であるから，第 1 章 定理 1.7 より $mx + ry = 1\ (\exists x, y \in \mathbb{Z})$ が成り立つ．

a を K の元とする．n は部分群 K の位数で，a は K の元であるから定理 4.4 の系 3 より $a^n = e$ である．したがって，
$$a^m = a^{nn'} = (a^n)^{n'} = e^{n'} = e.$$
また，剰余群 G/H の位数は r であるから，再び定理 4.4 の系 3 より，G/H の元 $\overline{a^y}$ に対して $(\overline{a^y})^r = \bar{e}$ が成り立つ．ゆえに，K の任意の元 a に対して，剰余群 G/H において次のような計算をすることができる．
$$\bar{a} = \overline{a^{mx+ry}} = \overline{a^{mx} \cdot a^{ry}} = \overline{a^{mx}} \cdot \overline{a^{ry}} = (\overline{a^m})^x \cdot (\overline{a^y})^r$$
$$= (\bar{e})^x \cdot \bar{e} = \bar{e} \cdot \bar{e} = \bar{e}.$$
したがって，剰余群 G/H において $\bar{a} = \bar{e}$．すなわち，$a \in H$．

以上によって，$K \subset H$ であることが証明された．

6. 0 でない複素数全体のつくる乗法群 $\mathbb{C}^*$ は，指数有限の真部分群を含まないことを示せ．

(証明) $\mathbb{C}^*$ を 0 でない複素数全体のつくる乗法群とする．このとき，
$$\{1\} \lneq H \leq \mathbb{C}^*, \quad |\mathbb{C}^* : H| = n < \infty \Longrightarrow H = \mathbb{C}$$
を示せばよい．$\mathbb{C}^*$ は可換群であるから，$\mathbb{C}^*$ の任意の部分群 H は正規部分群であり，その剰余群 $\mathbb{C}^*/H$ を考えることができる．剰余群 $\mathbb{C}^*/H$ の位数は n である．$\mathbb{C}^*$ の任意の元を a とする．このとき，剰余群 $\mathbb{C}^*/H$ において元 $\bar{a}$ を考える．定理 4.4 の系 3 によって $(\bar{a})^n = \bar{1}$．ゆえに，$\overline{a^n} = \bar{1}$ であるから $a^n \in H$．すなわち，
$$\forall a \in \mathbb{C}^*, \quad a^n \in H. \tag{*}$$
一方，**代数学の基本定理**によって，a の n 乗根が存在する．その 1 つを b とする．
$$\exists b \in H, a = b^n.$$
ところが，この b について (*) を適用すると $b^n \in H$ である．ゆえに，$a \in H$ が得られる．以上より，$\mathbb{C}^* \subset H$ が示された．したがって，$\mathbb{C}^* = H$ であることがわかる．

7. 実数全体のつくる加法群 $\mathbb{R}$ は，指数有限の真部分群を含まないことを示せ．

(証明) 実数全体のつくる加法群を $\mathbb{R}$ として，
$$\{0\} \lneq H \leq \mathbb{R}^*, \quad |\mathbb{R}^* : H| = n < \infty \Longrightarrow H = \mathbb{R}$$
を示せばよい．$\mathbb{R}$ は可換群であるから，$\mathbb{R}$ の任意の部分群 H は正規部分群であり，その剰余群 $\mathbb{R}/H$ を考えることができる．剰余群 $\mathbb{R}/H$ の位数は n である．

$\mathbb{R}$ の任意の元を a とする．このとき，剰余群 $\mathbb{R}/H$ において，元 $\bar{a}$ を考える．定理 4.4 の系 3 によって，$n\bar{a} = \bar{0}$．ゆえに，$\overline{na} = \bar{0}$ であるから $na \in H$．すなわち，
$$\forall a \in \mathbb{R}, \quad na \in H.$$
$n\mathbb{R} = \{nx \,|\, x \in \mathbb{R}\}$ とおけば，$n\mathbb{R} \subset H$ であることを示した．ところが，ここで $n\mathbb{R} = \mathbb{R}$ である $(\because \forall x \in \mathbb{R} \Longrightarrow x = n \cdot (x/n) \in n\mathbb{R})$．ゆえに，$\mathbb{R} \subset H$．定義より，

逆の包含関係は成り立っているので，$\mathbb{R} = H$ を得る．

> **8.** $H \leq Z(G)$ とすると，H は G の正規部分群である．このとき，剰余群 G/H が巡回群であれば，G は可換群であることを示せ．ここで，$Z(G)$ は群 G の中心を表す（§2 演習問題 7 参照）．

（証明）G の任意の元 $x, y \in G$ に対して，$xy = yx$ であることを示す．

剰余群 G/H は巡回群であるから，$G/H = <\bar{a}>$ $(\exists a \in G)$ と表される．よって，$\bar{x}$ と $\bar{y}$ は $\bar{x} = (\bar{a})^m$, $\bar{y} = (\bar{a})^n$ $(\exists m, n \in \mathbb{Z})$ と表される．ここで，
$$\bar{x} = (\bar{a})^m \iff \bar{x} = \overline{a^m} \iff x = a^m h_1 \ (\exists h_1 \in H) \ (\text{定理 4.1}).$$
y についても同様にして，$x = a^m h_1$, $y = a^n h_2$ $(\exists h_1, h_2 \in H)$ と表される．ここで，$h_1, h_2 \in H \subset Z(G)$ であるから，h_1 と h_2 は G の任意の元と可換である．したがって，
$$x \cdot y = a^m h_1 \cdot a^n h_2 = a^m a^n h_1 h_2 = a^{m+n} h_1 h_2$$
$$= a^{n+m} h_2 h_1 = a^n a^m h_2 h_1 = a^n h_2 a^m h_1 = y \cdot x.$$
よって，$xy = yx$ が示された．

> **9.** a, b を群 G の 2 元とするとき，$aba^{-1}b^{-1}$ を a, b の**交換子**という．G のすべての交換子によって生成される部分群を G の**交換子群**といい，$D(G)$ で表すことにする．H を群 G の部分群とするとき，次のことを示せ．
>
> H が G の正規部分群でかつ G/H が可換群であるための必要十分条件は，H が $D(G)$ を含むことである．
>
> したがって，特に $D(G)$ は正規部分群であり，剰余群 $G/D(G)$ は可換群である．

（証明）はじめに，H が正規部分群であれば，剰余群 G/H において次が成り立つことに注意しよう．$\bar{a}\bar{b} = \bar{b}\bar{a} \iff aba^{-1}b^{-1} \in H$.
$$\because \quad \bar{a}\bar{b} = \bar{b}\bar{a} \iff \bar{a}\bar{b}(\bar{b}\bar{a})^{-1} = \bar{e} \iff \bar{a}\bar{b}\bar{a}^{-1}\bar{b}^{-1} = \bar{e}$$
$$\iff \overline{aba^{-1}b^{-1}} = \bar{e} \iff aba^{-1}b^{-1} \in H.$$
H を G の部分群とするとき，次を示す．
$$H \triangleleft G,\ G/H : \text{可換群} \iff D(G) \subset H$$
($\Longrightarrow$): a, b を G の元とする．剰余群 G/H は可換群だから $\bar{a}\bar{b} = \bar{b}\bar{a}$ が成り立つ．このとき，上の注意より $aba^{-1}b^{-1} \in H$．したがって，任意の交換子が H に属するから $D(G) \subset H$ である．

($\Longleftarrow$): G の元 a と H の元 h に対して，仮定より $aha^{-1}h^{-1} \in D(G) \subset H$ である．ゆえに，
$$aha^{-1} = (aha^{-1})h^{-1}h = (aha^{-1}h^{-1})h \in H.$$
したがって，$\forall a \in G$, $aHa^{-1} \subset H$ が示されたので，H は G の正規部分群である．

次に, G の任意の元 a,b,c,d に対して仮定より $aba^{-1}b^{-1} \in D(G) \subset H$ である. ゆえに, 上に注意したことより $\bar{a}\bar{b} = \bar{b}\bar{a}$ が得られるので, 剰余群 G/H は可換群である.

10. 位数 6 の可換群 G は巡回群であることを示せ.

(証明) 位数が偶数であるから, §3 演習問題 8 より位数 2 の元 a が存在する. そこで, $H = <a> = \{e, a\}$ とおく. G は可換群であるから, H は正規部分群である. そこで, 剰余群 G/H を考えることができる. ラグランジュの定理 4.4, $|G| = |G:H| \cdot |H|$ において, $|G| = 6, |H| = 2$ であるから, $|G:H| = 3$ である. ゆえに, 剰余群 G/H の位数は 3 であるから, G/H は巡回群となり, G のある元 b が存在して, $G/H = <bH> = \{H, bH, b^2H\}$ と表される. このとき,
$$G = H \cup bH \cup b^2H, \quad (H \cap bH = \phi, H \cap b^2H = \phi, bH \cap b^2H = \phi).$$
すると, G/H は群であるから $bH \cdot b^2H \neq bH, b^2H$ である. よって, $bH \cdot b^2H = H$ でなければならない. $b^3H = H$ だから, $b^3 \in H = \{e, a\}$. したがって, $b^3 = e$ または a である.

(1) $b^3 = e$ のとき, b の位数は 3 である. 何故ならば, $b^2 = e$ とすると, $b^2H = H$ となり, $|G:H| = 3$ であることに矛盾する. このとき, 定理 3.7 より $|ab| = 2 \cdot 3 = 6$. よって, G は ab を生成元とする巡回群である.

(2) $b^3 = a$ のとき, $b^3 \neq e$ であるから b の位数は 3 ではない. また, ラグランジュの定理 4.4 の系 2 より, b の位数は 6 の約数であるから $|b| = 6$ でなければならない. ゆえに, G は b を生成元とする巡回群である.

§6 準同型写像，準同型定理

定義と定理のまとめ

定義 6.1 演算 $\circ$ をもつ群 $(G, \circ)$ と演算 $*$ をもつ群 $(G', *)$ に対して，G から G' への写像 $f : G \longrightarrow G'$ が
$$\forall a, b \in G, \ f(a \circ b) = f(a) * f(b)$$
なる条件を満足しているとき，f を G から G' への**準同型写像**という．単射である準同型写像を**単準同型写像**，全射である準同型写像を**全準同型写像**という．また，単射でかつ全射である準同型写像を**同型写像**という．群 G から群 G' への同型写像 f が存在するとき，G と G' は**同型**であるといい，$G \simeq G'$ と書く．特に $G = G'$ のとき，G から G' への同型写像 f を G の**自己同型写像**という．

例 6.1 関数 $f(x) = \log_{10} x$ により正の実数のつくる乗法群 $\mathbb{R}^+$ から実数全体の加法群 $\mathbb{R}$ への同型写像が得られる．

例 6.2 a を 0 でない実数とするとき，$f(x) = ax$ によって与えられる写像 $f : \mathbb{R} \longrightarrow \mathbb{R}$ は実数の加法群 $(\mathbb{R}, +)$ からそれ自身への同型写像を与える．

例 6.3 正三角形のシンメトリーの群 D_3 と 3 次の対称群 S_3 は同型である．

例 6.4 群 G の元を a とする．このとき，$\varphi_a(x) = a^{-1} x a$ によって定まる写像 $\varphi_a : G \longrightarrow G$ は G の自己同型写像である．このような自己同型写像を**内部自己同型写像**という．

例 6.5 $f : \mathbb{R}^* \longrightarrow \mathbb{R}^+ \ (f(x) = |x|, \ x \in \mathbb{R}^*)$ なる写像は，0 を除いた実数のつくる乗法群 $(\mathbb{R}^*, \cdot)$ から正の実数のつくる乗法群 $(\mathbb{R}^+, \cdot)$ への全準同型写像である．

例 6.6 $\theta \mapsto e^{i\theta} = \cos\theta + i\sin\theta$ は実数の加法群 $\mathbb{R}$ から絶対値 1 の複素数のつくる乗法群 E への全準同型写像である．

定理 6.1 H を群 G の正規部分群とする．G の元 a に対し，剰余類 aH を対応させると，この対応 π は群 G から剰余群 G/H への全準同型写像になる．
$$\pi : G \longrightarrow G/H, \ \pi(a) = aH.$$

定義 6.2 定理 6.1 の準同型写像 π を群 G からその剰余群 G/H への**自然な準同型写像**という．

定理 6.2 f を群 G から群 G' への準同型写像とし，e を G の単位元，e' を G' の単位元とするとき，次が成り立つ．
(1) G の単位元 e は準同型写像 f によって G' の単位元 e' に移る．$f(e) = e'$．
(2) G の任意の元 a に対して，$f(a^{-1}) = f(a)^{-1}$ が成り立つ．

定理 6.3 f を G から G' への準同型写像とすると，G の部分集合
$$\ker f = \{a \mid a \in G, f(a) = e'\}$$
は G の正規部分群になる．ただし，e' は G' の単位元とする．

定義 6.3 定理 6.3 の正規部分群 $\ker f$ を準同型写像 f の **核** という．

定理 6.4 f を群 G から群 G' への準同型写像とする．このとき，f が単射となるための必要十分条件は $\ker f = \{e\}$ となることである．ただし，e は G の単位元である．

定理 6.5 (準同型定理) G, G' を群，f を G から G' への準同型写像とし，$K = \ker f$ とする．G/K の元 aK に G' の元 $f(a)$ を対応させる写像 $\bar{f}$ は，剰余群 G/K から群 G' への単準同型写像になる．すなわち，$G/\ker f \simeq f(G)$．また $\bar{f}$ は，$\pi : G \longrightarrow G/K$ を自然な準同型写像とすると $f = \bar{f} \circ \pi$ を満たしている．

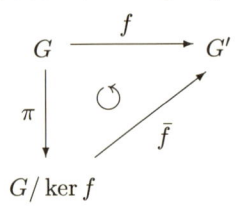

$$\begin{array}{ccc} G & \xrightarrow{f} & G' \\ \pi \downarrow & \circlearrowright & \nearrow \bar{f} \\ G/\ker f & & \end{array}$$

問題と解答

問 6.1 次の各命題を証明せよ．
(1) 準同型写像の合成写像は準同型写像である．
(2) 同型写像の合成写像はまた同型写像である．
(3) 同型写像の逆写像は同型写像である．

(証明) (1) $f : G \longrightarrow G'$, $g : G' \longrightarrow G''$ を群の準同型写像とする．G の元 a, b について，
$$\begin{aligned} (g \circ f)(ab) &= g(f(ab)) & \text{(合成写像の定義)} \\ &= g(f(a) \cdot f(b)) & (f \text{ が準同型写像}) \\ &= g(f(a)) \cdot g(f(b)) & (g \text{ が準同型写像}) \\ &= (g \circ f)(a) \cdot (g \circ f)(b). & \text{(合成写像の定義)} \end{aligned}$$

(2) $f: G \longrightarrow G'$, $g: G' \longrightarrow G''$ を群の準同型写像とする．(1) より，$g \circ f$ は準同型写像である．また，f と g は同型写像だから全単射，したがって，$g \circ f$ も全単射である．よって，$g \circ f$ は同型写像である．

(3) $f: G \longrightarrow G'$ を同型写像とする．f は全単射だから，f の逆写像 g が存在する．g も全単射である．そこで，g が準同型写像であることを示せばよい．すなわち，
$$g(a' \cdot b') = g(a') \cdot g(b') \quad (a', b' \in G')$$
であることを示す．f は全射だから，$f(a) = a'$, $f(b) = b'$ $(\exists a, b \in G)$ である．逆写像 g を使って表現すると，$g(a') = a$, $g(b') = b$. このとき，f が準同型写像であるから，
$$a' \cdot b' = f(a) \cdot f(b) = f(a \cdot b).$$
逆写像 g の定義によって，
$$g(a' \cdot b') = a \cdot b = g(a') \cdot g(b').$$
ゆえに，$g(a' \cdot b') = g(a') \cdot g(b')$. したがって，$g$ は同型写像となる．

> 問 **6.2** 群 G と G' が同型であるという関係は同値関係であることを示せ．

(証明) (i) 反射律 $G \simeq G$:
恒等写像 $1_G: G \longrightarrow G$ は同型写像であるから，G と G は同型である．
(ii) 対称律 $G \simeq G' \Longrightarrow G' \simeq G$:
$f: G \longrightarrow G'$ を同型写像とすると，問 6.1 の (3) より f の逆写像 $f^{-1}: G' \longrightarrow G$ は同型写像である．ゆえに，G' と G は同型である．
(iii) 推移律 $G \simeq G'$, $G' \simeq G'' \Longrightarrow G \simeq G''$:
$f: G \longrightarrow G'$, $g: G' \longrightarrow G''$ を同型写像とすると，問 6.1 の (2) よりその合成写像 $g \circ f: G \longrightarrow G''$ も同型写像である．ゆえに，G と G'' は同型である．

> 問 **6.3** 群 G の自己同型写像の全体 $A(G)$ は写像の積に関して群になることを示せ．$A(G)$ を群 G の**自己同型群**という．

(証明) f, g を G の自己同型写像とすると，$g \circ f$ は再び G の自己同型写像である (問 6.1 の (2))．ゆえに，$A(G)$ 上の演算が定義される．
(G1) 結合律は一般に写像の合成に関して成り立つ (記号と準備 4.6 参照)．
(G2) 恒等写像 1_G は G の自己同型写像であるから，$1_G \in A(G)$ で
$$\forall f \in A(G), \ f \circ 1_G = 1_G \circ f = f.$$
ゆえに，1_G が単位元である．
(G3) $f \in A(G)$ とすると，問 6.1 (3) より f の逆写像 f^{-1} も G の自己同型写像であるから，$f^{-1} \in A(G)$ であって，$f \circ f^{-1} = f^{-1} \circ f = 1_G$ が成り立つ．ゆえに，逆写像 f^{-1} がこの演算の逆元になる．

以上によって，$A(G)$ は写像の積に関して群になる．

問 6.4 写像 $f: G \longrightarrow G'$ が準同型写像であるとき，次のことを示せ．
$$\forall n \in \mathbb{Z}, \quad f(a^n) = f(a)^n. \qquad \cdots\cdots\cdots (*)$$

(証明) e と e' をそれぞれ G と G' の単位元とする．
(1) $n = 0$ のとき，定理 6.2 より
$$f(a^0) = f(e) = e' = f(a)^0$$ であるから $(*)$ は成り立つ．
(2) n が正の整数のとき，帰納法によって $(*)$ を示す．$n = 1$ のとき，$f(a^1) = f(a) = f(a)^1$. ゆえに，このとき $(*)$ が成り立つ．$n = k > 1$ のとき $(*)$ が成り立つと仮定して，$n = k + 1$ のとき $(*)$ が成り立つことを証明する．
$$\begin{aligned}
f(a^{k+1}) &= f(a^k \cdot a) &&\text{(累乗の定義)} \\
&= f(a^k) \cdot f(a) &&\text{(f が準同型写像)} \\
&= f(a)^k \cdot f(a) &&\text{(帰納法の仮定)} \\
&= f(a)^{k+1}. &&\text{(累乗の定義)}
\end{aligned}$$
(3) n が負の整数のときに $(*)$ を示す．$n' = -n > 0$ とおく．
$$\begin{aligned}
f(a^n) &= f(a^{-n'}) \\
&= f((a^{-1})^{n'}) &&\text{(指数の定義 2.3)} \\
&= (f(a^{-1}))^{n'} &&\text{($n' > 0$ だから (2) より)} \\
&= \{f(a)^{-1}\}^{n'} &&\text{(定理 6.2 (2))} \\
&= f(a)^{-n'} &&\text{(指数の定義 2.3)} \\
&= f(a)^n.
\end{aligned}$$
以上 (1),(2),(3) によって，すべての整数について $(*)$ が成り立つことが示された．

問 6.5 $\mathbb{Z}_3$ と $\mathbb{Z}_4$ は同型ではないことを示せ．

(証明) もし，$\mathbb{Z}_3$ と $\mathbb{Z}_4$ が同型であると仮定すると，$\mathbb{Z}_3$ から $\mathbb{Z}_4$ への同型写像が存在する．ゆえに，$\mathbb{Z}_3$ から $\mathbb{Z}_4$ への全単射が存在するので，それらの濃度が一致する．したがって，$3 = |\mathbb{Z}_3| = |\mathbb{Z}_4| = 4$. これは矛盾である．

問 6.6 $f: G \longrightarrow G'$ を準同型写像とするとき，G の任意の元 a について，次を示せ．
$$f(<a>) = <f(a)>.$$

(証明) $\begin{aligned}
x' \in f(<a>) &\iff x' = f(a^r), \exists r \in \mathbb{Z} \\
&\iff x' = f(a)^r, \exists r \in \mathbb{Z} \quad \text{(問 6.4)} \\
&\iff x' \in <f(a)>.
\end{aligned}$
ゆえに，$f(<a>) = <f(a)>$.

問 6.7 準同型写像による巡回群の像は巡回群であることを示せ.

(証明) H が G の巡回部分群とすると,ある G の元 a があって $H = <a>$ と表される.問 6.6 より $f(H) = f(<a>) = <f(a)>$.ゆえに,$f(H)$ は $f(a)$ を生成元とする巡回群である.

問 6.8 位数が等しい巡回群は同型であることを示せ.

(証明) (1) 位数が有限である場合.
(i) 位数が n の巡回群は $\mathbb{Z}_n$ に同型であることを示す.G を位数が n の巡回群とすると,G のある元 a によって $G = <a>$ と表される.このとき,$a^n = e$ であって
$$G = <a> = \{e, a, a^2, \cdots, a^{n-1}\}$$
と表される (定理 3.4* の証明参照). そこで,
$$f : G \longrightarrow \mathbb{Z}_n \quad (\ f(a^i) = \bar{i}\ )$$
なる写像を考える.ここで,定理 3.2 と第 1 章定理 2.8 より,
$$a^i = a^j \Longleftrightarrow i \equiv j \pmod{n} \Longleftrightarrow \bar{i} = \bar{j}$$
が成り立つことに注意しよう.$0 \leq i, j < n$ なる整数に対して,$i+j \equiv k \pmod{n}$ $(0 \leq k < n)$ とおけば,上の注意より $a^{i+j} = a^k$ かつ $\overline{i+j} = \bar{k}$ であるから
$$f(a^i \cdot a^j) = f(a^{i+j}) = f(a^k) = \bar{k}, \quad f(a^i) + f(a^j) = \bar{i} + \bar{j} = \overline{i+j} = \bar{k}.$$
ゆえに,$f(a^i \cdot a^j) = f(a^i) + f(a^j)$ が成り立つ.よって,f は準同型写像である.

次に,$f(a^i) = f(a^j)$ と仮定すると,$\bar{i} = \bar{j}$ である.ゆえに,$a^i = a^j$ となるので,f は単射である.また,$\mathbb{Z}_n$ の任意の元は $\bar{i}$ $(0 \leq i < n)$ と表されるから,$a^i \in G$ なる元を考えれば,$f(a^i) = \bar{i}$ である.よって,f は全射であることがわかる.

以上によって,f は同型写像である.すなわち,$G \simeq \mathbb{Z}_n$ であることがわかった.
(ii) G_1 と G_2 を位数が n の巡回群とする.(i) より $G_1 \simeq \mathbb{Z}_n$, $G_2 \simeq \mathbb{Z}_n$ である.したがって,$G_1 \simeq G_2$ が得られる.

(2) 位数が有限でない場合.
(i) 位数が有限でない無限巡回群は $\mathbb{Z}$ に同型であることを示す.G を無限巡回群とすると,G のある元 a によって $G = <a>$ と表される.このとき,0 でない任意の整数 n に対して a^n は単位元にならないことに注意しよう.すなわち,$a^n = e \Leftrightarrow n = 0$.
このことより,$a^i = a^j$ ならば $i = j$ である.したがって,$f(a^i) = i$ によって定まる写像 $f : G \longrightarrow \mathbb{Z}$ を考えると,
$$f(a^i \cdot a^j) = f(a^{i+j}) = i + j = f(a^i) + f(a^j).$$
ゆえに,$f(a^i \cdot a^j) = f(a^i) + f(a^j)$ が成り立つ.よって,f は準同型写像である.

次に,$f(a^i) = f(a^j)$ と仮定すると,$i = j$ である.ゆえに,$a^i = a^j$ であるから,

f は単射である．また，$\mathbb{Z}$ の任意の元 i は $a^i \in G$ を考えれば，$f(a^i) = i$. よって，f は全射であることがわかる．以上によって，f は同型写像である．すなわち，$G \simeq \mathbb{Z}$ であることがわかった．

(ii) G_1 と G_2 が無限巡回群とする．(i) より $G_1 \simeq \mathbb{Z}, G_2 \simeq \mathbb{Z}$ である．したがって，$G_1 \simeq G_2$ が得られる．

問 6.9 $f: G \to G'$ を群の準同型写像とするとき，次を示せ．
(1) H を G の部分群とするとき，$f(H)$ は G' の部分群である．
(2) H' を G' の部分群とするとき，$f^{-1}(H')$ は G の部分群である．

(証明) e と e' をそれぞれ G と G' の単位元とする．このとき，定理 6.2 より $f(e) = e'$ となっていることに注意する．また，定義より $f^{-1}(H) = \{a \in G \mid f(a) \in H'\}$.

(1) $e \in H$ であるから，$e' = f(e) \in f(H)$. ゆえに，$f(H) \neq \phi$. さて，$a', b' \in f(H)$ とすると，$a' = f(a) \, (\exists a \in H)$, $b' = f(b) \, (\exists b \in H)$ と表される．このとき，
$$a'(b')^{-1} = f(a) \cdot f(b)^{-1} = f(a) \cdot f(b^{-1}) = f(a \cdot b^{-1}).$$
ここで，H は G の部分群であるから，部分群の判定定理 2.1 によって $a \cdot b^{-1} \in H$. よって，$a' \cdot (b')^{-1} = f(a \cdot b^{-1}) \in f(H)$. したがって，再び部分群の判定定理 2.1 によって $f(H)$ は G' の部分群である．

(2) H' は G' の部分群であるから，$e' \in H'$. ゆえに，$f(e) = e' \in H'$. したがって，$e \in f^{-1}(H')$ であるから，$f^{-1}(H') \neq \phi$. さて，$a, b \in f^{-1}(H')$ とすると，$f(a) = a' \, (\exists a' \in H')$, $f(b) = b' \, (\exists b' \in H')$ と表される．このとき，
$$f(ab^{-1}) = f(a) \cdot f(b^{-1}) = f(a) \cdot f(b)^{-1} = a' \cdot (b')^{-1}.$$
ここで，H' は G' の部分群であるから，部分群の判定定理 2.1 によって $a' \cdot (b')^{-1} \in H'$. よって，$f(ab^{-1}) \in H'$. ゆえに，$a \cdot b^{-1} \in f^{-1}(H')$. したがって，再び部分群の判定定理 2.1 によって $f^{-1}(H')$ は G の部分群である．

問 6.10 次の各々において，準同型写像はいくつあるか．
(1) $\mathbb{Z} \longrightarrow \mathbb{Z}$ (全射)   (5) $\mathbb{Z} \longrightarrow \mathbb{Z}_8$ (全射)
(2) $\mathbb{Z} \longrightarrow \mathbb{Z}_2$ (6) $\mathbb{Z}_{12} \longrightarrow \mathbb{Z}_5$ (全射)
(3) $\mathbb{Z} \longrightarrow \mathbb{Z}_2$ (全射)   (7) $\mathbb{Z}_{12} \longrightarrow \mathbb{Z}_6$
(4) $\mathbb{Z} \longrightarrow \mathbb{Z}_8$ (8) $\mathbb{Z}_{12} \longrightarrow \mathbb{Z}_6$ (全射)

(証明) (1) 全射となる準同型写像は 2 個存在する．

$f: \mathbb{Z} \longrightarrow \mathbb{Z}$ を加法群の準同型写像とする．$\mathbb{Z}$ の生成元は 1 と -1 である．ゆえに，$f(\mathbb{Z}) = f(<1>) = <f(1)>$ である (問 6.6). したがって，
$$f \text{ が全射} \iff f(\mathbb{Z}) = \mathbb{Z} \iff <f(1)> = \mathbb{Z} \iff f(1) = 1 \text{ または } -1.$$

(i) $f(1) = 1$ のとき, $f(n) = n$ $(n \in \mathbb{Z})$ となる. すなわち, f は $\mathbb{Z}$ の恒等写像であることを示す.

$n > 0$, $f(n) = f(\overbrace{1 + \cdots + 1}^{n}) = \overbrace{f(1) + \cdots + f(1)}^{n} = nf(1) = n1 = n$.

$n = 0$, $f(0) = 0$.

$n < 0$ のとき, $n' = -n$ とおく. 定理 6.2 に注意すると
$$f(n) = f(-n') = -f(n') = -n' = n.$$

(ii) $f(1) = -1$ のとき $f(n) = -n$ $(n \in \mathbb{Z})$ となることを示す.

$n > 0$, $f(n) = f(\overbrace{1 + \cdots + 1}^{n}) = \overbrace{f(1) + \cdots + f(1)}^{n} = nf(1) = n(-1) = -n$.

$n = 0$, $f(0) = 0$.

$n < 0$ のとき, $n' = -n$ とおく. 定理 6.2 に注意すると
$$f(n) = f(-n') = -f(n') = -(-n') = n' = -n.$$

(2) 準同型写像は 2 個存在する.

$f : \mathbb{Z} \longrightarrow \mathbb{Z}_2 = \{\bar{0}, \bar{1}\}$ とすると, $f(1)$ は $\bar{0}$ か $\bar{1}$ である.

(i) $f(1) = \bar{0}$ のとき, f はゼロ写像である.

(ii) $f(1) = \bar{1}$ のとき, $f(2n) = \bar{0}$, $f(2n+1) = \bar{1}$ なる写像である.

(3) $f : \mathbb{Z} \longrightarrow \mathbb{Z}_2 = \{\bar{0}, \bar{1}\}$ が全射となるのは (2) の (ii) で $f(1) = \bar{1}$ となるもの 1 つだけである.

(4) $\mathbb{Z} \longrightarrow \mathbb{Z}_8$ なる準同型写像は 8 個存在する.

$\mathbb{Z}_8$ の部分群は $<\bar{0}>$, $<\bar{4}>$, $<\bar{2}>$, $<\bar{1}> = \mathbb{Z}_8$ である. $f(\mathbb{Z})$ は $\mathbb{Z}_8$ の部分群であるから (問 6.9 の (1)), 次の 4 つの場合が考えられる.
$$f(\mathbb{Z}) = \mathbb{Z}_8, \ f(\mathbb{Z}) = <2>, \ f(\mathbb{Z}) = <4>, \ f(\mathbb{Z}) = <0>.$$

(i) $f(\mathbb{Z}) = \mathbb{Z}_8$ となる準同型写像の場合. $\mathbb{Z}_8$ の生成元は $\bar{1}, \bar{3}, \bar{5}, \bar{7}$ であるから, $f(1) = \bar{1}, \bar{3}, \bar{5}, \bar{7}$ を満たす 4 つの写像が考えられる.

(ii) $f(\mathbb{Z}) = <\bar{2}>$ となる準同型写像の場合. $<\bar{2}> = \{\bar{0}, \bar{2}, \bar{4}, \bar{6}\}$ の生成元は $\bar{2}, \bar{6}$ であるから, $f(1) = \bar{2}, \bar{6}$ を満たす 2 つの写像がある.

(iii) $f(\mathbb{Z}) = <\bar{4}>$ となる準同型写像の場合. $<\bar{4}> = \{\bar{0}, \bar{4}\}$ の生成元は $\bar{4}$ であるから, $f(1) = \bar{4}$ を満たす唯 1 つの写像がある.

(iv) $f(\mathbb{Z}) = <\bar{0}>$ となる準同型写像の場合. $<\bar{0}> = \{\bar{0}\}$ の生成元は $\bar{0}$ であるから, $f(1) = \bar{0}$ の唯 1 つの写像がある.

(5) $\mathbb{Z} \longrightarrow \mathbb{Z}_8$ (全射) なる準同型写像は上の (4) の (i) に相当するものであるから, 4 つ存在する.

(6) $f : \mathbb{Z}_{12} \longrightarrow \mathbb{Z}_5$ (全射) なる準同型写像 f が存在したと仮定すると, 準同型定理 6.5 より $\mathbb{Z}_{12}/\ker f \simeq \mathbb{Z}_5$ である. ゆえに

$$5 = |\mathbb{Z}_5| = |\mathbb{Z}_{12}/\ker f| = |\mathbb{Z}_{12}|/|\ker f| = 12/|\ker f|.$$

これより，5 が 12 の約数となり矛盾である．よって，全射 f は存在しない．

(7) $\mathbb{Z}_{12} \longrightarrow \mathbb{Z}_6$ なる準同型写像は全部で 6 つある．

$f : \mathbb{Z}_{12} \longrightarrow \mathbb{Z}_6 = \{\bar{0}, \bar{1}, \bar{2}, \bar{3}, \bar{4}, \bar{5}\}$ とする．$\mathbb{Z}_6$ の部分群は $<\bar{0}>$, $<\bar{2}>$, $<\bar{3}>$, $<\bar{1}> = \mathbb{Z}_6$ である．$f(\mathbb{Z}_{12})$ は $\mathbb{Z}_6$ の部分群であるから，次の 4 つの場合が考えられる．

$$f(\mathbb{Z}_{12}) = \mathbb{Z}_6, \ f(\mathbb{Z}_{12}) = <\bar{2}>, \ f(\mathbb{Z}_{12}) = <\bar{3}>, \ f(\mathbb{Z}_{12}) = <\bar{0}>.$$

(i) $f(\mathbb{Z}_{12}) = \mathbb{Z}_6$ となる準同型写像の場合：$\mathbb{Z}_6$ の生成元は $\bar{1}, \bar{5}$ であるから，$f(\bar{1}) = \bar{1}, \bar{5}$ を満たす 2 つの写像がある．

(ii) $f(\mathbb{Z}_{12}) = <\bar{2}>$ となる準同型写像の場合：$<\bar{2}> = \{\bar{0}, \bar{2}, \bar{4}\}$ の生成元は $\bar{2}, \bar{4}$ であるから，$f(\bar{1}) = \bar{2}, \bar{4}$ を満たす 2 つの写像がある．

(iii) $f(\mathbb{Z}_{12}) = <\bar{3}>$ となる準同型写像の場合：$<\bar{3}> = \{\bar{0}, \bar{3}\}$ の生成元は $\bar{3}$ であるから，$f(\bar{1}) = \bar{3}$ を満たす唯 1 つの写像がある．

(iv) $f(\mathbb{Z}_{12}) = <\bar{0}>$ となる準同型写像の場合：$<\bar{0}> = \{\bar{0}\}$ の生成元は $\bar{0}$ であるから，$f(\bar{1}) = \bar{0}$．すなわち，ゼロ写像唯 1 つである．

以上より $\mathbb{Z}_{12} \longrightarrow \mathbb{Z}_6$ なる準同型写像は全部で 6 つある．

(8) $\mathbb{Z}_{12} \longrightarrow \mathbb{Z}_6$ (全射) なる準同型写像は上の (7) の (i) に相当するものであるから，2 つ存在する．

問 6.11 加法群 $\mathbb{Z}_n$ から加法群 $\mathbb{Z}$ への準同型写像はゼロ写像しかないことを示せ．

(証明) $\mathbb{Z}_n$ は有限巡回群であるから，その準同型像 $f(\mathbb{Z}_n)$ も有限巡回群である (問 6.7)．ところが，巡回群 $\mathbb{Z}$ の部分群はすべて巡回群で，$<m> = m\mathbb{Z}$ $(m \in \mathbb{Z})$ という形をしている (定理 3.3)．それらは $<0>$ を除いて，すべて無限群である．よって，$f(\mathbb{Z}_n) = <0>$ でなければならない．このことは，写像 f がゼロ写像であることを意味している．

問 6.12 $\pi : G \longrightarrow G/H$ を自然な準同型写像とし，A を剰余群 G/H の部分群とするとき，$A = \pi^{-1}(A)/H$ が成り立つことを示せ．

(解答) 原テキストの §5「剰余群の部分群について」というところで，$K = \{a \in G \mid \pi(a) \in A\} = \pi^{-1}(A)$ とおけば，K は H を含んでいる G の部分群であり，$A = K/H$ と表されることを示した．

問 6.13 例 6.5 と例 6.6 について，定理 6.5 (準同型定理) を適用せよ．

(解答) (1) 例 6.5 について定理 6.5 を適用する．
$$f : \mathbb{R}^* \longrightarrow \mathbb{R}^+ \quad (f(x) = |x|)$$

f は乗法群 $\mathbb{R}^*$ から乗法群 $\mathbb{R}^+$ への全準同型写像である．容易にわかるように，$\ker f = \{1, -1\}$ である (例 6.8 (2)*)．簡単のため，$K = \ker f$ とおく．$\mathbb{R}^*/K$ の元は一般に $a \in \mathbb{R}^+$ によって $aK = \{a, -a\}$ で表される．準同型定理を適用すると，次の同型写像がある．

$$\mathbb{R}^*/K \longrightarrow \mathbb{R}^+$$
$$aK \longmapsto \bar{f}(aK) = f(a) = |a|$$

剰余群の演算の定義によって，$aK \cdot bK = abK$ であるから

$$\bar{f}(aK \cdot bK) = \bar{f}(abK) = f(ab) = |ab| = |a| \cdot |b| = \bar{f}(aK) \cdot \bar{f}(bK).$$

(2) 例 6.6 について定理 6.5 を適用する．

$$f : \mathbb{R} \longrightarrow E \quad (f(\theta) = e^{i\theta} = \cos\theta + i\sin\theta).$$

f は実数全体のつくる加法群 $\mathbb{R}$ から絶対値 1 の複素数のつくる乗法群 E への準同型写像である．容易にわかるように (例 6.8 (3)*)，$\ker f = 2\pi\mathbb{Z}$ である．簡単のため，$K = \ker f = 2\pi\mathbb{Z}$ とおく．$\mathbb{R}/K$ の元は一般に $\theta \in \mathbb{R}$ $(0 \leq \theta < 2\pi)$ なる数 θ によって，$\theta + K = \theta + 2\pi\mathbb{Z}$ と表される．準同型定理を適用すると，次の同型写像がある．

$$\mathbb{R}/K \longrightarrow E$$
$$\theta + K \longmapsto f(\theta + K) = \cos\theta + i\sin\theta$$
$$\begin{aligned}\bar{f}((\theta_1 + K) + (\theta_2 + K)) &= \bar{f}((\theta_1 + \theta_2) + K) \\ &= f(\theta_1 + \theta_2) \\ &= f(\theta_1) + f(\theta_2) \\ &= \bar{f}(\theta_1 + K) + \bar{f}(\theta_2 + K).\end{aligned}$$

$\bar{f}$ は区間 $[0, 2\pi)$ から半径 1 の円周上の点全体 E への全単射となっている．

問 6.14 $f : G \longrightarrow G'$ を準同型写像で $K = \ker f$ とする．$a \in G$ について，$f(a) = a' \in G'$ とするとき，$f^{-1}(a') = aK$ であることを示せ．

(証明) $\begin{aligned}x \in f^{-1}(a') &\Longleftrightarrow f(x) = a' \Longleftrightarrow f(x) = f(a) \\ &\Longleftrightarrow f(a)^{-1}f(x) = f(a)^{-1}f(a) \Longleftrightarrow f(a^{-1})f(x) = e' \\ &\Longleftrightarrow f(a^{-1} \cdot x) = e' \Longleftrightarrow a^{-1} \cdot x \in \ker f = K \\ &\Longleftrightarrow a^{-1} \cdot x \in K \Longleftrightarrow x \in aK.\end{aligned}$

$\therefore \quad f^{-1}(a') = aK$．

問 6.15 2 次元数ベクトル空間 $\mathbb{R}^2$ の基底 S を考えて，標準基底から S への基底変換行列を P とする．このとき，$\psi(A) = P^{-1}AP$ によって $GL_2(\mathbb{R})$ から $GL_2(\mathbb{R})$ への写像を定義すると，これは特殊線形群 $SL_2(\mathbb{R})$ の自己同型写像を引き起こすことを示せ．

(証明) $\psi(AB) = P^{-1}AP = (P^{-1}AP)(P^{-1}BP) = \psi(A)\psi(B)$．
ゆえに，ψ は $GL_2(\mathbb{R})$ の内部自己同型写像である (例 6.4)．ψ を $SL_2(\mathbb{R})$ に制

限したときに,$SL_2(\mathbb{R})$ から $SL_2(\mathbb{R})$ への同型写像になることを示す.はじめに,$A \in SL_2(\mathbb{R})$ ならば $\psi(A) \in SL_2(\mathbb{R})$ である.
$$\because \quad |\psi(A)| = |P^{-1}AP| = |P^{-1}| \cdot |A| \cdot |P| = |P|^{-1} \cdot |P| = 1.$$
次に,全射であることを示す.$A \in SL_2(\mathbb{R})$ に対して,PAP^{-1} なる行列を考えると,
$$|PAP^{-1}| = |P||A||P^{-1}| = |A| = 1.$$
ゆえに,$PAP^{-1} \in SL_2(\mathbb{R})$.このとき,
$$\psi(PAP^{-1}) = P^{-1}PAP^{-1}P = EAE = A.$$
よって,ψ は全射である.ψ は $GL_2(\mathbb{R})$ の自己同型写像であったから単射である.したがって,ψ は $SL_2(\mathbb{R})$ の自己同型写像である.

問 6.16 例 6.13*, 6.14*, 6.15* における写像が準同型写像であることを確かめよ.
(1) 例 6.13* $x > 0$ のとき $f(x) = 1$,$x < 0$ のとき $f(x) = -1$ によって定義される写像は,0 でない実数のつくる乗法群 $\mathbb{R}^*$ から乗法群 $\{1, -1\}$ への全準同型写像である.
(2) 例 6.14* 0 でない有理式 $f(X)/g(X)$ に $f(X)$ の次数から $g(X)$ の次数を引いた差を対応させることにより,乗法群 $K(X)^*$ から加法群 $\mathbb{Z}$ への全準同型写像が得られる (3章 §4 参照).
(3) 例 6.15* 複素数にその偏角を対応させると,0 でない複素数のつくる乗法群 $\mathbb{C}^*$ から加法群 $\mathbb{R}$ の剰余群 $\mathbb{R}/2\pi\mathbb{Z}$ への全準同型写像が得られる.

(証明) (1) $f(1) = 1$,$f(-1) = -1$ であるから,$f : \mathbb{R}^* \longrightarrow \{1, -1\}$ は全射である.

以下,f が準同型写像であることを場合に分けて示す.
(i) $x, y > 0$ のとき:$f(x) = 1$,$f(y) = 1$,また,$xy > 0$ であるから,$f(xy) = 1$.
$$\therefore \quad f(xy) = 1 = 1 \cdot 1 = f(x)f(y).$$
(ii) $x > 0$,$y < 0$ のとき:$f(x) = 1$,$f(y) = -1$,また,$xy < 0$ であるから $f(xy) = -1$.
$$\therefore \quad f(xy) = -1 = 1 \cdot -1 = f(x)f(y).$$
$x < 0$,$y > 0$ のときも同様である.
(iii) $x < 0$,$y < 0$ のとき:$f(x) = -1$,$f(y) = -1$,また,$xy > 0$ であるから,$f(xy) = 1$.
$$\therefore \quad f(xy) = 1 = -1 \cdot -1 = f(x)f(y).$$
以上 (i), (ii), (iii) によって,$\mathbb{R}^*$ の任意の実数 x, y に対して $f(xy) = f(x)f(y)$ であることが示された.

(2) $f(X)/g(X) \in K(X)^*$ に対して，$\deg f(X) - \deg g(X)$ を対応させる写像を φ とする．ただし，$\deg f(X)$ は多項式 $f(X)$ の次数を表すものとする．
$$\varphi: K(X)^* \longrightarrow \mathbb{Z}, \quad \varphi\bigl(f(X)/g(X)\bigr) = \deg f(X) - \deg g(X).$$
(i) φ は全射であることを確かめる．

$n > 0$ $(n \in \mathbb{Z})$ のとき，$\exists X^n \in K[X]^*, \varphi(X^n) = n$，また $n = 0$ のとき，$\exists 1 \in K(X)^*, \varphi(1) = 0$．

$n < 0$ $(n \in \mathbb{Z})$ のとき，$n = -n'$ とおき，$X^n = X^{-n'} = 1/X^{n'} \in K(X)^*$ を考える．このとき，$\varphi(1/X^{n'}) = \varphi(1) - \varphi(X^{n'}) = 0 - n' = n$．

(ii) φ が準同型写像であることを示す．
$$\begin{aligned}\varphi\left(\frac{f_1(X)}{g_1(X)} \cdot \frac{f_2(X)}{g_2(X)}\right) &= \varphi\left(\frac{f_1(X)f_2(X)}{g_1(X)g_2(X)}\right) \\ &= \deg f_1(X)f_2(X) - \deg g_1(X)g_2(X) \\ &= \deg f_1(X) + \deg f_2(X) - \bigl(\deg g_1(X) + \deg g_2(X)\bigr) \\ &= \deg f_1(X) - \deg g_1(X) + \deg f_2(X) - \deg g_2(X) \\ &= \varphi\left(\frac{f_1(X)}{g_1(X)}\right) + \varphi\left(\frac{f_2(X)}{g_2(X)}\right).\end{aligned}$$

(3) $2\pi\mathbb{Z}$ は実数のつくる加法群 $\mathbb{R}$ の部分群である．$2\pi\mathbb{Z}$ による剰余群 $\mathbb{R}/2\pi\mathbb{Z}$ の任意の元は $\bar{\theta} = \theta + 2\pi\mathbb{Z} \in \mathbb{R}/2\pi\mathbb{Z}$ $(0 \leq \theta < 2\pi, \theta \in \mathbb{R})$ と表される．また，複素数 z は極形式で表示すると $z = re^{i\theta}$ $(r, \theta \in \mathbb{R}, r \geq 0)$ と表される．ここで，r と θ はそれぞれ複素数 z の絶対値 $r = |z|$ および偏角 $\theta = \mathrm{Arg}\, z$ である．

複素数 z が上のように極形式で表示されているとき，z に対してその偏角 θ を対応させる写像 $\varphi: \mathbb{C}^* \longrightarrow \mathbb{R}/2\pi\mathbb{Z}$ を考える．すなわち，$\varphi(z) = \varphi(re^{i\theta}) = \theta + 2\pi\mathbb{Z}$．

(i) φ は全射である：剰余群 $\mathbb{R}/2\pi\mathbb{Z}$ の任意の元は $\theta + 2\pi\mathbb{Z}$ $(0 \leq \theta < 2\pi)$ と表される．このとき，$e^{i\theta} \in \mathbb{C}^*$ を考えれば，$\varphi(e^{i\theta}) = \theta + 2\pi\mathbb{Z}$ であるから φ は全射である．

(ii) φ は準同型写像である：$z_1 = r_1 e^{i\theta_1}$, $z_2 = r_2 e^{i\theta_2}$ とすると $z_1 z_2 = r_1 r_2 e^{i(\theta_1 + \theta_2)}$ である．したがって，
$$\varphi(z_1 z_2) = \theta_1 + \theta_2 + 2\pi\mathbb{Z} = (\theta_1 + 2\pi\mathbb{Z}) + (\theta_2 + 2\pi\mathbb{Z}) = \varphi(z_1) + \varphi(z_2).$$

第2章 §6 演 習 問 題

1. 自然数 m, n について $(m, n) = 1$ であるとき，加法群 $\mathbb{Z}_m$ から加法群 $\mathbb{Z}_n$ への準同型写像はゼロ写像しかないことを示せ．

(証明) 群 $\mathbb{Z}_m$ の準同型像 $f(\mathbb{Z}_m)$ は $\mathbb{Z}_n$ の部分群である．定理 4.4 の系 1 より $f(\mathbb{Z}_m)$ の位数は $\mathbb{Z}_n$ の位数 n の約数である．また，準同型定理 6.5 より $\mathbb{Z}_m/\ker f \simeq$

$f(\mathbb{Z}_m)$ である．ゆえに，$|f(\mathbb{Z}_m)| = |\mathbb{Z}_m/\ker f| = |\mathbb{Z}_m|/|\ker f|$ である．したがって，$f(\mathbb{Z}_m)$ の位数は $\mathbb{Z}_m$ の位数 m の約数である．仮定より，$(m,n) = 1$ であるから $|f(\mathbb{Z}_m)| = 1$ でなければならない．これは $f(\mathbb{Z}_m) = \{\bar{0}\}$ を意味している．

2. 次のそれぞれにおいて，準同型写像はいくつあるか．
(1) $\mathbb{Z}_{12} \longrightarrow \mathbb{Z}_{14}$，　　(2) $\mathbb{Z}_{12} \longrightarrow \mathbb{Z}_{16}$．

(証明) (1) $\mathbb{Z}_{14}$ の部分群は $\mathbb{Z}_{14}, <\bar{2}>, <\bar{7}>, <\bar{0}>$ の 4 つである (§4 演習問題 12)．$f(\mathbb{Z}_{12})$ は $\mathbb{Z}_{14}$ の部分群であるから，次の 4 通りの場合が考えられる．
$$f(\mathbb{Z}_{12}) = \mathbb{Z}_{14}, \ f(\mathbb{Z}_{12}) = <\bar{2}>, \ f(\mathbb{Z}_{12}) = <\bar{7}>, \ f(\mathbb{Z}_{12}) = <\bar{0}>.$$

(i) $f(\mathbb{Z}_{12}) = \mathbb{Z}_{14}$：このような準同型写像 f が存在したと仮定すると，準同型定理 6.5 より $\mathbb{Z}_{12}/\ker f \simeq \mathbb{Z}_{14}$ である．ゆえに，$14 = |\mathbb{Z}_{14}| = |\mathbb{Z}_{12}/\ker f| = |\mathbb{Z}_{12}|/|\ker f| = 12/|\ker f|$．これより，14 が 12 の約数となり矛盾である．よって全射 f は存在しない．

(ii) $f(\mathbb{Z}_{12}) = <\bar{2}>$：定理 3.6 より $|<\bar{2}>| = 14/(2,14) = 7$．よって，$<\bar{2}>$ は位数 7 の部分群である．このとき，準同型定理 6.5 より $\mathbb{Z}_{12}/\ker f \simeq <\bar{2}>$ である．ゆえに，$7 = |<\bar{2}>| = |\mathbb{Z}_{12}/\ker f| = |\mathbb{Z}_{12}|/|\ker f| = 12/|\ker f|$．これより，7 が 12 の約数となり矛盾である．よって，このような準同型写像 f は存在しない．

(iii) $f(\mathbb{Z}_{12}) = <\bar{7}>$：$<\bar{7}> = \{\bar{0}, \bar{7}\}$ であるから $<\bar{7}>$ は位数 2 の部分群である．このとき，準同型定理 6.5 より $\mathbb{Z}_{12}/\ker f \simeq <\bar{7}>$ である．ゆえに，
$$2 = |<\bar{7}>| = |\mathbb{Z}_{12}/\ker f| = |\mathbb{Z}_{12}|/|\ker f| = 12/|\ker f|.$$
2 は 12 の約数であるから矛盾はしない．したがって，$f(\mathbb{Z}_{12}) = <\bar{7}>$ を満たす準同型写像は $f(\bar{1}) = \bar{7}$ によって定まる写像唯 1 つである．

(iv) $f(\mathbb{Z}_{12}) = <\bar{0}>$：この場合は $f(\bar{1}) = \bar{0}$ によって定まる写像唯 1 つである．

以上によって，$\mathbb{Z}_{12} \longrightarrow \mathbb{Z}_{14}$ なる準同型写像は全部で 2 つである．

(2) $f : \mathbb{Z}_{12} \longrightarrow \mathbb{Z}_{16}$ を準同型写像とする．このとき，準同型定理 6.5 より $G = \mathbb{Z}_{12}$ とおくと $G/\ker f \simeq f(G)$ である．ゆえに，
$$|f(G)| = |G/\ker f| = |G|/|\ker f| = 12/|\ker f|.$$
$f(G)$ は $\mathbb{Z}_{16}$ の部分群であるから，$\mathbb{Z}_{16}$ の部分群で，その位数が 12 の約数になるものを考えればよい．それらは位数が 1, 2 または 4 の部分群である．すなわち，$<\bar{0}>, <\bar{4}>, <\bar{8}>$ である．

(i) $<\bar{4}> = \{\bar{0}, \bar{4}, \bar{8}, \bar{12}\}$ で $<\bar{4}>$ の生成元は 4, 12 である．このときの準同型写像 $f : \mathbb{Z}_{12} \longrightarrow <\bar{4}>$ は 2 個である．

(ii) $<\bar{8}> = \{\bar{0}, \bar{8}\}$ で $<\bar{4}>$ の生成元は 8 である．このときの準同型写像 $f : \mathbb{Z}_{12} \longrightarrow <\bar{8}>$ は 1 個である．

(iii) $f : \mathbb{Z}_{12} \longrightarrow <\bar{0}>$ は 1 個である．

以上によって，$\mathbb{Z}_{12} \longrightarrow \mathbb{Z}_{16}$ なる準同型写像は全部で 4 つである．

3. $f: G \longrightarrow G'$ を群の準同型写像とし，H を群 G の部分群とする．f の核を $K = \ker f$ とおくとき，$f^{-1}f(H) = HK$ であることを示せ．

(証明) $a \in f^{-1}f(H)$
$$\iff f(a) \in f(H) \iff f(a) = f(b), \exists b \in H$$
$$\iff f(b)^{-1}f(a) = e', \exists b \in H \iff f(b^{-1})f(a) = e', \exists b \in H$$
$$\iff f(b^{-1} \cdot a) = e', \exists b \in H \iff b^{-1} \cdot a \in \ker f = K, \exists b \in H$$
$$\iff a \in bK, \exists b \in H \iff a \in HK.$$

(注意) 定理 6.3 より，$K = \ker f$ は正規部分群であるから，$HK = KH$ であることに注意しよう (問 5.4)．

4. f と g を群 G から群 G' への準同型写像とし，S を G の生成元の集合とする．このとき，S の任意の元 a に対して，$f(a) = g(a)$ が成り立つならば，準同型写像 f と g は等しいことを示せ．

(証明) 写像 f と g が等しいということは，定義域 G のすべての元 x に対して，その値が等しいということである．よって，$f(x) = g(x)$ $(\forall x \in G)$ を示せばよい．

x を G の任意の元とすると，
$$x = a_1^{\alpha_1} a_2^{\alpha_2} \cdots a_n^{\alpha_n} \quad (a_i \in S, \alpha_i \in \mathbb{Z}, n \in \mathbb{N})$$
と表される (定理 3.5 参照)．このとき，
$$f(x) = f(a_1^{\alpha_1} \cdots a_n^{\alpha_n}) = f(a_1^{\alpha_1}) \cdots f(a_n^{\alpha_n})$$
$$= f(a_1)^{\alpha_1} \cdots f(a_n)^{\alpha_n} = g(a_1)^{\alpha_1} \cdots g(a_n)^{\alpha_n}$$
$$= g(a_1^{\alpha_1}) \cdots g(a_n^{\alpha_n}) = g(a_1^{\alpha_1} \cdots a_n^{\alpha_n}) = g(x).$$
$$\therefore \quad f(x) = g(x).$$

5. 加法群 $\mathbb{Z}$ の自己同型群 $A(\mathbb{Z})$ はどのような群か．

(解答) 整数全体のつくる加法群 $\mathbb{Z}$ は巡回群で，その生成元は 1 と -1 である．すなわち，$\mathbb{Z} = <1> = <-1>$ ．今，$f \in A(\mathbb{Z})$ とすると，f は全射であるから $f(\mathbb{Z}) = \mathbb{Z}$ であり，また f は準同型写像であるから，
$$\mathbb{Z} = f(\mathbb{Z}) = f(<1>) = <f(1)> \quad (問\ 6.6).$$
よって，$<f(1)> = \mathbb{Z}$ であるから，$f(1)$ は $\mathbb{Z}$ の生成元である．したがって，$f(1) = 1$ または $f(1) = -1$ である．問 6.4 より，$n \in \mathbb{Z}$ に対して $f(n1) = nf(1)$ であることに注意する．

(1) $f(1) = 1$ によって決まる準同型写像を f_0 とする．
$$f_0(n) = f_0(n1) = nf_0(1) = n1 = n.$$
ゆえに，このとき f_0 は恒等写像 $1_\mathbb{Z}$ である．

(2) $f(1) = -1$ によって決まる準同型写像を f_1 とする.
$$f_1(n) = f_1(n1) = nf_1(1) = n(-1) = -n.$$
自己同型群 $A(\mathbb{Z})$ の演算は写像の積であったから,
$$f_1 \circ f_1(n) = f_1(f_1(n)) = f_1(-n) = -f_1(n) = -(-n) = n.$$
ゆえに, $f_1^2 = 1_\mathbb{Z}$. 以上より, $A(\mathbb{Z}) = \{f_0 = 1_\mathbb{Z}, f_1\}$. したがって, $A(\mathbb{Z}) \simeq \mathbb{Z}_2$.

6. 加法群 $\mathbb{Q}$ の自己同型群 $A(\mathbb{Q})$ はどのような群か.

(解答) $f \in A(\mathbb{Q})$ とする.
(1) 問 6.4 より, 任意の整数 n に対して, $f(n) = nf(1)$ が成り立つ.
$$\therefore \quad f(n) = f(n1) = nf(1)$$
(2) 任意の有理数 $x \in \mathbb{Q}$ に対して, $f(x) = xf(1)$ が成り立つことを示す.
はじめに, $m \in \mathbb{N}$ に対して $f\left(\dfrac{1}{m}\right) = \dfrac{1}{m}f(1)$ であることが次のようにしてわかる.
$$f(1) = f\left(\overbrace{\frac{1}{m} + \cdots + \frac{1}{m}}^{m}\right) = mf\left(\frac{1}{m}\right).$$
$$\therefore \quad f\left(\frac{1}{m}\right) = \frac{1}{m}f(1).$$
これらの結果を使えば, $m, n \in \mathbb{N}$ に対して
$$f\left(\frac{n}{m}\right) = f\left(\overbrace{\frac{1}{m} + \cdots + \frac{1}{m}}^{n}\right) = nf\left(\frac{1}{m}\right) = n \cdot \frac{1}{m}f(1) = \frac{n}{m}f(1),$$
$$f\left(-\frac{n}{m}\right) = -f\left(\frac{n}{m}\right) = -\frac{n}{m}f(1).$$
以上によって, $f(x) = xf(1)$ が示された. したがって, $\mathbb{Q}$ の自己同型写像 f は $f(1)$ によって完全に決定される. $A(\mathbb{Q})$ の演算は $f, g \in A(Q)$ に対して, 写像の合成 $f \circ g(x) = f(g(x))$ によって定義されている. 単位元は恒等写像 $1_\mathbb{Q}$ で, $f(\in A(\mathbb{Q}))$ の逆元は, f の逆写像である.
(3) 次に自己同型群 $A(\mathbb{Q})$ から乗法群 $\mathbb{Q}^*$ への写像
$$\Phi : A(\mathbb{Q}) \longrightarrow \mathbb{Q}^* \quad (f \longmapsto f(1) = \Phi(f))$$
を考える. $f, g \in A(Q)$ とする.
(i) Φ が準同型写像であることを示す: $f(1) \in \mathbb{Q}$ であることに注意して,
$$\Phi(g \circ f) = (g \circ f)(1) = g(f(1)) = f(1) \cdot g(1) = g(1) \cdot f(1) = \Phi(g)\Phi(f).$$
(ii) Φ が単射であることを示す: $f \in \ker \Phi$ とすると, $\Phi(f) = 1$. ゆえに, $f(1) = 1$. ここで, (2) より $f(1) = 1$ によって定まる $\mathbb{Q}$ から $\mathbb{Q}$ への同型写像 f は恒等写像

$1_\mathbb{Q}$ であることがわかる.ゆえに,$\ker \Phi = \{1_\mathbb{Q}\}$.よって,定理 6.4 より Φ は単射である.

(iii) Φ が全射であることを示す:a を 0 でない有理数とする.このとき,$f_a(x) = ax$ によって,$\mathbb{Q}$ から $\mathbb{Q}$ への写像を定義する.f_a は加法群 $\mathbb{Q}$ から加法群 $\mathbb{Q}$ への準同型写像である.何故ならば,
$$f_a(x+y) = a(x+y) = ax + ay = f_a(x) + f_a(y).$$
一方,$x \in \ker f_a \iff f_a(x) = 0 \iff ax = 0 \iff x = 0$ であるから $\ker f_a = \{0\}$.したがって,f_a が単射であることは定理 6.4 より得られる.f_a が全射であることを調べる.$\mathbb{Q}$ の元を y とする.$y = 0$ のとき,$f_a(0) = 0$ であるから 0 が 0 の原像である.$y \neq 0$ のとき,$y/a \in \mathbb{Q}$ を考えると $f_a(y/a) = a(y/a) = y$.ゆえに,y/a が y の f_a による原像である.以上によって,f_a は加法群 $\mathbb{Q}$ から加法群 $\mathbb{Q}$ への同型写像であることがわかった.ゆえに,$f_a \in A(\mathbb{Q})$.

さらに,$\Phi(f_a) = f_a(1) = a \cdot 1 = a$.したがって,$\Phi$ は全射であるから同型写像である.すなわち,自己同型群 $A(\mathbb{Q})$ は 0 でない有理数のつくる乗法群 $\mathbb{Q}^*$ に同型である.

7. 位数 8 の巡回群 G の自己同型群 $A(G)$ を決定せよ.

(証明) $G = <a>$ $(a \in G)$ とする.$f : G \longrightarrow G$ を自己同型写像とすると,
$$f(a^m) = f(a)^m \quad (m \in \mathbb{Z})$$
であるから (問 6.4),f は元 a の行く先が決まれば,その値 $f(a)$ によって完全に決定される.したがって,自己同型写像 f と $f(a)$ は 1 対 1 に対応している.

次に,$f : $ 全単射 $\iff f(G) = G$ が成り立つ.

($\Longrightarrow$):f は全射であるから,定義より $f(G) = G$.

($\Longleftarrow$):G は有限集合であるから,$f(G) = G$ であれば,f が単射であることは容易にわかる.すると,$G = <a>$ $(a \in G)$ のとき,$f(G) = <f(a)>$ であるから,
$$f : 同型写像 \iff f(G) = G \iff <f(a)> = G \iff f(a) は G の生成元.$$
そこで,G の生成元を調べる.巡回群 G の構成要素をすべて書き出すと $G = \{e, a, a^2, a^3, a^4, a^5, a^6, a^7\}$.このとき,定理 3.6 系 2 によって,
$$a^i が G の生成元 \iff (8, i) = 1 \iff i = 1, 3, 5, 7.$$
よって,G の生成元となるものは $\{a, a^3, a^5, a^7\}$ である.

(1) $f_1(a) = a$ のとき,$f_1(a^i) = f_1(a)^i = a^i$ であるから,f_1 は恒等写像である.

(2) $f_2(a) = a^3$ となるときを調べる.

$$f_2(a^2) = f_2(a)^2 = (a^3)^2 = a^6,$$
$$f_2(a^3) = f_2(a)^3 = (a^3)^3 = a^9 = a,$$
$$f_2(a^4) = f_2(a)^4 = (a^3)^4 = a^{12} = a^4,$$
$$f_2(a^5) = f_2(a)^5 = (a^3)^5 = a^{15} = a^7,$$
$$f_2(a^6) = f_2(a)^6 = (a^3)^6 = a^{18} = a^2,$$
$$f_2(a^7) = f_2(a)^7 = (a^3)^7 = a^{21} = a^5,$$
$$f_2(a^8) = f_2(e) = e'.$$
$$\therefore \quad f_2 = \begin{pmatrix} 1 & 2 & 3 & 4 & 5 & 6 & 7 & 8 \\ 3 & 6 & 1 & 4 & 7 & 2 & 5 & 8 \end{pmatrix} = (1\ 3)(2\ 6)(5\ 7).$$

(3) $f_2(a) = a^5$ となるときを調べる.
$$f_3(a^2) = a^{10} = a^2, \qquad f_3(a^5) = a^{25} = a,$$
$$f_3(a^3) = a^{15} = a^7, \qquad f_3(a^6) = a^{30} = a^6,$$
$$f_3(a^4) = a^{20} = a^4, \qquad f_3(a^7) = a^{35} = a^3,$$
$$f_3(a^8) = f_3(e) = e'.$$
$$\therefore \quad f_3 = \begin{pmatrix} 1 & 2 & 3 & 4 & 5 & 6 & 7 & 8 \\ 5 & 2 & 7 & 4 & 1 & 6 & 3 & 8 \end{pmatrix} = (1\ 5)(3\ 7).$$

(4) $f_2(a) = a^7$ となるときを調べる.
$$f_4(a^2) = a^{14} = a^6, \qquad f_4(a^5) = a^{35} = a^3,$$
$$f_4(a^3) = a^{21} = a^5, \qquad f_4(a^6) = a^{42} = a^2,$$
$$f_4(a^4) = a^{28} = a^4, \qquad f_4(a^7) = a^{49} = a,$$
$$f_4(a^8) = f_4(e) = e'.$$
$$\therefore \quad f_4 = \begin{pmatrix} 1 & 2 & 3 & 4 & 5 & 6 & 7 & 8 \\ 7 & 6 & 5 & 4 & 3 & 2 & 1 & 8 \end{pmatrix} = (1\ 7)(2\ 6)(3\ 5).$$

以上 (1),(2),(3),(4) より $A(G) = \{1 = f_1,\ f_2,\ f_3,\ f_4\}$. 群の位数が 4 で各元の位数は単位元を除くと 2 であるから, $A(G)$ はクラインの 4 元群である.

---

8. G を位数 n の有限巡回群とする. G の自己同型群 $A(G)$ は位数 $\varphi(n)$ の可換群であることを示せ. ただし, φ はオイラーの関数を表す.

(証明) $G = <a>$ $(a \in G)$ とおけば, $|G| = |a| = n$ (定理 3.4).

(1) $f: G \longrightarrow G$ を自己同型写像とすると, $f(a^m) = f(a)^m$ $(m \in \mathbb{Z})$ であるから (問 6.4), f は元 a の行く先が決まれば, その値 $f(a)$ によって完全に決定される. したがって, 自己同型写像 f と $f(a)$ は 1 対 1 に対応している.

演習問題 7 で調べたように「f: 同型写像 $\iff f(a)$ は G の生成元」である. 定理 3.6 の系 2 によって, 「a^i: 生成元 $\iff (n,i) = 1$」である. このような $i\ (0 \leq i < n)$

は全部で $\varphi(n)$ 個である．それらを $\{i_1 = 1, i_2, \cdots, i_{\varphi(n)}\}$ とする．$f(a) = a^{i_k}$ によって定まる自己同型写像を f_k で表せば $A(G) = \{f_1 = 1_G, f_2, \cdots, f_{\varphi(n)}\}$．

(2) $A(G)$ は可換群であることを示す．

f, g を G の自己同型写像とする．このとき，上の考察によって f, g はそれぞれ
$$f(a) = a^r, \ (r, n) = 1 \ \text{また} \ g(a) = a^s, \ (s, n) = 1$$
のように表される．そこで，$g \circ f = f \circ g$ であることを示す．
$$g \circ f(a) = g(f(a)) = g(a^r) = g(a)^r = (a^s)^r = a^{rs}.$$
ゆえに，$g \circ f(a) = a^{rs}$．同様にして，$f \circ g(a) = a^{rs}$ が成り立つので，$g \circ f(a) = f \circ g(a)$ である．a は G の生成元であるから，写像として $g \circ f = f \circ g$ が示された (演習問題 4 参照).

9. 可換群 G に対して，$G^{(k)} = \{a^k \mid a \in G\}$, $G_{(k)} = \{a \mid a^k = e, a \in G\}$ とする (§2 演習問題 2, 3 参照)．このとき，$G_{(k)}$ は G の正規部分群で $G/G_{(k)} \simeq G^{(k)}$ であることを示せ．

(証明) $f : G \longrightarrow G^{(k)} \quad (a \longmapsto a^k = f(a))$.
なる写像 f を考える．f は全射である．このとき，f は群 G から G の部分群 $G^{(k)}$ への全準同型写像であることが次のようにしてわかる．G の元 a, b について，
$$f(ab) = (ab)^k = a^k b^k = f(a)f(b) \ (\text{定理 2.7}).$$
次に，f の核 $\ker f$ を調べると，
$$a \in \ker f \iff f(a) = e \iff a^k = e \iff a \in G_{(k)}.$$
ゆえに，$\ker f = G_{(k)}$．ここで，f は全準同型写像であるから，準同型定理 6.5 によって $G/G_{(k)} = G/\ker f \simeq G^{(k)}$ を得る．

10. G を位数 n の群とすれば，G は対称群 S_n の部分群と同型であることを示せ．

(証明) (1) G は位数 n の群であるから，$G = \{e = a_1, a_2, \cdots, a_n\}$ と表せる．G の元 a に対して，$f_a(a_i) = aa_i$ によって定義される写像 $f_a : G \longrightarrow G$ は全単射である (定理 1.2 または §1 演習問題 4). 写像 f_a は置換の表現を使って，
$$f_a = \begin{pmatrix} a_1 & a_2 & \cdots & a_n \\ aa_1 & aa_2 & \cdots & aa_n \end{pmatrix}$$
と表すことができる．f_a は全単射であるから $(aa_1, aa_2, \cdots, aa_n)$ は $(a_1, a_2, \cdots, a_n)$ の 1 つの順列である．そこで，$aa_i = a_{\sigma_a(i)}$ とおけば，
$$\sigma_a = \begin{pmatrix} 1 & 2 & \cdots & n \\ \sigma_a(1) & \sigma_a(2) & \cdots & \sigma_a(n) \end{pmatrix}$$

は1つの置換であり，3次の対称群 S_3 の元となる．特に，$\sigma_e = 1$ である．次に，
$$\varphi : G \longrightarrow S_n \quad (\varphi(a) = \sigma_a)$$
なる写像 φ を考える．

- φ は準同型写像である．すなわち，$\varphi(ab) = \varphi(a)\varphi(b)$ を示す．このためには
$$\varphi(ab) = \sigma_{ab}, \quad \varphi(a)\varphi(b) = \sigma_a\sigma_b$$
であるから $\sigma_{ab} = \sigma_a \cdot \sigma_b$ を示せばよい．ここで，$x \in G$, $xa_i = a_{\sigma_x(i)}$ に注意すると
$$aba_i = (ab)a_i = a_{\sigma_{ab}(i)}$$
$$aba_i = a(ba_i) = aa_{\sigma_b(i)} = a_{\sigma_a(\sigma_b(i))} = a_{\sigma_a\sigma_b(i)}.$$
$$\therefore \quad a_{\sigma_{ab}(i)} = a_{\sigma_a\sigma_b(i)} \Longrightarrow \sigma_{ab}(i) = \sigma_a\sigma_b(i) \Longrightarrow \sigma_{ab} = \sigma_a\sigma_b.$$

- φ は単射であることを示す：$\varphi(a) = 1$ と仮定すると $\sigma_a = 1$．すなわち，
$$aa_i = a_{\sigma_a(i)} = a_{1(i)} = a_i.$$
ゆえに，$aa_i = a_i$ であるから $a = e$．よって，$\ker \varphi = \{e\}$ が示された．定理 6.4 より φ は単射である．

以上によって，写像 φ は G から S_n への単準同型写像である．したがって，位数 n の群 G は n 次の対称群 S_n の部分群と同型になる．

11. 群 G の正規部分群を H, K とする．K が H の部分群であるとき，次の同型を証明せよ (**第1同型定理**)． $(G/K)/(H/K) \simeq G/H$

(証明) H, K は群 G の正規部分群であるから，その剰余群 G/H, G/K を考えることができる．

(1) $aK \in G/K$ に対して，aH を対応させると，この対応は写像となることを示す．$aK = bK$ と仮定すると，定理 4.1 より $a^{-1}b \in K$．ここで，仮定により $K \subset H$ であるから，$a^{-1}b \in H$．したがって，再び定理 4.1 より $aH = bH$．したがって，剰余群 G/K から剰余群 G/H への写像 f が定義された．
$$f : G/K \longrightarrow G/H \quad (aK \longmapsto aH = f(aK)).$$
写像の定義より，f は全射である．

(2) f は剰余群 G/K から剰余群 G/H への準同型写像であることを示す．
$$f(aK \cdot bK) = f(abK) = abH = aH \cdot bH = f(aK) \cdot f(bK).$$
ゆえに，$f(aK \cdot bK) = f(aK) \cdot f(bK)$ が成り立つので，f は準同型写像である．

(3) 次に，$\ker f$ を調べる．
$$aK \in \ker f \iff f(aK) = H \iff aH = H \iff a \in H.$$
$$\therefore \quad \ker f = \{aK \mid aK \in G/K, a \in H\} = HK/K = H/K.$$

(4) 準同型定理 6.5 より $(G/K)/(H/K) \simeq G/H$ が証明された．

12. H を群 G の部分群，K を G の正規部分群とする．このとき，$H \cap K$ は H の正規部分群であることを示せ．また，次の同型を証明せよ (**第 2 同型定理**)．
$$HK/K \simeq H/H \cap K.$$

(証明) (1) $H \cap K \triangleleft H$ は問 5.6 で，すでに示した．

(2) K は G の正規部分群であるから，$HK = KH$．したがって，HK は G の部分群である (問 5.4)．

(3) K が HK の正規部分群であることは問 5.6 ですでに示した．したがって，剰余群 HK/K を考えることができる．

(4) $h \in H$ に対して，$hK = heK$ は剰余群 HK/K の元と考えられる．ゆえに，群 H から剰余群 HK/K への写像
$$f : H \longrightarrow HK/K \quad (h \longrightarrow f(h) = hK)$$
を考えることができる．このとき，写像 f は全射であることを示す．HK/K の任意の元は $hk \in HK$ ($h \in H, k \in K$) によって，hkK と表される．ところが，$hkK = hK$ であるから $HK/K = \{hK \mid h \in H\}$．したがって，$f$ は全射であることがわかる．

(5) $f : H \longrightarrow HK/K$ は準同型写像であることを示す．
$$f(h_1 h_2) = h_1 h_2 K = (h_1 K)(h_2 K) = f(h_1) f(h_2).$$
ゆえに，$f(h_1 h_2) = f(h_1) f(h_2)$ が成り立つ．

(6) $\ker f$ を調べる．$h \in H$ について，
$$h \in \ker f \iff f(h) = K \iff hK = K \iff h \in K.$$
ゆえに，$\ker f = H \cap K$ である．

(7) 準同型定理 6.5 によって，$H/H \cap K \simeq HK/K$ を得る．

13. G を有限群とする．H, K を G の部分群で，K は G の正規部分群とする．このとき，$|K : H \cap K|$ は $|G : H|$ の約数であることを示せ．

(証明) 第 2 同型定理 $HK/K \simeq H/H \cap K$ より，
$$|HK : K| = |H : H \cap K|. \qquad \cdots\cdots\cdots ①$$
ゆえに，
$$\begin{aligned}
|G : H \cap K| &= |G : K| \cdot |K : H \cap K| \\
&= |G : HK| \cdot |HK : K| \cdot |K : H \cap K| \quad (① より) \\
&= |G : HK| \cdot |H : H \cap K| \cdot |K : H \cap K|.
\end{aligned}$$
$\therefore \ |G : H \cap K| = |G : HK| \cdot |H : H \cap K| \cdot |K : H \cap K|. \qquad \cdots\cdots\cdots ②$

一方，§4 演習問題 9 より
$$|G : H \cap K| = |G : H| \cdot |H : H \cap K|. \qquad \cdots\cdots\cdots ③$$

② と ③ より，$|G : H| = |G : HK| \cdot |K : H \cap K|$．ゆえに，$|K : H \cap K| \mid |G : H|$．

14. 位数 6 の群は加法群 $\mathbb{Z}_6$ か 3 次の対称群 S_3 に同型であることを証明せよ.

(証明) 位数 6 の可換群 G は巡回群であるから (§5 演習問題 10), このとき G は $\mathbb{Z}_6$ に同型である. したがって, 位数 6 の可換群でない群は 3 次の対称群 S_3 に同型であることを示せばよい.

G を位数 6 の非可換な群とする. 位数が偶数であるから, §3 演習問題 8 より位数 2 の元 a が G に存在する. また, G の単位元以外の元がすべて 2 であれば G は可換群になるので (§1 演習問題 3 (1)), 位数が 2 でない元が存在する. ラグランジュの定理 4.4 の系 2 より, G の元の位数は 6 の約数なので, 位数 3 か 6 の元が存在する. 位数 6 の元が存在すれば G は巡回群になるので, 位数 3 の元 b が存在する.

$$H = \{e,\ b,\ b^2\}$$

とおく. このとき, $|G:H|=2$ であるから問 5.2 より H は G の正規部分群となる. したがって, $aH = Ha$. そこで, これらの集合の構成要素を比較する.

$$\{a,\ ab,\ ab^2\} = \{a,\ ba,\ b^2a\}.$$
$$\therefore\quad ab \in \{a,\ ba,\ b^2a\}.$$

ここで, $ab = a$ とすると, $b = e$ となり矛盾である. $ab = ba$ とすると, 定理 3.7 より $|ab|=6$ で G は巡回群となり矛盾である. よって, $ab = b^2a$ の場合が残った. 同様の考察をすれば $ba = ab^2$ を得る. 以上より, a と b の間に

$$ab = b^2a, \qquad ba = ab^2$$

という関係のあることがわかった. そこで,

$$\rho_0 = e,\quad \rho_1 = b,\quad \rho_2 = b^2,$$
$$\mu_1 = a,\ \mu_2 = ab,\ \mu_3 = ab^2,$$

とおいて演算表をつくる.

$\rho_1\rho_0 = \rho_0,$

$\rho_1\rho_1 = b\cdot b = b^2 = \rho_2,$

$\rho_1\rho_2 = b\cdot b^2 = b^3 = \rho_0,$

$\rho_1\mu_1 = b\cdot a = ab^2 = \mu_3,$

$\rho_1\mu_2 = b\cdot ab = b\cdot b^2 a = a = \mu_1,$

$\rho_1\mu_3 = b\cdot ab^2 = bab\cdot b = ab = \mu_2.$

$\rho_2\rho_0 = \rho_2,$

$\rho_2\rho_1 = b^2\cdot b = b^3 = \rho_0,$

$\rho_2\rho_2 = b^2\cdot b^2 = b^4 = b = \rho_1,$

$\rho_2\mu_1 = b^2\cdot a = ab = \mu_2,$

$\rho_2\mu_2 = b^2\cdot ab = ab\cdot b = ab^2 = \mu_3,$

$\rho_2\mu_3 = b^2\cdot ab^2 = ab^3 = a = \mu_1.$

$\mu_1\rho_0 = \mu_0,$

$\mu_1\rho_1 = a\cdot b = \mu_2,$

$\mu_1\rho_2 = a\cdot b^2 = \mu_3,$

$\mu_1\mu_1 = a\cdot a = \rho_0,$

$\mu_1\mu_2 = a\cdot ab = b = \rho_1,$

$\mu_1\mu_3 = a\cdot ab^2 = b^2 = \rho_2.$

$\mu_2\rho_0 = \mu_2,$

$\mu_2\rho_1 = ab\cdot b = ab^2 = \mu_3,$

$\mu_2\rho_2 = ab\cdot b^2 = a = \mu_1,$

$\mu_2\mu_1 = ab\cdot a = a\cdot ba = a\cdot ab^2 = b^2 = \rho_2,$

$\mu_2\mu_2 = ab\cdot ab = b^2\cdot b = b^3 = \rho_0,$

$\mu_2\mu_3 = ab\cdot ab^2 = e\cdot b = b = \rho_1.$

$\mu_3 \rho_0 = \mu_3,$
$\mu_3 \rho_1 = ab^2 \cdot b = a = \mu_1,$
$\mu_3 \rho_2 = ab^2 \cdot b^2 = ab = \mu_2,$
$\mu_3 \mu_1 = ab^2 \cdot a = ba \cdot a = b = \rho_1,$
$\mu_3 \mu_2 = ab^2 \cdot ab = b^2 = \rho_2,$
$\mu_3 \mu_3 = ab^2 \cdot ab^2 = b^3 = e = \rho_0.$

これらをもとにして演算表をつくると次のようである.

·	ρ_0	ρ_1	ρ_2	μ_1	μ_2	μ_3
ρ_0	ρ_0	ρ_1	ρ_2	μ_1	μ_2	μ_3
ρ_1	ρ_1	ρ_2	ρ_0	μ_3	μ_1	μ_2
ρ_2	ρ_2	ρ_0	ρ_1	μ_2	μ_3	μ_1
μ_1	μ_1	μ_2	μ_3	ρ_0	ρ_1	ρ_2
μ_2	μ_2	μ_3	μ_1	ρ_2	ρ_0	ρ_1
μ_3	μ_3	μ_1	μ_2	ρ_1	ρ_2	ρ_0

この表は 3 次の対称群 S_3 の群表 (§1 例 1.7 (1)) と全く同じになる. したがって, 位数 6 の可換群でない群は 3 次の対称群 S_3 に同型であることが示された.

§7 直積

定義と定理のまとめ

ここでは簡単のため, 2 個の直積について考える. G_1, G_2 を群とする. G_1 と G_2 の直積集合 $G_1 \times G_2$ の演算を, $(a_1, a_2), (b_1, b_2) \in G_1 \times G_2$ に対して, $(a_1, a_2) \cdot (b_1, b_2) = (a_1 b_1, a_2 b_2)$ によって定義する. $G_1 \times G_2$ はこの演算によって群になる. この群を群 G_1, G_2 の**外部直積**という. e_i を G_i $(i = 1, 2)$ の単位元とすると, (e_1, e_2) が $G_1 \times G_2$ の単位元である. また, $(a_1, a_2) \in G_1 \times G_2$ について, $(a_1^{-1}, a_2^{-1}) \in G_1 \times G_2$ が (a_1, a_2) の逆元である.

定義 7.2 G を群として, H_1 と H_2 をその部分群とする. 次の条件を満足するとき, G は部分群 H_1, H_2 の**内部直積**といい, $G = H_1 \dot{\times} H_2$ で表す.
(A) (1) $G = H_1 H_2$,
 (2) H_1 の元と H_2 の元は可換である,
 (3) (1) の表し方は一意的である.

定理 7.1 G を群として H_1 と H_2 を G の部分群とする. G が部分群 H_1, H_2 の内部直積であるための必要十分条件は, 次の条件 (B) が成り立つことである.
(B) (イ) $G = H_1 H_2$,
 (ロ) H_1, H_2 は G の正規部分群である,
 (ハ) $H_1 \cap H_2 = \{e\}$.

定理 7.2 (1) 群 G_1 と G_2 の直積 $G = G_1 \times G_2$ において, G の部分群を $H_1 = \{(a_1, e_2) \mid a_1 \in G_1\}, H_2 = \{(e_1, a_2) \mid a_2 \in G_2\}$ とする. このとき, $i = 1, 2$ について H_i は G_i と同型であり, G は H_1 と H_2 の内部直積である. ただし, e_i は G_i の単位元とする. すなわち, $G = G_1 \times G_2 = H_1 \dot{\times} H_2, H_i \simeq G_i$.
(2) 群 G が部分群 H_1 と H_2 の内部直積であれば, G は部分群 H_1 と H_2 の外部直積と同型である. すなわち, $G = H_1 \dot{\times} H_2 \simeq H_1 \times H_2$.

定理 7.2 によって, 内部直積と外部直積は同型のちがいを無視すれば, 同じ構造のものと考えることができる. 以下において, 特に区別する必要がある場合以外は単に外部直積の記号を用いて表すことにする.

定理 7.3 自然数 n, n_1, n_2 が $n = n_1 \cdot n_2, (n_1, n_2) = 1$ を満足しているとき, 次のことが成り立つ.
(1) 位数 n の巡回群 G は位数 n_1 の巡回部分群と位数 n_2 の巡回部分群の直積である.

(2) 逆に, G が位数 n_1 の巡回部分群と位数 n_2 の巡回部分群の直積ならば, G は位数 n の巡回群である.

問題と解答

問 7.1 加法群 $\mathbb{Z}_2$ と $\mathbb{Z}_5$ の直積 $\mathbb{Z}_2 \times \mathbb{Z}_5$ の要素の位数を例 7.1* にならって実際に計算せよ.

(解答) 直積 $\mathbb{Z}_2 \times \mathbb{Z}_5$ の要素を列挙すると次のようである.

$$\mathbb{Z}_2 \times \mathbb{Z}_5 = \{(\bar{0},\bar{0}), (\bar{0},\bar{1}), (\bar{0},\bar{2}), (\bar{0},\bar{3}), (\bar{0},\bar{4}),$$
$$(\bar{1},\bar{0}), (\bar{1},\bar{1}), (\bar{1},\bar{2}), (\bar{1},\bar{3}), (\bar{1},\bar{4})\}.$$

これは位数 10 の群である. $(\bar{1},\bar{1})$ によって生成される元を求めてみよう.

$$2(\bar{1},\bar{1}) = (\bar{1},\bar{1}) + (\bar{1},\bar{1}) = (\bar{0},\bar{2}), \quad 7(\bar{1},\bar{1}) = (\bar{0},\bar{1}) + (\bar{1},\bar{1}) = (\bar{1},\bar{2}),$$
$$3(\bar{1},\bar{1}) = (\bar{0},\bar{2}) + (\bar{1},\bar{1}) = (\bar{1},\bar{3}), \quad 8(\bar{1},\bar{1}) = (\bar{1},\bar{2}) + (\bar{1},\bar{1}) = (\bar{0},\bar{3}),$$
$$4(\bar{1},\bar{1}) = (\bar{1},\bar{3}) + (\bar{1},\bar{1}) = (\bar{2},\bar{4}), \quad 9(\bar{1},\bar{1}) = (\bar{0},\bar{3}) + (\bar{1},\bar{1}) = (\bar{1},\bar{4}),$$
$$5(\bar{1},\bar{1}) = (\bar{0},\bar{4}) + (\bar{1},\bar{1}) = (\bar{1},\bar{0}), \quad 10(\bar{1},\bar{1}) = (\bar{1},\bar{4}) + (\bar{1},\bar{1}) = (\bar{0},\bar{0}).$$
$$6(\bar{1},\bar{1}) = (\bar{1},\bar{0}) + (\bar{1},\bar{1}) = (\bar{0},\bar{1}),$$

この計算により, $\mathbb{Z}_2 \times \mathbb{Z}_5$ のすべての元は $(\bar{1},\bar{1})$ という元によって生成されていることがわかる. ゆえに, $\mathbb{Z}_2 \times \mathbb{Z}_3 = <(\bar{1},\bar{1})>$. すなわち, $\mathbb{Z}_2 \times \mathbb{Z}_5$ は $(\bar{1},\bar{1})$ を生成元とする位数 10 の巡回群である. したがって, $\mathbb{Z}_2 \times \mathbb{Z}_5$ は $\mathbb{Z}_{10}$ と同型であることがわかる (問 6.8 参照). また, 各元の位数は次のようである.

$$(\bar{1},\bar{1}),(\bar{1},\bar{2}),(\bar{1},\bar{3}),(\bar{1},\bar{4}) \text{ の位数は } 10,$$
$$(\bar{0},\bar{1}),(\bar{0},\bar{2}),(\bar{0},\bar{3}),(\bar{0},\bar{4}) \text{ の位数は } 5,$$
$$(\bar{1},\bar{0}) \qquad\qquad\qquad\qquad \text{ の位数は } 2,$$
$$(\bar{0},\bar{0}) \qquad\qquad\qquad\qquad \text{ の位数は } 1.$$

巡回群 $\mathbb{Z}_3 \times \mathbb{Z}_4$ の生成元は $(\bar{1},\bar{1}),(\bar{1},\bar{2}),(\bar{1},\bar{3}),(\bar{1},\bar{4})$ の 4 つである.

問 7.2 $\mathbb{Z}_4 \times \mathbb{Z}_4$ の要素の位数を例 7.1* にならって実際に計算せよ.

(解答) この直積の要素をすべて数え上げると次のようである.

$$\mathbb{Z}_4 \times \mathbb{Z}_4 = \{(\bar{0},\bar{0}), (\bar{0},\bar{1}), (\bar{0},\bar{2}), (\bar{0},\bar{3}),$$
$$(\bar{1},\bar{0}), (\bar{1},\bar{1}), (\bar{1},\bar{2}), (\bar{1},\bar{3}),$$
$$(\bar{2},\bar{0}), (\bar{2},\bar{1}), (\bar{2},\bar{2}), (\bar{2},\bar{3}),$$
$$(\bar{3},\bar{0}), (\bar{3},\bar{1}), (\bar{3},\bar{2}), (\bar{3},\bar{3})\}.$$

$(\bar{0},\bar{0})$ の位数は 1, $(\bar{0},\bar{2}),(\bar{2},\bar{2}),(\bar{2},\bar{0})$ の位数は 2, それ以外の位数はすべて 4 である. したがって, この群は巡回群ではない.

問 7.3 (1) $\mathbb{Z}_{12}\times\mathbb{Z}_{12}$ の元 $(\bar{3},\bar{4})$ と $(\bar{2},\bar{8})$ の位数を求めよ.
(2) $\mathbb{Z}_{24}\times D_4$ の元 $(\bar{3},r_1)$ と $(\bar{4},s_1)$ の位数を求めよ.
(3) 直積 $\mathbb{Z}_3\times\mathbb{Z}\times\mathbb{Z}_4$ において, 位数が有限の元はいくつあるか.

(解答) (1) (i) $(\bar{3},\bar{4})$ について.

$2(\bar{3},\bar{4})=(\bar{6},\bar{8})$, $\qquad\qquad\qquad 8(\bar{3},\bar{4})=(\bar{9},\bar{4})+(\bar{3},\bar{4})=(\bar{0},\bar{8})$,
$3(\bar{3},\bar{4})=(\bar{9},\overline{12})=(\bar{9},\bar{0})$, $\qquad\quad 9(\bar{3},\bar{4})=(\bar{0},\bar{8})+(\bar{3},\bar{4})=(\bar{3},\bar{0})$,
$4(\bar{3},\bar{4})=(\overline{12},\bar{4})=(\bar{0},\bar{4})$, $\qquad\quad 10(\bar{3},\bar{4})=(\bar{3},\bar{0})+(\bar{3},\bar{4})=(\bar{6},\bar{4})$,
$5(\bar{3},\bar{4})=(\bar{0},\bar{4})+(\bar{3},\bar{4})=(\bar{3},\bar{8})$, $\quad 11(\bar{3},\bar{4})=(\bar{6},\bar{4})+(\bar{3},\bar{4})=(\bar{9},\bar{8})$,
$6(\bar{3},\bar{4})=(\bar{3},\bar{8})+(\bar{3},\bar{4})=(\bar{6},\bar{0})$, $\quad 12(\bar{3},\bar{4})=(\bar{9},\bar{8})+(\bar{3},\bar{4})=(\bar{0},\bar{0})$.
$7(\bar{3},\bar{4})=(\bar{6},\bar{0})+(\bar{3},\bar{4})=(\bar{9},\bar{4})$,

$\mathbb{Z}_{12}\times\mathbb{Z}_{12}$ の元 $(\bar{3},\bar{4})$ の位数は 12 である.

(ii) $(\bar{2},\bar{8})$ について.

$2(\bar{2},\bar{8})=(\bar{4},\overline{16})=(\bar{4},\bar{4})$, $\qquad 5(\bar{2},\bar{8})=(\bar{8},\bar{8})+(\bar{2},\bar{8})=(\overline{10},\overline{16})=(\overline{10},\bar{4})$,
$3(\bar{2},\bar{8})=(\bar{4},\bar{4})+(\bar{2},\bar{8})=(\bar{6},\bar{0})$, $6(\bar{2},\bar{8})=(\overline{10},\bar{4})+(\bar{2},\bar{8})=(\bar{0},\bar{0})$.
$4(\bar{2},\bar{8})=(\bar{6},\bar{0})+(\bar{2},\bar{8})=(\bar{8},\bar{8})$,

以上より, $\mathbb{Z}_{12}\times\mathbb{Z}_{12}$ の元 $(\bar{2},\bar{8})$ の位数は 6 である.

(2) (i) $(\bar{3},r_1)$ について.

$$(\bar{3},r_1)^2=(\bar{3},r_1)\circ(\bar{3},r_1)=(\bar{3}+\bar{3},r_1r_1)=(\bar{6},r_2),$$
$$(\bar{3},r_1)^3=(\bar{6},r_2)\circ(\bar{3},r_1)=(\bar{6}+\bar{3},r_2r_1)=(\bar{9},r_3),$$
$$(\bar{3},r_1)^4=(\bar{9},r_3)\circ(\bar{3},r_1)=(\bar{9}+\bar{3},r_3r_1)=(\overline{12},r_0),$$
$$(\bar{3},r_1)^5=(\overline{12},r_0)\circ(\bar{3},r_1)=(\overline{12}+\bar{3},r_0r_1)=(\overline{15},r_1),$$
$$(\bar{3},r_1)^6=(\overline{15},r_1)\circ(\bar{3},r_1)=(\overline{15}+\bar{3},r_1r_1)=(\overline{18},r_2),$$
$$(\bar{3},r_1)^7=(\overline{18},r_2)\circ(\bar{3},r_1)=(\overline{18}+\bar{3},r_2r_1)=(\overline{21},r_3),$$
$$(\bar{3},r_1)^8=(\overline{21},r_2)\circ(\bar{3},r_1)=(\overline{21}+\bar{3},r_3r_1)=(\bar{0},r_0).$$

以上より, $\mathbb{Z}_{24}\times D_4$ の元 $(\bar{3},r_1)$ の位数は 8 である.

(ii) $(\bar{4},s_1)$ について.

$$(\bar{4},s_1)^2=(\bar{4},s_1)\circ(\bar{4},s_1)=(\bar{4}+\bar{4},s_1s_1)=(\bar{8},r_0),$$
$$(\bar{4},s_1)^3=(\bar{8},r_0)\circ(\bar{4},s_1)=(\bar{8}+\bar{4},r_0s_1)=(\overline{12},s_1),$$
$$(\bar{4},s_1)^4=(\overline{12},s_1)\circ(\bar{4},s_1)=(\overline{12}+\bar{4},s_1s_1)=(\overline{16},r_0),$$
$$(\bar{4},s_1)^5=(\overline{16},r_0)\circ(\bar{4},s_1)=(\overline{16}+\bar{4},r_0s_1)=(\overline{20},s_1),$$
$$(\bar{4},s_1)^6=(\overline{20},s_1)\circ(\bar{4},s_1)=(\overline{20}+\bar{4},s_1s_1)=(\bar{0},r_0).$$

以上より, $\mathbb{Z}_{24}\times D_4$ の元 $(\bar{4},s_1)$ の位数は 6 である.

(3) $(a,b,c) \in \mathbb{Z}_3 \times \mathbb{Z} \times \mathbb{Z}_4$ とするとき，(a,b,c) が位数有限であるための必要十分条件は第 2 成分 b が 0 になることである．したがって，$\mathbb{Z}_3 \times \mathbb{Z} \times \mathbb{Z}_4$ の位数有限な元の個数は 12 個である．

問 7.4 $\mathbb{Z} \times \mathbb{Z}$ の部分集合 $A = \{(n, 3n) \mid n \in \mathbb{Z}\}$ は $\mathbb{Z} \times \mathbb{Z}$ の部分群であることを示せ．

(証明) $(0,0) \in \{(n,3n) \mid n \in \mathbb{Z}\} = A$ より $A \neq \phi$．
(1) $x, y \in A \Longrightarrow x + y \in A$ を示す：x と y は $x = (a, 3a)$, $y = (b, 3b)$ $(a, b \in \mathbb{Z})$ と表されるので，
$$x + y = (a, 3a) + (b, 3b) = (a+b, 3a+3b) = \bigl(a+b, 3(a+b)\bigr) \in A.$$
(2) $x \in A \Longrightarrow -x \in A$ を示す：$x = (a, 3a)$ $(a \in \mathbb{Z})$ とすると，
$$-x = (-a, -3a) = \bigl((-a), 3(-a)\bigr) \in A.$$
よって，部分群の判定定理 2.1 により A は $\mathbb{Z} \times \mathbb{Z}$ の部分群である．

問 7.5 $\mathbb{Z}_2 \times \mathbb{Z}_2$ の部分群をすべて求めよ．

(解答) $\mathbb{Z}_2 \times \mathbb{Z}_2 = \{(\bar{0},\bar{0}), (\bar{0},\bar{1}), (\bar{1},\bar{0}), (\bar{1},\bar{1})\}$．部分群は次のようである．
$$<(\bar{0},\bar{0})> = \{(\bar{0},\bar{0})\}, \qquad <(\bar{0},\bar{1})> = \{(\bar{0},\bar{0}),(\bar{0},\bar{1})\},$$
$$<(\bar{1},\bar{0})> = \{(\bar{0},\bar{0}),(\bar{1},\bar{0})\}, <(\bar{1},\bar{1})> = \{(\bar{0},\bar{0}),(\bar{1},\bar{1})\}, \mathbb{Z}_2 \times \mathbb{Z}_2.$$
これら以外に部分群はないことは容易にわかる．

問 7.6 $G = H \dot{\times} K$ を群 G の内部直積とするとき，G の部分群 S に対して $(S \cap H)K = (S \cap H) \dot{\times} K$ は内部直積であることを示せ．

(解答) 定義 7.2, 内部直積の条件 (A) の (2) と (3) を確かめればよい．
(2) $G = H \dot{\times} K$ は内部直積だから，H の元と K の元は可換である．ゆえに，$S \cap H$ の元と K の元も可換である．
(3) HK の元の表現が一意的であるから，$(S \cap H)K$ の元の表現も一意的である．

問 7.7 3 次の対称群 S_3 の部分群をそれぞれ $H = <\rho_1>$, $K = <\mu_1>$ とするとき，S_3 はこれらの部分群の内部直積になるか (例 1.7(1) 参照)．

(解答) $H = <\rho_1> = \{\rho_0, \rho_1, \rho_2\}$, $K = <\mu_1> = \{\rho_0, \mu_1\}$．定理 7.1 の条件 (イ), (ロ), (ハ) を確かめる．
(イ) $HK = H\rho_0 \cup H\mu_1 = \{\rho_0, \rho_1, \rho_2\} \cup \{\mu_1, \mu_2, \mu_3\} = S_3$．
(ロ) $|S_3 : H| = 2$ より H は S_3 の正規部分群である (問 5.3)．(注意として，H は 3 次の交代群 A_3 である)．しかしながら，例 5.2* より $K = <\mu_1>$ は S_3 の正規部分群ではない．

（ハ）$H \cap K = \{\rho_0\}$ は H と K の要素が具体的にわかっているので，容易に確かめられる．

　以上考察したように定理 7.1 の（ロ）が成立しないので，S_3 は H と K の内部直積ではない．

> **問 7.8** 加法群 $\mathbb{Z}_{12}$ の部分群をそれぞれ，$H = <\bar{2}>$，$K = <\bar{6}>$ とするとき，$H + K$ と $<H \cup K>$ を求めよ．また，$\mathbb{Z}_{12}$ は H と K の内部直積になるか．

（解答）$H = <\bar{2}> = \{\bar{0}, \bar{2}, \bar{4}, \bar{6}, \bar{8}, \overline{10}\}$，$K = <\bar{6}> = \{\bar{0}, \bar{6}\}$．
$H \cup K = H$ であるから，$<H \cup K> = <H> = H$．
$$H + K = \{H + \bar{0}\} \bigcup \{H + \bar{6}\}$$
$$= \{\bar{0}, \bar{2}, \bar{4}, \bar{6}, \bar{8}, \overline{10}, \bar{6}, \bar{8}, \overline{10}, \bar{0}, \bar{2}, \bar{4}\}$$
$$= \{\bar{0}, \bar{2}, \bar{4}, \bar{6}, \bar{8}, \overline{10}\} = <\bar{2}> = H.$$
ゆえに，$H + K = H \subsetneq \mathbb{Z}_{12}$ であるから，$\mathbb{Z}_{12}$ は H と K の内部直積ではない．

> **問 7.9** G_1, G_2 を群とするとき，$G_1 \times G_2$ の元 (a_1, a_2) の位数を求めよ．

（解答）(a_1, a_2) の位数は a_1 の位数と a_2 の位数との最小公倍数である．すなわち，
$$|(a_1, a_2)| = [|a_1|, |a_2|].$$
以下，これを示す．$|a_1| = m$，$|a_2| = n$，$(m, n) = d$ とする．このとき，$m = m'd$，$n = n'd$，$(m', n') = 1$ と表される．また，m と n の最小公倍数を ℓ とすると，$\ell = [m, n] = m'n'd$ である（第 1 章 問 1.17）．そこで，(a_1, a_2) の位数が ℓ であることを示す．G_i の単位元を e_i とする．

　（1）ℓ は m と n の公倍数だから，それぞれ $a_1^\ell = e_1$，$a_2^\ell = e_2$ である（定理 3.2）．ゆえに，$(a_1, a_2)^\ell = (a_1^\ell, a_2^\ell) = (e_1, e_2)$．

　（2）$(a_1, a_2)^{\ell'} = (e_1, e_2)$ とする．すなわち，$(a_1^{\ell'}, a_2^{\ell'}) = (e_1, e_2)$．ゆえに，$a_1^{\ell'} = e_1$，$a_2^{\ell'} = e_2$．定理 3.2 (1) より $|a_1| \mid \ell'$，$|a_2| \mid \ell'$．すなわち，$m \mid \ell'$，$n \mid \ell'$．ゆえに，$[m, n] \mid \ell'$ であるから，$\ell \mid \ell'$．したがって $\ell \leq \ell'$ を得る．

　(1)，(2) より，(a_1, a_2) の位数は ℓ である．

> **問 7.10** 次の各々において，2 つの群は同型かどうか調べよ．
> (1) $\mathbb{Z}_2 \times \mathbb{Z}_4$ と $\mathbb{Z}_8$．　(3) $\mathbb{Z}_3 \times \mathbb{Z}_8$ と S_4．
> (2) $\mathbb{Z}_2 \times \mathbb{Z}_4$ と S_8．　(4) $\mathbb{Z}_2 \times \mathbb{Z}_2$ と V_4．

（解答）(1) $\mathbb{Z}_2 \times \mathbb{Z}_4$ の任意の元 (a, b) に対して，
$$4(a, b) = (4a, 4b) = (0, 0)$$
であるから，元 (a, b) の位数は 4 を超えない．したがって，$\mathbb{Z}_2 \times \mathbb{Z}_4$ は巡回群ではないので，巡回群 $\mathbb{Z}_8$ と同型ではない．

126　第 2 章　群

(2) $\mathbb{Z}_2 \times \mathbb{Z}_4$ と S_8 の位数を計算すると $|\mathbb{Z}_2 \times \mathbb{Z}_4| = 8$ であり，一方 $|S_8| = 8! = 5040$ であるから $|\mathbb{Z}_2 \times \mathbb{Z}_4| \neq |S_8|$. よって，$\mathbb{Z}_2 \times \mathbb{Z}_4$ と S_8 は同型ではない．

(3) 可換群と可換群の直積は可換群であるから，$\mathbb{Z}_3 \times \mathbb{Z}_8$ は可換群である．ところが，S_4 は非可換な群であるから，$\mathbb{Z}_3 \times \mathbb{Z}_8$ と S_4 は位数は同じ 24 であるが同型ではない．

(4) $\mathbb{Z}_2 \times \mathbb{Z}_2$ は位数が 4, 単位元以外の各元の位数が 2 であるから，クラインの 4 元群 V_4 と同型である．

問 7.11 (1) 剰余群 $\mathbb{Z}_2 \times \mathbb{Z}_3 / <(\bar{0}, \bar{1})>$ を計算せよ．これはどのような群に同型か．

(2) 剰余群 $\mathbb{Z}_4 \times \mathbb{Z}_6 / <(\bar{2}, \bar{3})>$ を計算せよ．これはどのような群に同型か．

(解答) (1) $\mathbb{Z}_2 \times \mathbb{Z}_3 = \{(\bar{0},\bar{0}), (\bar{0},\bar{1}), (\bar{0},\bar{2}), (\bar{1},\bar{0}), (\bar{1},\bar{1}), (\bar{1},\bar{2})\}$.
$H = <(\bar{0},\bar{1})> = \{(\bar{0},\bar{0}), (\bar{0},\bar{1}), (\bar{0},\bar{2})\}$,　$(\bar{1},\bar{0}) + H = \{(\bar{1},\bar{0}), (\bar{1},\bar{1}), (\bar{1},\bar{2})\}$.
ゆえに，$\mathbb{Z}_2 \times \mathbb{Z}_3 = H \cup \{(\bar{1},\bar{0}) + H\}$. したがって，
$$\mathbb{Z}_2 \times \mathbb{Z}_3 / H = \{H, (\bar{1},\bar{0}) + H\}.$$
$\mathbb{Z}_2 \times \mathbb{Z}_3 / H$ は位数 2 の可換群であるから，$\mathbb{Z}_2$ に同型である．

(2) $H = <(\bar{2},\bar{3})> = \{(\bar{0},\bar{0}), (\bar{2},\bar{3})\}$ とおく．このとき，$G = \mathbb{Z}_4 \times \mathbb{Z}_6 / <(\bar{2},\bar{3})>$ は位数 12 の群である．

∵ $|G| = |\mathbb{Z}_4 \times \mathbb{Z}_6 / <(\bar{2},\bar{3})>| = |\mathbb{Z}_4 \times \mathbb{Z}_6| / |<(\bar{2},\bar{3})>| = 24/2 = 12.$

剰余群の元 $(\bar{1},\bar{1}) + H \in G = \mathbb{Z}_4 \times \mathbb{Z}_6 / <(\bar{2},\bar{3})>$ の位数を計算しよう．

$$\begin{aligned}
1((\bar{1},\bar{1}) + H) &= (\bar{1},\bar{1}) + H = \{(\bar{1},\bar{1}), (\bar{3},\bar{4})\}, \\
2((\bar{1},\bar{1}) + H) &= (\bar{2},\bar{2}) + H = \{(\bar{2},\bar{2}), (\bar{0},\bar{5})\}, \\
3((\bar{1},\bar{1}) + H) &= (\bar{3},\bar{3}) + H = \{(\bar{3},\bar{3}), (\bar{1},\bar{0})\}, \\
4((\bar{1},\bar{1}) + H) &= (\bar{0},\bar{4}) + H = \{(\bar{0},\bar{4}), (\bar{2},\bar{1})\}, \\
5((\bar{1},\bar{1}) + H) &= (\bar{1},\bar{5}) + H = \{(\bar{1},\bar{5}), (\bar{3},\bar{2})\}, \\
6((\bar{1},\bar{1}) + H) &= (\bar{2},\bar{0}) + H = \{(\bar{2},\bar{0}), (\bar{0},\bar{3})\}, \\
7((\bar{1},\bar{1}) + H) &= (\bar{3},\bar{1}) + H = \{(\bar{3},\bar{1}), (\bar{1},\bar{4})\}, \\
8((\bar{1},\bar{1}) + H) &= (\bar{0},\bar{2}) + H = \{(\bar{0},\bar{2}), (\bar{2},\bar{5})\}, \\
9((\bar{1},\bar{1}) + H) &= (\bar{1},\bar{3}) + H = \{(\bar{1},\bar{3}), (\bar{3},\bar{0})\}, \\
10((\bar{1},\bar{1}) + H) &= (\bar{2},\bar{4}) + H = \{(\bar{2},\bar{4}), (\bar{0},\bar{1})\}, \\
11((\bar{1},\bar{1}) + H) &= (\bar{3},\bar{5}) + H = \{(\bar{3},\bar{5}), (\bar{1},\bar{2})\}, \\
12((\bar{1},\bar{1}) + H) &= (\bar{0},\bar{0}) + H = \{(\bar{0},\bar{0}), (\bar{2},\bar{3})\} = H.
\end{aligned}$$

この計算によって，$(\bar{1},\bar{1}) + H$ の位数は 12 である．ゆえに，$G = <(\bar{1},\bar{1}) + H>$. すなわち，$G$ は $(\bar{1},\bar{1}) + H$ を生成元とする位数 12 の巡回群である．

第2章 §7 演習問題

> **1.** 次の各々において準同型写像はいくつあるか．
> (1) $\mathbb{Z}_2 \times \mathbb{Z}_2 \longrightarrow \mathbb{Z}_2$,
> (2) $\mathbb{Z}_2 \times \mathbb{Z}_2 \longrightarrow \mathbb{Z}_2$ (全射),
> (3) $\mathbb{Z}_2 \times \mathbb{Z}_2 \longrightarrow \mathbb{Z}_6$,
> (4) $\mathbb{Z}_2 \times \mathbb{Z}_2 \longrightarrow \mathbb{Z}_2 \times \mathbb{Z}_2$.

(解答) (1),(2) $\mathbb{Z}_2 = \{\bar{0}, \bar{1}\}$ であるから $\mathbb{Z}_2$ の部分群は $<\bar{0}>$ と $<\bar{1}> = \mathbb{Z}_2$ だけである．$\mathbb{Z}_2 \times \mathbb{Z}_2$ の準同型像 $f(\mathbb{Z}_2 \times \mathbb{Z}_2)$ は $\mathbb{Z}_2$ の部分群であるから，次の 2 つの場合が考えられる．

(i) $f(\mathbb{Z}_2 \times \mathbb{Z}_2) = <\bar{0}>$ となるとき，f はゼロ写像である．

(ii) $f(\mathbb{Z}_2 \times \mathbb{Z}_2) = \mathbb{Z}_2$ となるときを調べる．準同型定理 6.5 より $\mathbb{Z}_2 \times \mathbb{Z}_2 / \ker f \simeq \mathbb{Z}_2$. これより

$$2 = |\mathbb{Z}_2| = |\mathbb{Z}_2 \times \mathbb{Z}_2 / \ker f| = |\mathbb{Z}_2 \times \mathbb{Z}_2| / |\ker f| = 4 / |\ker f|.$$

ゆえに，$|\ker f| = 2$ である．したがって，$f : \mathbb{Z}_2 \times \mathbb{Z}_2 \longrightarrow \mathbb{Z}_2$ なる全準同型写像の個数と $\mathbb{Z}_2 \times \mathbb{Z}_2$ の位数 2 の部分群の個数は一致する．ところが，$\mathbb{Z}_2 \times \mathbb{Z}_2$ はクラインの 4 元群で $(\bar{0}, \bar{0})$ 以外の元はすべて位数が 2 である．ゆえに，$\mathbb{Z}_2 \times \mathbb{Z}_2$ の位数 2 の部分群の個数は 3 である．したがって，全準同型写像の個数は 3 個である．

以上より $f : \mathbb{Z}_2 \times \mathbb{Z}_2 \longrightarrow \mathbb{Z}_2$ なる準同型写像の個数はゼロ写像とあわせて 4 個である．

(3) $f : \mathbb{Z}_2 \times \mathbb{Z}_2 \longrightarrow \mathbb{Z}_6$ を準同型写像とする．

$\mathbb{Z}_6$ の部分群は $\mathbb{Z}_6, <\bar{2}>, <\bar{3}>, <\bar{0}>$ である．それぞれの位数は $|\mathbb{Z}_6| = 6$, $|<\bar{2}>| = 3, |<\bar{3}>| = 2, |<\bar{0}>| = 1$. 準同型定理 6.5 を使えば，

$$\mathbb{Z}_2 \times \mathbb{Z}_2 / \ker f \simeq f(\mathbb{Z}_2 \times \mathbb{Z}_2).$$

ゆえに，f の像となる部分群は 4 の約数でなければならないから，$<\bar{3}>$ かまたは $<\bar{0}>$ である．

(i) $f(\mathbb{Z}_2 \times \mathbb{Z}_2) = <\bar{3}>$ となる準同型写像の個数は $\mathbb{Z}_2 \times \mathbb{Z}_2$ の位数 2 の部分群の個数と同じ 3 である．

(ii) $f(\mathbb{Z}_2 \times \mathbb{Z}_2) = <\bar{0}>$ となる準同型写像はゼロ写像唯 1 つである．

以上より $f : \mathbb{Z}_2 \times \mathbb{Z}_2 \longrightarrow \mathbb{Z}_6$ なる準同型写像の個数はゼロ写像とあわせて 4 個である．

(4) 一般に，$f : G \longrightarrow G'$ を準同型写像とするとき，準同型定理 6.5 より $<a> / \ker f' \simeq <f(a)>$ が成り立つ．ただし，f' は f を $<a>$ に制限した写像である．この同型より，$f(a)$ の位数は a の位数の約数である．また，G が a と b によって生成されているとき，準同型写像 f は生成元の像 $f(a), f(b)$ によって決定される (§6 演習問題 4).

今の場合 $\mathbb{Z}_2 \times \mathbb{Z}_2$ は $(\bar{0}, \bar{1})$ と $(\bar{1}, \bar{0})$ によって生成されている．これらはいずれも位数 2 であるから，準同型写像 $f : \mathbb{Z}_2 \times \mathbb{Z}_2 \longrightarrow \mathbb{Z}_2 \times \mathbb{Z}_2$ によるこれらの像の位数は 1 か 2 である．そして $\mathbb{Z}_2 \times \mathbb{Z}_2$ の元はいずれも 0 か 2 であるので，$f(\bar{0}, \bar{1})$, $f(\bar{1}, \bar{0})$ は $\mathbb{Z}_2 \times \mathbb{Z}_2$ の任意の元を像としてとることができる．ゆえに，その組み合わせは 16 通りある．したがって $f : \mathbb{Z}_2 \times \mathbb{Z}_2 \longrightarrow \mathbb{Z}_2 \times \mathbb{Z}_2$ なる準同型写像の個数は 16 個である．

2. 複素数の加法群 $\mathbb{C}$ は実数の加法群の直積 $\mathbb{R} \times \mathbb{R}$ と同型であることを示せ．

（証明）$(a, b) \in \mathbb{R} \times \mathbb{R}$ に対して，複素数 $a + bi$ を対応させる写像を f とする．
$$f\bigl((a, b)\bigr) = a + bi.$$
(i) $\mathbb{C}$ の任意の元は一般に，実数 a, b によって $a + bi$ と表されるので，写像 f は全射である．
(ii) 単射であることを示す．$f\bigl((a, b)\bigr) = f\bigl((a', b')\bigr)$ とすると，$a + bi = a' + b'i$．ゆえに，$a = a'$, $b = b'$ であるから，$(a, b) = (a', b')$ を得る．
(iii) f が準同型写像であることを示す．
$$f\bigl((a, b) + (c, d)\bigr) = f\bigl((a + c, b + d)\bigr) = (a + c) + (b + d)i$$
$$= (a + bi) + (c + di) = f\bigl((a, b)\bigr) + f\bigl((c, d)\bigr)i,$$
$$\therefore \quad f\bigl((a, b) + (c, d)\bigr) = f\bigl((a, b)\bigr) + f\bigl((c, d)\bigr)i.$$

3. 0 でない実数の乗法群 $\mathbb{R}^*$ は乗法群 $\mathbb{R}^+$ と乗法群 $\{1, -1\}$ の直積に同型であることを示せ．

（証明）乗法群 $\{-1, 1\}$ と乗法群 $\mathbb{R}^+$ の直積 $\{-1, 1\} \times \mathbb{R}^+$ から乗法群 $\mathbb{R}^*$ への写像 f を，$f\bigl((\epsilon, a)\bigr) = \epsilon a$, $(\epsilon \in \{-1, 1\}, a \in \mathbb{R}^+)$ として定義する．
$$\{-1, 1\} \times \mathbb{R}^+ \longrightarrow \mathbb{R}^* \quad ((\epsilon, a) \longmapsto \epsilon a).$$
• f が準同型写像であることを示す．$a, b \in \mathbb{R}^+$, $\epsilon_i \in \{-1, 1\}$ として，
$$f\bigl((\epsilon_1, a)(\epsilon_2, b)\bigr) = f\bigl((\epsilon_1 \epsilon_2, ab)\bigr) = \epsilon_1 \epsilon_2 ab = (\epsilon_1 a)(\epsilon_2 b) = f\bigl((\epsilon_1, a)\bigr) f\bigl((\epsilon_2, b)\bigr).$$
$$\therefore \quad f\bigl((\epsilon_1, a)(\epsilon_2, b)\bigr) = f\bigl((\epsilon_1, a)\bigr) f\bigl((\epsilon_2, b)\bigr).$$
• f が全射であることを示す．$a \in \mathbb{R}^*$ とする．
(i) $a > 0$ のとき，$(1, a) \in \{-1, 1\} \times \mathbb{R}^+$ を考えると，$f\bigl((1, a)\bigr) = a$．
(ii) $a < 0$ のとき，$(-1, -a) \in \{-1, 1\} \times \mathbb{R}^+$ を考えると，$f\bigl((-1, -a)\bigr) = a$．
• f が単射であることを示す．$f\bigl((\epsilon, a)\bigr) = 1$ とする．$a > 0$ だから，$\epsilon a = 1$ より $\epsilon = 1$. ゆえに，$a = 1$. したがって，$(\epsilon, a) = (1, 1)$ である．よって，$\ker f = \{(1, 1)\}$ であるから定理 6.4 より f は単射である．

以上より，f は同型写像であることが示された．

4. $G = H \times K$ のとき，$G/H \simeq K$, $G/K \simeq H$ であることを示せ．

(証明) $G/H \simeq K$ を示す．$G/K \simeq H$ も同様である．

G の元 x は $x = ab$ $(a \in H, b \in K)$ と一意的に表される．x に対して，b を対応させる写像を f とする．
$$f : G \longrightarrow K \quad (x = ab \longmapsto b).$$
すなわち，$x = ab$ $(a \in H, b \in K)$ に対して，$f(x) = b$．

(i) f は準同型写像であることを示す：G の元 x, y について，$x = ab$, $y = cd$ $(a, c \in H, b, d \in K)$ とする．このとき，$f(x) = b$, $f(y) = d$ となっている．G は H と K の直積であるから，H の元と K の元は可換である．よって，
$$xy = (ab)(cd) = (ac)(bd) \ (ac \in H, bd \in K).$$
したがって，
$$f(xy) = f((ac)(bd)) = bd = f(x)f(y).$$

(ii) f が全射であることを示す：K の任意の元 b は $b = eb$, $(e \in H, b \in K)$ と一意的に表されるので，写像 f の定義によって $f(b) = b$．したがって，f は全射である．

(iii) f の核 $\ker f$ を求める：$x = ab$ $(a \in H, b \in K)$ に対して，$f(x) = b$ である．このとき，「$x \in \ker f \iff f(x) = e \iff b = e \iff x = a \in H$」であるから，$\ker f = \{a \mid a \in H\} = H$．よって，準同型定理 6.5 により $G/H = G/\ker f \simeq K$．

---

5. $G = H \times K$ ならば，$Z(G) = Z(H) \times Z(K)$ であることを示せ．ただし，$Z(G)$ は群 G の中心を表すものとする (§2 演習問題 7 参照)．

(証明) 定義を確認しよう．$Z(G) = \{a \in G \mid ax = xa, \forall x \in G\}$．$G = H \times K$ の定義より

① $G = HK$，② $hk = kh$ $(h \in H, k \in K)$，③ ① の表現は一意的

となっている．そこで，

(1) $Z(G) = Z(H)Z(K)$，(2) $hk = kh$ $(h \in Z(H), k \in Z(K))$，

(3) (1) の表現は一意的

を示せば，定義 7.2 によって $Z(G) = Z(H) \times Z(K)$ を得る．

(1) $Z(G) = Z(H)Z(K)$ を示す：$x \in Z(G)$ とする．$x \in Z(G) \subset G = HK$ であるから $x = ab$ $(a \in H, b \in K)$ と表される．このとき，$a \in Z(H), b \in Z(K)$ であることが，次のようにしてわかる．

$x \in Z(G)$ であるから，$xg = gx$ $(\forall g \in G)$ である．特に，$g = h \in H$ に対して，$xh = hx$．すなわち，$abh = hab$．ここで，H の元 h と K の元 b は可換であるから，$ahb = hab$．消去律 (定理 1.4) より $ah = ha$．すなわち，$\forall h \in H$ に対して，$ah = ha$ であるから $a \in Z(H)$．同様にすれば $b \in Z(K)$ を得る．

(2) について：$Z(H) \subset H$，$Z(K) \subset K$ で，H の元と K の元は可換であるから，$Z(H)$ の元と $Z(K)$ の元も可換である．

(3) について: (1) の表現 $Z(G) = Z(H)Z(K)$ は $G = HK$ の表現の一意性より出る.

6. $G = H \times K$ ならば, $D(G) = D(H) \times D(K)$ であることを示せ. ただし, $D(G)$ は群 G の交換子群を表すものとする (§5 演習問題 9 参照).

(証明) $G = H \times K$ の定義より

① $G = HK$, ② $hk = kh$ $(h \in H, k \in K)$, ③ ① の表現は一意的

となっている. そこで,

(1) $D(G) = D(H)D(K)$, (2) $yz = zy$ $(y \in D(H), z \in D(K))$,
(3) (1) の表現は一意的,

を示せば, 定義 7.2 によって $D(G) = D(H) \times D(K)$ を得る.

(2) について: H の元と K の元は可換であるから, $D(H)$ の元と $D(K)$ の元も可換である.

(3) について: (1) の表現 $D(G) = D(H)D(K)$ は $G = HK$ の表現の一意性より出る.

(1) $D(G) = D(H)D(K)$ を示す.

はじめに, $D(G) \supset D(H), D(G) \supset D(K)$ であるから, 交換子群の定義によって $D(G) \supset D(H)D(K)$ となっている.

次に, 逆の包含関係 $D(G) \subset D(H)D(K)$ を示す. はじめに, $[a,b] = [b,a]^{-1}$ $(a,b \in G)$ が成り立つことに注意しよう.

$$\because \ [a,b]^{-1} = (aba^{-1}b^{-1})^{-1} = bab^{-1}a^{-1} = [b,a].$$

このとき, 問 3.9 によって, 交換子の有限個の積が $D(H)D(K)$ に属することを示せばよい. さらに, $D(H)$ と $D(K)$ の元が交換可能であるから, 1 つの交換子が $D(H)D(K)$ に属することを示せば十分である.

$D(G)$ の 1 つの交換子を $[a,b]$ $(a,b \in G)$ とする. a と b は $a = h_1k_1, b = h_2k_2$ $(h_i \in H, k_i \in K)$ と表せる. H の元と K の元が可換であることに注意すれば,

$[a,b] = aba^{-1}b^{-1}$
$= (h_1k_1)(h_2k_2)(h_1k_1)^{-1}(h_2k_2)^{-1} = (h_1k_1)(h_2k_2)(h_1^{-1}k_1^{-1})(h_2^{-1}k_2^{-1})$
$= (h_1h_2h_1^{-1}h_2^{-1})(k_1k_2k_1^{-1}k_2^{-1}) = [h_1,h_2][k_1,k_2] \in D(H)D(K).$

以上によって, $D(G)$ は $D(H)$ と $D(K)$ の直積である.

7. p, q を相異なる素数とし, G_1 を位数 p の巡回群, G_2 を位数 q の巡回群とする. このとき, 直積 $G_1 \times G_2$ の部分群はいくつあるか.

(証明) 定理 7.3 より, $G_1 \times G_2$ は位数 pq の巡回群である. したがって, 位数 pq の巡回群の部分群の個数を調べればよい. また, 巡回群の部分群は巡回群である. 位数 pq の各約数に対して, 1 つずつ部分群が対応しているので (§4 演習問題 12 参

照), pq の約数の個数と 群 $G_1 \times G_2$ の部分群の個数は一致する．また，
$$\{1, p, q, pq\}$$
が pq の約数の全部である．したがって，$G_1 \times G_2$ の部分群の個数は 4 個である．

8. $G = H_1 \times H_2 = K_1 \times K_2$ かつ $H_i \subset K_i$ $(i = 1, 2)$ であれば $H_i = K_i$ $(i = 1, 2)$ であることを示せ．

(証明) $K_1 \subset H_1$ を示す．$b_1 \in K_1$ とすると，$b_1 \in K_1 \subset G = H_1 \times H_2$ であるから $b_1 = a_1 a_2$ $(a_1 \in H_1, a_2 \in H_2)$ と表される．ゆえに $a_2 = a_1^{-1} b_1$．ここで，$a_1 \in H_1$ であるから $a_1^{-1} \in H_1 \subset K_1$．一方，$b_1 \in K_1$ であるから $a_1^{-1} b_1 \in K_1$．さらに，$a_2 \in H_2 \subset K_2$ より $a_2 \in K_2$．したがって，
$$a_2 = a_1^{-1} b_1 \in K_1 \cap K_2 = \{e\}.$$
よって，$a_2 = e$ であるから $b_1 = a_1 a_2 = a_1 \in H_1$．

以上によって，$K_1 \subset H_1$ が示されたので $K_1 = H_1$ を得る．$K_2 = H_2$ についても同様である．

9. 群の直積 $G = G_1 \times G_2$ において，H_1, H_2 をそれぞれ G_1, G_2 の正規部分群とすれば，次が成り立つことを証明せよ．
$$G/(H_1 \times H_2) \simeq G_1/H_1 \times G_2/H_2$$

(証明) $\varphi((a_1, a_2)) = (a_1 H_1, a_2 H_2)$ によって定義される写像 $\varphi : G_1 \times G_2 \longrightarrow G_1/H_1 \times G_2/H_2$ を考える．

(1) φ は準同型写像である．$a_1, b_1 \in G_1, a_2, b_2 \in G_2$ について
$$\begin{aligned}\varphi((a_1, a_2)(b_1, b_2)) &= \varphi((a_1 b_1, a_2 b_2)) = (a_1 b_1 H_1, a_2 b_2 H_2)\\ &= (a_1 H_1 b_1 H_1, a_2 H_2 b_2 H_2) = (a_1 H_1, a_2 H_2)(b_1 H_1, b_2 H_2)\\ &= \varphi((a_1, a_2)) \varphi((b_1, b_2)).\end{aligned}$$

(2) φ は定義より全射である．

(3) $\ker \varphi$ を調べる．剰余群 G/H_i の単位元は H_i であり，定理 4.1 の系によって $xH_i = H_i \iff x \in H_i$ であることに注意しよう．
$$(a_1, a_2) \in \ker \varphi \iff \varphi((a_1, a_2)) = (H_1, H_2) \iff (a_1 H_1, a_2 H_2) = (H_1, H_2)$$
$$\iff a_1 H_1 = H_1, a_2 H_2 = H_2 \iff a_1 \in H_1, a_2 \in H_2.$$
ゆえに，$\ker \varphi = H_1 \times H_2$ であるから，準同型定理 6.5 より
$$G/(H_1 \times H_2) \simeq G_1/H_1 \times G_2/H_2$$
を得る．

第3章 環 と 体

§1 環

定義と定理のまとめ

定義 1.1 2つの演算 (ここでは加法 + と乗法・にしておく) の与えられた集合 R において，次の4つの条件が満足されているとき，これを**環**という．

(i) 加法に関して群である．
(ii) 乗法に関して結合律を満足する．
$$a \cdot (b \cdot c) = (a \cdot b) \cdot c \quad (\forall a, b, c \in R).$$
(iii) 乗法単位元 $e \in R$ が存在する．
$$\forall a \in R, \ a \cdot e = e \cdot a = a.$$
(iv) 分配律を満足する．
$$a \cdot (b + c) = a \cdot b + a \cdot c,$$
$$(b + c) \cdot a = b \cdot a + c \cdot a \quad (\forall a, b, c \in R).$$

環 R における加法の単位元が唯 1 つ存在する．これを 0_R または簡単に 0 で表し，環の零元またはゼロ元と呼ぶ．環 R において単に**単位元**というときは，乗法単位元 1_R のことを意味する．

また，R の任意の元 a, b について可換律 $a \cdot b = b \cdot a$ が成立するとき，R を**可換環**という．

定理 1.1 環 R の任意の元 a, b, c について，次が成り立つ．

(1) $-(a + b) = -a - b,$ (3) $(a - b) - c = (a - c) - b.$
(2) $-(a - b) = -a + b,$

定理 1.2 環 R の任意の元 a, b, c について，次が成り立つ．

(1) $a \cdot 0_R = 0_R \cdot a = 0_R,$
(2) $(-a) \cdot b = a \cdot (-b) = -(a \cdot b),$
(3) $(-a) \cdot (-b) = a \cdot b,$
(4) $a \cdot (b - c) = a \cdot b - a \cdot c, \ (b - c) \cdot a = b \cdot a - c \cdot a,$
(5) 任意の整数 n に対して， $n(a \cdot b) = (na) \cdot b = a \cdot (nb).$

定義 1.2 環 R の元 a について，零元 0_R と異なる R のある元 b が存在して $a \cdot b = 0_R$ となるとき，a を環 R の**左零因子**という．**右零因子**同じように定義する．

左零因子かつ右零因子であるものを**零因子**という．環 R が可換環であれば，左零因子と右零因子の区別はいらない．0_R は零因子の1つである．

また，環 R の元 a に対し，R のある元 b が存在して $a \cdot b = b \cdot a = 1_R$ となるとき，a を R の**可逆元**，または**単元**といい，b を a の**逆元**という．

定義 1.3 零元 0_R と異なる零因子のない可換環を**整域**という．

定理 1.3 整域 R においては消去律が成り立つ．
$$a \cdot c = b \cdot c,\ c \neq 0 \Longrightarrow a = b\ \ (a, b, c \in R).$$

定義 1.4 環 R の 0_R 以外の元がすべて可逆元であるとき，R を**斜体**という．さらに，R の乗法が可換であれば，R を**可換体**または単に**体**という．

定理 1.4 体は 0 と異なる零因子をもたない．すなわち，体は整域である．

定義 1.5 環 R の単位元 1_R を含んでいる部分集合 S が R の演算に関して環(あるいは体)になっているとき，S を R の**部分環**(あるいは**部分体**)という．

定理 1.5 環 R の部分集合 S が R の部分環であるための必要十分条件は次の (1), (2), (3) が成り立つことである．
 (1) $a, b \in S \Longrightarrow a - b \in S \quad (\forall a, b \in S)$,
 (2) $a, b \in S \Longrightarrow ab \in S \ (\forall a, b \in S)$,
 (3) $1_R \in S$.

定理 1.6 体 K の空でない部分集合 S が K の部分体であるための必要十分条件は次の (1), (2) が成り立つことである．
 (1) $a, b \in S \Longrightarrow a - b \in S \quad (\forall a, b \in S)$,
 (2) $a, b \in S^* \Longrightarrow a \cdot b^{-1} \in S^* \quad (\forall a, b \in S^*)$.
ただし，S^* は S から ゼロ元 0_R を除いた集合 $S^* = S - \{0_R\}$ を表すものとする．

言いかえると，体 K の空でない部分集合 S が K の部分体であるための必要十分条件は，S が加法に関して K の部分群であって，S^* が乗法に関して K^* の部分群になっていることである．

例 1.1 $\mathbb{Z}$ は整域，$\mathbb{Q}$, $\mathbb{R}$, $\mathbb{C}$ は可換体である．

例 1.2 $\mathbb{Z}_n$ は $\overline{a} + \overline{b} = \overline{a+b}$, $\overline{a} \cdot \overline{b} = \overline{a \cdot b}\ (a, b \in \mathbb{Z})$ によって加法と乗法が定義され，可換環である．

例 1.3 $\mathbb{Z}[\sqrt{2}] = \{a+b\sqrt{2} \mid a,b \in \mathbb{Z}\}$ は整域であり，$\mathbb{Q}[\sqrt{2}] = \{a+b\sqrt{2} \mid a,b \in \mathbb{Q}\}$ は体である．

例 1.4 K を体とするとき，K の元を成分とする n 次正方行列の全体を $M_n(K)$ で表す．このとき，行列の和と積によって演算を定義すれば $M_n(K)$ は零因子をもつ非可換な環となる．この環を**全行列環**という．

例 1.5 R を可換環とするとき，R の元を係数とする変数（不定元）X の多項式全体の集合は通常の加法と乗法に関して可換環になる（§4 参照）．この環を R 上の **1 変数の多項式環**といい，記号 $R[X]$ により表す．

問題と解答

問 1.1 環 R の乗法単位元は唯 1 つ存在することを示せ．

（証明）群の単位元は唯 1 つであるという証明と同じである（第 2 章定理 1.1）．
e を乗法単位元とすると，
$$\forall a \in R,\ a \cdot e = e \cdot a = a. \qquad \cdots\cdots\cdots ①$$
e' をもう 1 つの乗法単位元とすると，
$$\forall a \in R,\ a \cdot e' = e' \cdot a = a. \qquad \cdots\cdots\cdots ②$$
① において，$a = e'$ とすると，
$$\underline{e' \cdot e} = e \cdot e' = e'. \qquad \cdots\cdots\cdots ③$$
② において，$a = e$ とすると，
$$e \cdot e' = \underline{e' \cdot e} = e. \qquad \cdots\cdots\cdots ④$$
式 ③ と ④ の下線部分に注意すると，
$$e' = e' \cdot e = e.$$
したがって，$e = e'$ を得る．

問 1.2 環 R の元を a とする．任意の整数 m, n について，
$m(na) = mna,\ (m+n)a = ma + na$ が成り立つことを確かめよ．

（解答）乗法群のときの指数法則を加法群の場合に書きかえればよい．第 2 章定理 2.5 より $a^m \cdot a^n = a^{m+n},\ (a^m)^n = a^{mn}$ であったから，演算を加法に書きかえると $ma + na = (m+n)a,\ n(ma) = (mn)a$ を得る．

問 1.3 環 R の可逆元 a の逆元は唯 1 つであることを示せ．

（証明）群において，ある元の可逆元は唯 1 つであることを証明したが，その証明と同じである（第 2 章 定理 1.1 参照）．$a \in R$ とする．このとき，$b, b' \in R$ について，

$$ab = ba = 1_R, \quad ab' = b'a = 1_R$$

とする．$ab = 1_R$ の左から b' をかけると $b'(ab) = b'1_R$．ここで，

$$\text{左辺} = b'(ab) = (b'a)b = 1_R b = b, \quad \text{右辺} = b'1_R = b'.$$

したがって，$b = b'$ を得る．

> **問 1.4** 環 R の可逆元の全体 $U(R)$ は乗法群をつくることを示せ．

(証明) 演算 (乗法) に関して閉じていることを示す．$a, b \in U(R)$ とすると，$\exists a'$, $b' \in R$, $aa' = a'a = 1$, $bb' = b'b = 1$ を満たしている．ゆえに，

$$(ab)(b'a') = a(bb')a' = a1a' = aa' = 1,$$
$$(b'a')(ab) = b'(a'a)b = b'1b = bb' = 1.$$

したがって，$(ab)(b'a') = (b'a')(ab) = 1$ が成り立つので，$b'a'$ は ab の可逆元である．よって，$a, b \in U(R) \implies ab \in U(R)$ が示された．

次に，乗法に関して群であることを確かめる．
(G1) 結合律は $U(R)$ が環 R の部分集合であるから成立している．
(G2) 環 R の単位元 $1_R \in U(R)$ が乗法の単位元である．
(G3) $U(R)$ の任意の元 a について，定義によって a の乗法逆元 $a^{-1} \in U(R)$ が存在する．

以上より，$U(R)$ は乗法に関して群になる．

> **問 1.5** 環 R が斜体であるための必要十分条件は，R から 0_R を除いた集合 $R^* = R - \{0_R\}$ が乗法に関して群になることである．これを示せ．

(証明) 「R：斜体 $\iff R^*$：乗法群」を示す．

($\implies$)：R が斜体であれば，0 でない元はすべて可逆元であるから $R^* \subset U(R)$．逆に，$a \in U(R)$ とすると，$ab = ba = 1$ ($\exists b \in R$) より，$a \neq 0$. ゆえに，$U(R) \subset R^*$ であるから $U(R) = R^*$. したがって，問 1.4 より $U(R) = R^*$ は群である．

($\impliedby$)：a を 0 でない R の元とする．すなわち，$a \in R^*$ である．R^* は乗法群であるから，a の逆元 b が R^* に存在する．すなわち，$\exists b \in R$, $ab = ba = 1$. このことは，a が R の可逆元であることを意味している．よって，定義 1.4 により R は斜体である．

> **問 1.6** 整数環 $\mathbb{Z}$ の可逆元の全体 $U(\mathbb{Z})$ を求めよ．また，有理数体 $\mathbb{Q}$ の可逆元の全体 $U(\mathbb{Q})$ は何か．

(証明) (1) $U(\mathbb{Z}) = \{1, -1\}$：整数環 $\mathbb{Z}$ の単位元は 1 であるから，$a \in \mathbb{Z}$ が $\mathbb{Z}$ の可逆元とすれば，$\exists b \in \mathbb{Z}$, $ab = ba = 1$. これが成り立つのは，$(a, b) = (1, 1)$, または $(a, b) = (-1, -1)$ の場合だけである．よって，$\mathbb{Z}$ の可逆元は 1 か -1 である．

(2) $U(\mathbb{Q}) = \mathbb{Q}^*$：有理数体 $\mathbb{Q}$ の単位元は 1 である．$\mathbb{Q}$ の 0 でない元を a とすると，$1/a \in \mathbb{Q}$ である．ゆえに，$a \cdot 1/a = 1/a \cdot a = 1$ なる関係がある．よって，$\mathbb{Q}$ の 0 でない元はすべて可逆元である．

問 1.7 $\mathbb{Z}$ の元を成分とする 2 次正方行列の全体を $M_2(\mathbb{Z})$ とする．このとき，$M_2(\mathbb{Z})$ の可逆元の全体 $U(M_2(\mathbb{Z}))$ を求めよ．

（証明）$A = \begin{pmatrix} a & b \\ c & d \end{pmatrix} \in M_2(\mathbb{Z})$ とする．A の逆元は，存在すれば A の逆行列 A^{-1} である．A^{-1} は $ad - bc \neq 0$ のとき存在して，

$$A^{-1} = \frac{1}{ad-bc} \begin{pmatrix} d & -b \\ -c & a \end{pmatrix} \in M_2(\mathbb{Q}) \qquad \cdots\cdots\cdots ①$$

で与えられる．このとき，

$$A^{-1} \in M_2(\mathbb{Z}) \iff ad - bc = \pm 1 \qquad \cdots\cdots\cdots ②$$

が成り立つことを以下で示す．これより，

$$U(M_2(\mathbb{Z})) = \left\{ \begin{pmatrix} a & b \\ c & d \end{pmatrix} \in M_2(\mathbb{Z}) \,\middle|\, ad - bc = \pm 1 \right\}$$

が得られる．以下 ② を示す．

($\Longleftarrow$)：$ad - bc = \pm 1$ であれば，① より $A^{-1} \in M_2(\mathbb{Z})$ である．

($\Longrightarrow$)：$A^{-1} \in M_2(\mathbb{Z})$ と仮定する．簡単のため，$\alpha = ad - bc$ とおけば，$\alpha \neq 0$ であって，① より

$$\frac{1}{\alpha} \begin{pmatrix} d & -b \\ -c & a \end{pmatrix} = \begin{pmatrix} d/\alpha & -b/\alpha \\ -c/\alpha & a/\alpha \end{pmatrix} = A^{-1} \in M_2(\mathbb{Z}).$$

したがって，ある整数 k_1, k_2, k_3, k_4 があって

$$d = \alpha k_1,\ b = \alpha k_2,\ c = \alpha k_3,\ a = \alpha k_4$$

と表される．すると，

$$\alpha = ad - bc = \alpha^2 k_1 k_4 - \alpha^2 k_2 k_3 = \alpha^2 (k_1 k_4 - k_2 k_3).$$

$$\therefore\ \alpha = \alpha^2 (k_1 k_4 - k_2 k_3) \Longrightarrow 1 = \alpha(k_1 k_4 - k_2 k_3).$$

ところが，α と $k_1 k_4 - k_2 k_3$ は整数であるから，$\alpha = \pm 1$ でなければならない．

第3章 §1 演習問題

1. 次の集合は，それぞれの加法と乗法に関して環になっているか．環にならない場合にはその理由を記せ．
(1) 通常の加法と乗法に関して $n\mathbb{Z}$．

(2) 通常の加法と乗法に関して $\mathbb{Z}^+ = \{a \in \mathbb{Z} \mid a > 0\}$.
(3) 成分ごとの加法と乗法に関して $\mathbb{Z} \times \mathbb{Z}$.
(4) 成分ごとの加法と乗法に関して $2\mathbb{Z} \times \mathbb{Z}$.
(5) 集合 S の部分集合全体を R とする．$A, B \in R$ に対して，
$A + B = A \cup B - A \cap B$, $A \cdot B = A \cap B$ とするときの R.

(解答) (1) $n = 1$ のとき，$\mathbb{Z}$ は環であるが，$n > 1$ であれば $1 \notin n\mathbb{Z}$ であるから，$n\mathbb{Z}$ は環にならない．

(2) $0 \notin \mathbb{Z}^+$ より，$\mathbb{Z}^+$ は加法に関して群にならないので $\mathbb{Z}^+$ は環ではない．

(3) $\mathbb{Z} \times \mathbb{Z}$ について調べる．

(i) 加法に関しては，群 $\mathbb{Z}$ と群 $\mathbb{Z}$ の直積であるから $\mathbb{Z} \times \mathbb{Z}$ は群になっている．

(ii) 各成分ごとに乗法結合律が成り立つので，$\mathbb{Z} \times \mathbb{Z}$ の乗法に関しても結合律が成り立つ．すなわち，$\mathbb{Z} \times \mathbb{Z}$ の 3 つの元 $(a_1, a_2), (b_1, b_2), (c_1, c_2)$ に対して
$$(a_1, a_2)\{(b_1, b_2) \cdot (c_1, c_2)\}$$
$$= (a_1, a_2)(b_1 c_1, b_2 c_2) = (a_1(b_1 c_1), a_2(b_2 c_2))$$
$$= ((a_1 b_1)c_1, (a_2 b_2)c_2) = (a_1 b_1, a_2 b_2)(c_1, c_2)$$
$$= \{(a_1, a_2)(b_1, b_2)\}(c_1, c_2).$$

(iii) $(1, 1)$ が単位元である．すなわち，$\mathbb{Z} \times \mathbb{Z}$ の元 (a_1, a_2) に対して，
$$(a_1, a_2)(1, 1) = (a_1 1, a_2 1) = (a_1, a_2), \ (1, 1)(a_1, a_2) = (1a_1, 1a_2) = (a_1, a_2).$$
ゆえに，$(a_1, a_2)(1, 1) = (1, 1)(a_1, a_2) = (a_1, a_2)$ が成り立つ．

(iv) 各成分ごとに分配律が成り立つので，$\mathbb{Z} \times \mathbb{Z}$ の加法と乗法に関しても分配律が成り立つ．
$$(a_1, a_2)((b_1, b_2) + (c_1, c_2))$$
$$= (a_1, a_2)(b_1 + c_1, b_2 + c_2) = (a_1(b_1 + c_1), a_2(b_2 + c_2))$$
$$= (a_1 b_1 + a_1 c_1, a_2 b_2 + a_2 c_2) = (a_1 b_1, a_2 b_2) + (a_1 c_1, a_2 c_2)$$
$$= (a_1, a_2)(b_1, b_2) + (a_1, a_2)(c_1, c_2).$$

以上 (i) 〜 (iv) によって，$\mathbb{Z} \times \mathbb{Z}$ は環である．

(4) 成分ごとの演算であれば，単位元は $(1, 1)$ であるが，$(1, 1)$ は $2\mathbb{Z} \times \mathbb{Z}$ に属さない．よって，$2\mathbb{Z} \times \mathbb{Z}$ は環ではない．

(5) はじめに，R の元，すなわち，集合 S の部分集合 $A, B \in R$ に対して，
$$A + B = A \cup B - A \cap B = B \cup A - B \cap A = B + A,$$
$$A \cdot B = A \cap B = B \cap A = B \cdot A$$
であるから，この演算は 2 つとも可換である．

(i) 加法に関して群であることを示す．
(G1) 結合律が成り立つことを示す．はじめに，
$$A + B = A \cup B - A \cap B = (A \cap B') \cup (A' \cap B) \qquad \cdots\cdots\cdots ①$$

が成り立つことに注意しよう．ここで，A' は A の補集合 $A' = S - A$ を表す．

$$\begin{aligned}
(A+B)' &= (A \cap B')' \cap (A' \cap B)' \\
&= (A' \cup B) \cap (A \cup B') \\
&= \{(A' \cup B) \cap A\} \cup \{(A' \cup B) \cap B'\} \\
&= \{(A' \cap A) \cup (B \cap A)\} \cup \{(A' \cap B') \cup (B \cap B')\} \\
&= \{\phi \cup (B \cap A)\} \cup \{(A' \cap B') \cup \phi\} \\
&= (A \cap B) \cup (A' \cap B'). \\
\therefore \quad (A+B)' &= (A \cap B) \cup (A' \cap B'). \qquad \cdots\cdots\cdots ②
\end{aligned}$$

式 ①, ② を使うと

$$\begin{aligned}
A + (B+C) &= \{A \cap (B+C)'\} \cup \{A' \cap (B+C)\} \\
&= [A \cap \{(B \cap C) \cup (B' \cap C')\}] \cup [A' \cap \{(B \cap C') \cup (B' \cap C)\}] \\
&= (A \cap B \cap C) \cup (A \cap B' \cap C') \cup (A' \cap B \cap C') \cup (A' \cap B' \cap C).
\end{aligned}$$

一方，

$$\begin{aligned}
(A+B) + C &= \{(A+B) \cap C'\} \cup \{(A+B)' \cap C\} \\
&= [\{(A \cap B') \cup (A' \cap B)\} \cap C'] \cup [\{(A \cap B) \cup (A' \cap B')\} \cap C] \\
&= [(A \cap B' \cap C') \cup (A' \cap B \cap C')] \cup [(A \cap B \cap C) \cup (A' \cap B' \cap C)] \\
&= (A \cap B \cap C) \cup (A \cap B' \cap C') \cup (A' \cap B \cap C') \cup (A' \cap B' \cap C). \\
\therefore \quad A + (B+C) &= (A+B) + C.
\end{aligned}$$

よって，結合律の成り立つことが確かめられた．

(G2) ϕ がゼロ元であることを示す．$A \in R$ について，

$$A + \phi = A \cup \phi - A \cap \phi = A - \phi = A$$

が成り立つので，ϕ は加法群 R のゼロ元である．

(G3) $A \in R$ について，自分自身が逆元であることを示す．

$$A + A = A \cup A - A \cap A = A - A = \phi.$$

したがって，$A + A = \phi$ を満たすので，元 A の加法逆元は A 自身である．

(ii) 乗法結合律が成り立つことを示す．

$$\begin{aligned}
A \cdot (B \cdot C) &= A \cap (B \cap C) \\
&= (A \cap B) \cap C = (A \cdot B) \cap C = (A \cdot B) \cdot C. \\
\therefore \quad A \cdot (B \cdot C) &= (A \cdot B) \cdot C.
\end{aligned}$$

(iii) 任意の S の部分集合 A に対して，$A \cdot S = A \cap S = A$ であるから

$$A \cdot S = S \cdot A = A.$$

よって，全体集合 S が単位元である．

(iv) 分配律が成り立つことを示す．再び ① を使う．

$$\begin{aligned}
&A(B+C) \\
&= A \cap (B+C) = A \cap \{(B \cap C') \cup (B' \cap C)\} \\
&= \{A \cap (B \cap C')\} \cup \{A \cap (B' \cap C)\} = (A \cap B \cap C') \cup (A \cap B' \cup C).
\end{aligned}$$

一方，
$$\begin{aligned}
AB + AC &= \{AB \cap (AC)'\} \cup \{(AB)' \cap AC\} \\
&= \{(A \cap B) \cap (A \cap C)'\} \cup \{(A \cap B)' \cap (A \cap C)\} \\
&= \{(A \cap B) \cap (A' \cup C')\} \cup \{(A' \cup B') \cap (A \cap C)\} \\
&= [\,\{(A \cap B) \cap A'\} \cup \{(A \cap B) \cap C'\}\,] \\
&\quad \cup [\,\{A' \cap (A \cap C)\} \cup \{B' \cap (A \cap C)\}\,] \\
&= \{\phi \cap (A \cap B \cap C')\} \cup \{\phi \cap (A \cap B' \cap C)\} \\
&= (A \cap B \cap C') \cup (A \cap B' \cap C).
\end{aligned}$$

ゆえに，$A(B+C) = AB + AC$ が成り立つ．以上 (i) $\sim$ (iv) より，R は可換環であることがわかる．

2. a, b を環 R の元とする．このとき，任意の整数 m, n に対して，$(ma)(nb) = (mn)ab$ が成り立つことを示せ．

(証明) $(ma)(nb) = m(a \cdot nb)$　　(定理 1.2 の (5))
$\qquad\qquad\quad = m\{n(ab)\}$　　(定理 1.2 の (5))
$\qquad\qquad\quad = (mn)(ab).$　　(第 2 章 定理 2.5)

3. $\mathbb{Z}[i] = \{a + bi \mid a, b \in \mathbb{Z}\}$ は整域であり，$\mathbb{Q}[i] = \{a + bi \mid a, b \in \mathbb{Q}\}$ は体であることを示せ．また，整域 $\mathbb{Z}[i]$ の可逆元をすべて求めよ．環 $\mathbb{Z}[i]$ を**ガウスの整数環**という．

(証明) (1) $\mathbb{Z}[i]$ が環であることを示す．加法と乗法は次のようである．
$$(a + bi) + (c + di) = (a + c) + (b + d)i,$$
$$(a + bi)(c + di) = (ac - bd) + (ad + bc)i.$$
加法と乗法が可換であることは容易に確かめられる．

(i) 加法群であることは容易に確かめられる．
$0 = 0 + 0i \in \mathbb{Z}[i]$ がゼロ元で，$a + bi \in \mathbb{Z}[i]$ のマイナス元は $-a - bi$ である．

(ii) 乗法結合律も容易に確かめられる．

(iii) $1 = 1 + 0i \in \mathbb{Z}[i]$ が単位元である．

(iv) 分配律も容易に確かめられる．

(2) $\mathbb{Z}[i]$ が整域であること，すなわち零因子は 0 以外にないことを示す．a, b, c, d を整数として $(a + bi)(c + di) = 0$, $a + bi \neq 0$ と仮定する．$a + bi \neq 0$ であるから $a \neq 0$ または $b \neq 0$ である．このとき，
$(a + bi)(c + di) = 0 \Longrightarrow (ac - bd) + (ad + bc)i = 0 \Longrightarrow ac - bd = 0, ad + bc = 0.$
もし $a \neq 0$ であれば，$ad + bc = 0$ に d をかけると
$ad^2 + bcd = 0 \Rightarrow ad^2 + c \cdot bd = 0 \Rightarrow a(d^2 + c^2) = 0 \Rightarrow d^2 + c^2 = 0 \Rightarrow d = c = 0.$
同様にして，$b \neq 0$ であれば $d = c$ が表示される．

以上より,「$(a+bi)(c+di)=0, a+bi\neq 0 \Longrightarrow c+di=0$」が示された.よって,$\mathbb{Z}[i]$ は整域である.

(3) $\mathbb{Q}[i]$ は体であることを示す.$\mathbb{Q}[i]$ が整域であることは,$\mathbb{Z}[i]$ と同様に確かめられる.そこで,$a+bi \in \mathbb{Q}[i]$ について $a+bi \neq 0$ とする.このとき,$a \neq 0$ または $b \neq 0$ であるから,$a/(a^2+b^2), b/(a^2+b^2) \in \mathbb{Q}[i]$ である.よって,
$$\frac{1}{a+bi} = \frac{a-bi}{a^2+b^2} = \frac{a}{a^2+b^2} + \left(-\frac{b}{a^2+b^2}\right)i \in \mathbb{Q}[i].$$
したがって,$a+bi$ の逆元が $\mathbb{Q}[i]$ に存在する.よって,$\mathbb{Q}[i]$ は体である.

(4) $\mathbb{Z}[i]$ の可逆元を求める.$a+bi$ を $\mathbb{Z}[i]$ の可逆元とすると,
$$\frac{1}{a+bi} = \frac{a}{a^2+b^2} + \left(-\frac{b}{a^2+b^2}\right)i \in \mathbb{Z}[i]$$
である.$a/(a^2+b^2)$ と $b/(a^2+b^2)$ が整数となるのは,$a=0$ または $b=0$ の場合だけである.何故なら,$a\neq 0, b\neq 0$ とすると,$0<|a|, |b|<a^2+b^2$ であるから,
$$0<|a|/(a^2+b^2), |b|/(a^2+b^2)<1.$$
ゆえに,$a/(a^2+b^2)$ と $b/(a^2+b^2)$ は整数ではない.したがって,$a=0$ または $b=0$ である.$a=0$ のとき,$bi \in \mathbb{Z}[i]$ の逆元は $1/bi = -i/b$ であって,$1/b \in \mathbb{Z}$ となるのは $b=\pm 1$ のときだけである.このとき,可逆元は $\{i, -i\}$.また $b=0$ のとき,$a \in \mathbb{Z}[i]$ の逆元 $1/a$ が整数となるのは $a=\pm 1$ のときだけであることがわかる.

以上の考察より,$\mathbb{Z}[i]$ の可逆元は $\{1, -1, i, -i\}$ である.

---

4. p を素数とするとき,$\mathbb{Z}_{(p)} = \left\{\dfrac{m}{n} \mid m,n \in \mathbb{Z},\ (n,p)=1\right\}$ は $\mathbb{Q}$ の部分環であることを示せ.また,$\mathbb{Z}_{(p)}$ の可逆元は何か.

(解答) (1) $\mathbb{Z}_{(p)}$ が部分環であることを示す.

「$(b,p)=1, (d,p)=1 \Longrightarrow (bd,p)=1$」であるから (第 1 章問 1.23),
$$\frac{a}{b}, \frac{c}{d} \in \mathbb{Z}_{(p)} \Longrightarrow \frac{a}{b} - \frac{c}{d} = \frac{ad-bc}{bd} \in \mathbb{Z}_{(p)},$$
$$\frac{a}{b}, \frac{c}{d} \in \mathbb{Z}_{(p)} \Longrightarrow \frac{a}{b} \cdot \frac{c}{d} = \frac{ac}{bd} \in \mathbb{Z}_{(p)}$$
が成り立ち,乗法と加法に関して閉じていることがわかる.また,単位元 1 は $1=1/1, (1,p)=1$ であるから $1 \in \mathbb{Z}_{(p)}$.したがって,定理 1.5 より,$\mathbb{Z}_{(p)}$ は $\mathbb{Q}$ の部分環である.

(2) $a/b \in \mathbb{Z}_{(p)}$ の $\mathbb{Q}$ における逆元は b/a である.したがって,a/b が $\mathbb{Z}_{(p)}$ において可逆元であるための必要十分条件は $b/a \in \mathbb{Z}_{(p)}$ なることである.すなわち,$(a,p)=1$ である.よって,
$$U(\mathbb{Z}_{(p)}) = \left\{\frac{a}{b} \mid a,b \in \mathbb{Z},\ (a,p)=1,\ (b,p)=1\right\}.$$

5. 環 R, R' の直積集合 $R \times R'$ の 2 元 $(a,b), (a',b')$ に対して,加法と乗法をそれぞれ
$$(a,b) + (a',b') = (a+a', b+b'), \quad (a,b) \cdot (a',b') = (a \cdot a', b \cdot b')$$
と決めるとき,$R \times R'$ はこれら演算に関して環をつくることを示せ.また,この環 $R \times R'$ は零因子をもつことを示せ.$R \times R'$ を R と R' の**直積**という.

(証明) (1) $R \times R'$ が環であることを示す.

(i) 加法に関して群であることは,群の直積 (第 2 章 §7) のところで確かめた.$(0,0)$ がゼロ元で,(a,b) のマイナス元は $(-a,-b)$ である.

(ii) 乗法結合律が成り立つのは,各成分ごとの演算の結合律より確かめられる.
$$(a_1, a_2)\{(b_1, b_2)(c_1, c_2)\} = \{(a_1, a_2)(b_1, b_2)\}(c_1, c_2) = (a_1 b_1 c_1, a_2 b_2 c_2).$$

(iii) R の単位元を 1_R, R' の単位元を $1_{R'}$ とすると,$(1_R, 1_{R'})$ が $R \times R'$ の単位元である.すなわち,$R \times R'$ の任意の元 (a_1, a_2) に対して,
$$(a_1, a_2)(1_R, 1_{R'}) = (1_R, 1_{R'})(a_1, a_2) = (a_1, a_2).$$

(iv) 分配律が成り立つのは,各成分ごとの演算の分配律より確かめられる.
$$(a_1, a_2)\{(b_1, b_2) + (c_1, c_2)\}$$
$$= (a_1, a_2)(b_1 + c_1, b_2 + c_2) = (a_1(b_1 + c_1), a_2(b_2 + c_2))$$
$$= (a_1 b_1 + a_1 c_1, a_2 b_2 + a_2 c_2) = (a_1 b_1, a_2 b_2) + (a_1 c_1, a_2 c_2)$$
$$= (a_1, a_2)(b_1, b_2) + (a_1, a_2)(c_1, c_2).$$

(2) $a \neq 0$ のとき,$(a, 0_R), (0_R, a)$ は環 $R \times R'$ の零因子である.
$$(a, 0_R)(0_R, c) = (0_R, 0_R), \quad (0_R, a)(c, 0_R) = (0_R, 0_R).$$
特に,$(1_R, 0_R), (0_R, 1_R)$ も零因子である.

6. R を可換環とし,a を R の単位元 1 でもなく,零元 0 でもない R の**ベキ等元** ($a \cdot a = a$) とするとき,次のことを示せ.
(1) $b = 1 - a$ は R のベキ等元である.
(2) $a \cdot b = b \cdot a = 0$.
(3) $aR \cap bR = \{0\}$.
(4) aR と bR は R の演算に関して環となるが,R の部分環ではない.
(5) $f : R \longrightarrow aR$ ($f(r) = ar$) は準同型写像で $\ker f = bR$.
(6) R の任意の元は aR と bR の和として一意的に表される.

(証明) (1) $bb = (1-a)(1-a) = 1 - 2a + a^2 = 1 - 2a + a = 1 - a = b.$
(2) $ab = a(1-a) = a - a^2 = a - a = 0.$ また,$ba = 0$ も同様である.
(3) $x \in aR \cap bR$ とする.このとき,$x = ar_1 = br_2$ $(r_1, r_2 \in R)$ と表される.$a + b = 1$ であるから,

$$x = 1 \cdot x = (a+b)x = ax + bx = a(br_2) + b(ar_1)$$
$$= (ab)r_2 + (ba)r_1 = 0 \cdot r_2 + 0 \cdot r_1 = 0.$$

ゆえに，$Ra \cap Rb = \{0\}$．

注意として，aR と bR は環 R のイデアルとなっている (後出定義 2.1)．

(4) aR の元 ar_1, ar_2 $(r_1, r_2 \in R)$ について，
$$ar_1 \cdot ar_2 = a^2 r_1 r_2 = ar_1 r_2 \in aR$$
であるから，乗法に関して閉じている．

(i) aR は加法に関して，R の部分群である．
$$\because \quad ax_1, ax_2 \in aR \Longrightarrow ax_1 - ax_2 = a(x_1 - x_2) \in aR.$$

(ii) aR は R の部分集合であり，乗法は R と同じ演算を用いている．したがって，乗法結合律は成り立つ．

(iii) $a \in aR$ が aR の乗法単位元であることを示す：$x \in aR$ とすると，$x = ar$ $(r \in R)$ と表される．このとき，
$$ax = a(ar) = a^2 r = ar = x.$$
ゆえに，aR の任意の元 x に対して $ax = xa = x$ が成り立つので，a は aR の単位元である．

(iv) 乗法も加法も R と同じ演算を用いているので，aR において分配法則も成り立つ．

以上によって aR は可換環ではあるが，$a \ne 1$ であるから，$1 \notin aR$ である．
$$\because \quad 1 \in aR \Longrightarrow ar = 1 \ (\exists r \in R) \Longrightarrow aar = a \Longrightarrow ar = a \Longrightarrow a = 1.$$
したがって，R の単位元 1 を含まないので aR は R の部分環ではない．

bR も同様にして R の部分環ではないことが示せる．

(5) 環の準同型写像とその核の定義は後出定義 3.1 と定義 3.3 を参照せよ．

(i) $f : R \longrightarrow aR$ $(f(r) = ar)$ が準同型写像であることを示す：
$$f(x+y) = a(x+y) = ax + ay = f(x) + f(y),$$
$$f(xy) = axy = a^2 xy = ax \cdot ay = f(x)f(y).$$

(ii) $\ker f = bR$ を示す：(2) で，$ab = 0$ を示したから，$bx \in bR$ に対して，
$$f(bx) = a(bx) = (ab)x = 0x = 0.$$
ゆえに，$bR \subset \ker f$．逆に，$x \in \ker f$ とする．このとき，$f(x) = 0$ であるから $ax = 0$．ゆえに，
$$x = 1 \cdot x = (a+b)x = ax + bx = bx \in bR.$$
したがって，$\ker f \subset bR$ が示されたので $\ker f = bR$ を得る．

(6) $R = aR + bR$ が成り立ち，その表現が一意的であることを示す．

(i) $R = aR + bR$ を示す：$x \in R$ とする．f の定義によって $f(x) = ax \in aR$．このとき，
$$f(x - ax) = f(x) - f(ax) = ax - a(ax)$$
$$= ax - a^2 x = ax - ax = 0.$$

ゆえに，$x - ax \in \ker f = bR$．したがって，$x - ax = br \ (\exists b \in R)$ と表される．これより，$x = ax + br \in aR + bR$ を得る．以上より，$R \subset aR + bR$ が示された．逆の包含関係は定義よりただちにわかる．

(ii) 一意的であることを示す：$x = ar_1 + br_2 = as_1 + bs_2 \ (r_i, s_i \in R)$ と仮定する．このとき，
$$a(r_1 - s_1) = b(s_2 - r_2) \in aR \cap bR = \{0\}$$
であるから，$a(r_1 - s_1) = b(s_2 - r_2) = 0$ である．ゆえに，$ar_1 = as_1$，$br_2 = bs_2$ を得る．

7. R を環とする．R の任意の元 a に対して，$a^2 = a$ が成り立つとき，R は可換環であることを示せ．このような環を**ブール環**という．

(証明) R の任意の元 a, b に対して $ab = ba$ を示せばよい．
(1) 任意の R の元 a, b に対して，
$$a + b = (a+b)^2 = a^2 + ab + ba + b^2 = a + ab + ba + b$$
が成り立つ．これより，$ab + ba = 0 \ (\forall a, b \in R)$ であることがわかる．
(2) 任意の R の元 a, b に対して，
$$(a - b) = (a-b)^2 = a^2 - ab - ba + b^2 = a - ab - ba + b$$
が成り立つ．これと (1) より，$2b = ab + ba = 0$ を得る．ゆえに，$b + b = 2b = 0$．したがって，$b = -b$ が成り立つ．
(3) (1) と (2) より $ab = -ba = ba$ を得る．

8. 有限個の元からなる整域は体であることを示せ．

(証明) R の濃度を $|R| = n < \infty$ とすると，R は $R = \{a_1, a_2, \cdots, a_n\}$ と表される．a を R の 0 でない元として，
$$\ell_a : R \longrightarrow aR \quad (x \longmapsto ax)$$
なる写像 ℓ_a を考えると，R は整域であるから ℓ_a は全単射である．したがって，$n = |R| = |aR|$ であって，かつ $aR \subset R$ であるから $aR = R$ である．ゆえに，$1 \in R = aR$ であるから，R のある元 b が存在して $ab = 1$ が成り立つ．R は可換であるから，a は R の可逆元である．

以上により，R の 0 でない元は可逆元であることがわかったので，R は体となる．

9. 素数個の元からなる可換環は体であることを示せ．

(証明) R の濃度を $|R| = p$ (p は素数) とする．a を R の 0 でない元として
$$A(a) = \{x \in R \mid ax = 0\}$$
なる集合を考える．$A(a)$ は加法群 R の部分群である (実際 $A(a)$ は R のイデアル (定義 2.1(p.150) 参照) となっている)．したがって，第 2 章ラグランジュの定理 4.4

の系 1 によって，部分群 $A(a)$ の位数は 1 または p である．ここで，$a \neq 0$ より $1 \notin A(a)$．よって，$A(a) \neq R$．ゆえに，$|A(a)| \neq p$．したがって，$|A(a)| = 1$ でなければならない．すなわち，$A(a) = \{0\}$ である．これは $ab = 0, a \neq 0 \ (b \in R) \Longrightarrow b = 0$ を意味している．よって，R は整域となり，演習問題 8 より R は体となる．

10. $E = \begin{pmatrix} 1 & 0 \\ 0 & 1 \end{pmatrix}, I = \begin{pmatrix} i & 0 \\ 0 & -i \end{pmatrix}, J = \begin{pmatrix} 0 & 1 \\ -1 & 0 \end{pmatrix}, K = \begin{pmatrix} 0 & i \\ i & 0 \end{pmatrix}$

とおき，さらに
$$R = \{aE + bI + cJ + dK \,|\, a, b, c, d \in \mathbb{R}\}$$
とおく．このとき，次のことを示せ．
(1) $I^2 = J^2 = K^2 = -E$．
(2) $IJ = -JI = K, \ JK = -KJ = I, \ KI = -IK = J$．
(3) R は環である．
(4) $A = aE + bI + cJ + dK \ (A \neq 0)$ のとき，
$$B = \frac{1}{a^2 + b^2 + c^2 + d^2}(aE - bI - cJ - dK)$$
とすれば，$AB = BA = E$ である．
以上によって，R は斜体となる．この R をハミルトンの 4 元数体という．

（解答）(1) $I^2 = J^2 = K^2 = -E$ を示す．

$I^2 = \begin{pmatrix} i & 0 \\ 0 & -i \end{pmatrix}\begin{pmatrix} i & 0 \\ 0 & -i \end{pmatrix} = \begin{pmatrix} i^2 & 0 \\ 0 & i^2 \end{pmatrix} = \begin{pmatrix} -1 & 0 \\ 0 & -1 \end{pmatrix} = -E,$

$J^2 = \begin{pmatrix} 0 & 1 \\ -1 & 0 \end{pmatrix}\begin{pmatrix} 0 & 1 \\ -1 & 0 \end{pmatrix} = \begin{pmatrix} -1 & 0 \\ 0 & -1 \end{pmatrix} = -E,$

$K^2 = \begin{pmatrix} 0 & i \\ i & 0 \end{pmatrix}\begin{pmatrix} 0 & i \\ i & 0 \end{pmatrix} = \begin{pmatrix} i^2 & 0 \\ 0 & i^2 \end{pmatrix} = \begin{pmatrix} -1 & 0 \\ 0 & -1 \end{pmatrix} = -E.$

(2) $IJ = \begin{pmatrix} i & 0 \\ 0 & -i \end{pmatrix}\begin{pmatrix} 0 & 1 \\ -1 & 0 \end{pmatrix} = \begin{pmatrix} 0 & i \\ i & 0 \end{pmatrix} = K,$

$JK = \begin{pmatrix} 0 & 1 \\ -1 & 0 \end{pmatrix}\begin{pmatrix} 0 & i \\ i & 0 \end{pmatrix} = \begin{pmatrix} i & 0 \\ 0 & -i \end{pmatrix} = I,$

$KI = \begin{pmatrix} 0 & i \\ i & 0 \end{pmatrix}\begin{pmatrix} i & 0 \\ 0 & -i \end{pmatrix} = \begin{pmatrix} 0 & 1 \\ -1 & 0 \end{pmatrix} = J.$

上で得られれた結果を使えば，

$IJ = K \Longrightarrow I^2 J = IK \Longrightarrow -J = IK \Longrightarrow J = -IK,$

$JK = I \Longrightarrow J^2 K = JI \Longrightarrow -K = JI \Longrightarrow K = -JI,$

$$KI = J \Longrightarrow K^2 I = KJ \Longrightarrow -I = KJ \Longrightarrow I = -KJ.$$

(3) R は環であることを示す.

(i) R は加法群であることを示す. 演算に関して閉じていること, すなわち, 「$A_1, A_2 \in R \Longrightarrow A_1 + A_2 \in R$」を示す. a_i, b_i, c_i, d_i ($i = 1, 2$) を実数として,
$$A_1 = a_1 E + b_1 I + c_1 J + d_1 K, \quad A_2 = a_2 E + b_2 I + c_2 J + d_2 K$$
とおけば
$$A_1 + A_2 = (a_1 E + b_1 I + c_1 J + d_1 K) + (a_2 E + b_2 I + c_2 J + d_2 K)$$
$$= (a_1 + a_2)E + (b_1 + b_2)I + (c_1 + c_2)J + (d_1 + d_2)K \in R.$$

(G1) 結合律は実数の結合律より成り立つ.

(G2) $0 = 0E + 0I + 0J + 0K \in R$ がゼロ元である.

(G3) $A = aE + bI + cJ + dK$ のマイナス元は
$$-A = (-a)E + (-b)I + (-c)J + (-d)K = -aE - bI - cJ - dK \in R.$$

(ii) 乗法に関して閉じていることは (1) と (2) より確かめられる. 実際に計算してみると
$$A_1 A_2 = (a_1 E + b_1 I + c_1 J + d_1 K)(a_2 E + b_2 I + c_2 J + d_2 K)$$
$$= a_1 a_2 EE + a_1 b_2 EI + a_1 c_2 EJ + a_1 d_2 EK$$
$$+ b_1 a_2 IE + b_1 b_2 II + b_1 c_2 IJ + b_1 d_2 IK$$
$$+ c_1 a_2 JE + c_1 b_2 JI + c_1 c_2 JJ + c_1 d_2 JK$$
$$+ d_1 a_2 KE + d_1 b_2 KI + d_1 c_2 KJ + d_1 d_2 KK$$
$$= a_1 a_2 E + a_1 b_2 I + a_1 c_2 J + a_1 d_2 K$$
$$+ b_1 a_2 I - b_1 b_2 E + b_1 c_2 K - b_1 d_2 J$$
$$+ c_1 a_2 J - c_1 b_2 K - c_1 c_2 E + c_1 d_2 I$$
$$+ d_1 a_2 K + d_1 b_2 J - d_1 c_2 I - d_1 d_2 E$$
$$= (a_1 a_2 - b_1 b_2 - c_1 c_2 - d_1 d_2)E + (a_1 b_2 + a_2 b_1 + c_1 d_2 - c_2 d_1)I$$
$$+ (a_1 c_2 - b_1 d_2 + a_2 c_1 + b_2 d_1)J + (a_1 d_2 + b_1 c_2 - b_2 c_1 + a_2 d_1)K.$$

ゆえに, E, I, J, K の係数が再び実数なので, R の定義によって, $A_1 A_2 \in R$ である.

(iii) E が乗法単位元である.

(1),(2) の式を使えば $A = aE + bI + cJ + dK$ に対して,
$$EA = E(aE + bI + cJ + dK)$$
$$= aEE + bEI + cEJ + dEK = aE + bI + cJ + dK,$$
$$AE = (aE + bI + cJ + dK)E$$
$$= aEE + bIE + cJE + dKE = aE + bI + cJ + dK,$$
$$\therefore \quad EA = AE = A.$$

(iv) 分配律が成り立つことを確かめる.

$$A_1 = (a_1E + b_1I + c_1J + d_1K), \quad A_2 = (a_2E + b_2I + c_2J + d_2K),$$
$$A_3 = (a_3E + b_3I + c_3J + d_3K)$$

とおく．このとき，
$$A_1(A_2 + A_3) = A_1A_2 + A_1A_3, \quad (A_2 + A_3)A_1 = A_2A_1 + A_3A_1$$
が成り立つことを確かめる．

$$A_1A_2 = (a_1E + b_1I + c_1J + d_1K)(a_2E + b_2I + c_2J + d_2K)$$
$$= (a_1a_2 - b_1b_2 - c_1c_2 - d_1d_2)E + (a_1b_2 + a_2b_1 + c_1d_2 - c_2d_1)I$$
$$+ (a_1c_2 - b_1d_2 + a_2c_1 + b_2d_1)J + (a_1d_2 + b_1c_2 - b_2c_1 + a_2d_1)K.$$

$$A_1A_3 = (a_1E + b_1I + c_1J + d_1K)(a_3E + b_3I + c_3J + d_3K)$$
$$= (a_1a_3 - b_1b_3 - c_1c_3 - d_1d_3)E + (a_1b_3 + a_3b_1 + c_1d_3 - c_3d_1)I$$
$$+ (a_1c_3 - b_1d_3 + a_3c_1 + b_3d_1)J + (a_1d_3 + b_1c_3 - b_3c_1 + a_3d_1)K.$$

したがって，
$$A_1A_2 + A_1A_3 = \{a_1(a_2 + a_3) - b_1(b_2 + b_3) - c_1(c_2 + c_3) - d_1(d_2 + d_3)\}E$$
$$+ \{a_1(b_2 + b_3) + (a_2 + a_3)b_1 + c_1(d_2 + d_3) - (c_2 + c_3)d_1\}I$$
$$+ \{a_1(c_2 + c_3) - b_1(d_2 + d_3) + (a_2 + a_3)c_1 + (b_2 + b_3)d_1\}J$$
$$+ \{a_1(d_2 + d_3) + b_1(c_2 + c_3) - (b_2 + b_3)c_1 + (a_2 + a_3)d_1\}K.$$

一方，
$$A_1(A_2 + A_3) = (a_1E + b_1I + c_1J + d_1K)\{(a_2 + a_3)E + (b_2 + b_3)I$$
$$+ (c_2 + c_3)J + (d_2 + d_3)K\}$$
$$= \{a_1(a_2 + a_3) - b_1(b_2 + b_3) - c_1(c_2 + c_3) - d_1(d_2 + d_3)\}E$$
$$+ \{a_1(b_2 + b_3) + (a_2 + a_3)b_1 + c_1(d_2 + d_3) - (c_2 + c_3)d_1\}I$$
$$+ \{a_1(c_2 + c_3) - b_1(d_2 + d_3) + (a_2 + a_3)c_1 + (b_2 + b_3)d_1\}J$$
$$+ \{a_1(d_2 + d_3) + b_1(c_2 + c_3) - (b_2 + b_3)c_1 + (a_2 + a_3)d_1\}K.$$

したがって，
$$A_1(A_2 + A_3) = A_1A_2 + A_1A_3$$
が成り立つ．同様にして，$(A_2+A_3)A_1 = A_2A_1 + A_3A_1$ であることも確かめられる．

(4) $A = aE + bI + cJ + dK$ に対して，$B = (aE - bI - cJ - dK)/k$ とおく．ただし，$k = a^2 + b^2 + c^2 + d^2$ である．
$$kAB = (aE + bI + cJ + dK)(aE - bI - cJ - dK)$$
$$= \{a^2 - b(-b) - c(-c) - d(-d)\}E + \{a(-b) + ab + c(-d) - (-c)d\}I$$
$$+ \{a(-c) - b(-d) + ac + (-b)d\}I + \{a(-d) + b(-c) - (-b)c + ad\}I$$
$$= (a^2 + b^2 + c^2 + d^2)E = kE.$$

ゆえに，$kAB = kE$．したがって，$AB = E$ を得る．$BA = E$ も同様である．

11. M を加法群とし，M の自己準同型写像全体を R とする．R の 2 元 f, g に対して，f と g の和と積を次のように定義する．

$$f + g : M \longrightarrow M \qquad\qquad f \cdot g : M \longrightarrow M$$
$$x \longmapsto f(x) + g(x) \qquad\quad x \longmapsto f\bigl(g(x)\bigr).$$

この加法と乗法により，R が環となることを示せ．R を M の **自己準同型環** という．

(証明) はじめに，演算，加法と乗法が閉じていること，すなわち，次を示す．
$$f, g \in R \Longrightarrow f + g, \ f \cdot g \in R$$
を示す．

$$\begin{aligned}
(f+g)(a+b) &= f(a+b) + g(a+b) &&(f+g \text{ の定義}) \\
&= f(a) + f(b) + g(a) + g(b) &&(f \text{ と } g \text{ は準同型写像}) \\
&= f(a) + g(a) + f(b) + g(b) \\
&= (f+g)(a) + (f+g)(b). &&(f+g \text{ の定義})
\end{aligned}$$

$$\begin{aligned}
(f \cdot g)(a+b) &= f\bigl(g(a+b)\bigr) &&(\text{合成写像の定義}) \\
&= f\bigl(g(a) + g(b)\bigr) &&(g \text{ は準同型写像}) \\
&= f\bigl(g(a)\bigr) + f\bigl(g(b)\bigr) &&(f \text{ は準同型写像}) \\
&= f \cdot g(a) + f \cdot g(b). &&(\text{合成写像の定義})
\end{aligned}$$

よって，$f + g$ と $f \cdot g$ は M の自己準同型写像であるから $f+g, \ f \cdot g \in R$ である．

(1) R が加法群であることを示す．

(G1) 結合律を示す．
$$\begin{aligned}
\{f + (g+h)\}(a) &= f(a) + (g+h)(a) &&(\text{写像の和の定義}) \\
&= f(a) + \bigl(g(a) + h(a)\bigr) &&(\text{写像の和の定義}) \\
&= \bigl(f(a) + g(a)\bigr) + h(a) &&(\text{加法の結合律}) \\
&= (f+g)(a) + h(a) &&(\text{写像の和の定義}) \\
&= \{(f+g) + h\}(a). &&(\text{写像の和の定義})
\end{aligned}$$

よって，$\{f + (g+h)\} = \{(f+g) + h\}$ が成り立つ．

(G2) ゼロ写像がゼロ元である．ゼロ写像 0 は $0(a) = 0_M \ (a \in M)$ によって定義される，M から M への写像である．このとき，
$$(f + 0)(a) = f(a) + 0(a) = f(a) + 0_M = f(a).$$
したがって，$f + 0 = 0 + f$ が成り立つ．

(G3) $f \in R$ とする．$(-f)(a) = -f(a) \ (a \in M)$ によって，M から M への写像を定義すると，
$$\begin{aligned}
(-f)(a+b) &= -f(a+b) \\
&= -\{f(a) + f(b)\} &&(-f \text{ の定義}) \\
&= -f(a) - f(b) &&(f \text{ は準同型写像}) \\
&= (-f)(a) + (-f)(b). &&(-f \text{ の定義})
\end{aligned}$$

したがって，$-f$ は M の自己準同型写像である．

(2) 乗法が写像の合成写像であるから，結合律は一般的に成り立つ．
$$\{f\cdot(g\cdot h)\}(a) = f\bigl((g\cdot h)(a)\bigr) = f\bigl(g(h(a))\bigr),$$
$$\{(f\cdot g)\cdot h\}(a) = (f\cdot g)(h(a)) = f\bigl(g(h(a))\bigr).$$
よって，$f\cdot(g\cdot h) = (f\cdot g)\cdot g$ が成り立つ．

(3) M の恒等写像 1_M は M の自己同型写像であり，任意の M の自己同型写像 f に対して
$$(1_M\cdot f)(a) = 1_M\bigl(f(a)\bigr) = f(a), \quad (f\cdot 1_M)(a) = f\bigl(1_M(a)\bigr) = f(a)$$
が成り立つので，$1_M\cdot f = f\cdot 1_M = f$．よって，$1_M$ は R の単位元である．

(4) 分配律について．
f, g, h を M の自己準同型写像とする．このとき，

$$\begin{aligned}
\{f(g+h)\}(a) &= f\bigl((g+h)(a)\bigr) & &\text{(写像の積の定義)} \\
&= f\bigl(g(a) + h(a)\bigr) & &\text{(写像の和の定義)} \\
&= f\bigl(g(a)\bigr) + f\bigl(h(a)\bigr) & &\text{(f は準同型写像)} \\
&= fg(a) + fh(a) & &\text{(写像の積の定義)} \\
&= (fg + fh)(a). & &\text{(写像の和の定義)}
\end{aligned}$$

よって，$f(g+h) = fg + fh$ が成り立つ．同様に，$(g+h)f = gh + hf$ であることも確かめられる．

以上，(1) 〜 (4) によって，R は環になる．M の自己準同型環 R を $\text{End}(M)$ で表す．

§2 環のイデアル・剰余環・有理整数環 $\mathbb{Z}$

定義と定理のまとめ

定理 2.1 環 R の部分集合 I が加法に関して部分群であるとする．このとき，R の元 a, b について $a \equiv b \pmod{I} \iff a - b \in I$ によって，同値関係が定義される．さらに，次の条件 (5) と (6) は同値である．

(5) $a \equiv b \pmod{I}$, $c \equiv d \pmod{I} \implies a \cdot c \equiv b \cdot d \pmod{I}$．
(6) (i) $r \in R, a \in I \implies r \cdot a \in I$, (ii) $r \in R, a \in I \implies a \cdot r \in I$．

定義 2.1 環 R の空でない部分集合 I について，次の 3 つの条件を考える．

(1) $a, b \in I \implies a - b \in I$ （加法に関して部分群），
(2) $r \in R, a \in I \implies r \cdot a \in I$，
(3) $r \in R, a \in I \implies a \cdot r \in I$．

(1) と (2) を満足しているとき，I を環 R の**左イデアル**といい，(1) と (3) を満足しているとき，I を環 R の**右イデアル**という．左イデアルでかつ右イデアルであるものを**両側イデアル**，あるいは単に**イデアル**という．R が可換環であれば，左イデアルと右イデアルの概念は一致する．

環 R の部分集合 $\{0\}$ と R 自身は R のイデアルである．この $\{0\}$ と R を環 R の**自明なイデアル**といい，そうでないイデアルを**真のイデアル**という．イデアル $\{0\}$ は (0) で表すことが多い．

定理 2.2 可換環 R のイデアル I が単位元 1 を含めば $I = R$ となる．
したがって，環 R のイデアル I が可逆元を含めば $I = R$ となる．

定理 2.3 I を環 R のイデアルとすると，I を法とする剰余類全体の集合 R/I に対して，加法と乗法を次のように定義することができる．すなわち R の元 a, b に対して，

$$\overline{a} + \overline{b} = \overline{a+b}, \qquad \overline{a} \cdot \overline{b} = \overline{a \cdot b}$$

と定義することができる．これらの演算に関して，剰余類の全体 R/I は環になる．

定義 2.2 定理 2.3 により得られた環 R/I を，I を法とする R の**剰余環**と呼ぶ．剰余環 R/I のゼロ元は $\overline{0} = I$ で単位元は $\overline{1}_R = 1_R + I$ である．

定理 2.4 A を可換環 R の部分集合とし，A の元と R の元の積の有限個の和全体の集合を AR で表す．すなわち，

$$AR = \{a_1 r_1 + \cdots + a_n r_n \mid n \in \mathbb{N}, a_i \in A, r_i \in R \ (1 \le i \le n)\}$$

とすると，AR は R のイデアルである．

定義 2.3 可換環 R において，定理 2.4 のイデアル AR を集合 A によって**生成されたイデアル**といい，A をその**生成系**という．特に，$I = AR$ で A が有限集合 $A = \{a_1, \cdots, a_n\}$ のとき，I は $a_1, a_2, \cdots, a_n$ によって生成されたイデアルといい，$I = (a_1, a_2, \cdots, a_n)$ または $I = a_1R + a_2R + \cdots + a_nR$ で表し，イデアル I は**有限生成**であるという．

さらに $n=1$ のとき，$(a_1) = a_1R$ は a_1 で生成された**単項イデアル**という．整域 R のすべてのイデアルが単項イデアルであるような環を**単項イデアル整域 (PID)** という．

定理 2.5 I_1, I_2 を可換環 R のイデアルとすると，次の (1),(2),(3) それぞれにおける集合も R のイデアルである．
(1) $I_1 + I_2 = \{x \mid x = a_1 + a_2,\ a_1 \in I_1,\ a_2 \in I_2\}$．
(2) $I_1 \cap I_2$．
(3) $I_1 I_2 = \{a_1 b_1 + \cdots + a_n b_n \mid n \in \mathbb{N}, a_1, \cdots a_n \in I_1, b_1, \cdots b_n \in I_2\}$．すなわち，$I_1 I_2$ は I_1 の元 a_i と I_2 の元 b_i の積 $a_i b_i$ の有限個の和の全体の集合である．

定義 2.4 可換環 R のイデアル P が次の条件を満たすとき，P を可換環 R の**素イデアル**という．
$$a \notin P, b \notin P \Longrightarrow a \cdot b \notin P.$$
P を可換環 R のイデアルとする．P を含んでいる R の真のイデアルが存在しないとき，P を可換環 R の**極大イデアル**という．

定理 2.6 P を可換環 R のイデアルとするとき，次が成り立つ．
(1) P は素イデアルである $\iff R/P$ は整域．
(2) P は極大イデアルである $\iff R/P$ は体．
(3) P が極大イデアルならば，P は素イデアルである．

定理 2.7 有理整数環 $\mathbb{Z}$ のイデアルはすべて単項イデアルである．すなわち，有理整数環 $\mathbb{Z}$ は単項イデアル整域 (PID) である．

定理 2.8 有理整数環 $\mathbb{Z}$ において，次のことが成り立つ．
(1) $(m) = (n)$ ならば $m = \pm n$ であり，また逆も成立する．
(2) a が b の約数であるための必要十分条件は $(a) \supset (b)$ が成り立つことである．
(3) d を正の整数とするとき，$(a, b) = (d)$ であるための必要十分条件は d が a, b の最大公約数なることである．
(4) ℓ を正の整数とするとき，$(a) \cap (b) = (\ell)$ であるための必要十分条件は ℓ が

a, b の最小公倍数なることである.

定理 2.9 整数環 $\mathbb{Z}$ において, 次の 5 つの命題は同値である.
(1) p は素数である.
(2) $(p) = p\mathbb{Z}$ は素イデアルである.
(3) $(p) = p\mathbb{Z}$ は極大イデアルである.
(4) $\mathbb{Z}/(p)$ は整域である.
(5) $\mathbb{Z}/(p)$ は体である.

定理 2.10 n を法とする既約剰余類の全体 $U(\mathbb{Z}_n)$ は剰余環 $\mathbb{Z}_n = \mathbb{Z}/n\mathbb{Z}$ における乗法に関して群をなす. ただし, $U(\mathbb{Z}_n) = \{\bar{a} \in \mathbb{Z}_n \mid (a, n) = 1\}$.

定義 2.5 定理 2.10 の $U(\mathbb{Z}_n)$ を**既約剰余群**という.

定理 2.11 (オイラーの定理) 整数 $a, n (> 1)$ について, 次の式が成り立つ.
$$(a, n) = 1 \implies a^{\varphi(n)} \equiv 1 \pmod{n}.$$
ただし, φ はオイラーの関数である (第 1 章 §3 参照).

系 1 (フェルマーの小定理) p を素数とする. このとき, p で割り切れない任意の整数 a に対して次が成り立つ.
$$a^{p-1} \equiv 1 \pmod{p}.$$

系 2 p を素数とする. このとき, 任意の整数 a に対して次が成り立つ.
$$a^p \equiv a \pmod{p}.$$

問題と解答

> **問 2.1** 可換環 R の元を a とする. ある正の整数 n があって $a^n = 0$ となるとき, a を R の**ベキ零元**という. R のベキ零元の全体 $N(R)$ は R のイデアルとなることを示せ. $N(R)$ を環 R の**根基**という.

(証明) $0^1 = 0$ であるから, $0 \in N(R)$. よって, $N(R) \neq \phi$.
(1) $a, b \in N(R)$ と仮定する. このとき, $a^m = 0, b^n = 0 (\exists m, n \in \mathbb{N})$. ゆえに,
$(a-b)^{m+n}$
$$= \sum_{i=0}^{m+n} {}_{m+n}\mathrm{C}_i a^{m+n-i}(-b)^i$$
$$= a^{m+n} + {}_{m+n}\mathrm{C}_1 a^{m+n-1}(-b) + \cdots + {}_{m+n}\mathrm{C}_n a^m (-b)^n$$
$$\quad + {}_{m+n}\mathrm{C}_{n+1} a^{m-1}(-b)^{n+1} + \cdots + {}_{m+n}\mathrm{C}_{m+n-1} a(-b)^{m+n-1} + (-b)^{m+n}$$
$$= 0.$$

よって，$(a-b)^{m+n} = 0$ であるから $a-b \in N(R)$.

(2) $r \in R$, $a \in N(R)$ と仮定する．このとき，$\exists m \in \mathbb{N}$, $a^m = 0$. R は可換環であるから $(ra)^m = r^m a^m = r^m \cdot 0 = 0$. ゆえに，$(ra)^m = 0$ であるから $ra \in N(R)$.
以上 (1), (2) によって，$N(R)$ は R のイデアルである．

> **問 2.2** 可換環 R の元を a とする．このとき，$A(a) = \{x \in R \mid xa = 0\}$ によって定義される集合は R のイデアルであることを示せ．

(証明) $0 \cdot a = 0$ であるから，$0 \in A(a)$. ゆえに，$A(a) \neq \phi$.
(1) $x, y \in A(a)$ と仮定する．このとき，$xa = 0$, $ya = 0$ であるから
$$(x-y)a = xa - ya = 0 - 0 = 0.$$
よって，$x - y \in A(a)$ である．
(2) $r \in R$, $x \in A(a)$ と仮定する．このとき，$xa = 0$ であるから
$$(rx)a = r(xa) = r \cdot 0 = 0.$$
以上 (1), (2) によって，$A(a)$ は R のイデアルである．

> **問 2.3** 次の問に答えよ．
> (1) 有理整数環 $\mathbb{Z}$ の元を a とするとき，$A(a)$ を求めよ．
> (2) 12 を法とする剰余環 $\mathbb{Z}_{12}$ の元 $\bar{3}$ に対して $A(\bar{3})$ を求めよ．

(証明) (1) 定義より $A(a) = \{n \in \mathbb{N} \mid na = 0\}$ であるから，$a \neq 0$ のとき，$A(a) = \{0\}$ であり，$a = 0$ のとき，$A(a) = \mathbb{Z}$ である．
(2) $A(\bar{3}) = \{\bar{n} \in \mathbb{Z}_{12} \mid \bar{n} \cdot \bar{3} = \bar{0}\}$. 第 1 章の定理 2.8，問 2.2(2) に注意すれば
$$\bar{n} \cdot \bar{3} = \bar{0} \Longleftrightarrow \overline{n \cdot 3} = \bar{0} \Longleftrightarrow 3n \equiv 0 \pmod{12} \Longleftrightarrow n \equiv 0 \pmod{4}.$$
ゆえに，$A(\bar{3}) = \{\bar{0}, \bar{4}, \bar{8}\}$.

> **問 2.4** a を可換環 R の元とする．このとき，a が R の可逆元であるための必要十分条件は $aR = R$ である．

(証明) 例 2.1 (3)* より aR は可換環 R のイデアルである．a を R の可逆元とする．$a \in aR$ であるから，イデアル aR は可逆元を含むので，定理 2.2 より $aR = R$ となる．逆に，$aR = R$ とすると $1 \in R = aR$ であるから，$\exists b \in R$, $1 = ab$ と表される．R は可換環だから，$ab = ba = 1$. ゆえに，a は R の可逆元である．

> **問 2.5** 次を証明せよ．
> (1) I を有理数体 $\mathbb{Q}$ の (0) でないイデアルとするとき，$I = \mathbb{Q}$ である．
> (2) 可換環 R が体であるための必要十分条件は，R が (0) と R の他にイデアルをもたないことである．

(証明) (1) $I \neq (0)$ であるから, I に 0 でない元 a が存在する. $\mathbb{Q}$ は体であるから, $a \neq 0$ であれば $a^{-1} \in \mathbb{Q}$. すると, I はイデアルであるから, $1 = a^{-1} \cdot a \in I$. したがって, $1 \in I$ であるから, 定理 2.2 より $I = \mathbb{Q}$ である.

(2) はじめに, 必要条件であることを示す: I を (0) でない R のイデアルとする. $I \neq (0)$ であるから, I に 0 でない元 a が存在する. R は体であるから, $a^{-1} \in R$. また I はイデアルであるから, $1 = a \cdot a^{-1} \in I$. したがって, $1 \in I$ であるから, 定理 2.2 より $I = R$ である.

十分条件であることを示す: a を R の 0 でない元とする. a によって生成されたイデアル aR を考えると $(0) \subsetneq aR$. このとき, 仮定によって, $aR = R$ でなければならない. ゆえに, $1 \in R = aR$ であるから, ある R の元 b が存在して $ab = 1$ が成り立つ. 今, R は可換環であるから, $ab = ba = 1$ を満たし, a は R の可逆元であることがわかる.

以上より, R の 0 でない任意の元は可逆元であるから, R は体である. □

問 2.6 次の各問に答えよ.
(1) 剰余環 $\mathbb{Z}_{12}$ の可逆元をすべて求めよ.
(2) 剰余環 $\mathbb{Z}_{12}$ の零因子をすべて求めよ.
(3) 剰余環 $\mathbb{Z}_{12}$ のベキ零元をすべて求めよ.

(解答) $\mathbb{Z}_{12}$ の単位元は $\bar{1}$ である.
(1)
$$\bar{a} \text{ が } \mathbb{Z}_{12} \text{ の可逆元} \iff \exists \bar{b} \in \mathbb{Z}_{12},\ \bar{a} \cdot \bar{b} = \bar{1}$$
$$\iff \exists \bar{b} \in \mathbb{Z}_{12},\ \overline{a \cdot b} = \bar{1}$$
$$\iff \exists b \in \mathbb{Z},\ ab \equiv 1 \pmod{12} \quad \text{(第 1 章定理 2.8)}$$
$$\iff ax \equiv 1 \pmod{12} \text{ が解をもつ}$$
$$\iff (a, 12) \mid 1 \quad \text{(第 1 章定理 2.5)}$$
$$\iff (a, 12) = 1.$$

したがって, $\mathbb{Z}_{12}$ の可逆元の集合は $\{\bar{1}, \bar{5}, \bar{7}, \overline{11}\}$ である.

(2)
$$\bar{a} \text{ が } \mathbb{Z}_{12} \text{ の零因子} \iff \exists \bar{b} \in \mathbb{Z}_{12},\ \bar{b} \neq \bar{0},\ \bar{a} \cdot \bar{b} = \bar{0}$$
$$\iff \exists \bar{b} \in \mathbb{Z}_{12},\ \bar{b} \neq \bar{0},\ \overline{a \cdot b} = \bar{0}$$
$$\iff \exists b \in \mathbb{Z},\ ab \equiv 0,\ b \not\equiv 0 \pmod{12} \quad \text{(第 1 章定理 2.8)}$$
$$\iff a \equiv 0 \pmod{2} \text{ または } a \equiv 0 \pmod{3}$$
$$\iff \bar{a} = \bar{0}, \bar{2}, \bar{3}, \bar{4}, \bar{6}, \bar{8}, \bar{9}, \overline{10}.$$

したがって, $\mathbb{Z}_{12}$ の零因子の集合は $\{\bar{0}, \bar{2}, \bar{3}, \bar{4}, \bar{6}, \bar{8}, \bar{9}, \overline{10}\}$ である.

(3)
$$\bar{a} \text{ が } \mathbb{Z}_{12} \text{ のベキ零元} \iff \exists n \in \mathbb{Z},\ \bar{a}^n = \bar{0}$$

$$\begin{aligned}
&\iff \exists n \in \mathbb{Z},\ \overline{a^n} = \overline{0} \\
&\iff \exists n \in \mathbb{Z},\ a^n \equiv 0 \pmod{12} \qquad \text{(第1章定理2.8)} \\
&\iff a \equiv 0 \pmod{2},\ a \equiv 0 \pmod{3} \\
&\iff a \equiv 0 \pmod{6}. \qquad \text{(第1章定理2.3)}
\end{aligned}$$

したがって，$\mathbb{Z}_{12}$ のベキ零元の集合は $\{\overline{0}, \overline{6}\}$ である．

問 2.7 R を可換環として，$N(R)$ を R の根基とする (問2.1 参照)．このとき，剰余環 $R/N(R)$ は $\overline{0}$ と異なるベキ零元をもたないことを示せ．

(証明) $\bar{a}$ を $R/N(R)$ のベキ零元とする．定義より $\exists n \in \mathbb{N},\ (\bar{a})^n = \overline{0}$. このとき，
$$(\bar{a})^n = \overline{0} \iff \overline{a^n} = \overline{0} \iff a^n \in N(R).$$
$N(R)$ は R におけるベキ零元の集合であるから，$\exists m \in \mathbb{N},\ (a^n)^m = 0$. したがって，$a^{mn} = 0$ であるから $a \in N(R)$. すなわち，$R/N(R)$ において，$\bar{a} = \overline{0}$ である．

問 2.8 I を可換環 R のイデアルとするとき，次を示せ．
(1) J が I を含んでいる R のイデアルとするとき，集合 $J/I = \{\bar{a} \in R/I \mid a \in J\}$ は剰余環 R/I のイデアルである．
(2) 剰余環 R/I のイデアルはすべて，I を含んでいる R のイデアル J があって，J/I という形をしている．

(証明) (1) J/I は剰余環 R/I の加法群としての部分群である．このことは，群のところで考察した (第2章§5* 参照)．$\bar{r} \in R/I,\ \bar{a} \in J/I\ (r \in R, a \in J)$ とする．J がイデアルであるから，$ra \in J$. したがって，$\bar{r} \cdot \bar{a} = \overline{ra} \in J/I$. よって，$J/I$ は R/I のイデアルである．

(2) 剰余環 R/I のイデアルを A とする．A は加法群 R/I の部分群であるから，群のところで考察したように，I を含んでいる R の加法部分群 J が存在して $A = J/I$ という形をしている (第2章§5* 参照)．このとき，R の加法部分群である J は次のようにして環のイデアルであることがわかる．
$r \in R,\ a \in J$ として，$\bar{r} \in R/I,\ \bar{a} \in J/I = A$ を考える．A が剰余環 R/I のイデアルであるから
$$\overline{ra} = \bar{r} \cdot \bar{a} \in A = J/I.$$
ゆえに，$\overline{ra} \in J/I$ より $ra \in J$ である．したがって，J は R のイデアルである．

問 2.9 I を可換環 R のイデアルとする．J_1 と J_2 を，I を含んでいる R のイデアルとするとき，次を示せ．
(1) $J_1/I = J_2/I \Longrightarrow J_1 = J_2$, (2) $J_1/I = R/I \Longrightarrow J_1 = R$.

(証明) (1) 定義より，$J_1/I = \{\bar{a} \mid a \in J_1\}$, $J_2/I = \{\bar{a} \mid a \in J_2\}$. $a \in J_1$ とする．

このとき, $\bar{a} \in J_1/I = J_2/I$ であるから, $\exists b \in J_2, \bar{a} = \bar{b}$. これより
$$\bar{a} = \bar{b} \iff \overline{a-b} = \bar{0} \iff a - b \in I.$$
ここで, $b \in J_2$ であるから, $a \in b + I \subset J_2$ を得る. 以上により $J_1 \subset J_2$ であることが示された. 逆の包含関係も同様に示されるので $J_1 = J_2$ が証明された.

(2) $J_2 = R$ とすれば, (1) より導かれる. ■

> **問 2.10** I を R のイデアルとするとき, $IR = I$ であることを示せ.

(証明) 定義を確認しよう. IR は I の元と R の元の有限個の積の全体である.
$$IR = \{a_1 r_1 + \cdots + a_n r_n \mid n \in \mathbb{N}, a_i \in I, r_i \in R \ (1 \leq i \leq n)\}.$$
$a \in I$ とすると, $a = a \cdot 1 \in IR$ である. ゆえに, $I \subset IR$.

逆に, IR の任意の元 x は $x = a_1 r_1 + \cdots + a_n r_n \ (a_i \in I, r_i \in R)$ と表される. ここで, I はイデアルであるから $a_i \in I$ より $a_i r_i \in I$. ゆえに,
$$x = a_1 r_1 + \cdots + a_n r_n \in I.$$
したがって, $IR \subset I$ を得る. ■

> **問 2.11** 環 R が可換環 S の部分環であるとする. このとき, S のイデアル I' に対して, $I' \cap R$ は R のイデアルであることを示せ.

(証明) $a, b \in I' \cap R$ とする. はじめに, R は環であるから $a - b \in R, ra \in R$ である. 次に, I' が S のイデアルであるから
$$a, b \in I' \Longrightarrow a - b \in I',$$
$$r \in R, a \in I' \Longrightarrow r \in S, a \in I' \Longrightarrow ra \in I'.$$
したがって, $a - b \in I' \cap R$ かつ $ra \in I' \cap R$ が示されたので, $I' \cap R$ は R のイデアルである. ■

> **問 2.12** I を単項イデアル環 R のイデアルとするとき, 剰余環 R/I も単項イデアル環であることを示せ.

(証明) R/I のイデアルはすべて, J/I ($I \subset J, J$ は R のイデアル) という形で表される (問 2.8 (2)). また, 仮定より R は単項イデアル環であるから, $J = aR \ (\exists a \in J)$ と表される.

$\alpha \in J/I$ とすると, $\alpha = \bar{x}, (x \in J = aR)$ と表される. ここで, x は $x = ar \ (r \in R)$ と表されるから,
$$\alpha = \bar{x} = \overline{ar} = \bar{a} \cdot \bar{r} \in \bar{a}(R/I).$$
したがって, $J/I \subset \bar{a}(R/I)$. 逆に, $\bar{a}(R/I)$ の元は $\bar{a} \cdot \bar{r} \ (r \in R)$ と表される. $a \in J$ であるから $ar \in J$. ゆえに, $\bar{a} \cdot \bar{r} = \overline{ar} \in J/I$. よって, $J/I \supset \bar{a}(R/I)$. 以上より, $J/I = \bar{a}(R/I)$ であることが示された. ■

問 2.13 I と J を R のイデアルとするとき，$I \cup J$ は R のイデアルになるか．

(解答) 一般に $I \cup J$ はイデアルにならない：$I \cup J$ がイデアルであるとすれば，$I \cup J$ は加法群であると考えられる．このとき，群のところで調べたように $I \subset J$ または $J \subset I$ が成り立つ (第 2 章問 2.3 参照)．

(例) 有理整数環 $\mathbb{Z}$ においてイデアル $2\mathbb{Z}$ と $3\mathbb{Z}$ を考えると，$2\mathbb{Z} \cup 3\mathbb{Z}$ はイデアルではない．

問 2.14 環 R のイデアルの無限列
$$I_1 \subset I_2 \subset \cdots \subset I_i \subset I_{i+1} \subset \cdots$$
に対して，$I = \bigcup_{i=1}^{\infty} I_i$ とおけば，I は R のイデアルであることを示せ．

(証明) (1) $a, b \in I$ とする．$a, b \in I = \bigcup_{i=1}^{\infty} I_i$ より $a \in I_i, b \in I_j$ ($\exists i, j \in \mathbb{N}$)．ここで，$i \leq j$ と仮定する ($i > j$ の場合も同様にすればよい)．このとき，$I_i \subset I_j$ であるから，$a, b \in I_j$ である．I_j は R のイデアルであるから $a - b \in I_j \subset I$．ゆえに，「$a, b \in I \Longrightarrow a - b \in I$」が示された．

(2) $r \in R, a \in I$ とする．(1)と同じ記号を使うと，$r \in R, a \in I_i$ より $ra \in I_i \subset I$．したがって，「$r \in R, a \in I \Longrightarrow ra \in I$」が示された．

(1),(2) より I は R のイデアルである．

問 2.15 可換環 R のイデアルを I, J とする．$I \not\subset J$ かつ $J \not\subset I$ であれば，$I \cap J$ は素イデアルではないことを証明せよ．また，この例をあげよ．

(解答) $I \not\subset J$ より $\exists a \in I - J$．また，$J \not\subset I$ より $\exists b \in J - I$．したがって，
$$a \in I, b \in R \Longrightarrow ab \in I, \qquad a \in R, b \in J \Longrightarrow ab \in J.$$
ゆえに，$ab \in I \cap J$ である．一方，a と b の選び方より $a \notin I \cap J, b \notin I \cap J$ であるから，定義によって $I \cap J$ は素イデアルではない．

例として，整数環 $\mathbb{Z}$ のイデアル (2) と (3) を考えると，$(2) \not\subset (3), (2) \not\supset (3)$ である．ここで，$(2) \cap (3) = (6)$ であるが，(6) は素イデアルではない．

問 2.16 有理整数環 $\mathbb{Z}$ において，次のイデアルを単項イデアルとして表せ．
(1) $(2, 4)$, (2) $(2, 4, 6)$, (3) $(3, 4)$, (4) $(6, 15)$, (5) $(2, 3, 4)$．

(解答) 一般に，a と b の最大公約数を d とすると，$(a, b) = a\mathbb{Z} + b\mathbb{Z} = d\mathbb{Z} = (d)$ であることに注意する (定理 2.8(3))．

(1) $(2, 4) = (2) = 2\mathbb{Z}$, (3) $(3, 4) = (1) = \mathbb{Z}$, (5) $(2, 3, 4) = (1) = \mathbb{Z}$.
(2) $(2, 4, 6) = (2) = 2\mathbb{Z}$, (4) $(6, 15) = (3) = 3\mathbb{Z}$,

> **問 2.17** 次の問に答えよ．
> (1) 10^{100} を 17 で割ったときの余りを求めよ．
> (2) 5^{73} を 11 で割ったときの余りを求めよ．
> (3) 8^{103} を 13 で割ったときの余りを求めよ．

(解答) (1) $(10, 17) = 1$ であるから，オイラーの定理 2.11 より
$$10^{\varphi(17)} \equiv 1 \pmod{17} \Longrightarrow 10^{16} \equiv 1 \pmod{17}.$$
一方，$100 = 16 \cdot 6 + 4$ であるから，
$$10^{100} = 10^{16 \cdot 6 + 4} = (10^{16})^6 \cdot 10^4 \equiv 1 \cdot 10^4 \pmod{17}$$
$$= (10^2)^2 \equiv 15^2 \pmod{17} \quad (\because 100 = 17 \cdot 5 + 15)$$
$$\equiv (-2)^2 \equiv 4 \pmod{17}.$$
以上より，10^{100} を 17 で割ったときの余りは 4 である．

(2) $(5, 11) = 1$ であるから，オイラーの定理 2.11 より
$$5^{\varphi(11)} \equiv 1 \pmod{11} \Longrightarrow 5^{10} \equiv 1 \pmod{11}.$$
一方，$73 = 7 \cdot 10 + 3$ であるから，
$$5^{73} = (5^{10})^7 \cdot 5^3 \equiv 1 \cdot 125 \pmod{11}$$
$$\equiv 4 \pmod{11} \quad (\because 125 = 11 \cdot 11 + 4).$$
以上より，5^{73} を 11 で割ったときの余りは 4 である．

(3) $(8, 13) = 1$ であるから，オイラーの定理 2.11 より
$$8^{\varphi(13)} \equiv 1 \pmod{13} \Longrightarrow 8^{12} \equiv 1 \pmod{13}.$$
一方，$103 = 12 \cdot 8 + 7$ であるから，
$$8^{103} = 8^{12 \cdot 8 + 7} = (8^{12})^8 \cdot 8^7 \equiv 1 \cdot 8^7 \pmod{13}$$
$$= (8^2)^3 \cdot 8 \quad (\because 64 = 13 \cdot 4 + 12)$$
$$\equiv 1 \cdot 12^3 \cdot 8 \pmod{13} \equiv (-1)^3 \cdot 8 \equiv -8 = 5.$$
以上より，8^{103} を 13 で割ったときの余りは 5 である．

第 3 章 §2 演 習 問 題

> **1.** 次の命題は正しいか (T), 誤り (F) であるか．
> (1) 有理数体 $\mathbb{Q}$ は実数体 $\mathbb{R}$ のイデアルである
> (2) 環 R のイデアルはすべて環 R の部分環である．
> (3) 環 R の部分環はすべて環 R のイデアルである．
> (4) すべての可換環の剰余環はまた可換環である．
> (5) $\mathbb{Z}$ は $\mathbb{Q}$ のイデアルである．
> (6) 環 R が 0 と異なる零因子を含めば，R のすべての剰余環もまた 0 と異なる零因子を含む．

(解答) (1) (F): (i) $\mathbb{Q}$ は加法に関しては群であるが,
(ii)「$r \in \mathbb{R}$, $a \in \mathbb{Q} \Longrightarrow ra \in \mathbb{Q}$」は一般に成り立たない. 例として, $\sqrt{2} \in \mathbb{R}$, $1 \in \mathbb{Q}$ であるが, $\sqrt{2} \cdot 1 = \sqrt{2} \notin \mathbb{Q}$. よって, $\mathbb{Q}$ は $\mathbb{R}$ のイデアルではない.

(2) (F) : イデアル I は必ずしも単位元 1 を含んでいないので, 部分環ではない.
(例) 整数環 $\mathbb{Z}$ のイデアル $2\mathbb{Z}$ について, $1 \notin 2\mathbb{Z}$ であるから, $2\mathbb{Z}$ は $\mathbb{Z}$ の部分環ではない.

(3) (F) : $\mathbb{Q}$ は $\mathbb{R}$ の部分環であるが, (1) で見たように, $\mathbb{Q}$ は $\mathbb{R}$ のイデアルではない.

(4) (T) : 可換環 R のイデアルを I とする. このとき, 剰余環 R/I の演算は $\bar{a} \cdot \bar{b} = \overline{ab}$ によって定義されていた. したがって, $\bar{a} \cdot \bar{b} = \overline{ab} = \overline{ba} = \bar{b} \cdot \bar{a}$. よって, 剰余環 R/I は可換環である.

(5) (F) : $1/2 \in \mathbb{Q}$, $1 \in \mathbb{Z}$ であるが, $1/2 \cdot 1 = 1/2 \notin \mathbb{Z}$ であるから, $\mathbb{Z}$ は $\mathbb{Q}$ のイデアルではない.

(6) (F) : $\mathbb{Z}_4$ のイデアル $\bar{2}\mathbb{Z}_4$ による剰余環 $\mathbb{Z}_4/\bar{2}\mathbb{Z}_4 = \{\tilde{0}, \tilde{1}\}$ は体である. したがって, $\mathbb{Z}_4/\bar{2}\mathbb{Z}_4$ は零因子をもたない. ただし, $\tilde{0} = \bar{0} + \bar{2}\mathbb{Z}_4$, $\tilde{1} = \bar{1} + \bar{2}\mathbb{Z}_4$.

(注意) 他の例として, 直積環 $\mathbb{Z} \times \mathbb{Z}$ について考えれば, $\mathbb{Z} \times \mathbb{Z}$ は零因子をもつ. しかし,
$$(\mathbb{Z} \times \mathbb{Z})/(\mathbb{Z} \times p\mathbb{Z}) \simeq (0) \times \mathbb{Z}/p\mathbb{Z} \simeq \mathbb{Z}_p$$
であるから, その剰余環 $(\mathbb{Z} \times \mathbb{Z})/(\mathbb{Z} \times p\mathbb{Z})$ は体であって零因子をもたない.

2. 成分ごとに加法, 乗法を定義した環 $\mathbb{Z} \times \mathbb{Z}$ のイデアルを決定せよ.

(解答) (1) I, J を $\mathbb{Z} \times \mathbb{Z}$ のイデアルとするとき, $I \times J$ は $\mathbb{Z} \times \mathbb{Z}$ のイデアルである.

(i) 加法群として, I と J は $\mathbb{Z}$ の部分群であるから, 群の直積として $I \times J$ は群である.

(ii) $(m, m') \in \mathbb{Z} \times \mathbb{Z}$, $(n, n') \in I \times J$ とする. $n \in I$ で I はイデアルであるから $mn \in I$, また $n' \in J$ で J はイデアルであるから $m'n' \in J$. ゆえに, $(m, m')(n, n') = (mn, m'n') \in I \times J$.

(i),(ii) より $I \times J$ は $\mathbb{Z} \times \mathbb{Z}$ のイデアルである.

(2) A を $\mathbb{Z} \times \mathbb{Z}$ のイデアルとする. このとき,
$$I = \{m \in \mathbb{Z} \mid (m, m') \in A, \exists m' \in \mathbb{Z}\}, \quad J = \{n' \in \mathbb{Z} \mid (n, n') \in A, \exists n \in \mathbb{Z}\}$$
とおく. このとき, I と J は $\mathbb{Z}$ のイデアルである. I が $\mathbb{Z}$ のイデアルであることを示す. J が $\mathbb{Z}$ のイデアルであることも同様に示される.

(i) $m_1, m_2 \in I$ とする.
$m_1, m_2 \in I$ より $\exists m'_1, m'_2 \in \mathbb{Z}$, $(m_1, m'_1) \in A$, $(m_2, m'_2) \in A$.
A はイデアルだから,

$$(m_1 - m_2,\ m_1' - m_2') = (m_1, m_1') - (m_2, m_2') \in A.$$
A の定義によって, $m_1 - m_2 \in I$ である.

(ii) $a \in \mathbb{Z},\ m \in I$ とする. $m \in I$ より, $\exists m' \in \mathbb{Z}, (m, m') \in A$. また, A はイデアルであるから,
$$(am, m') = (a, 1)(m, m') \in A.$$
A の定義によって, $am \in I$ である.

(i), (ii) によって, I は $\mathbb{Z}$ のイデアルである. 同様に J も $\mathbb{Z}$ のイデアルである.

(3) $I \times (0) \subset A,\ (0) \times J \subset A$ を示す. ここでは, $I \times (0) \subset A$ を示せばよい. $(0) \times J \subset A$ も同様である.

$(m, 0) \in I \times (0)$ とする. $m \in I$ であるから, $\exists m' \in \mathbb{Z}, (m, m') \in A$. ここで, A はイデアルであるから $(m, 0) = (1, 0)(m, m') \in A$. ゆえに, $I \times (0) \subset A$ である.

(4) $A = I \times J$ であることを示す.

(i) $A \subset I \times J$ を示す. $(m, n) \in A$ とすると, I の定義によって $m \in I$. また, J の定義によって $n \in J$. ゆえに, $(m, n) \in I \times J$. したがって, $A \subset I \times J$.

(ii) $A \supset I \times J$ を示す. $(m, n) \in I \times J$ とする. $m \in I, n \in J$ であるから (3) より $(m, 0), (0, n) \in A$. したがって, A はイデアルであるから
$$(m, n) = (m, 0) + (0, n) \in A.$$
ゆえに, $A \supset I \times J$ が示された.

(i), (ii) より $A = I \times J$ である.

(5) $\mathbb{Z}$ は単項イデアル環であるから (定理 2.7), $I = a\mathbb{Z},\ J = b\mathbb{Z}\ (a, b \in \mathbb{Z})$ と表される. したがって, $\mathbb{Z} \times \mathbb{Z}$ のイデアルはすべてある整数 a, b によって $a\mathbb{Z} \times b\mathbb{Z}$ という形で表される.

3. 体 K 上の 2 次の全行列環 $M_2(K)$ は真のイデアルをもたないことを示せ (例 1.4 参照).

(証明) I を (0) でない $M_2(K)$ のイデアルとし, A を 0 でない I の元とする. すなわち,
$$A = \begin{pmatrix} a & b \\ c & d \end{pmatrix} \neq \begin{pmatrix} 0 & 0 \\ 0 & 0 \end{pmatrix}.$$
このとき, a, b, c, d の少なくとも 1 つは 0 でない. そこで, $a \neq 0$ とする. 他の場合も同様である. I はイデアルであるから,

$$\begin{pmatrix} 1 & 0 \\ 0 & 0 \end{pmatrix} \begin{pmatrix} a & b \\ c & d \end{pmatrix} = \begin{pmatrix} a & b \\ 0 & 0 \end{pmatrix} \in I,\quad \begin{pmatrix} a & b \\ 0 & 0 \end{pmatrix} \begin{pmatrix} 1 & 0 \\ 0 & 0 \end{pmatrix} = \begin{pmatrix} a & 0 \\ 0 & 0 \end{pmatrix} \in I$$

$$\begin{pmatrix} 1/a & 0 \\ 0 & 0 \end{pmatrix} \begin{pmatrix} a & 0 \\ 0 & 0 \end{pmatrix} = \begin{pmatrix} 1 & 0 \\ 0 & 0 \end{pmatrix} \in I,\quad \begin{pmatrix} 1 & 0 \\ 0 & 0 \end{pmatrix} \begin{pmatrix} 0 & 1 \\ 0 & 0 \end{pmatrix} = \begin{pmatrix} 0 & 1 \\ 0 & 0 \end{pmatrix} \in I$$

$$\begin{pmatrix} 0 & 0 \\ 1 & 0 \end{pmatrix} \begin{pmatrix} 0 & 1 \\ 0 & 0 \end{pmatrix} = \begin{pmatrix} 0 & 0 \\ 0 & 1 \end{pmatrix} \in I.$$

$$\therefore \quad \begin{pmatrix} 1 & 0 \\ 0 & 1 \end{pmatrix} = \begin{pmatrix} 1 & 0 \\ 0 & 0 \end{pmatrix} + \begin{pmatrix} 0 & 0 \\ 0 & 1 \end{pmatrix} \in I.$$

$M_2(K)$ の乗法単位元 $\begin{pmatrix} 1 & 0 \\ 0 & 1 \end{pmatrix}$ をイデアル I が含めば,定理 2.2 より $I = M_2(K)$ となる.以上によって,$M_2(K)$ の (0) でないイデアルを I とすると,$I = M_2(K)$ となるので,$M_2(K)$ は真のイデアルをもたないことが示された.

---

4. 環 R 上の n 次の全行列環 $M_n(R)$ について,次を示せ (例 1.4 参照).
(1) (i,j) 成分が 1 で他の成分がすべて 0 である行列を E_{ij} とおけば,
$$E_{ij}E_{j\ell} = E_{i\ell}, \quad E_{ij}E_{k\ell} = 0 \ (j \neq k), \quad E_{11} + E_{22} + \cdots + E_{nn} = E_n$$
(E_n は n 次の単位行列を表す).
(2) K を斜体とすると,$M_n(K)$ は真のイデアルをもたない.

(解答) (1)

$$E_{ij}E_{j\ell} = \begin{pmatrix} & j & \\ 0 & \vdots & 0 \\ \cdots & 1 & \cdots \\ 0 & \vdots & 0 \end{pmatrix} \begin{pmatrix} & \ell & \\ 0 & \vdots & 0 \\ \cdots & 1 & \cdots \\ 0 & \vdots & 0 \end{pmatrix} = \begin{pmatrix} & \ell & \\ 0 & \vdots & 0 \\ \cdots & 1 & \cdots \\ 0 & \vdots & 0 \end{pmatrix} = E_{i\ell}.$$

$j \neq k$ のとき,$E_{ij}E_{k\ell} = 0$ である.$E_{11} + \cdots + E_{nn} = E_n$ は容易に確かめられる.

(2) I を全行列環 $M_n(K)$ の (0) でないイデアルとする.I には $A \neq 0$ なる行列 A が存在する.$A = (a_{ij})$ と表して,ある a_{ij} は $a_{ij} \neq 0$ とする.

$$E_{ii}A = \begin{pmatrix} & i & \\ 0 & \vdots & 0 \\ \cdots & 1 & \cdots \\ 0 & \vdots & 0 \end{pmatrix} \begin{pmatrix} a_{11} & \cdots & a_{1j} & \cdots & a_{1n} \\ \vdots & & \vdots & & \vdots \\ a_{i1} & \cdots & a_{ij} & \cdots & a_{in} \\ \vdots & & \vdots & & \vdots \\ a_{n1} & \cdots & a_{nj} & \cdots & a_{nn} \end{pmatrix} = \begin{pmatrix} 0 & \cdots & 0 & \cdots & 0 \\ \vdots & & \vdots & & \vdots \\ a_{i1} & \cdots & a_{ij} & \cdots & a_{in} \\ \vdots & & \vdots & & \vdots \\ 0 & \cdots & 0 & \cdots & 0 \end{pmatrix}.$$

$$E_{ii}AE_{jj} = \begin{pmatrix} 0 & \cdots & 0 & \cdots & 0 \\ \vdots & & \vdots & & \vdots \\ a_{i1} & \cdots & a_{ij} & \cdots & a_{in} \\ \vdots & & \vdots & & \vdots \\ 0 & \cdots & 0 & \cdots & 0 \end{pmatrix} \begin{pmatrix} & j & \\ 0 & \vdots & 0 \\ \cdots & 1 & \cdots \\ 0 & \vdots & 0 \end{pmatrix} = \begin{pmatrix} 0 & \cdots & 0 & \cdots & 0 \\ \vdots & & \vdots & & \vdots \\ 0 & \cdots & a_{ij} & \cdots & 0 \\ \vdots & & \vdots & & \vdots \\ 0 & \cdots & 0 & \cdots & 0 \end{pmatrix}$$
$$= a_{ij}E_{ij}.$$

ゆえに,$E_{ij} = (1/a_{ij})E_{ii}AE_{jj} \in I$.よって,$E_{ij} \in I$ であることがわかる.すると,
$$E_{ij}E_{j1} = E_{i1} \in I, \cdots, E_{ij}E_{jn} = E_{in} \in I,$$
$$\therefore \quad E_{1i}E_{i1} = E_{11} \in I, \cdots, E_{ni}E_{in} = E_{nn} \in I.$$

したがって, E_n を n 次の単位行列とすると
$$E_n = E_{11} + \cdots + E_{nn} \in I.$$
E_n は全行列環 $M_n(K)$ の可逆元であるから, 定理 2.2 より $I = M_n(K)$ が示された.

5. $\mathbb{Z}_{12}$ のイデアル $\bar{3}\,\mathbb{Z}_{12}$ に対して, 剰余環 $\mathbb{Z}_{12}/\bar{3}\,\mathbb{Z}_{12}$ を決定せよ.

(解答) イデアル $\bar{3}\,\mathbb{Z}_{12}$ の構成要素は次のようである. $\bar{3}\,\mathbb{Z}_{12} = \{\bar{0}, \bar{3}, \bar{6}, \bar{9}\}$.
$\mathbb{Z}_{12}/\bar{3}\,\mathbb{Z}_{12}$ の各元は $\hat{a} = \bar{a} + \bar{3}\,\mathbb{Z}_{12}$ と表される. このとき,
$$\hat{a} = \hat{b} \iff \hat{a} - \hat{b} = \hat{0} \iff \widehat{a-b} = \hat{0} \iff \overline{a-b} \in \bar{3}\,\mathbb{Z}_{12}.$$
したがって, たとえば $\hat{4} - \hat{1} = \hat{3} = \hat{0}$. これより,
$$\hat{1} = \hat{4} = \hat{7} = \widehat{10}, \quad \hat{2} = \hat{5} = \hat{8} = \widehat{11}, \quad \hat{0} = \hat{3} = \hat{6} = \hat{9}.$$
ゆえに, $\mathbb{Z}_{12}/\bar{3}\,\mathbb{Z}_{12} = \{\hat{0}, \hat{1}, \hat{2}\}$. この剰余環は $\mathbb{Z}_3$ と同型である.

注意として, §3 演習問題 14 の同型写像を使えば, $\bar{3}\,\mathbb{Z}_{12} = \bar{3}(\mathbb{Z}/12\mathbb{Z}) = 3\mathbb{Z}/12\mathbb{Z}$ であるから, $\mathbb{Z}_{12}/\bar{3}\,\mathbb{Z}_{12} \simeq (\mathbb{Z}/12\mathbb{Z})/(3\mathbb{Z}/12\mathbb{Z}) \simeq \mathbb{Z}/3\mathbb{Z} = \mathbb{Z}_3$.

6. I を可換環 R のイデアルとする. ある正整数 n が存在して, $a^n \in I$ を満たす R の元 a 全体の集合を記号 $\sqrt{I}$ で表すとき, $\sqrt{I}$ は R のイデアルとなることを示せ. $\sqrt{I}$ を I の**根基**という. 特に, イデアル (0) の根基 $\sqrt{(0)} = N(R)$ は環 R の根基といい, その元はベキ零元である (問 2.1 参照).

(証明) I の元 a は $a^1 \in I$ と考えられるので $a \in \sqrt{I}$. ゆえに, $I \subset \sqrt{I}$. したがって, $0 \in I \subset \sqrt{I}$ であるから, $\sqrt{I}$ は空集合ではない.

(1) $a, b \in \sqrt{I}$ とすると, ある正整数 m, n が存在して, $a^m \in I$, $b^n \in I$ を満たしている. したがって,
$$\begin{aligned}(a-b)^{m+n} &= \sum_{k=0}^{m+n} (-1)^k {}_{m+n}C_k a^{m+n-k} b^k \\ &= a^{m+n} + (-1)^1 {}_{m+n}C_1 a^{m+n-1} b + \cdots + (-1)^n {}_{m+n}C_n a^m b^n \\ &\quad + (-1)^{n+1} {}_{m+n}C_{n+1} a^{m-1} b^{n+1} + \cdots + (-1)^{m+n} b^{m+n}.\end{aligned}$$
ゆえに, $a - b \in \sqrt{I}$.

(2) $r \in R$, $a \in \sqrt{I}$ とする. このとき, $a \in \sqrt{I}$ より, ある整数 m が存在して $a^m \in I$ を満たしている. R は可換環であるから, $(ra)^m = r^m a^m \in I$. ゆえに, $ra \in \sqrt{I}$.

(1), (2) より $\sqrt{I}$ は R のイデアルである.

7. (1) $\sqrt{I} \neq I$ であるような可換環 R と, その真のイデアル I の例を示せ.
(2) $\mathbb{Z}, \mathbb{Z}_3, \mathbb{Z}_6, \mathbb{Z}_8, \mathbb{Z}_{12}, \mathbb{Z}_{32}$ のそれぞれに対して, 環の根基を求めよ.

(解答) (1) 整数環 $\mathbb{Z}$ のイデアル $8\mathbb{Z}$ について考える.
$$a \in \sqrt{8\mathbb{Z}} \iff \exists n \in \mathbb{N}, \ a^n \in 8\mathbb{Z}$$

$$\iff \exists n \in \mathbb{N},\ a^n \equiv 0 \pmod 8$$
$$\iff a \equiv 0 \pmod 2 \iff a \in 2\mathbb{Z}.$$

ゆえに, $\sqrt{8\mathbb{Z}} = 2\mathbb{Z}$ であり, $8\mathbb{Z} \subsetneq 2\mathbb{Z}$ であることは容易にわかる. したがって, $\sqrt{8\mathbb{Z}} \ne 8\mathbb{Z}$ で $8\mathbb{Z}$ は $\mathbb{Z}$ の真のイデアルである.

(2) (i) $N(\mathbb{Z}) = (0)$: 何故ならば, $a \in N(\mathbb{Z}) \iff \exists n \in \mathbb{N}, a^n = 0 \iff a = 0$.

(ii) $N(\mathbb{Z}_3) = (0)$: 第1章定理 2.8 に注意すれば,
$$\bar{a} \in N(\mathbb{Z}_3) \iff \exists n \in \mathbb{N},\ \bar{a}^n = \bar{0} \iff \exists n \in \mathbb{N},\ \overline{a^n} = \bar{0}$$
$$\iff \exists n \in \mathbb{N},\ a^n \equiv 0 \pmod 3 \iff a \equiv 0 \pmod 3.$$

(iii) $N(\mathbb{Z}_6) = (0)$: 第1章定理 2.3 と定理 2.8 に注意すれば,
$$\bar{a} \in N(\mathbb{Z}_6) \iff \exists n \in \mathbb{N},\ \bar{a}^n = \bar{0} \iff \exists n \in \mathbb{N},\ \overline{a^n} = \bar{0}$$
$$\iff \exists n \in \mathbb{N},\ a^n \equiv 0 \pmod 6 \iff a^n \equiv 0 \pmod 2, a^n \equiv 0 \pmod 3$$
$$\iff a \equiv 0 \pmod 2, a \equiv 0 \pmod 3 \iff a \equiv 0 \pmod 6.$$

(iv) $N(\mathbb{Z}_8) = \{\bar{0}, \bar{2}, \bar{4}, \bar{6}\} = 2\mathbb{Z}_8$: 第1章定理 2.8 に注意すれば,
$$\bar{a} \in N(\mathbb{Z}_8) \iff \exists n \in \mathbb{N},\ \bar{a}^n = \bar{0} \iff \exists n \in \mathbb{N},\ \overline{a^n} = \bar{0}$$
$$\iff \exists n \in \mathbb{N},\ a^n \equiv 0 \pmod 8 \iff a \equiv 0 \pmod 2.$$

(v) $N(\mathbb{Z}_{12}) = \{\bar{0}, \bar{6}\} = \bar{6}\mathbb{Z}_{12}$: これは前に見た (問 2.6 の (3)).

(vi) $N(\mathbb{Z}_{32}) = \bar{2}\mathbb{Z}_{32}$: 第1章定理 2.8 に注意すれば,
$$\bar{a} \in N(\mathbb{Z}_{32}) \iff \exists n \in \mathbb{N},\ \bar{a}^n = \bar{0} \iff \exists n \in \mathbb{N},\ \overline{a^n} = \bar{0}$$
$$\iff \exists n \in \mathbb{N},\ a^n \equiv 0 \pmod{32} \iff a \equiv 0 \pmod 2.$$

---

8. I, J を可換環 R のイデアルとするとき, 次を示せ.
(1) $I : J = \{a \in R \mid aJ \subset I\}$ とおけば, $I : J$ は I を含んでいる R のイデアルであることを示せ.
(2) $R = \mathbb{Z},\ I = (m),\ J = (n)$ のとき, $(m) : (n) = (a)$ が成り立つ. ただし, $a = m/(m, n)$ とする.

(証明) (1) ● $I \subset I : J$ であること: $a \in I$ とすると, $aJ \subset IJ \subset IR = I$. ゆえに, $aJ \subset I$ であるから, $a \in I : J$ となる.

● $I : J$ が R のイデアルであること:

(i) $a, b \in I : J$ とする. $aJ \subset I,\ bJ \subset I$ であるから, $(a - b)J = aJ + (-b)J \subset I$. したがって, $a - b \in I : J$ を得る.

(ii) $r \in R,\ a \in I : J$ とする. $aJ \subset I$ より $(ra)J = r(aJ) \subset rI \subset I$. したがって, $(ra)J \subset I$ であるから $ra \in I : J$ を得る.

(2) $R = \mathbb{Z}, I = (m), J = (n)$ と考える. $(m, n) = d$ とおけば
$$\exists a, b \in \mathbb{Z},\ m = ad,\ n = bd,\ (a, b) = 1$$
と表される. このとき,

$$x \in (m) : (n) \iff x(n) \subset (m) \iff xn\mathbb{Z} \subset m\mathbb{Z} \iff m \mid xn$$
$$\iff a \mid xb \iff a \mid x \iff x \in (a).$$

したがって，$(n) : (m) = (a)$ が得られる.

9. p を素数とする．このとき，体 $\mathbb{Z}_p$ において，自分自身が逆元となっている $\mathbb{Z}_p$ の元は $\bar{1}$ と $\overline{p-1}$ だけであることを示せ．

(証明) $\mathbb{Z}_p$ の元を $\bar{a}$ とする．このとき，

$\bar{a}$ は自分自身が逆元
$$\iff \bar{a} \cdot \bar{a} = \bar{1} \iff \bar{a}^2 - \bar{1} = \bar{0}$$
$$\iff (\bar{a} + \bar{1})(\bar{a} - \bar{1}) = \bar{0} \iff (\bar{a} + \bar{1}) = \bar{0} \text{ または } (\bar{a} - \bar{1}) = \bar{0}$$
$$\iff \bar{a} = -\bar{1} = \overline{p-1} \text{ または } \bar{a} = \bar{1}.$$

10. p が素数のとき，次式 (**ウィルソンの定理**) を証明せよ．
$$(p-1)! \equiv -1 \pmod{p}$$

(証明) 演習問題 9 において，体 $\mathbb{Z}_p = \{\bar{0}, \bar{1}, \bar{2}, \cdots, \overline{p-1}\}$ で自分自身を逆元としてもつものは $\bar{1}$ と $\overline{p-1}$ だけで，他の元はすべて逆元は自分自身と異なっていることを示した．$k = (p-3)/2$ とすれば，
$$(p-1)! = 1 \cdot 2 \cdots (p-1) = 1 \cdot \overbrace{2 \cdots (p-2)}^{p-3} \cdot (p-1)$$
$$\equiv 1 \cdot 1^k \cdot (p-1) = p - 1 \equiv -1 \pmod{p}.$$

11. 可換環 R のイデアルを $I, I_1, \cdots, I_m$ とし，$P, P_1, \cdots, P_n$ を素イデアルとするとき，次のことを証明せよ．
(1) $I_1 I_2 \cdots I_m \subset P \Longrightarrow \exists i\, (1 \le i \le m),\ I_i \subset P.$
(2) $I \subset \bigcup_{i=1}^{n} P_i \Longrightarrow \exists i\, (1 \le i \le n),\ I \subset P_i.$

(証明) (1) $\forall i (1 \le i \le m), I_i \not\subset P$ と仮定する．このとき，各 i について，$a_i \in I_i - P$ なる a_i が存在する．ゆえに，$a = a_1 \cdots a_m \in I_1 \cdots I_m \subset P$ より $a \in P$ である．ところが，$a_i \notin P\ (i = 1, \cdots, m)$ で，P は素イデアルであるから $a = a_1 \cdots a_m \notin P$. これは矛盾である.

(2) n についての帰納法によって証明する．$n > 2$ とし，$n-1$ まで正しいと仮定して，n のときに示せば十分である．$I \not\subset P_1, \cdots, I \not\subset P_n$ と仮定する．各 i について，$I \not\subset P_1, \cdots, I \not\subset P_{i-1}, I \not\subset P_{i+1}, \cdots, I \not\subset P_n$ に対して，帰納法の仮定を適用すれば，
$$I \not\subset P_1 \cup \cdots \cup P_{i-1} \cup P_{i+1} \cup \cdots \cup P_n\ (i = 1, \cdots, n).$$
$$\therefore\ \exists a_i \in I - P_1 \cup \cdots \cup P_{i-1} \cup P_{i+1} \cup \cdots \cup P_n\ (i = 1, \cdots, n).$$

このとき, $a_i \notin P_j$ $(j \neq i)$ である. ここで, $I \subset P_1 \cup \cdots \cup P_n$ と仮定すると, $a_i \in P_i$ $(i = 1, \cdots, n)$ でなければならない. そこで,
$$b_i = a_1 \cdots a_{i-1} a_{i+1} \cdots a_n \in I$$
なる元を考えると,
$$b_i \in P_j \ (i \neq j), \quad b_i \notin P_i$$
である.
$$b = b_1 + \cdots + b_n \in I$$
とおけば, $b \notin P_i$ $(1 \leq i \leq n))$ である. 何故ならば, $b \in P_i$ とすると, $b_1 + \cdots + b_{i-1} \in P_i$, $b_{i+1} + \cdots + b_n \in P_i$ であるから
$$b_1 + \cdots + b_{i-1} + b_i + b_{i+1} + \cdots + b_n = b \in P_i.$$
ゆえに, $b_i \in P_i$. これは矛盾である. したがって, $b \in I - (P_1 \cup \cdots \cup P_n)$ なる元の存在が示された. すなわち, $I \not\subset P_1 \cup \cdots \cup P_n$. これは矛盾である.

以上より $I \not\subset P_1 \cup \cdots \cup P_n$ であることが示された.

---

12. 可換環 R のイデアルを I, J とする. $I + J = R$ のとき, I と J は**互い**に**素**であるという. このとき, 次のことを証明せよ.
(1) J_i $(i = 1, 2)$ を I と互いに素なイデアルとすると, $J_1 J_2$ も I と互いに素である.
(2) I と J が互いに素ならば, $I \cap J = IJ$ が成り立つ.

(証明) (1) 「$J_1 + I = R, J_2 + I = R \Longrightarrow J_1 J_2 + I = R$」を示す. 仮定より,
$$\exists a_1 \in J_1, \exists b_1 \in I, a_1 + b_1 = 1, \quad \exists a_2 \in J_2, \exists b_2 \in I, a_2 + b_2 = 1.$$
このとき, $(a_1 + b_1)(a_2 + b_2) = 1$. ここで, $a_1 a_2 \in J_1 J_2$, $a_1 b_2 + a_2 b_1 + b_1 b_2 \in I$ であるから,
$$1 = a_1 a_2 + a_1 b_2 + a_2 b_1 + b_1 b_2 \in J_1 J_2 + I.$$
したがって, $1 \in J_1 J_2 + I$ であるから, 定理 2.2 より $J_1 J_2 + I = R$ を得る.

(2) 「$I + J = R \Longrightarrow I \cap J = IJ$」を示す.
(i) I と J は R のイデアルだから, $IJ \subset IR = I$, $IJ \subset RJ = J$. ゆえに, $IJ \subset I \cap J$.

(ii) $I \cap J \subset IJ$ を示す. 仮定より, $\exists a \in I, b \in J, a + b = 1$ なる関係がある. $\forall x \in I \cap J$ に対して, $x \in J, a \in I \Rightarrow xa \in IJ$, $x \in I, b \in J \Rightarrow xb \in IJ$. ゆえに,
$$x = x \cdot 1 = x(a + b) = xa + xb \in IJ.$$
したがって, (i) と (ii) より $I \cap J = IJ$ を得る.

---

13. R を可換環とするとき, 次の (1) と (2) は同値であることを示せ. ただし, R の R と異なる任意のイデアル I に対して, I を含む極大イデアルは常に存在することは仮定する.

(1) R の極大イデアルは唯1つである.
(2) R の可逆元でない元の全体はイデアルである.
このような環を**局所環**という.

(証明) (1) $\Longrightarrow$ (2): R の唯1つの極大イデアルを M とし,$a \in R - M$ とする.イデアル aR が,もし $aR \subsetneq R$ とすると,ある極大イデアルに含まれる.ところが,極大イデアルは唯1つ M であるから,$aR \subset M$ である.これは,$a \notin M$ に矛盾する.ゆえに,$aR = R$ でなければならない.すなわち,a は R の可逆元である (問 2.4).したがって,$R - M \subset U(R)$ が示された.

また,a を R の可逆元とすると,$a \notin M$ である.何故ならば,$a \in M$ とすると,定理 2.2 より $M = R$ となり,矛盾するからである.したがって,$U(R) \subset R - M$ が示された.

以上より,$R - M = U(R)$.ゆえに,$R - U(R) = M$ が成り立ち,$R - U(R)$ は R のイデアルである.

(2) $\Longrightarrow$ (1): $A = R - U(R)$ が R のイデアルであると仮定する.R の任意のイデアルを $I \, (\neq R)$ とすれば,$I \subset A$ となる.何故ならば,$I \not\subset A$ とすると,$I \cap U(R) \neq \phi$.すると,定理 2.2 より $I = R$ となり矛盾である.したがって,R の真のイデアルはすべて A に含まれるので,A は R の唯1つの極大イデアルである.

14. p を素数とする.$\mathbb{Q}$ の部分環 $\mathbb{Z}_{(p)} = \{m/n \mid m, n \in \mathbb{Z}, \, (n,p) = 1\}$ のイデアルはすべて $p^n \mathbb{Z}_{(p)}$ という形をしていることを示せ.したがって,$\mathbb{Z}_{(p)}$ は単項イデアル整域である.また,$\mathbb{Z}_{(p)}$ は局所環であることを示せ.

(証明) $\mathbb{Z} \subset \mathbb{Z}_{(p)} \subset \mathbb{Q}$ という関係になっている.$\mathbb{Z}$ は $\mathbb{Z}_{(p)}$ の部分環である.$\mathbb{Z}_{(p)}$ のイデアル I' に対して,$\mathbb{Z}$ の部分集合 $I = I' \cap \mathbb{Z}$ を考える.

(1) このとき,もとのイデアル I' は I によって生成されることを示す.すなわち,$I' = I\mathbb{Z}_{(p)}$ を示す.$I \subset I'$ であるから,$I\mathbb{Z}_{(p)} \subset I'\mathbb{Z}_{(p)} = I'$.ゆえに,$I\mathbb{Z}_{(p)} \subset I'$.逆に,$\alpha \in I' \subset \mathbb{Z}_{(p)}$ とすると
$$\alpha = m/n \quad (m, n \in \mathbb{Z}, \, (n,p) = 1)$$
と表される.ここで,$m = n\alpha \in I' \cap \mathbb{Z} = I$.ゆえに,$m \in I$ である.したがって,
$$\alpha = m/n = m \cdot (1/n) \in I\mathbb{Z}_{(p)}.$$
ゆえに,$I' \subset I\mathbb{Z}_{(p)}$ である.

以上より,$\mathbb{Z}_{(p)}$ の任意のイデアル I' は $\mathbb{Z}$ のイデアル I によって $I\mathbb{Z}_{(p)}$ の形をしていることがわかった.

(2) $\mathbb{Z}$ は単項イデアル環であるから (定理 2.7),$\mathbb{Z}$ のイデアル I は $I = a\mathbb{Z} \, (a \in \mathbb{Z})$ という形である.したがって,$\mathbb{Z}_{(p)}$ のイデアルはすべて $a\mathbb{Z}_{(p)}$ という形をしている.

(3) 次に,$\mathbb{Z}_{(p)}$ のイデアル $a\mathbb{Z}_{(p)}$ について,「$a\mathbb{Z}_{(p)} \subsetneq \mathbb{Z}_{(p)} \Longleftrightarrow p \mid a$」であることを示す.

$$a\mathbb{Z}_{(p)} = \mathbb{Z}_{(p)} \iff 1 \in a\mathbb{Z}_{(p)}$$
$$\iff \exists m, n \in \mathbb{N}, \ 1 = am/n, \ (n, p) = 1$$
$$\iff \exists m, n \in \mathbb{N}, \ n = am, \ (n, p) = 1$$
$$\iff \exists m \in \mathbb{N}, \ (am, p) = 1$$
$$\iff (a, p) = 1.$$

対偶をとれば, $a\mathbb{Z}_{(p)} \subsetneq \mathbb{Z}_{(p)} \iff (a,p) > 1 \iff p \mid a$. ゆえに, $a = p^r b$ ($1 \leq r$, $\exists b \in \mathbb{Z}$, $p \nmid b$) と表される. b は $\mathbb{Z}_{(p)}$ で可逆元であるから (§1 演習問題 4), $a\mathbb{Z}_{(p)} = (p^r b)\mathbb{Z}_{(p)} = p^r \mathbb{Z}_{(p)}$. したがって, $\mathbb{Z}_{(p)}$ のイデアルはすべて $p^n \mathbb{Z}_{(p)}$ ($n \geq 0$) という形をしていることがわかった.

(4) $\alpha = m/n \in \mathbb{Z}_{(p)}$ とする. n は $\mathbb{Z}_{(p)}$ で可逆元であるから, このとき $\alpha\mathbb{Z}_{(p)} = (m/n)\mathbb{Z}_{(p)} = m\mathbb{Z}_{(p)}$ である.

$$\alpha \text{ が可逆元} \iff \alpha\mathbb{Z}_{(p)} = \mathbb{Z}_{(p)} \iff m\mathbb{Z}_{(p)} = \mathbb{Z}_{(p)}$$
$$\iff (m,p) = 1 \quad ((3) \text{ の結果より}).$$

ここで, $p\mathbb{Z}_{(p)} = \{ m/n \mid p \mid m, (n,p) = 1 \}$ に注意すると, $U(\mathbb{Z}_{(p)}) = \mathbb{Z}_{(p)} - p\mathbb{Z}_{(p)}$ であることがわかる.

(5) $p\mathbb{Z}_{(p)}$ が $\mathbb{Z}_{(p)}$ の唯 1 つの極大イデアルである. すなわち, $\mathbb{Z}_{(p)}$ の真のイデアルを I' とし, $p\mathbb{Z}_{(p)} \not\subset I'$ と仮定する. このとき, イデアル I' には, イデアル $p\mathbb{Z}_{(p)}$ に属さない元 α が存在する. すると, (4) によりこのとき α は $\mathbb{Z}_{(p)}$ の可逆元となる. ゆえに, 定理 2.2 より $I' = \mathbb{Z}_{(p)}$ となり矛盾である. したがって, $\mathbb{Z}_{(p)}$ の真のイデアルはすべて $p\mathbb{Z}_{(p)}$ に含まれる. 以上より, $p\mathbb{Z}_{(p)}$ が $\mathbb{Z}_{(p)}$ の唯 1 つの極大イデアルである.

---

15. R を可換環とするとき, 次の (1) と (2) は同値であることを示せ.
(1) R のイデアルはすべて有限生成である.
(2) (**昇鎖律**) R のイデアル I_i ($i = 1, 2, \cdots$) について,
$$I_1 \subset I_2 \subset I_3 \subset \cdots$$
ならば, ある自然数 N が存在して, すべての m ($\geq N$) について, $I_m = I_N$.
 (1) または (2) を満たす環を**ネーター環**という.

(証明) (1) $\Longrightarrow$ (2): $I = \bigcup_{i=1}^{\infty} I_i$ とおけば, I は R のイデアルである (問 2.14). 仮定より I は有限生成であるから, $I = (a_1, \cdots, a_r)$ ($\exists a_1, \cdots, a_r \in R$) と表される. 各 a_i はある番号 n_i があって, $a_1 \in I_{n_1}, \cdots, a_r \in I_{n_r}$ となっている. このとき, $(a_1) = a_1 R \subset I_{n_1}, \cdots, (a_r) = a_r R \subset I_{n_r}$. そこで, $n = \max(n_1, \cdots, n_r)$ とおけば $I_{n_1} \subset I_n, \cdots, I_{n_r} \subset I_n$ である. ゆえに,
$$I = (a_1, \cdots, a_r) = a_1 R + \cdots + a_r R \subset I_n \subset I.$$
したがって, $I = I_n$ が得られる. このことは, 番号 n 以降はイデアルが同じになっ

ていることを意味している．
$$I_1 \subset I_2 \subset \cdots \subset I_n = I_{n+1} = \cdots.$$

(2) $\Longrightarrow$ (1)：イデアル I は有限生成ではないと仮定する．I の任意の元を a_1 とする．$(a_1) = a_1 R \subsetneq I$ であるから，$I - a_1 R$ は空集合ではない．$I - a_1 R$ の任意の元を a_2 とすると $(a_1) \subsetneq (a_1, a_2)$ である．$(a_1, a_2) \subsetneq R$ であるから，$I - (a_1, a_2)$ は空集合ではない．$I - (a_1, a_2)$ の任意の元を a_3 とする．イデアル I は有限生成ではないから，この操作は有限では終わらない．したがって，次のようなイデアルの無限列ができる．
$$(a_1) \subsetneq (a_1, a_2) \subsetneq \cdots \subsetneq (a_1, \cdots, a_r) \subsetneq (a_1, \cdots, a_r, a_{r+1}) \subsetneq \cdots$$

以上より，対偶によって，(2) $\Longrightarrow$ (1) が証明された． ∎

---

16. 順序集合の空でない任意の全順序部分集合が上界をもつとき，この集合を帰納的順序集合という．これに対して，次の補題の成り立つことが知られている．

　　ツォルンの補題：空でない帰納的順序集合は極大元をもつ．

この補題を用いて，環 R の任意のイデアル $I \, (\neq R)$ に対して，I を含む極大イデアルが常に存在することを証明せよ．

(証明) M を，I を含みかつ R と異なる R のイデアル全体の集合とする．M は包含関係による順序集合である．M_1 を M の全順序部分集合とする．M_1 を
$$M_1 = \{I_i \mid i \in \Lambda\}$$
と表して，$A = \bigcup_{i \in \Lambda} I_i$ とおく．A は I を含んでいる R のイデアルであることを示す．

(1) $a, b \in A$ とする．このとき，ある $i, j \in \Lambda$ があって，$a \in I_i$, $b \in I_j$ となっている．I_i と I_j は包含関係による全順序集合 M_1 の元であるから，$I_i \subset I_j$ であるかまたは $I_j \subset I_i$ である．$I_i \subset I_j$ とすれば，$a, b \in I_j$ であり，I_j はイデアルであるから $a - b \in I_j$．ゆえに，$a - b \in A$ である．$I_j \subset I_i$ の場合も同様である．

(2) $r \in R, a \in A$ とする．このとき，ある $i \in \Lambda$ があって，$a \in I_i$ となっている．I_i はイデアルであるから $ra \in I_i \subset A$．

(1),(2) より A は R のイデアルであり，M_1 の任意の元 $I_i \, (i \in \Lambda)$ に対して，$I_i \subset A$ であるから，A は M_1 の上界である．したがって，ツォルンの補題より M は極大元をもつ．この極大元が，すなわち，I を含んでいる R の極大イデアルである． ∎

§3 環の準同型写像，準同型定理

定義と定理のまとめ

定義 3.1 R, R' を環とし，f を R から R' への写像とする．任意の $a, b \in R$ に対して
$$f(a+b) = f(a) + f(b), \quad f(a \cdot b) = f(a) \cdot f(b), \quad f(1_R) = 1_{R'}$$
が満たされているとき，f を R から R' への環の**準同型写像**であるという．さらに，f が単射であるとき f を環の**単準同型写像**，f が全射であるとき f を環の**全準同型写像** という．また，f が全単射であるとき f を R から R' への環の**同型写像**という．R から R' への環の同型写像が存在するとき，R と R' は**環として同型**であるといい，$R \simeq R'$ により表す．特に，R から R それ自身への環の同型写像 f を環 R の**自己同型写像**という．

定理 3.1 I を環 R のイデアルとする．R の元 a に対して，a を含む R/I の剰余類 $\bar{a}$ を対応させると，これは環 R から剰余環 R/I への環の全準同型写像である．
$$\pi : R \longrightarrow R/I \quad (a \longmapsto \bar{a}).$$

定義 3.2 定理 3.1 の環の全準同型写像 $\pi : R \longrightarrow R/I$ を**自然な準同型写像**という．

定理 3.2 f を R から R' への環の準同型写像とし，$0_{R'}$ を R' の零元とすると
$$\ker f = f^{-1}(0_{R'}) = \{x \mid x \in R, f(x) = 0_{R'}\}$$
は R のイデアルである．

定義 3.3 定理 3.2 の環 R のイデアル $\ker f$ を 準同型写像 f の **核**という．

定理 3.3 R と R' を環とし，f を R から R' への環の準同型写像とする．このとき，f が単射であるための必要十分条件は $\ker f = (0)$ なることである．
$$f : 単射 \iff \ker f = (0).$$

定理 3.4 体 K から環 R への準同型写像 $f : K \longrightarrow R$ は単射である．

定理 3.5 (準同型定理) R と R' を環とし，$f : R \longrightarrow R'$ を R から R' への準同型写像とする．$\ker f = I$ とおけば，写像
$$\overline{f} : R/I \longrightarrow R' \quad (\bar{a} \longmapsto f(a))$$
は剰余環 R/I から環 R' への単準同型写像である．また，$\overline{f}$ は $f = \overline{f} \circ \pi$ を満たす．
$$R/\ker f \simeq f(R).$$

$$
\begin{array}{ccc}
R & \xrightarrow{f} & R' \\
{\scriptstyle \pi} \downarrow & \circlearrowright & \nearrow {\scriptstyle \bar{f}} \\
R/\ker f & &
\end{array}
$$

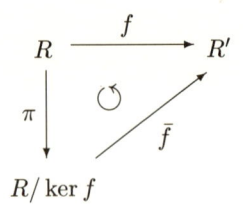

問題と解答

問 3.1 体 $\mathbb{Q}[\sqrt{2}]$ の元 $x = a + b\sqrt{2}$ $(a, b \in \mathbb{Q})$ に対して，$f(a + b\sqrt{2}) = a - b\sqrt{2}$ によって定義される写像 $f: \mathbb{Q}[\sqrt{2}] \longrightarrow \mathbb{Q}[\sqrt{2}]$ は同型写像であることを示せ．

(証明) (1) f が準同型写像であることを示す．
(i) 加法に関して．
$$f\big((a + b\sqrt{2}) + (c + d\sqrt{2})\big)$$
$$= f\big((a + c) + (b + d)\sqrt{2}\big) = a + c - (b + d)\sqrt{2}$$
$$= (a - b\sqrt{2}) + (c - d\sqrt{2}) = f(a + b\sqrt{2}) + f(c + d\sqrt{2}).$$
(ii) 乗法に関して．
$$f\big((a + b\sqrt{2})(c + d\sqrt{2})\big)$$
$$= f\big((ac + 2bd) + (ad + bc)\sqrt{2}\big) = ac + 2bd - (ad + bc)\sqrt{2}$$
$$= (a - b\sqrt{2})(c - d\sqrt{2}) = f(a + b\sqrt{2}) f(c + d\sqrt{2}).$$
(iii) 単位元について．
$$f(1) = f(1 + 0\sqrt{2}) = 1 - 0\sqrt{2} = 1.$$
(2) $\mathbb{Q}[\sqrt{2}]$ の任意の元 $a + b\sqrt{2}$ $(a, b \in \mathbb{Q})$ に対して，$a - b\sqrt{2} \in \mathbb{Q}[\sqrt{2}]$ を考えれば，
$$f(a - b\sqrt{2}) = f\big(a + (-b)\sqrt{2}\big) = a - (-b)\sqrt{2} = a + b\sqrt{2}$$
であるから，写像 f は全射である．
(3) 単射であることを示す．
$$f(a + b\sqrt{2}) = f(c + d\sqrt{2})$$
$$\Longleftrightarrow a - b\sqrt{2} = c - d\sqrt{2} \Longleftrightarrow (a - c) + (b - d)\sqrt{2} = 0$$
$$\Longleftrightarrow a - c = 0,\ b - d = 0 \Longleftrightarrow a = c,\ b = d$$
$$\Longleftrightarrow a + b\sqrt{2} = c + d\sqrt{2}.$$
したがって，$f(a + b\sqrt{2}) = f(c + d\sqrt{2}) \Longrightarrow a + b\sqrt{2} = c + d\sqrt{2}$ であるから，f は単射である．

問 3.2 $f: R \longrightarrow R'$ を環の準同型写像とする．$I = \ker f$ とし，R の元 a に対し $f(a) = a'$ とするとき，$\bar{a} = a + I = f^{-1}(a')$ が成り立つことを示せ．

(証明)
$$x \in f^{-1}(a') \iff f(x) = a' \iff f(x) = f(a) \iff f(x) - f(a) = 0$$
$$\iff f(x-a) = 0 \iff x - a \in \ker f = I \iff x \in a + I.$$
したがって,
$$f^{-1}(a') = \{x \in R \mid x \in f^{-1}(a')\} = \{x \in R \mid x \in a + I\} = a + I.$$

問 3.3 $\sigma(f(X)) = f(\sqrt{2})$ によって定義される写像 $\sigma : \mathbb{Q}[X] \longrightarrow \mathbb{Q}[\sqrt{2}]$ に対して, 準同型定理 3.5 を適用すると, $R = \mathbb{Q}[X]/(X^2 - 2) \simeq \mathbb{Q}[\sqrt{2}]$ なる同型が得られる (例 3.5*). この同型に関して, 次の問に答えよ.
(1) $1/\sqrt{2} \in \mathbb{Q}[\sqrt{2}]$ に対応する剰余環 $\mathbb{Q}[X]/(X^2 - 2)$ の元は何か.
(2) $\overline{X^3 + 1} \in R$ に対応する $\mathbb{Q}[\sqrt{2}]$ の元は何か.
(3) $x = \overline{X} \in R$ は多項式 $X^2 - 2$ の根であることを確かめよ.
(4) $\mathbb{Q}[\sqrt{2}]$ は $\{1, \sqrt{2}\}$ を基底とする有理数体 $\mathbb{Q}$ 上の 2 次元ベクトル空間であることを確かめよ.

(証明) (1) 例 1.3 で見たように $\mathbb{Q}[\sqrt{2}]$ は体であるから, $1/\sqrt{2}$ は $\mathbb{Q}[\sqrt{2}]$ の元であって, 次のように表せる. $1/\sqrt{2} = \sqrt{2}/2 = 0 + \sqrt{2}/2 \in \mathbb{Q}[\sqrt{2}]$. そこで, 多項式 $f(X) = X/2$ を考えると, $\sigma(f(X)) = f(\sqrt{2}) = \sqrt{2}/2$. したがって, $1/\sqrt{2}$ に対応する剰余環 $\mathbb{Q}[X]/(X^2 - 2)$ の元は $\overline{X}/2$ である.
(2) $\sigma(X^3 + 1) = (\sqrt{2})^2 + 1 = 2\sqrt{2} + 1$ であるから, $\overline{X^3 + 1}$ に対応する $\mathbb{Q}[\sqrt{2}]$ の元は $2\sqrt{2} + 1$ である.
(3) $x^2 - 2 = (\overline{X})^2 - 2 = \overline{X^2} - \overline{2} = \overline{X^2 - 2} = \overline{0}$.
(4) $\mathbb{Q}[\sqrt{2}]$ の任意の元は 1 と $\sqrt{2}$ の 1 次結合で表すことができ, 1 と $\sqrt{2}$ は $\mathbb{Q}$ 上 1 次独立であるから $\{1, \sqrt{2}\}$ は $\mathbb{Q}$ 上のベクトル空間の基底である.
$\mathbb{Q}[X]/(X^2 - 2) = \mathbb{Q}[\overline{X}]$ も $\{1, \overline{X}\}$ を基底とする $\mathbb{Q}$ 上のベクトル空間の基底である.

問 3.4 $\sigma(f(X)) = f(\sqrt{i})$ によって定義される準同型写像 $\sigma : \mathbb{R}[X] \longrightarrow \mathbb{R}[i]$ に対して, 準同型定理 3.5 を適用すると, $R = \mathbb{Q}[X]/(X^2 + 1) \simeq \mathbb{R}[i]$ なる同型が得られる (例 3.6*). この同型に関して, 次の問に答えよ.
(1) $1/i \in \mathbb{R}[i]$ に対応する剰余環 $\mathbb{R}[X]/(X^2 + 1)$ の元は何か.
(2) $\overline{X^3 + 2X + 1} \in R$ に対応する $\mathbb{R}[i]$ の元は何か.
(3) $x = \overline{X} \in R$ は多項式 $X^2 + 1$ の根であることを確かめよ.
(4) $\mathbb{C} = \mathbb{Q}[i]$ は $\{1, i\}$ を基底とする実数体 $\mathbb{R}$ 上の 2 次元ベクトル空間であることを確かめよ.

(証明) (1) $\mathbb{R}[i]$ は体であるから, $1/i$ は $\mathbb{R}[i]$ の元であって, 次のように表せる.

$$\frac{1}{i} = \frac{i}{i^2} = \frac{i}{-1} = -i = 0 + (-1)i \in \mathbb{R}[i] = \mathbb{C}.$$
そこで，多項式 $f(X) = -X$ を考えると，
$$\sigma(f(X)) = \sigma(-X) = -i = 1/i.$$
したがって，$1/i$ に対応する剰余環 $\mathbb{Q}[X]/(X^2-2)$ の元は $-\overline{X}$ である．

(2) $\sigma(X^3+2X+1) = i^3+2i+1 = -i+2i+1 = i+1$ であるから，$\overline{X^3+2X+1}$ に対応する $\mathbb{R}[i]$ の元は $i+1$ である．

(3) $x^2+1 = \overline{X}^2 + \overline{1} = \overline{X^2+1} = \overline{0}$.

(4) $\mathbb{C} = \mathbb{R}[i]$ の任意の元は 1 と i の 1 次結合で表せ，1 と i は $\mathbb{R}$ 上 1 次独立であるから $\{1, i\}$ は $\mathbb{R}$ 上のベクトル空間の基底である．$\mathbb{R}[X]/(X^2+1) = \mathbb{R}[\overline{X}]$ も $\{1, \overline{X}\}$ を基底とする $\mathbb{R}$ 上のベクトル空間の基底である．

第3章 §3 演習問題

1. $f : R \longrightarrow R'$ を環の準同型写像とし，I を R のイデアルで $I \subset \ker f$ を満たしているものとする．このとき，$f = g \circ \pi$ となる準同型写像 $g : R/I \longrightarrow R'$ が一意的に存在することを示せ．

(証明) (1) g の存在を示す．剰余環 R/I の元を α とすると，元 α は $\alpha = \bar{a}\,(a \in R)$ と表される．このとき，α に対して $f(a) \in R'$ を対応させる．$\bar{a} = \bar{b}$ と仮定すると，
$$\begin{aligned}
\bar{a} = \bar{b} &\Longleftrightarrow \bar{a} - \bar{b} = \bar{0} \\
&\Longleftrightarrow \overline{a-b} = \bar{0} \\
&\Longleftrightarrow a-b \in I \\
&\Longrightarrow a-b \in \ker f \\
&\Longleftrightarrow f(a-b) = 0 \\
&\Longleftrightarrow f(a) = f(b).
\end{aligned}$$
$\therefore\ \bar{a} = \bar{b} \Longrightarrow f(a) = f(b)$.

したがって，この対応は α によってのみ定まり，代表元 a の選び方に依存しない．よって，この対応は写像となる．この写像を g によって表す．すなわち，$\alpha = \bar{a}$ のとき $g(\alpha) = g(\bar{a}) = f(a)$ と定義することができる．

上で定めた写像 g が R から R' への環準同型写像であることを示す．
$$\begin{aligned}
g(\bar{a} + \bar{b}) &= g(\overline{a+b}) &&\text{(剰余環 } R/I \text{ の加法の定義)} \\
&= f(a+b) &&\text{(写像 } g \text{ の定義)} \\
&= f(a) + f(b) &&\text{(f は準同型写像)} \\
&= g(\bar{a}) + g(\bar{b}). &&\text{(写像 } g \text{ の定義)}
\end{aligned}$$

$$g(\bar{a} \cdot \bar{b}) = g(\overline{a \cdot b}) \qquad (\text{剰余環 } R/I \text{ の乗法の定義})$$
$$= f(a \cdot b) \qquad (\text{写像 } g \text{ の定義})$$
$$= f(a) \cdot f(b) \qquad (f \text{ は準同型写像})$$
$$= g(\bar{a}) \cdot g(\bar{b}). \qquad (\text{写像 } g \text{ の定義})$$

g が $f = g \circ \pi$ を満たしていることを示す.
$$g \circ \pi(a) = g\bigl(\pi(a)\bigr) = g(\bar{a}) = f(a).$$

(2) $f = g \circ \pi$ を満たしている g は唯 1 つであることを示す.
g' は R/I から R' への準同型写像で $f = g' \circ \pi$ を満たしているとする. このとき, $g \circ \pi = g' \circ \pi = f$. したがって,
$$g(\bar{a}) = g\bigl(\pi(a)\bigr) = (g \circ \pi)(a) = (g' \circ \pi)(a) = g'\bigl(\pi(a)\bigr) = g'(\bar{a}).$$
任意の R/I の元 $\bar{a}$ に対して, $g(\bar{a}) = g'(\bar{a})$ であるから, $g = g'$ を得る.

---

2. $\mathbb{Z}$ から $\mathbb{Z}$ への環準同型写像は恒等写像しか存在しないことを示せ. また, $\mathbb{Q}$ から $\mathbb{Q}$ への環準同型写像も恒等写像しか存在しないことを示せ.

(証明) (1) f を $\mathbb{Z}$ から $\mathbb{Z}$ への環の準同型写像とすると $f(0) = 0$, $f(1) = 1$ である. n を正の整数とすると,
$$f(n) = f(\overbrace{1 + \cdots + 1}^{n}) = \overbrace{f(1) + \cdots + f(1)}^{n} = \overbrace{1 + \cdots + 1}^{n} = n.$$
負の整数 $-n$ $(n > 0)$ については, 第 2 章定理 6.2 の (2) より
$$f(-n) = -f(n) \quad (f \text{ は加法群の準同型写像であるから})$$
$$= -n. \quad (n > 0 \text{ であるから, 上の結果より})$$
したがって, 任意の整数 n に対して $f(n) = n$ であるから, f は $\mathbb{Z}$ から $\mathbb{Z}$ への恒等写像である.

(2) f を $\mathbb{Q}$ から $\mathbb{Q}$ への環の準同型写像とすると $f(0) = 0$, $f(1) = 1$ である. このとき, (1) と同様にして $\forall n \in \mathbb{Z}$, $f(n) = n$ であることがわかる. m, n を正の整数とすると,
$$f\left(\frac{1}{n}\right) = f(n^{-1}) = f(n)^{-1} = n^{-1} = \frac{1}{n},$$
$$f\left(\frac{m}{n}\right) = f\left(m \cdot \frac{1}{n}\right) = f(m) \cdot f\left(\frac{1}{n}\right) = m \cdot \frac{1}{n} = \frac{m}{n},$$
$$f\left(-\frac{m}{n}\right) = -f\left(\frac{m}{n}\right) = -\frac{m}{n}.$$
以上より, 任意の $\mathbb{Q}$ の元 x に対して $f(x) = x$ であるから, f は $\mathbb{Q}$ の恒等写像である.

---

3. 次を示せ.
(1) 有理数の全体 $\mathbb{Q}$ と 実数の全体 $\mathbb{R}$ は環として同型ではない.
(2) 実数の全体 $\mathbb{R}$ と複素数の全体 $\mathbb{C}$ は環として同型ではない.

(証明) (1) 有理数の全体 $\mathbb{Q}$ と 実数の全体 $\mathbb{R}$ の間にはいかなる全単射の写像も存在しない．もし $\mathbb{Q}$ と $\mathbb{R}$ の間に全単射が存在すれば $\mathbb{Q}$ と $\mathbb{R}$ の濃度は一致する．ところが集合論の理論によって，$\mathbb{Q}$ は自然数の濃度に一致し，$\mathbb{R}$ の濃度は連続体の濃度であり，これらは等しくない．したがって，$\mathbb{Q}$ と $\mathbb{R}$ は同型ではない．

(2) $\mathbb{R}$ と $\mathbb{C}$ が環として同型であると仮定する．すると，同型写像 $f\colon \mathbb{C} \longrightarrow \mathbb{R}$ が存在する．複素数 i に対して，$f(i) = a \in \mathbb{R}$ とおく．i は $i^2 + 1 = 0$ を満たす数であるから

$$\begin{aligned}
0 &= f(0) & & (f \text{ は環の加法に関する準同型写像}) \\
&= f(i^2 + 1) & & \\
&= f(i^2) + f(1) & & (f \text{ は環の加法に関する準同型写像}) \\
&= f(i)^2 + f(1) & & (f \text{ は環の乗法に関する準同型写像}) \\
&= a^2 + 1. & & (f \text{ は環の準同型写像}, \quad f(1) = 1)
\end{aligned}$$

ゆえに，$a^2 + 1 = 0$．ところが，a は実数であるから，これは矛盾である．よって，実数の全体 $\mathbb{R}$ と複素数の全体 $\mathbb{C}$ は環として同型ではない．

4. 直積 $\mathbb{Z} \times \mathbb{Z}$ は成分ごとに加法と乗法が定義されて環となる．この直積 $\mathbb{Z} \times \mathbb{Z}$ から $\mathbb{Z}$ への環準同型写像をすべて求めよ．

(証明) $\mathbb{Z} \times \mathbb{Z}$ の元は $(1,0)$ と $(0,1)$ によって生成されることに注意しよう．すなわち，$\mathbb{Z} \times \mathbb{Z}$ の任意の元 (n_1, n_2) について
$$(n_1, n_2) = (n_1, 0) + (0, n_2) = n_1(1,0) + n_2(0,1).$$
そこで，f を $f\colon \mathbb{Z} \times \mathbb{Z} \longrightarrow \mathbb{Z}$ なる準同型写像とし $f(1,0) = a \in \mathbb{Z}$, $f(0,1) = b \in \mathbb{Z}$ とおく．f が加法群の準同型写像であることより
$$\begin{aligned}
f(n_1, n_2) &= f\bigl(n_1(1,0) + n_2(0,1)\bigr) \\
&= f\bigl(n_1(1,0)\bigr) + f\bigl(n_2(0,1)\bigr) \\
&= n_1 f(1,0) + n_2 f(0,1) \\
&= n_1 a + n_2 b.
\end{aligned}$$
$$\therefore \quad f(n_1, n_2) = n_1 a + n_2 b. \quad \cdots\cdots\cdots ①$$
したがって，写像 f は a と b によって決定される．

次に，f が乗法に関して準同型写像であるから，次の式を満たす．
$$f\bigl((m_1, m_2)(n_1, n_2)\bigr) = f\bigl((m_1, m_2)\bigr) \cdot f\bigl((n_1, n_2)\bigr).$$
左辺と右辺は，それぞれ
$$f\bigl((m_1, m_2)(n_1, n_2)\bigr) = f\bigl((m_1 n_1, m_2 n_2)\bigr) = m_1 n_1 a + m_2 n_2 b,$$
$$\begin{aligned}
f\bigl((m_1, m_2)\bigr) \cdot f\bigl((n_1, n_2)\bigr) &= (m_1 a + m_2 b)(n_1 a + n_2 b) \\
&= m_1 n_1 a^2 + (m_1 n_2 + m_2 n_1)ab + m_2 n_2 b^2
\end{aligned}$$
と計算される．ここで，m_1, m_2, n_1, n_2 は任意の整数であるから
$$a^2 = a, \quad ab = 0, \quad b^2 = b$$

を満足しなければならない．ゆえに，$a = 0$ または $a = 1$, かつ $b = 0$ または $b = 1$ である．また，環の準同型写像は単位元を単位元に移さなければならない．$f(1,1) = 1$. ゆえに，① より $1 = f(1,1) = a + b$ であるから，$(a,b) = (1,0)$ または $(0,1)$ である．

(i) $(a,b) = (1,0)$ のとき，$f_1(n_1, n_2) = n_1$. この写像 f_1 が実際に環の準同型写像であることを確かめてみる．はじめに，$f((1,1)) = 1$ が成り立つ．
$$f((m_1, m_2) + (n_1, n_2)) = f((m_1 + n_1, m_2 + n_2)) = m_1 + n_1$$
$$= f((m_1, m_2)) + f((n_1, n_2)),$$
$$f((m_1, m_2)(n_1, n_2)) = f((m_1 n_1, m_2 n_2)) = m_1 n_1$$
$$= f((m_1, m_2)) \cdot f((n_1, n_2)).$$

(ii) $(a,b) = (0,1)$ のとき，$f_2(n_1, n_2) = n_2$. 写像 f_2 が実際に環の準同型写像であることは f_1 と同様である．

以上によって，$\mathbb{Z} \times \mathbb{Z}$ から $\mathbb{Z}$ への環準同型写像は上記の $\{f_1, f_2\}$ だけである．

5. 直積 $\mathbb{Z} \times \mathbb{Z}$ から直積 $\mathbb{Z} \times \mathbb{Z}$ へのすべての環準同型写像を求めよ．

(証明) 演習問題 4 で見たように $\mathbb{Z} \times \mathbb{Z}$ の元は $(1,0)$ と $(0,1)$ によって生成される．そこで，f を $f: \mathbb{Z} \times \mathbb{Z} \longrightarrow \mathbb{Z} \times \mathbb{Z}$ なる準同型写像とし
$$f(1,0) = (a_1, a_2) \in \mathbb{Z}, \quad f(0,1) = (b_1, b_2) \in \mathbb{Z}$$
とおく．f が加法群の準同型写像であることより
$$f(n_1, n_2) = f(n_1(1,0) + n_2(0,1)) = f(n_1(1,0)) + f(n_2(0,1))$$
$$= n_1 f(1,0) + n_2 f(0,1) = n_1(a_1, a_2) + n_2(b_1, b_2).$$
$$\therefore \quad f(n_1, n_2) = n_1(a_1, a_2) + n_2(b_1, b_2). \quad \cdots ①$$

したがって，写像 f は $f(1,0) = (a_1, a_2)$ と $f(0,1) = (b_1, b_2)$ によって決定される．

次に，f が乗法に関して準同型写像であるから
$$f((m_1, m_2)(n_1, n_2)) = f((m_1, m_2)) \cdot f((n_1, n_2)).$$
左辺と右辺は，それぞれ
$$f((m_1, m_2)(n_1, n_2)) = f((m_1 n_1, m_2 n_2))$$
$$= m_1 n_1 (a_1, a_2) + m_2 n_2 (b_1, b_2),$$
$$f((m_1, m_2)) \cdot f((n_1, n_2)) = \{m_1(a_1, a_2) + m_2(b_1, b_2)\}\{n_1(a_1, a_2) + n_2(b_1, b_2)\}$$
$$= m_1 n_1 (a_1, a_2)^2 + (m_1 n_2 + m_2 n_1)(a_1, a_2)(b_1, b_2)$$
$$+ m_2 n_2 (b_1, b_2)^2$$
と計算される．ここで，m_1, m_2, n_1, n_2 は任意の整数であるから
$$(a_1, a_2)^2 = (a_1, a_2), \ (a_1, a_2)(b_1, b_2) = 0, \ (b_1, b_2)^2 = b.$$
したがって，
$$a_1^2 = a_1, \ a_2^2 = a_2, \ a_1 b_1 = 0, \ a_2 b_2 = 0, \ b_1^2 = b_1, \ b_2^2 = b_2$$
を満足しなければならない．ゆえに，$a_i = 0$ または 1, $b_i = 0$ または 1 $(i = 1,2)$ で

ある．また，環の準同型写像は単位元を単位元に移さなければならない．
$$f(1,1) = (1,1).$$
ゆえに，① より
$$(1,1) = f(1,1) = (a_1 + b_1, a_2 + b_2).$$
このことから，$a_1 + b_1 = 1, a_2 + b_2 = 1$ を得る．したがって，次の 4 つの場合が考えられる．

(1) $f_1(1,0) = (1,1)$, $f_1(0,1) = (0,0)$ のとき，$f_1(n_1, n_2) = (n_1, n_1)$.
(2) $f_2(1,0) = (1,0)$, $f_2(0,1) = (0,1)$ のとき，$f_2(n_1, n_2) = (n_1, n_2)$.
(3) $f_3(1,0) = (0,1)$, $f_3(0,1) = (1,0)$ のとき，$f_3(n_1, n_2) = (n_2, n_1)$.
(4) $f_4(1,0) = (0,0)$, $f_4(0,1) = (1,1)$ のとき，$f_4(n_1, n_2) = (n_2, n_2)$.

(1) $f_1(n_1, n_2) = (n_1, n_1)$ のとき，この写像 f_1 が実際に環の準同型写像であることを確かめてみる．はじめに，$f(1,1) = (1,1)$.
$$f_1((m_1, m_2) + (n_1, n_2)) = f_1((m_1 + n_1, m_2 + n_2)) = (m_1 + n_1, m_1 + n_1)$$
$$= (m_1, m_1) + (n_1, n_1) = f_1((m_1, m_2)) + f_1((n_1, n_2)),$$
$$f_1((m_1, m_2)(n_1, n_2)) = f_1((m_1 n_1, m_2 n_2)) = (m_1 n_1, m_1 n_1)$$
$$= (m_1, m_1)(n_1, n_1) = f((m_1, m_2)) \cdot f((n_1, n_2)).$$

(2) $f_2(n_1, n_2) = (n_1, n_2)$ のとき，f_2 は $\mathbb{Z} \times \mathbb{Z}$ の恒等写像である．よって，f_2 は環の準同型写像になる．

(3),(4) の場合も f_3, f_4 が実際に環の準同型写像であることは f_1, f_2 と同様に確かめられる．以上によって，$\mathbb{Z} \times \mathbb{Z}$ から $\mathbb{Z} \times \mathbb{Z}$ への環準同型写像は上記の $\{f_1, f_2, f_3, f_4\}$ だけである．

---

6. m, n を互いに素な自然数とする．剰余環 $\mathbb{Z}_m, \mathbb{Z}_n$ の元をそれぞれ $\bar{a}, \tilde{a}$ で表し，写像
$$f : \mathbb{Z} \longrightarrow \mathbb{Z}_m \times \mathbb{Z}_n \ (\, f(a) = (\bar{a}, \tilde{a}) \,)$$
を考える．このとき，次を示せ．
(1) f は準同型写像である，　(2) $\mathbb{Z}_{mn} \simeq \mathbb{Z}_m \times \mathbb{Z}_n$.

(証明) (1) $f(1) = (\bar{1}, \tilde{1})$ は $\mathbb{Z}_m \times \mathbb{Z}_n$ の単位元である．次に，加法と乗法についてそれぞれ確かめる．

$$\begin{aligned} f(a+b) &= (\overline{a+b}, \widetilde{a+b}) & f(a \cdot b) &= (\overline{a \cdot b}, \widetilde{a \cdot b}) \\ &= (\bar{a} + \bar{b}, \tilde{a} + \tilde{b}) & &= (\bar{a} \cdot \bar{b}, \tilde{a} \cdot \tilde{b}) \\ &= (\bar{a}, \tilde{a}) + (\bar{b}, \tilde{b}) & &= (\bar{a}, \tilde{a}) \cdot (\bar{b}, \tilde{b}) \\ &= f(a) + f(b), & &= f(a) \cdot f(b). \end{aligned}$$

(2) (i) f が全射であることを示す．$\mathbb{Z}_m \times \mathbb{Z}_n$ の任意の元は，$\mathbb{Z}$ の元 a, b によって $(\bar{a}, \tilde{b})$ と表される．中国式剰余の定理 (第 1 章定理 2.7) より
$$x \equiv a \pmod{m}, \quad x \equiv b \pmod{n}$$

なる連立合同式の解は mn を法として唯 1 つ存在する．この解の 1 つを $c \in \mathbb{Z}$ とすると，$f(c) = (\bar{c}, \tilde{c}) = (\bar{a}, \tilde{b})$．

(ii) 次に，準同型写像 f の核を求めよう．$(m, n) = 1$ に注意すると，
$$\begin{aligned}
x \in \ker f &\Longleftrightarrow f(x) = (\bar{0}, \tilde{0}) \Longleftrightarrow (\bar{x}, \tilde{x}) = (\bar{0}, \tilde{0}) \Longleftrightarrow \bar{x} = \bar{0}, \tilde{x} = \tilde{0} \\
&\Longleftrightarrow x \equiv 0 \pmod{m}, x \equiv 0 \pmod{n} \\
&\Longleftrightarrow x \equiv 0 \pmod{mn} \Longleftrightarrow x \in mn\mathbb{Z}.
\end{aligned}$$
したがって，$\ker f = mn\mathbb{Z}$．

(iii) 以上より，f に対して準同型定理 3.5 を適用すればよい．
$$\mathbb{Z}_{mn} = \mathbb{Z}/mn\mathbb{Z} = \mathbb{Z}/\ker f \simeq \mathbb{Z}_m \times \mathbb{Z}_n.$$

7. 加法群 $\mathbb{Q}$ の自己準同型環は $\mathbb{Q}$ と環同型であることを示せ．また，加法群 $\mathbb{Z}/(m)$ の自己準同型環も $\mathbb{Z}/(m)$ と環同型であることを示せ (§1 演習問題 11 参照)．

(証明) (1) 加法群 $\mathbb{Q}$ の自己準同型環を $R = \mathrm{End}(\mathbb{Q})$ で表す．$f, g \in R$ とすると，この環の加法と乗法は次のようである (§1 の演習問題 11 参照)．
$$(f + g)(x) = f(x) + g(x), \quad (f \cdot g)(x) = f(g(x)).$$
環 R の単位元は $\mathbb{Q}$ の恒等写像 $1_\mathbb{Q}$ であり，ゼロ元はゼロ写像 $0_\mathbb{Q}$ である．

第 2 章 §6 の演習問題 6 において，$\mathbb{Q}$ の加法群としての自己準同型写像 f は
$$f(x) = xf(1) \qquad \cdots\cdots\cdots\text{①}$$
の形ですべて与えられることを示した．そこで，次のような写像を考える．
$$\Phi : \mathrm{End}(\mathbb{Q}) \longrightarrow \mathbb{Q} \quad (f \longmapsto \Phi(f) = f(1)).$$
写像 Φ は環 R から環 $\mathbb{Q}$ への準同型写像であることを示す．

(i) 加法について：
$$\Phi(f + g) = (f + g)(1) = f(1) + g(1) = \Phi(f) + \Phi(g).$$

(ii) 乗法について：
$$\begin{aligned}
\Phi(g \circ f) &= (g \circ f)(1) & &(\text{写像 } \Phi \text{ の定義}) \\
&= g(f(1)) & &(\text{合成写像の定義}) \\
&= f(1) \cdot g(1) & &(\text{① より}) \\
&= g(1) \cdot f(1) & &(\mathbb{Q} \text{ の乗法は可換}) \\
&= \Phi(g)\Phi(f). & &(\text{写像 } \Phi \text{ の定義})
\end{aligned}$$

(iii) $\Phi(1_\mathbb{Q}) = 1_\mathbb{Q}(1) = 1$．

以上 (i)(ii)(iii) により，写像 Φ は環 R から環 $\mathbb{Q}$ への準同型写像である．さらに，Φ の核を調べると
$$f \in \ker \Phi \Longleftrightarrow \Phi(f) = 0 \Longleftrightarrow f(1) = 0.$$
したがって，$f(x) = xf(1) = x \cdot 0 = 0$．すなわち，このとき f はゼロ写像である．

ゆえに，$\ker \Phi = \{0_\mathbb{Q}\}$．よって，$\Phi$ は単射である (定理 3.3)．

次に，$\mathbb{Q}$ の任意の元 a に対して $f(x) = ax$ $(x \in \mathbb{Q})$ なる写像 f を考えれば，これは $\mathbb{Q}$ の加法群としての準同型写像であることは容易に確かめられる．また，$\Phi(f) = f(1) = a \cdot 1 = a$ が成り立つ．よって，Φ は全射である．したがって，Φ は同型写像である．すなわち，$\mathrm{End}(\mathbb{Q}) \simeq \mathbb{Q}$．

(2) 加法群 $\mathbb{Z}_n$ の自己準同型環を $R = \mathrm{End}(\mathbb{Z}_n)$ で表す．$f, g \in R$ とすると，この環の加法と乗法は次のようである．
$$(f+g)(x) = f(x) + g(x), \quad (f \cdot g)(x) = f(g(x)).$$
環 R の単位元は $\mathbb{Z}_n$ の恒等写像 $1_{\mathbb{Z}_n}$ であり，ゼロ元はゼロ写像 $0_{\mathbb{Z}_n}$ である．

$\mathbb{Z}_n$ の加法群としての自己準同型写像を f とする．すると，
$$f(\overline{m}) = f(m\overline{1}) = mf(\overline{1}) = \overline{m}f(\overline{1})$$
を満たしている．簡単のため，$f(\overline{1}) = \bar{a}$ $(a \in \mathbb{Z})$ とおくと，$f(\overline{m}) = \overline{m}\bar{a}$ と表される．逆に，このような形で定義される写像 f が加法群 $\mathbb{Z}_n$ の自己同型写像であることは，次のようにして確かめられる．
$$f(\overline{m_1} + \overline{m_2}) = f(\overline{m_1 + m_2}) = \overline{(m_1 + m_2)}\bar{a} = \overline{(m_1+m_2)a}$$
$$= \overline{m_1 a + m_2 a} = \overline{m_1 a} + \overline{m_2 a} = \overline{m_1}\bar{a} + \overline{m_2}\bar{a}$$
$$= f(\overline{m_1}) + f(\overline{m_2}).$$
したがって，$\mathbb{Z}_n$ の加法群としての自己準同型写像 f は
$$f(\overline{m}) = mf(\overline{1}) = \overline{m}\bar{a}, \quad \bar{a} = f(\overline{1}) \qquad \cdots\cdots\cdots ②$$
という形ですべて与えられる．そこで，次のような写像 Φ を考える．
$$\Phi : \mathrm{End}(\mathbb{Z}_n) \longrightarrow \mathbb{Z}_n \quad (f \longmapsto \Phi(f) = f(\overline{1})).$$
写像 Φ は環の準同型写像であることを示す．

(i) 加法について，$\Phi(f+g) = (f+g)(\overline{1}) = f(\overline{1}) + g(\overline{1}) = \Phi(f) + \Phi(g)$．

(ii) 積について，
$$\begin{aligned}
\Phi(f \circ g) &= (f \circ g)(\overline{1}) & (\text{写像 } \Phi \text{ の定義}) \\
&= f(g(\overline{1})) & (\text{合成写像の定義}) \\
&= g(\overline{1}) \cdot f(\overline{1}) & (②\text{より}) \\
&= f(\overline{1}) \cdot g(\overline{1}) & (\mathbb{Z}_n \text{ は可換}) \\
&= \Phi(f)\Phi(g). & (\text{写像 } \Phi \text{ の定義})
\end{aligned}$$

(iii) $\Phi(1_{\mathbb{Z}_n}) = 1_{\mathbb{Z}_n}(1) = \overline{1}$．

以上 (i),(ii),(iii) により，写像 Φ は環 $R = \mathrm{End}(\mathbb{Z}_n)$ から環 $\mathbb{Z}_n$ への準同型写像である．さらに，Φ の核を調べると
$$f \in \ker \Phi \iff \Phi(f) = \overline{0} \iff f(\overline{1}) = \overline{0}.$$
したがって，$f(\overline{m}) = mf(\overline{1}) = m \cdot \overline{0} = \overline{0}$．すなわち，このとき f はゼロ写像である．ゆえに，$\ker \Phi = \{0_{\mathbb{Z}_n}\}$．よって，$\Phi$ は単射である (定理 3.3)．また，$\mathbb{Z}_n$ の任意の元

$\bar{a}$ に対して $f(\overline{m}) = m\bar{a}$ $(m \in \mathbb{Z})$ なる写像 f を考えれば，これは $\mathbb{Z}_n$ の加法群としての準同型写像であることは容易にわかる．よって，Φ は全射となり，Φ は同型写像である．すなわち，$\mathrm{End}(\mathbb{Z}_n) \simeq \mathbb{Z}_n$.

---

8. 次の環同型を証明せよ．
(1) $\mathbb{Z}[X]/X\mathbb{Z}[X] \simeq \mathbb{Z}$,　(2) $\mathbb{Z}[X]/(X-a) \simeq \mathbb{Z}$.

(証明) (1) $f(X) \in \mathbb{Z}[X]$ とする．$f(X)$ は次のように表せる．
$$f(X) = a_0 + a_1 X + a_2 X^2 + \cdots + a_n X^n \quad (a_i \in \mathbb{Z}).$$
このとき，$f(X)$ にその定数項 a_0 を対応させる写像 Φ を考える．
$$\Phi: \mathbb{Z}[X] \longrightarrow \mathbb{Z} \quad (f(X) \longmapsto \Phi(f(X)) = a_0).$$
(i) Φ が準同型写像であることを示す．$\mathbb{Z}$ 係数の 2 つの多項式 $f(X), g(X)$ は，
$$f(X) = a_0 + a_1 X + a_2 X^2 + \cdots + a_n X^n \quad (a_i \in \mathbb{Z}),$$
$$g(X) = b_0 + b_1 X + b_2 X^2 + \cdots + b_n X^n \quad (b_i \in \mathbb{Z}).$$
と表すことができる．もし，$r = \deg f(X) < \deg g(X) = s$ であれば，$a_{r+1} = \cdots = a_s = 0$ と考える．このとき，$f(X)$ と $g(X)$ の和と積は
$$f(X) + g(X) = (a_0 + b_0) + (a_1 + b_1)X + \cdots + (a_n + b_n)X^n,$$
$$f(X) \cdot g(X) = c_0 + c_1 X + \cdots + c_{2n} X^{2n} \quad (c_k = \textstyle\sum_{k=i+j} a_i b_j)$$
と表される．したがって，
$$\Phi(f(X) + g(X)) = (a_0 + b_0) = \Phi(f(X)) + \Phi(g(X)),$$
$$f(X) \cdot g(X) = c_0 = a_0 b_0 = \Phi(f(X)) \cdot \Phi(g(X)).$$
(ii) $\mathbb{Z}$ の任意の元 a に対して，$a \in \mathbb{Z}[X]$ と考えることができるので $\Phi(a) = a$．よって，Φ は全射である．特に，$\Phi(1) = 1$ となってる．
(iii) Φ の核を調べる．
$$f(X) \in \ker \Phi \Longleftrightarrow \Phi(f(X)) = 0 \Longleftrightarrow a_0 = 0 \Longleftrightarrow f(X) \in X\mathbb{Z}[X].$$
ゆえに，準同型定理 3.5 によって，$\mathbb{Z}[X]/X\mathbb{Z} = \mathbb{Z}/\ker \Phi \simeq \mathbb{Z}$ を得る．

(2) $\sigma: \mathbb{Z}[X] \longrightarrow \mathbb{Z}\,(f(X) \longmapsto f(a))$ なる写像 σ を考える．すなわち，$\sigma(f(X)) = f(a)$ である．σ は代入の原理 (後出定理 4.4) によって準同型写像である．
(i) σ は全射である：任意の整数 b に対して，多項式 $f(X) = X - a + b \in \mathbb{Z}[X]$ を考えれば，$\sigma(f(X)) = \sigma(X - a + b) = a - a + b = b$.
(ii) $f(X) \in \ker \sigma$ とする．後出除法の定理 4.5 によって
$$f(X) = q(X)(X - a) + b \quad (q(X) \in \mathbb{Z}[X], b \in \mathbb{Z})$$
と表される．このとき，
$$f(X) \in \ker \sigma \Longleftrightarrow \sigma(f(X)) = 0 \Longleftrightarrow f(a) = 0 \Longleftrightarrow b = 0.$$
ゆえに，$\ker \sigma = (X - a)$ である．したがって，準同型定理 3.5 より $\mathbb{Z}[X]/(X - a) \simeq \mathbb{Z}$ が得られる．

> **9.** 可換環 R のイデアル I に対して
> $$I[X] = \{a_0 + a_1 X + \cdots + a_n X^n \mid a_i \in I, n \geq 0\}$$
> は多項式環 $R[X]$ のイデアルであって，$R[X]/I[X] \simeq (R/I)[X]$ (環同型) であることを示せ．

(証明) (1) $I[X]$ が $R[X]$ のイデアルであることを示す．
$f(X), g(X) \in R[X]$ とする．$f(X)$ と $g(X)$ は
$$f(X) = a_0 + a_1 X + \cdots + a_n X^n \quad (a_i \in R),$$
$$g(X) = b_0 + b_1 X + \cdots + b_n X^n \quad (b_i \in R)$$
としてよい．もし，$r = \deg f(X) < \deg g(X) = s$ であれば $a_{r+1} = \cdots = a_s = 0$ と考える．

(i) $f(X), g(X) \in I[X]$ とする．$I[X]$ の定義より，$a_i, b_i \in I$ である．このとき，I はイデアルであるから $a_i - b_i \in I$. したがって，
$$f(X) - g(X) = (a_0 - b_0) + (a_1 - b_1)X + \cdots + (a_n - b_n)X^n \in I[X].$$

(ii) $f(X) \in R[X], g(X) \in I[X]$ とする．$I[X]$ の定義より，$b_i \in I$ $(0 \leq i \leq n)$ である．このとき，I はイデアルであるから $a_i b_j \in I$ $(0 \leq i, j \leq n)$. 多項式 $f(X)$ と $g(X)$ の積は
$$f(X)g(X) = \sum_{k=0}^{2n} c_k X^k, \quad c_k = \sum_{i+j=k} a_i b_j \in I, \quad (0 \leq k \leq 2n)$$
と表現される．したがって，$f(X)g(X) \in I[X]$ である．

(i), (ii) より $I[X]$ は $R[X]$ のイデアルである．

(2) $R[X]$ の多項式 $f(X)$ に対して
$$\bar{f}(X) = \bar{a}_0 + \bar{a}_1 X + \cdots + \bar{a}_n X^n$$
とおく．ただし，$\bar{a}_i = a_i + I \in R/I$ とする．このとき，
$$\Phi : R[X] \longrightarrow (R/I)[X] \quad (f(X) \longmapsto \Phi(f(X)) = \bar{f}(X))$$
なる写像を考える．

このとき，Φ は環の準同型写像であることを示す．
$$\Phi\big(f(X) + g(X)\big) = \Phi\left(\sum_{i=0}^{n}(a_i + b_i)X^i\right) = \sum_{i=0}^{n}\overline{(a_i + b_i)}X^i$$
$$= \sum_{i=0}^{n}(\bar{a}_i + \bar{b}_i)X^i = \sum_{i=0}^{n}(\bar{a}_i X^i + \bar{b}_i X^i)$$
$$= \sum_{i=0}^{n}\bar{a}_i X^i + \sum_{i=0}^{n}\bar{b}_i X^i = \Phi\big(f(X)\big) + \Phi\big(g(X)\big),$$

$$\Phi\bigl(f(X)g(X)\bigr) = \Phi\left(\sum_{k=0}^{2n} c_k X^k\right) = \sum_{k=0}^{2n} \bar{c}_k X^k = \sum_{k=0}^{2n} \overline{\left(\sum_{i+j=k} a_i b_j\right)} X^k$$

$$= \sum_{k=0}^{2n} \sum_{i+j=k} \overline{a_i b_j} X^k = \sum_{k=0}^{2n} \sum_{i+j=k} \bar{a}_i \bar{b}_j X^k$$

$$= \left(\sum_{i=0}^{n} \bar{a}_i X^i\right)\left(\sum_{j=0}^{n} \bar{b}_j X^j\right) = \Phi\bigl(f(X)\bigr)\Phi\bigl(g(X)\bigr),$$

$$\Phi(1) = \bar{1}.$$

多項式環 $R[X]$ の単位元は 1 であり,多項式環 $(R/I)[X]$ の単位元は $\bar{1}$ である.

(3) $(R/I)[X]$ の任意の元は $\bar{a}_i + \bar{a}_i X + \cdots + \bar{a}_i X^n$ $(\bar{a}_i \in R/I)$ と表されるので,$f(X) = a_0 + a_1 X + \cdots + a_n X^n \in R[X]$ を考えれば $\Phi\bigl(f(X)\bigr) = \bar{a}_i + \bar{a}_i X + \cdots + \bar{a}_i X^n$ である.よって,写像 Φ は全射である.

(4) $\ker \Phi$ を調べる.

$$f(X) \in \ker \Phi \iff \Phi\bigl(f(X)\bigr) = \bar{0} \iff \bar{a}_i + \bar{a}_i X + \cdots + \bar{a}_i X^n = \bar{0}$$
$$\iff \bar{a}_i = \bar{a}_i = \cdots = \bar{a}_i = \bar{0} \iff a_0, a_1, \cdots, a_n \in I$$
$$\iff a_0 + a_1 X + \cdots + a_n X^n \in I[X] \iff f(X) \in I[X].$$

ゆえに,$\ker \Phi = I[X]$ である.したがって,準同型定理 3.5 によって

$$R[X]/I[X] = R[X]/\ker \Phi \simeq (R/I)[X].$$

---

10. R と S は可換環で,R は S の部分環とする.I を S のイデアルとするとき,次のことを証明せよ.
(1) $R+I$ は S の部分環で,I は $R+I$ のイデアルである.
(2) $R \cap I$ は R のイデアルである.
(3) $(R+I)/I \simeq R/(R \cap I)$.

(証明) (1) (a) $R+I = \{r+a \mid r \in R, a \in I\}$ が S の部分環であることを示す.はじめに,$1 \in R \subset R+I$ であるから,$R+I$ は空集合ではない.
$x, y \in R+I$ とする.このとき,
$$x = r_1 + a, \; y = r_2 + b \quad (r_1, r_2 \in R, \; a, b \in I)$$
と表される.I はイデアルであり,$a, b \in I$ であるから $a - b \in I$ である.したがって,
$$x - y = (r_1 - r_2) + (a - b) \in R+I.$$
また,一方
$$r_1 \in R, r_2 \in R \Longrightarrow r_1 r_2 \in R, \quad r_1 \in R, b \in I \Longrightarrow r_1 b \in I,$$
$$r_2 \in R, a \in I \Longrightarrow r_2 a \in I, \quad a \in R, b \in I \Longrightarrow ab \in I$$
であるから,
$$xy = (r_1 + a)(r_2 + b) = r_1 r_2 + (r_1 b + r_2 a + ab) \in R+I.$$
単位元 1 を含み,加法と乗法に関して閉じている.よって,定理 1.5 によって 集合 $R+I$ は S の部分環になる.

(b) I が環 $R+I$ のイデアルであることを示す．I は環 S のイデアルであるから，加法に関して群である．
$x \in R+I,\ b \in I$ とする．x は $x = r+a\ (r \in R,\ a \in I)$ と表される．ここで，
$$r \in R,\ b \in I \Longrightarrow rb \in I, \quad a \in R,\ b \in I \Longrightarrow ab \in I$$
であるから，$xb = (r+a)b = rb + ab \in I$．以上より，$I$ は環 $R+I$ のイデアルである．

(2) $R \cap I$ は R のイデアルであることを示す．$0 \in R \cap I$ であるから $R \cap I \neq \phi$．
(i) $a, b \in R \cap I$ とする．
$$a, b \in R \Longrightarrow a - b \in R \quad (R \text{ は環であるから}),$$
$$a, b \in I \Longrightarrow a - b \in I \quad (I \text{ はイデアルであるから}).$$
$$\therefore\ a - b \in R \cap I.$$
(ii) $r \in R,\ a \in R \cap I$ とする．
$$r \in R,\ a \in R \Longrightarrow ra \in R \quad (R \text{ は環であるから}),$$
$$r \in S,\ a \in I \Longrightarrow ra \in I \quad (I \text{ は } S \text{ イデアルであるから}).$$
$$\therefore\ ra \in R \cap I.$$
上の (i),(ii) より，$R \cap I$ は R のイデアルである．

(3) $(R+I)/I \simeq R/(R \cap I)$ を示す．
$$R \longrightarrow R+I \longrightarrow (R+I)/I$$
$$r \longmapsto \quad r \quad \longmapsto \bar{r} = r + I$$
なる合成写像
$$f : R \longrightarrow (R+I)/I \quad (r \longmapsto f(r) = \bar{r} = r + I)$$
を考える．

(i) このとき，写像 f は環の準同型写像になる．
$$f(a+b) = \overline{a+b} = \bar{a} + \bar{b} = f(a) + f(b),$$
$$f(ab) = \overline{ab} = \bar{a}\bar{b} = f(a)f(b),$$
$$f(1) = \bar{1}.$$

(ii) 剰余環 $(R+I)/I$ の元は $\bar{a}\ (a \in R)$ と表される．写像 f の定義により，$f(a) = \bar{a}$ であるから，f は全射である．

(iii) そこで，$\ker f$ を考えると，$a \in R$ について
$$a \in \ker f \Longleftrightarrow f(a) = \bar{0} \Longleftrightarrow \bar{a} = \bar{0} \Longleftrightarrow a \in I.$$
したがって，$\ker f = \{a \in R | f(a) = \bar{0}\} = R \cap I$．準同型定理 3.5 によって，$R/(R \cap I) \simeq (R+I)/I$ を得る．

---

11. $f : R \longrightarrow R'$ を可換環の準同型写像とするとき，次のことを証明せよ．
(1) I' が R' のイデアルであれば，$f^{-1}(I')$ は R のイデアルである．
(2) P' を R' の素イデアルとするとき，$f^{-1}(P')$ は R の素イデアルである．

(証明) (1) $f(0_R) = 0_{R'} \in I'$ であるから，$0_R \in f^{-1}(I')$. よって，$f^{-1}(I') \neq \phi$.
(i) $a, b \in f^{-1}(I')$ とする．このとき，$f(a), f(b) \in I'$，かつ I' は R' のイデアルであるから $f(a-b) = f(a) - f(b) \in I'$. ゆえに，$a - b \in f^{-1}(I')$.
(ii) $r \in R, a \in f^{-1}(I')$ とする．このとき，$f(r) \in R', f(a) \in I'$，かつ I' は R' のイデアルであるから $f(ra) = f(r)f(a) \in I'$. ゆえに，$ra \in f^{-1}(I')$.
(i),(ii) より $f^{-1}(I')$ は環 R のイデアルである．

(2) はじめに，(1) より $f^{-1}(P')$ は R のイデアルである．$ab \in f^{-1}(P')$ と仮定すると，$f(a)f(b) = f(ab) \in P'$. ここで，P' は R' の素イデアルであるから $f(a) \in P'$ または $f(b) \in P'$ である．言いかえると，$a \in f^{-1}(P')$ または $b \in f^{-1}(P')$. したがって，定義によって $f^{-1}(P')$ は R の素イデアルである．

12. I, J を可換環 R のイデアルで $I \cap J = (0)$ とする．このとき，$\pi : R \longrightarrow R/I$ なる自然な準同型写像によって，R のイデアル J は剰余環 R/I のイデアル $(I+J)/I$ と同一視できることを示せ．

(証明) π の定義域を J に制限した写像 π' は J から R/I への加法群の準同型写像である．
$$\pi' : J \longrightarrow R/I \quad (a \longrightarrow \bar{a}).$$
すなわち，$\pi'(a) = \pi(a) = \bar{a} = a + I \ (a \in J)$. そこで，準同型写像 π' の核を調べる．
$$a \in \ker \pi' \iff a \in J, \ \pi'(a) = \bar{0} \iff a \in J, \ \bar{a} = \bar{0}$$
$$\iff a \in J, \ a \in I \iff a \in I \cap J$$
$$\iff a \in (0) \iff a = 0.$$
ゆえに，$\ker \pi' = (0)$. したがって，第 2 章準同型定理 6.5 によって
$$\pi(J) = \pi'(J) \simeq J/\ker \pi' = J/I \cap J = J/(0) = J.$$
すなわち，$J \simeq \pi(J) = (I+J)/I$ である．

13. R を環とし，e をその単位元とする．このとき，
$$\tau : \mathbb{Z} \longrightarrow R \quad (\tau(n) = ne)$$
なる写像が定義される．τ が環の準同型写像であることを示せ．

(証明) (1) m, n を整数とする．
$$\tau(mn) = (m+n)e$$
$$= me + ne \quad (\text{第 2 章定理 2.5(指数法則)})$$
$$= \tau(m) + \tau(n).$$
(2) §1 演習問題 2 を使えば
$$\tau(mn) = (mn)e = (me)(ne) = \tau(m)\tau(n).$$

14. R を環とし，I と J を R のイデアルで，$I \subset J \subset R$ を満たしているものとする．このとき，$(R/I)/(J/I) \simeq R/J$ が成り立つことを示せ (**第 1 同型定理**).

(証明) 環の加法の演算に注目すれば，環の準同型写像の核は，加法群としての準同型写像の核に一致している．また，環のイデアルは加法群の正規部分群である．したがって，乗法の演算に注意すれば，第 2 章 §6 演習問題 11(群の第 1 同型定理) とほぼ同じに示すことができる．イデアル I, J は加法群 R の正規部分群であるから，その剰余群 R/I, R/J を考えることができる．このとき，加法群としての剰余群 R/I から剰余群 R/J への全射 f

$$f : R/I \longrightarrow R/J \quad (a+I \longmapsto a+J = f(a+I))$$

が定義される (演習問題 1).

(2) f は剰余環 R/I から剰余環 R/J への準同型写像であることを示す．

$$\begin{aligned}
f((a+I)+(b+I)) &= f(a+b+I) & (R/I \text{ の加法の定義}) \\
&= a+b+J & (\text{写像 } f \text{ の定義}) \\
&= (a+J)+(b+J) & (R/J \text{ の加法の定義}) \\
&= f(a+I)+f(b+J) & (\text{写像 } f \text{ の定義}) \\
\therefore \quad f(aK+bK) &= f(aK)+f(bK).
\end{aligned}$$

$$\begin{aligned}
f((a+I)\cdot(b+I)) &= f(ab+I) & (R/I \text{ の乗法の定義}) \\
&= ab+J & (\text{写像 } f \text{ の定義}) \\
&= (a+J)\cdot(b+J) & (R/I \text{ の乗法の定義}) \\
&= f(a+I)\cdot f(b+J) & (\text{写像 } f \text{ の定義}) \\
\therefore \quad f(aK \cdot bK) &= f(aK) \cdot f(bK).
\end{aligned}$$

よって，f は環準同型写像である．

(3) 次に，$\ker f$ を調べる．環 R/J のゼロ元は J であるから，

$$a+I \in \ker f \iff f(a+I) = 0+J = J \iff a+J = J \iff a \in J.$$

$$\therefore \quad \ker f = \{a+I \in R/I \mid a \in J\} = (I+J)/I = J/I.$$

(4) 環の準同型定理 3.5 より $(R/I)/(J/I) \simeq R/J$ が証明された．

15. R を環とし，I と J を R のイデアルとする．このとき，$(I+J)/I \simeq J/(I \cap J)$ が成り立つことを示せ (**第 2 同型定理**).

(証明) 演習問題 14 と同様に，第 2 章 §6 演習問題 12(群の第 2 同型定理) を適用すればよい．

16. 可換環 R の真のイデアル $I_1, \cdots, I_n$ $(n \geq 2)$ が 2 つずつ互いに素であるとする．すなわち，$i \neq j$ のとき $I_i + I_j = R$ である (§2 演習問題 12 参照)．このとき，次が成り立つことを示せ (**中国式剰余の定理**).

(1) $(I_1 I_2 \cdots I_{i-1} I_{i+1} \cdots I_n) + I_i = R$ $(i = 1, \cdots, n)$.
(2) $I_1 \cap \cdots \cap I_n = I_1 \cdots I_n$.
(3) $R/(I_1 \cdots I_n) \simeq R/I_1 \times \cdots \times R/I_n$.

(証明) (1) R は可換環であるから,$(I_1 \cdots I_{n-1}) + I_n = R$ を示せば十分である.
$n = 2$ のときは,仮定である.
$n = 3$ のとき.$I_1 I_2 + I_3 = R$ を示す.$I_1 + I_3 = R, I_2 + I_3 = R$ より
$$a_1 + a_3 = 1 \ (\exists a_1 \in I_1, \exists a_3 \in I_3), \quad b_2 + b_3 = 1 \ (\exists b_2 \in I_2, \exists b_3 \in I_3).$$
ゆえに,これらの式を辺々かけると,
$$a_1 b_2 + (a_1 b_3 + a_3 b_2 + a_3 b_3) = 1.$$
ここで,$a_1 b_2 \in I_1 I_2, a_1 b_3 + a_3 b_2 + a_3 b_3 \in I_3$ であるから,$1 \in I_1 I_2 + I_3$.よって,定理 2.2 より $I_1 I_2 + I_3 = R$ を得る.

次に,$n-1$ まで成り立つと仮定すると,
$$I_n + I_{n-1} = R, \ I_1 I_2 \cdots I_{n-2} + I_{n-1} = R, \ I_1 I_2 \cdots I_{n-2} + I_n = R$$
が成り立っている.したがって,3つのイデアル $I_1 \cdots I_{n-2}, I_{n-1}, I_n$ に対して,$n = 3$ の場合を適用すれば,$(I_1 I_2 \cdots I_{n-2}) I_{n-1} + I_n = R$ が成り立つ.

(2) $I_1 \cap \cdots \cap I_n = I_1 \cdots I_n$.
n についての帰納法で証明する.$n = 2$ のときは,§2 演習問題 12 (2) である.$n > 2$ として,$n - 1$ まで成り立つと仮定する.(1) より $I_1 \cdots I_{n-1} + I_n = R$ であるから,
$$\begin{aligned} I_1 \cap \cdots \cap I_n &= (I_1 \cap \cdots \cap I_{n-1}) \cap I_n \\ &= (I_1 \cdots I_{n-1}) \cap I_n \quad \text{(帰納法の仮定)} \\ &= (I_1 \cdots I_{n-1}) I_n \quad \text{($n = 2$ の場合)} \\ &= I_1 \cdots I_n. \end{aligned}$$

(3) n についての帰納法で証明する.
(i) $n = 2$ のとき,すなわち「$I_1 + I_2 = R \Longrightarrow R/(I_1 \cap I_2) \simeq R/I_1 \times R/I_2$」を証明する.
$$f : R \longrightarrow R/I_1 \times R/I_2 \quad (a \longmapsto f(a) = (\bar{a}, \tilde{a}))$$
なる写像 f を考える.ただし,$\bar{a} = a + I_1, \tilde{a} = a + I_2$ とする.

- f は準同型写像である.
$$\begin{aligned} f(a+b) &= (\overline{a+b}, \widetilde{a+b}) & f(ab) &= (\overline{ab}, \widetilde{ab}) \\ &= (\bar{a}+\bar{b}, \tilde{a}+\tilde{b}) & &= (\bar{a}\bar{b}, \tilde{a}\tilde{b}) \\ &= (\bar{a}, \tilde{a}) + (\bar{b}, \tilde{b}) & &= (\bar{a}, \tilde{a}) \cdot (\bar{b}, \tilde{b}) \\ &= f(a) + f(b), & &= f(a) \cdot f(b). \end{aligned}$$

- $\ker f = I_1 \cap I_2$ である．
$$a \in \ker f \iff f(a) = (\bar{0}, \tilde{0}) \iff (\bar{a}, \tilde{a}) = (\bar{0}, \tilde{0})$$
$$\iff \bar{a} = \bar{0},\ \tilde{a} = \tilde{0} \iff a \in I_1,\ a \in I_2$$
$$\iff a \in I_1 \cap I_2.$$

- f は全射である．$R/I_1 \times R/I_2$ の任意の元は，ある $a, b \in R$ があって $(\bar{a}, \tilde{b})$ と表される．一方，$I_1 + I_2 = R$ より $r + s = 1$ $(r \in I_1, s \in I_2)$ なる関係がある．このとき，$r \in I_1$ より $\bar{r} = \bar{0}$, $s \in I_2$ より $\tilde{s} = \tilde{0}$ であるから，
$$\bar{1} = \overline{r+s} = \bar{r} + \bar{s} = \bar{s}, \quad \tilde{1} = \widetilde{r+s} = \tilde{r} + \tilde{s} = \tilde{r}.$$
となっている．ゆえに，
$$\bar{r} = \bar{0},\ \tilde{r} = \tilde{1}, \quad \bar{s} = \bar{1}, \tilde{s} = \tilde{0}.$$
そこで，$x = as + br \in R$ なる元を考えると
$$\bar{x} = \overline{as + br} = \bar{a}\bar{s} + \bar{b}\bar{r} = \bar{a} \cdot \bar{1} + \bar{b} \cdot \bar{0} = \bar{a},$$
$$\tilde{x} = \widetilde{as + br} = \tilde{a}\tilde{s} + \tilde{b}\tilde{r} = \tilde{a} \cdot \tilde{0} + \tilde{b} \cdot \tilde{1} = \tilde{b}.$$
以上より，$f(x) = (\bar{x}, \tilde{x}) = (\bar{a}, \tilde{b})$ が成り立つので，f は全射である．

f に準同型定理 3.5 を適用すると
$$R/I_1 I_2 = R/(I_1 \cap I_2) = R/\ker f \simeq R/I_1 \times R/I_2.$$

(ii) $n > 2$ として，$n-1$ まで成り立つと仮定する．(1) より $I_1 \cdots I_{n-1} + I_n = R$ であるから，$(I_1 \cdots I_{n-1}) \cap I_n = (I_1 \cdots I_{n-1}) I_n = I_1 \cdots I_n$ に注意すると，
$$R/(I_1 \cdots I_n) = R/(I_1 \cdots I_{n-1} \cdot I_n)$$
$$= R/(I_1 \cdots I_{n-1}) \times R/I_n \qquad ((\text{i})\ \text{より})$$
$$= (R/I_1 \times \cdots \times R/I_{n-1}) \times R/I_n\ (\text{帰納法の仮定})$$
$$= R/I_1 \times \cdots \times R/I_n.$$

（注意）この演習問題 16 は第 1 章定理 2.7 (中国式剰余の定理) の一般化である．

§4 多項式環

定義と定理のまとめ

定義 4.1 R を可換環とする．R とは関係ない文字 X を R 上の**不定元** (あるいは**変数**) という．R 上の X の**多項式**とは
$$f(X) = a_n X^n + a_{n-1} X^{n-1} + \cdots + a_1 X + a_0 \quad (a_i \in R)$$
の形の式のことであるとする．$a_n \neq 0$ のとき，n を $f(X)$ の**次数**といい，$n = \deg f(X)$ と表す．ただし，すべての i について $a_i = 0$ である多項式 $f(X)$ の次数は定めない．

R 上の多項式全体の集合を $R[X]$ で表し，$R[X]$ に和と積を
$$f(X) + g(X) = \sum_i (a_i + b_i) X^i, \quad f(X) \cdot g(X) = \sum_k \left(\sum_{i+j=k} a_i b_j \right) X^k$$
により定義する．$R[X]$ は上の2つの演算に関して可換環になっている．この $R[X]$ を R 上の**1変数多項式環**という．すべての a_i が 0 であるような $f(X)$ が $R[X]$ の加法のゼロ元 (多項式としての 0) であり，また $a_0 = 1$ であって，それ以外の a_i では 0 であるような $f(X)$ が乗法の単位元 (多項式としての 1) である．

定理 4.1 R を整域とする．多項式環 $R[X]$ の元 $f(X), g(X)$ について，積 $f(X)g(X)$ の次数は $f(X)$ の次数と $g(X)$ の次数の和である．すなわち，
$$\deg f(X)g(X) = \deg f(X) + \deg g(X).$$

定理 4.2 R が整域であれば $R[X]$ も整域である．

定義 4.2 $R[X][Y]$ を $R[X, Y]$ とおき，R 上の**2変数** X, Y の **多項式環**といい，この環の元を R の元を係数とする 2 変数 X, Y の**多項式**という．

同様に n 変数の多項式環 $R[X_1, \cdots, X_n]$ が定義できる．

定理 4.3 環 R 上の多項式環 $R[X, Y]$ の元 $f(X, Y)$ は $\displaystyle\sum_{i=0}^{m} \sum_{j=0}^{n} a_{ij} X^i Y^j$ と表され，係数 $a_{ij} \in R$ は $f(X, Y)$ により一意的に定まる．

定義 4.3 体 K 上の n 変数の多項式環 $K[X_1, \cdots, X_n]$ の商体 (§5 を参照) を K 上の**有理関数体**といい，$K(X_1, \cdots, X_n)$ で表し，$K(X_1, \cdots, X_n)$ の元を K 上の**有理式**という．$X_1^{i_1} X_2^{i_2} \cdots X_n^{i_n}$ の形の元を**単項式**という．$K(X_1, \cdots, X_n)$ の任意の元は $K[X_1, \cdots, X_n]$ の元 $f(X_1, \cdots, X_n), g(X_1, \cdots, X_n)$ によって，$f(X_1, \cdots, X_n)/g(X_1, \cdots, X_n)$ と表される．

定義 4.4 環 L を R を部分環とするような環とし，L の元 α は R のすべての元と可換とする．$R[X]$ の元 $f(X)$ について，
$$f(X) = a_0 + a_1 X + \cdots + a_n X^n$$
とするとき，L の元 $a_0 + a_1 \alpha + \cdots + a_n \alpha^n$ を $f(\alpha)$ で表す．このとき，
$$f(\alpha) = a_0 + a_1 \alpha + \cdots + a_n \alpha^n$$
を X に α を代入してえられる L の元という．また，$f(\alpha) = 0$ のとき，α を多項式 $f(X)$ の**根**という．

定理 4.4 (**代入の原理**) 環 L を R を部分環とするような環とし，L の元 α は R のすべての元と可換とする．$R[X]$ の元 $f(X), g(X)$ について，次が成り立つ．
(i) $f(X) + g(X) = \xi(X) \Longrightarrow f(\alpha) + g(\alpha) = \xi(\alpha)$,
(ii) $f(X) \cdot g(X) = \eta(X) \Longrightarrow f(\alpha) \cdot g(\alpha) = \eta(\alpha)$.

定理 4.5 (**除法の定理**) K を体とする．2 つの多項式 $f(X), g(X) \in K[X]$ について，$g(X) \neq 0$ とすると，$f(X) = q(X)g(X) + r(X)$ を満足する多項式 $q(X), r(X) \in K[X]$ が存在する．ただし $r(X)$ は 0 であるか，または次数が $g(X)$ の次数より小さい多項式とする．しかも，このような $q(X)$ と $r(X)$ は $f(X)$ と $g(X)$ により一意的に定まる．

系 (**因数定理**) $f(X) \in K[X], \alpha \in K$ とする．このとき $f(\alpha) = 0$ ならば，ある多項式 $g(X) \in K[X]$ が存在して，$f(X) = (X - \alpha)g(X)$ と表される．

定理 4.6 $K[X]$ を体 K 上の 1 変数の多項式環とする．0 でない $K[X]$ の多項式 $f(X)$ の次数が n ならば，$f(\alpha) = 0$ となる K の元 α は高々 n 個である．

系 $f(X), g(X)$ を $K[X]$ の元とし，次数が共に高々 $n(\geq 1)$ とする．m 個 $(m > n)$ の相異なる K の元 $a_1, \cdots, a_m$ に対し $f(a_i) = g(a_i)$ ならば，$f(X) = g(X)$ となる．

定義 4.5 $K[X]$ を体 K 上の多項式環で，$f(X), g(X), p(X), q(X) \in K[X]$ とする．$f(X) = p(X)q(X)$ なるとき $f(X)$ は $p(X)$ で割り切れるという．このとき，$f(X)$ は $p(X)$ の**倍数**，$p(X)$ は $f(X)$ の**約数**といい記号で $p(X) | f(X)$ と表す．$f(X), g(X)$ の共通の約数を**公約数**という．多項式 $f(X)$ の最高次の係数が 1 のとき，$f(X)$ を**モニック**な多項式という．また $f(X), g(X)$ の公約数のうち，次数が一番高いモニックな多項式を**最大公約数**という．最大公約数が 1 のとき $f(X)$ と $g(X)$ は**互いに素**であるといい，$(f(X), g(X)) = 1$ で表す．

定理 4.7 体 K 上の 1 変数の多項式環 $K[X]$ のイデアルはすべて単項イデアルである．すなわち，$K[X]$ は単項イデアル整域 (PID) である．

定理 4.8 体 K 上の2つの多項式 $f(X)$ と $g(X)$ の最大公約数が $d(X)$ ならば
$$d(X) = f(X)\xi(X) + g(X)\eta(X)$$
を満たす多項式 $\xi(X), \eta(X)$ が $K[X]$ の中に存在する．

定理 4.9 体 K 上の多項式環を $K[X]$ とし，多項式 $f(X), g(X), h(X) \in K[X]$ について $(f(X), g(X)) = 1$ と仮定する．このとき，次が成り立つ．
$$f(X) \mid g(X)h(X) \Longrightarrow f(X) \mid h(X).$$

定義 4.6 $f(X)$ を次数が $n > 0$ の体 K 上の多項式とする．$f(X)$ が，次数が共に 1 以上の2つの多項式の積に分解されるとき，$f(X)$ は**可約**であるといい，そうでないとき**既約**であるという．既約な多項式を**既約多項式**という．

定理 4.10 体 K 上の多項式は既約多項式の積として，因子の順序と K の元の積を除いて一意的に分解される．

定理 4.11 $K[X]$ を体 K 上の多項式環で，$f(X) \in K[X]$ とするとき，次の 5 つの命題は同値である．
 (1) $f(X)$ は既約多項式である．
 (2) $(f(X)) = f(X)K[X]$ は素イデアルである．
 (3) $(f(X)) = f(X)K[X]$ は極大イデアルである．
 (4) $K[X]/(f(X))$ は整域である．
 (5) $K[X]/(f(X))$ は体である．

問題と解答

> **問 4.1** 整数環 $\mathbb{Z}$ の場合において，定理 4.8 に対応している第 1 章定理 1.7 を定理 4.8 の方法を用いて証明せよ．

(証明) 環 $\mathbb{Z}$ において整数 a と b によって生成されたイデアル
$$a\mathbb{Z} + b\mathbb{Z} = \{ax + by \mid x, y \in \mathbb{Z}\}$$
を考える．定理 2.7 より $\mathbb{Z}$ は単項イデアルであるから，ある正の整数 d が存在して，$a\mathbb{Z} + b\mathbb{Z} = d\mathbb{Z}$ と表される．d はある整数 m, n があって $am + bn = d$ と表されている．このとき，整数 d が a と b の最大公約数であることを示せばよい．

(1) d が a と b の公約数であることを示す．$a \in a\mathbb{Z} + b\mathbb{Z} = d\mathbb{Z}$ であるから，$a \in d\mathbb{Z}$. ゆえに，$a = da'$ $(\exists a' \in \mathbb{Z})$. したがって，$d$ は a の約数である．同様にして，$a \in a\mathbb{Z} + b\mathbb{Z} = d\mathbb{Z}$ より，d は b の約数であるから，d は a と b の公約数である．

(2) d は a と b の公約数の中で最大の整数であることを示す．$d' > 0$ を a と b の公約数とする．このとき，a と b は $a = a_1 d'$ $(\exists a_1 \in \mathbb{Z})$, $b = b_1 d'$ $(\exists b_1 \in \mathbb{Z})$ と

表される．すると，$d = am + bn = a_1 d' m + b_1 d' n = (a_1 m + b_1 n)d'$. したがって，$d' \mid d$ であるから，$d' \leq d$.

以上 (1), (2) より，d は a と b の最大公約数である．

問 4.2 $\mathbb{Z}_7[X]$ において，次の多項式はそれぞれ既約であるかどうか調べよ．
(1) $X^2 + X + \bar{1}$, (2) $X^3 - X - \bar{2}$.

(解答) 体 K 上の多項式環 $K[X]$ の次数が 2 または 3 の多項式 $f(X)$ については
$$f(X) : \text{既約} \iff f(X) \text{ は } K \text{ に根をもたない (§4 演習問題 3)}.$$
よって，$f(X)$ が $\mathbb{Z}_7$ に根をもたないことをいえば $f(X)$ は既約である．そこで，$\mathbb{Z}_7$ のすべての元 $\bar{a}$ を $f(X)$ に代入し，$\bar{a}$ が根であるかどうか調べる．

(1) $f(X) = X^2 + X + \bar{1}$ について．

X	$\bar{0}$	$\bar{1}$	$\bar{2}$	$\bar{3}$	$\bar{4}$	$\bar{5}$	$\bar{6}$
X^2	$\bar{0}$	$\bar{1}$	$\bar{4}$	$\bar{2}$	$\bar{2}$	$\bar{4}$	$\bar{1}$
$X^2 + X + \bar{1}$	$\bar{1}$	$\bar{3}$	$\bar{0}$	$\bar{6}$	$\bar{0}$	$\bar{3}$	$\bar{1}$

この表より，$f(\bar{2}) = 0, f(\bar{4}) = 0$ であるから，$\bar{2}, \bar{4}$ は $f(X)$ の根である．実際，
$$f(X) = (X - \bar{2})(X - \bar{4}) = (X + \bar{5})(X + \bar{3}).$$

(2) $f(X) = X^3 - X - \bar{2}$ について．

X	$\bar{0}$	$\bar{1}$	$\bar{2}$	$\bar{3}$	$\bar{4}$	$\bar{5}$	$\bar{6}$
X^3	$\bar{0}$	$\bar{1}$	$\bar{1}$	$\bar{6}$	$\bar{1}$	$\bar{6}$	$\bar{6}$
$X^3 - X - \bar{2}$	$\bar{5}$	$\bar{5}$	$\bar{4}$	$\bar{6}$	$\bar{2}$	$\bar{6}$	$\bar{5}$

この表より，$f(X)$ は $\mathbb{Z}_7$ に根をもたないことがわかる．したがって，多項式 $f(X)$ は $\mathbb{Z}_7[X]$ において既約である．

問 4.3 $\varphi(f(X)) = f(\alpha)$ によって定義される準同型写像 $\varphi : \mathbb{Q}[X] \longrightarrow \mathbb{Q}[\alpha]$ に準同型定理 3.5 を適用すると，$R = \mathbb{Q}[X]/(f(X)) \simeq \mathbb{Q}[\alpha]$ なる同型を得る (例 4.4* 参照)．このとき，次の問に答えよ．
(1) $1/\alpha \in \mathbb{Q}[\alpha]$ に対応する剰余環 (体) $R = \mathbb{Q}[X]/(f(X))$ の元は何か．
(2) $x = \overline{X} \in R$ は多項式 $f(X)$ の根であることを確かめよ．
(3) $\mathbb{Q}[X]$ は $\{1, \alpha, \cdots, \alpha^{n-1}\}$ を基底とする体 $\mathbb{Q}$ 上の n 次元ベクトル空間であることを示せ．

(証明) (1) $f(X) = b_0 + b_1 X + \cdots + b_n X^n \in \mathbb{Q}[X]$ とすると，$f(\alpha) = 0$ であるから，$b_0 + b_1 \alpha + \cdots + b_n \alpha^n = 0$ となっている．ゆえに，
$$\alpha \left\{ -\left(\frac{b_1}{b_0} + \frac{b_2}{b_0} \alpha + \cdots + \frac{b_n}{b_0} \alpha^{n-1} \right) \right\} = 1.$$

ゆえに,
$$\alpha^{-1} = -\frac{b_1}{b_0} - \frac{b_2}{b_0}\alpha - \cdots - \frac{b_n}{b_0}\alpha^{n-1} \in \mathbb{Q}[\alpha]$$
という表現をもつ. このとき,
$$g(X) = -\frac{b_1}{b_0} - \frac{b_2}{b_0}X - \cdots - \frac{b_n}{b_0}X^{n-1} \in \mathbb{Q}[X]$$
を考えれば, $\sigma(g(X)) = g(\alpha) = 1/\alpha$ である. したがって, $1/\alpha$ に対応する剰余環 (体) $\mathbb{Q}[X]/(f(X))$ の元は $\overline{g(X)} = g(X) + (f(X))$ である.

(2) $f(x) = f(\overline{X}) = b_0 + b_1\overline{X} + \cdots + b_n\overline{X}^n = \overline{b_0 + b_1 X + \cdots + b_n X^n} = \overline{f(X)} = \overline{0}$.

(3) $\mathbb{Q}[\alpha]$ は体 $\mathbb{Q}$ 上 $\{1, \alpha, \cdots, \alpha^{n-1}\}$ の 1 次結合ですべて表される. また, これらは $\mathbb{Q}$ 上 1 次独立である. 何故ならば, $\{1, \alpha, \cdots, \alpha^{n-1}\}$ が 1 次従属とすると
$$a_0 + a_1\alpha + \cdots + a_{n-1}\alpha^{n-1} = 0, \ a_i \in \mathbb{Q}, \ \exists a_i \neq 0$$
なる 1 次関係式が存在する. このとき,
$$h(X) = a_0 + a_1 X + \cdots + a_{n-1}X^{n-1} \in \mathbb{Q}[X]$$
とおけば, $h(X) \neq 0$ である. $h(X)$ は $f(X)$ より次数の小さい多項式で $h(\alpha) = 0$ を満たす. ゆえに, $\sigma(h(X)) = h(\alpha) = 0$ より $h(X) \in \ker \sigma = (f(X))$. したがって, ある多項式 $g(X) \in \mathbb{Q}[X]$ が存在して, $h(X) = f(X)g(X)$ と表される. すると,
$$n \leq \deg f(X) + \deg g(X) = \deg h(X) = n - 1$$
であるから矛盾である. 以上によって, $\mathbb{Q}[X]$ は $\{1, \alpha, \cdots, \alpha^{n-1}\}$ を基底とする体 $\mathbb{Q}$ 上の n 次元ベクトル空間である.

第 3 章 §4 演習問題

---

1. 次の命題は正しいか (T), 誤りか (F) 答えよ.
(1) $X - 2$ は $\mathbb{Q}[X]$ の既約多項式である.
(2) $3X - 2$ は $\mathbb{Q}[X]$ の既約多項式である.
(3) $X^2 - 2$ は $\mathbb{Q}[X]$ の既約多項式である.
(4) $X^2 + \overline{3}$ は $\mathbb{Z}_7[X]$ の既約多項式である.
(5) K を体とするとき多項式環 $K[X]$ の可逆元は K の 0 以外の元である.

(証明) (1), (2) は正しい (T): 一般に, 1 次式 $aX + b$ は $\mathbb{Q}[X]$ において既約多項式であることが次のようにしてわかる. $aX + b$ の次数は 1 である. もし, $aX + b$ が可約であると仮定すると
$$aX + b = f(X) \cdot g(X), \quad 1 \leq \deg f(X), \ 1 \leq \deg g(X)$$
のように分解される. ところが, 定理 4.1 によって右辺の次数は
$$\deg f(X)g(X) = \deg f(X) + \deg g(X) \geq 2$$

である．一方，左辺の次数は 1 であるから，これは矛盾である．したがって，1 次式 $aX + b$ は $\mathbb{Q}[X]$ において既約である．

(3) は正しい (T): $X^2 - 2$ が可約であると仮定する．このとき，
$$X^2 - 2 = (X - a)(X - b), \quad a, b \in \mathbb{Q}$$
と表される．このとき，$ab = -2$, $a + b = 0$ という関係式が得られる．これらから，b を消去すると $a^2 - 2 = 0$. ここで，$a^2 = 2$ となる数は $\pm\sqrt{2}$ であるが，$\pm\sqrt{2}$ は有理数ではない (第 1 章問 1.22). これは，a が有理数であることに反する．したがって，$X^2 - 2$ は $\mathbb{Q}$ で既約である．

(4) は誤りである (F): $X^2 + \bar{3}$ は 2 次式であるから，分解すると
$$X^2 + \bar{3} = (X - \bar{a})(X - \bar{b}), \quad \bar{a}, \bar{b} \in \mathbb{Z}_7$$
と表される．ゆえに，もし $X^2 + \bar{3}$ が分解すれば，$X^2 + \bar{3}$ は $\mathbb{Z}_7$ に根をもつ (定理 4.5 系). そこで，$\mathbb{Z}_7$ の各元について根であるかどうか調べる．$f(X) = X^2 + \bar{3}$ とおくと，
$$f(\bar{0}) = \bar{0}^2 + \bar{3} = \bar{3} \neq \bar{0}, \quad f(\bar{4}) = \bar{4}^2 + \bar{3} = \bar{5} \neq \bar{0},$$
$$f(\bar{1}) = \bar{1}^2 + \bar{3} = \bar{4} \neq \bar{0}, \quad f(\bar{5}) = \bar{5}^2 + \bar{3} = \bar{0},$$
$$f(\bar{2}) = \bar{2}^2 + \bar{3} = \bar{7} = \bar{0}, \quad f(\bar{6}) = \bar{6}^2 + \bar{3} = \bar{4} \neq \bar{0}.$$
$$f(\bar{3}) = \bar{3}^2 + \bar{3} = \bar{5} \neq \bar{0},$$
上の計算によって，$\bar{2}$ と $\bar{5}$ が $X^2 + \bar{3}$ の根である．実際，
$$(X - \bar{2})(X - \bar{5}) = X^2 - \bar{7}X + \overline{10} = X^2 - \bar{0}X + \bar{3} = X^2 + \bar{3}.$$
したがって，$X^2 + \bar{3} = (X - \bar{2})(X - \bar{5})$ と分解できるので，$X^2 + \bar{3}$ は $\mathbb{Z}_7[X]$ で可約である．

(5) は正しい (T): 多項式環 $K[X]$ の元 $f(X)$ が可逆元であるとする．このとき，ある多項式 $g(X) \in K[X]$ が存在して $f(X) \cdot g(X) = 1$ を満たしている．定理 4.1 より，
$$0 = \deg 1 = \deg f(X)g(X) = \deg f(X) + \deg g(X).$$
このとき，$f(X) \neq 0$, $g(X) \neq 0$ であるから $0 \leq \deg f(X)$, $0 \leq \deg g(X)$. したがって，$\deg f(X) = \deg g(X) = 0$ でなければならない．ゆえに，$f(X)$ は定数，すなわち，$f(X) \in K^*$ である．

逆に，K は体であり，K^* は乗法群であるから，K^* の元はすべて可逆元である．

---

2. 体 $\mathbb{Z}_5$ 上の多項式環 $\mathbb{Z}_5[X]$ における多項式について，次の問に答えよ．
(1) $f(X) = X^4 - \bar{3}X^3 + \bar{2}X^2 + \bar{4}X - \bar{1}$, $g(X) = X^2 - \bar{2}X + \bar{3}$ とするとき，$f(X)$ を $g(X)$ で割り算せよ．
(2) $f(X) = X^4 + \bar{3}X^3 + \bar{2}X + \bar{4}$ を $\mathbb{Z}_5[X]$ において因数分解せよ．

(証明) 通常のように多項式の割り算を実行すればよい．ただそのときに，5 以上の数が出てきた場合は，mod 5 で考えているから，4 以下の数におき換えればよい．

(1)
$$\mathbb{Z}_5 = \{\,\bar{0},\,\bar{1},\,\bar{2},\,\bar{3},\,\bar{4}\,\}$$
$$f(X) = X^4 - \bar{3}X^3 + \bar{2}X^2 + \bar{4}X - \bar{1}$$
$$= (X^2 - \bar{2}X + \bar{3})(X^2 - X - \bar{3}) + X + \bar{3}.$$

(2) 因数定理 (定理 4.5 の系) を使う. $f(\bar{1}) = \bar{0}$ であるから, $f(X)$ は $X - \bar{1}$ で割り切れる. 実際, 計算を実行すると
$$f(X) = (X - \bar{1})(X^3 + \bar{4}X^2 + \bar{4}X + \bar{1}).$$
さらに, $f_1(X) = X^3 + \bar{4}X^2 + \bar{4}X + \bar{1}$ とおくと $f_1(\bar{1}) = \bar{0}$ であるから, $f_1(X)$ は $X - \bar{1}$ で割り切れる. 計算を実行すると
$$f_1(X) = (X - \bar{1})(X^2 + \bar{4}).$$
次に $f_2(X) = X^2 + \bar{4}$ とおけば, $f_2(\bar{1}) = \bar{0}$ であるから, $f_2(X)$ は再び $X - \bar{1}$ で割り切れる. 計算を実行すると, $f_2(X) = (X - \bar{1})(X + \bar{1})$. 以上より, $f(X)$ の因数分解は $f(X) = (X + \bar{1})(X - \bar{1})^3$ である.

---

3. 体 K 上の多項式環 $K[X]$ の元を $f(X)$ とする. $f(X)$ の次数が 2 または 3 の多項式とするとき, $f(X)$ が既約であるための必要十分条件は $f(X)$ が K に根をもたないことである. これを証明せよ.

(証明) 「$f(X)$: 既約でない $\iff f(X)$ は K に根をもつ」を証明すればよい.

($\Longrightarrow$) : $f(X)$ が $K[X]$ で既約でないと仮定すると, ある多項式 $g(X), h(X) \in K[X]$ が存在して, $f(X) = g(X) \cdot h(X)$, $1 \leq \deg g(X), \deg h(X) < \deg f(X)$ と表せる. 仮定より, $2 \leq \deg f(X) \leq 3$ であるから, $g(X)$ と $h(X)$ の少なくとも 1 つの次数は 1 としてよい. そこで, $g(X)$ の次数を 1 とする. このとき,
$$g(X) = \alpha(X - a) \quad (\alpha, a \in K)$$
と表される. ゆえに, $f(a) = g(a) \cdot h(a) = 0 \cdot h(a) = 0$. したがって, $f(X)$ は K に根 a をもつ.

($\Longleftarrow$) : $f(X)$ が K に根 a をもてば定理 4.5 系より $f(X)$ は $X - a$ で割り切れる. したがって, $f(X) = (X - a)g(X)$ ($g(X) \in K[X], 1 \leq \deg g(X)$) と表されるので, $f(X)$ は $K[X]$ で既約でない.

---

4. 体 $\mathbb{Z}_7$ 上の多項式環 $\mathbb{Z}_7[X]$ の 3 次式 $f(X) = X^3 - 2X - \bar{a}$ が既約であるように $\bar{a}$ を定めよ. また, $f(X)$ が可約となるときには, $\mathbb{Z}_7[X]$ において $f(X)$ を因数分解せよ.

(解答) (1) 演習問題 3 より, $f(X)$ は $\mathbb{Z}_7$ に根をもたなければ既約である. そこで, $f(X)$ に $\mathbb{Z}_7$ の元を代入して 0 になるかどうかを調べる.

X	$\bar{0}$	$\bar{1}$	$\bar{2}$	$\bar{3}$	$\bar{4}$	$\bar{5}$	$\bar{6}$
$2X$	$\bar{0}$	$\bar{2}$	$\bar{4}$	$\bar{6}$	$\bar{1}$	$\bar{3}$	$\bar{5}$
X^3	$\bar{0}$	$\bar{1}$	$\bar{1}$	$\bar{6}$	$\bar{1}$	$\bar{6}$	$\bar{6}$
$X^3 - 2X$	$\bar{0}$	$\bar{6}$	$\bar{4}$	$\bar{0}$	$\bar{0}$	$\bar{3}$	$\bar{1}$

簡単のため $f_a(X) = X^3 - \bar{2}X - \bar{a}$ とおく.

	$X=\bar{0}$	$X=\bar{1}$	$X=\bar{2}$	$X=\bar{3}$	$X=\bar{4}$	$X=\bar{5}$	$X=\bar{6}$
$f_0(X)$	$\bar{0}$	$\bar{6}$	$\bar{4}$	$\bar{0}$	$\bar{0}$	$\bar{3}$	$\bar{1}$
$f_1(X)$	$\bar{6}$	$\bar{5}$	$\bar{3}$	$\bar{6}$	$\bar{6}$	$\bar{2}$	$\bar{0}$
$f_2(X)$	$\bar{5}$	$\bar{4}$	$\bar{2}$	$\bar{5}$	$\bar{5}$	$\bar{1}$	$\bar{6}$
$f_3(X)$	$\bar{4}$	$\bar{3}$	$\bar{1}$	$\bar{4}$	$\bar{4}$	$\bar{0}$	$\bar{5}$
$f_4(X)$	$\bar{3}$	$\bar{2}$	$\bar{0}$	$\bar{3}$	$\bar{3}$	$\bar{6}$	$\bar{4}$
$f_5(X)$	$\bar{2}$	$\bar{1}$	$\bar{6}$	$\bar{2}$	$\bar{2}$	$\bar{5}$	$\bar{3}$
$f_6(X)$	$\bar{1}$	$\bar{0}$	$\bar{5}$	$\bar{1}$	$\bar{1}$	$\bar{4}$	$\bar{2}$

上の表より, $f_2(x) \neq \bar{0}, f_5(x) \neq \bar{0}$ ($\forall x \in \mathbb{Z}_7$) である. ゆえに, $\bar{a} = \bar{2}, \bar{5}$ のとき, $f(X)$ は既約であることがわかる.

(2) 可約である場合に (1) で調べた表を使うと, $f(X)$ の因数分解は次のようになる.

(i) $\bar{a} = \bar{0}$ のとき, $f_0(X) = X^3 - \bar{2}X = X(X^2 - \bar{2}) = X(X + \bar{4})(X - \bar{4})$.

(ii) $\bar{a} = \bar{1}$ のとき, $f_1(X) = X^3 - \bar{2}X - \bar{1} = (X + \bar{1})(X^2 - X - \bar{1})$. さらに, $X^2 - X - \bar{1}$ は $\mathbb{Z}_7$ の各元を代入して, 0 でないことが確かめられるので既約である.

(iii) $\bar{a} = \bar{3}$ のとき, $f_3(X) = X^3 - \bar{2}X - \bar{3} = (X + \bar{2})(X^2 - \bar{2}X + \bar{2})$. ここで, $X^2 - \bar{2}X + \bar{2}$ が既約であることは, 上と同様に確かめられる.

(iv) $\bar{a} = \bar{4}$ のとき, $f_4(X) = X^3 - \bar{2}X - \bar{4} = (X - \bar{2})(X^2 + \bar{2}X + \bar{2})$. ここで, $X^2 + \bar{2}X + \bar{2}$ は既約である.

(v) $\bar{a} = \bar{6}$ のとき, $f_6(X) = X^3 - \bar{2}X - \bar{6} = (X - \bar{1})(X^2 + X - \bar{1})$. ここで, $X^2 + X - \bar{1}$ は既約である.

---

5. 体 K の上の多項式環 $K[X]$ において
$$XK[X] = \{a_1 X + a_2 X^2 + \cdots + a_n X^n \mid a_i \in K, n \geq 1\}$$
は極大イデアルであることを示せ.

(証明) (§3 の演習問題 8 の (1) を参照せよ.) $f(X) \in K[X]$ とする. $f(X)$ は次のように表せる.
$$f(X) = a_0 + a_1 X + a_2 X^2 + \cdots + a_n X^n \quad (a_i \in K).$$

このとき，$\Phi(f(X)) = a_0$ によって定義される写像，すなわち，$f(X)$ にその定数項 a_0 を対応させる写像 Φ を考える．
$$\Phi : K[X] \longrightarrow K \quad (f(X) \longmapsto f(0) = a_0).$$
(i) 代入の原理 (定理 4.4) より，Φ は準同型写像である．
(ii) K の任意の元 a に対して，$a \in K[X]$ と考えることができるので $\Phi(a) = a$. よって，Φ は全射である．
(iii) Φ の核を調べる．
$$\begin{aligned} f(X) \in \ker\Phi &\Longleftrightarrow \Phi(f(X)) = 0 \Longleftrightarrow a_0 = 0 \\ &\Longleftrightarrow f(X) = a_1 X + a_2 X^2 + \cdots + a_n X^n \\ &\Longleftrightarrow f(X) = X(a_1 + a_2 X^1 + \cdots + a_n X^{n-1}) \\ &\Longleftrightarrow f(X) \in XK[X]. \end{aligned}$$
ゆえに，準同型定理 3.5 によって $K[X]/XK[X] = K[X]/\ker\Phi \simeq K$ を得る．K は体であるから，$K[X]/XK[X]$ も体である．したがって，定理 4.11 によって，$XK[X]$ は 多項式環 $K[X]$ の極大イデアルである．

---

6. $f(X) = a_0 + a_1 X + a_2 X^2 + \cdots + a_n X^n \in \mathbb{C}[X]$ に対して，多項式 $\bar{f}(X)$ を
$$\bar{f}(X) = \bar{a}_0 + \bar{a}_1 X + \cdots + \bar{a}_n X^n$$
と決める．ここで，$\bar{a}_i$ は複素数 a_i の共役複素数を表す．このとき，次のことを示せ．
(1) $\mathbb{C}[X] \longrightarrow \mathbb{C}[X] \quad (f(X) \longmapsto \bar{f}(X))$ は環準同型写像である．
(2) $\alpha \in \mathbb{C}$ に対して，$\overline{f(\alpha)} = \bar{f}(\bar{\alpha})$ である．
(3) $\alpha \in \mathbb{C}$ が $f(X)$ の根 $\Longleftrightarrow \bar{\alpha} \in \mathbb{C}$ が $\bar{f}(X)$ の根．
(4) $\alpha \in \mathbb{C}$ が $f(X) \in \mathbb{R}[X]$ の根 $\Longleftrightarrow \bar{\alpha} \in \mathbb{C}$ が $f(X)$ の根．

(証明) はじめに，共役複素数についての基本的な性質をあげておこう．a, b を複素数とする．$\bar{a}$ は a の共役複素数を表す．このとき，次が成り立つ．
$$\overline{a+b} = \bar{a} + \bar{b}, \qquad \overline{a \cdot b} = \bar{a} \cdot \bar{b}.$$
(1) $f(X)$ に $\bar{f}(X)$ を対応させる写像を Φ で表す．すなわち，$\Phi(f(X)) = \bar{f}(X)$. このとき，Φ は $\mathbb{C}[X]$ から $\mathbb{C}[X]$ への準同型写像であることを示す．
$$f(X) = a_0 + a_1 X + a_2 X^2 + \cdots + a_n X^n \in \mathbb{C}[X],$$
$$g(X) = b_0 + b_1 X + b_2 X^2 + \cdots + b_n X^n \in \mathbb{C}[X]$$
とすれば，和と積は次のようである．
$$f(X) + g(X) = \sum_{i=0}^{n}(a_i + b_i) X^i, \quad f(X) \cdot g(X) = \sum_{k=0}^{2n} c_k X^k.$$

ここで, $c_k = \sum_{k=i+j} a_i b_j$ である. したがって,

$$\Phi\bigl(f(X) + g(X)\bigr) = \Phi\left(\sum_{i=0}^{n} (a_i + b_i) X^i\right) = \sum_{i=0}^{n} \overline{(a_i + b_i)} X^i$$
$$= \sum_{i=0}^{n} (\bar{a}_i + \bar{b}_i) X^i = \sum_{i=0}^{n} \bar{a}_i X^i + \sum_{i=0}^{n} \bar{b}_i X^i$$
$$= \Phi\bigl(f(X)\bigr) + \Phi\bigl(g(X)\bigr).$$
$$\Phi\bigl(f(X) \cdot g(X)\bigr) = \Phi\left(\sum_{k=0}^{2n} c_k X^k\right) = \sum_{k=0}^{2n} \overline{c_k} X^k$$
$$= \sum_{k=0}^{2n} \left(\overline{\sum_{i+j=k} a_i b_j}\right) X^i = \sum_{k=0}^{2n} \left(\sum_{i+j=k} \bar{a}_i \bar{b}_j\right) X^k$$
$$= \left(\sum_{i=0}^{n} \bar{a}_i X^i\right) \cdot \left(\sum_{j=0}^{n} \bar{b}_j X^j\right) = \Phi\bigl(f(X)\bigr) \cdot \Phi\bigl(g(X)\bigr).$$
$$\Phi(1) = \bar{1} = 1.$$

(2) 共役の性質を使えば

$$\bar{f}(\bar{\alpha}) = \sum_{i=0}^{n} \bar{a}_i \bar{\alpha}^i = \bar{a}_i + \bar{a}_i \bar{\alpha} + \cdots + \bar{a}_i \bar{\alpha}^n$$
$$= \bar{a}_i + \overline{a_1 \alpha} + \cdots + \overline{a_n \alpha^n}$$
$$= \overline{a_0 + a_1 \alpha + \cdots + a_n \alpha^n} = \overline{f(\alpha)}.$$

(3)
$$\alpha : f(X) \text{ の根} \iff f(\alpha) = 0 \iff \overline{f(\alpha)} = 0$$
$$\iff \bar{f}(\bar{\alpha}) = 0 \iff \bar{\alpha} : \bar{f}(X) \text{ の根.}$$

(4) $f(X) \in \mathbb{R}[X]$ のとき, $f(X)$ の係数 a_i は実数であるから $\bar{a}_i = a_i$ である. したがって, このとき

$$\bar{f}(X) = \bar{a}_i + \bar{a}_i X + \cdots + \bar{a}_i X^n = a_0 + a_1 X + \cdots + a_n X^n = f(X).$$

よって, (3) より

$$\alpha : f(X) \text{ の根} \iff f(\alpha) = 0 \iff \bar{f}(\bar{\alpha}) = 0$$
$$\iff f(\bar{\alpha}) = 0 \iff \bar{\alpha} : f(X) \text{ の根.}$$

---

7. m を 1 と異なる正整数とする. $\mathbb{Z}[X]$ から $\mathbb{Z}_m[X]$ への写像 Φ を次のように定義する.

$$\Phi : \mathbb{Z}[X] \longrightarrow \mathbb{Z}_m[X] \quad (f(X) \longmapsto \bar{f}(X)).$$

ただし, $f(X) = a_0 + a_1 X + a_2 X^2 + \cdots + a_n X^n$ とするとき, $\bar{f}(X) = \bar{a}_i + \bar{a}_i X + \bar{a}_i X^2 + \cdots + \bar{a}_i X^n$ ($\bar{a}_i \in \mathbb{Z}_m$) である. このとき, 次のことを証明せよ.
(1) Φ は全射であり, 準同型写像である.
(2) $\ker \Phi = (m) = m\mathbb{Z}[X]$.

(3) $f(X) \in \mathbb{Z}[X]$ とする．$f(X)$ の最高次の係数が m で割り切れないような自然数 m が存在して，$\bar{f}(X)$ が $\mathbb{Z}_m[X]$ において既約ならば $f(X)$ も $\mathbb{Z}[X]$ で既約である．
(4) $X^3 - X^2 + 1$ は $\mathbb{Z}[X]$ で既約である．

(証明) (1),(2) は §3 演習問題 9 において，$R = \mathbb{Z}, I = m\mathbb{Z}$ と考えれば，Φ が準同型写像であること，及び $\ker \Phi = m\mathbb{Z}[X]$ であることは全く同様に証明される．
(3) $$f(X) = g(X)h(X) \quad (g(X), h(X) \in \mathbb{Z}[X]) \quad \cdots\cdots\cdots ①$$
とする．(1) より Φ は準同型写像であるから，Φ を施して $\mathbb{Z}_m[X]$ で考えると
$$\bar{f}(X) = \bar{g}(X)\bar{h}(X). \quad \cdots\cdots\cdots ②$$
ここで，$\mathbb{Z}_m[X]$ において $\bar{f}(X)$ は既約であるから
$$\bar{g}(X) \in \mathbb{Z}_m \quad \text{または} \quad \bar{h}(X) \in \mathbb{Z}_m$$
である．そこで，$\bar{g}(X) \in \mathbb{Z}_m$ とする．仮定によって，$f(X)$ の最高次の係数が m で割り切れないので，多項式 $f(X)$ と多項式 $\bar{f}(X)$ の次数は同じである．ゆえに，② より
$$\deg f(X) = \deg \bar{f}(X) = \deg \bar{h}(X) \leq \deg h(X) \leq \deg f(X).$$
したがって，$\deg f(X) = \deg h(X)$. 定理 4.1 を使えば，① より
$$\deg f(X) = \deg g(X) + \deg h(X).$$
この式より，$\deg g(X) = 0$ でなければならない．すなわち，$g(X)$ は定数となる．
以上によって，$f(X)$ は既約である．
(4) $f(X) = X^3 - X^2 + 1$ は $\mathbb{Z}[X]$ で既約であることを証明する．$\bar{f}(X)$ が $\mathbb{Z}_2$ において既約かどうか調べてみる．$\bar{f}(X)$ は 3 次式であるから，もし可約であれば $\mathbb{Z}_2$ に根をもたねばならない．ところが，$f(\bar{0}) = \bar{1} \neq \bar{0}$, $f(\bar{1}) = \bar{1} \neq \bar{0}$. したがって，定理 4.5 系 より $\bar{f}(X)$ は $\mathbb{Z}_2$ に根をもたない．ゆえに，$\bar{f}(X)$ は $\mathbb{Z}_2[X]$ において既約である．(3) を使えば，$f(X)$ は $\mathbb{Z}[X]$ において既約である．

もう 1 つ，$\bar{f}(X)$ が $\mathbb{Z}_3$ において既約かどうか調べてみよう．$\bar{f}(X)$ は 3 次式であるから，もし可約であれば $\mathbb{Z}_3$ に根をもたねばならない．ところが，
$$f(\bar{0}) = \bar{1} \neq \bar{0}, \quad f(\bar{1}) = \bar{1} \neq \bar{0}, \quad f(\bar{2}) = \bar{3} \neq \bar{0}.$$
したがって，定理 4.5 系 より $\bar{f}(X)$ は $\mathbb{Z}_3$ に根をもたない．ゆえに，$\bar{f}(X)$ は $\mathbb{Z}_3[X]$ において既約である．(3) を使えば，$f(X)$ は $\mathbb{Z}[X]$ において既約である．

8. 体 K 上の 2 変数の多項式環 $K[X, Y]$ は単項イデアル整域ではないことを示せ．

(証明) 定理 4.1 で R が 整域のときに，R 上の多項式環 $R[X]$ においては 2 つの多項式 $f(X)$ と $g(X)$ に対して $\deg f(X)g(X) = \deg f(X) + \deg g(X)$ が成り立つことを示した．

R を整域として R 上の 2 変数の多項式環 $R[X,Y]$ において $R[X,Y]$ に属する多項式を $f(X,Y) = \sum a_{ij} X^i Y^j \ (a_{ij} \in R)$ とする．このとき，$f(X,Y)$ の次数を
$$\deg f(X,Y) = \max\{\, i+j \mid a_{ij} \neq 0 \,\}$$
と定義する．以下，簡単のため $\deg f(X,Y)$ を $\deg f$ と書くことにする．このとき，定理 4.1 の証明と同様にして
$$\deg f \cdot g = \deg f + \deg g$$
が成り立つことが容易に確かめられる．

2 変数の多項式環 $K[X,Y]$ のイデアル $(X,Y) = XK[X,Y] + YK[X,Y]$ が単項イデアルではないことを証明する．今，(X,Y) は単項イデアルであると仮定すると，ある多項式 $f(X,Y) \in K[X,Y]$ が存在して，次のように表せる．
$$(X,Y) = (f(X,Y)) = f(X,Y)K[X,Y]$$

(1) はじめに，$f(X,Y) \neq 0$ でありかつ $(f(X,Y)) \neq K[X,Y]$ であることを示す．$X \in (X,Y)$ であるから，$f(X,Y) \neq 0$ である．また，$(X,Y) \neq K[X,Y]$ であるから，$(f(X,Y)) \neq K[X,Y]$ である．ゆえに，$f(X,Y) \notin K$.

(2) $X \in (X,Y) = (f(X,Y))$ と $Y \in (X,Y) = (f(X,Y))$ より，
$$X = f(X,Y)g(X,Y), \quad g(X,Y) \in K[X,Y], \quad \cdots\cdots\cdots ①$$
$$Y = f(X,Y)h(X,Y), \quad h(X,Y) \in K[X,Y], \quad \cdots\cdots\cdots ②$$
と表される．$g(X,Y) \neq 0, h(X,Y) \neq 0$ であるから $0 \leq \deg g, \ 0 \leq \deg h$ である．
① と ② より，
$$1 = \deg X = \deg f(X,Y) + \deg g(X,Y),$$
$$1 = \deg Y = \deg f(X,Y) + \deg h(X,Y).$$
f は定数でないから $\deg f \geq 1$．ゆえに，
$$\deg f = 1, \quad \deg g = \deg h = 0.$$
ゆえに，$g(X,Y)$ と $h(X,Y)$ は定数多項式である．そこで，
$$f(X,Y) = a_0 + a_1 X + a_2 Y \quad (a_i \in K),$$
$$g(X,Y) = b \in K^*, \quad h(X,Y) = c \in K^*$$
とおく．この表現を使えば
$$X = f(X,Y)g(X,Y) = (a_0 + a_1 X + a_2 Y)b,$$
$$Y = f(X,Y)h(X,Y) = (a_0 + a_1 X + a_2 Y)c.$$
係数を比較すると
$$a_0 b = 0, \quad a_1 b = 1, \quad a_2 b = 0 \quad \cdots\cdots\cdots ③$$
$$a_0 c = 0, \quad a_1 c = 0, \quad a_2 c = 1 \quad \cdots\cdots\cdots ④$$
③ より $a_0 = 0, a_2 = 0$. ④ より $a_0 = 0, a_1 = 0$. したがって，$f(X,Y) = 0$ となるが，$f(X,Y) \neq 0$ であったから，これは矛盾である．

以上によって，多項式環 $K[X,Y]$ のイデアル (X,Y) は単項イデアルではないことが証明された．

9. 体 K 上の 2 変数の多項式環 $K[X,Y]$ において，(X) と (Y) は素イデアルであり，(X,Y) は極大イデアルであることを示せ．

(証明) (1) $(X), (Y)$ は素イデアルであることを示す．
(Y) が素イデアルであることを示せば，(X) が素イデアルであることも同様である．
多項式環 $K[X,Y]$ の任意の多項式を $f(X,Y)$ とすると，
$$f(X,Y) = f_1(X) + Y f_2(X,Y), \quad f_1(X) \in K[X], \ f_2(X,Y) \in K[X,Y]$$
と一意的に表される．イデアル (Y) を用いて合同式で表現すると
$$f(X,Y) \equiv f_1(X) \pmod{(Y)}$$
である．そこで，$f(X,Y)$ に対して $f_1(X)$ を対応させる写像を Φ とする．
$$\Phi : K[X,Y] \longrightarrow K[X] \quad (f(X,Y) \longmapsto \Phi(f(X,Y)) = f_1(X)).$$
もう 1 つの多項式を $g(X,Y)$ として，同様に表現する．
$$g(X,Y) = g_1(X) + Y g_2(X,Y), \quad g_1(X) \in K[X], \ g_2(X,Y) \in K[X,Y].$$
すなわち，$g(X,Y) \equiv g_1(X) \pmod{(Y)}$ であるとする．このとき，(Y) はイデアルであるから，定理 2.1 より
$$f(X,Y) + g(X,Y) \equiv f_1(X) + g_1(X) \pmod{(Y)},$$
$$f(X,Y) \cdot g(X,Y) \equiv f_1(X) \cdot g_1(X) \pmod{(Y)}.$$
このことより，
$$\Phi\bigl(f(X,Y) + g(X,Y)\bigr) = f_1(X) + g_1(X) = \Phi\bigl(f(X,Y)\bigr) + \Phi\bigl(g(X,Y)\bigr),$$
$$\bigl(f(X,Y) \cdot g(X,Y)\bigr) = f_1(X) \cdot g_1(X) = \Phi\bigl(f(X,Y)\bigr) \cdot \Phi\bigl(g(X,Y)\bigr),$$
$$\Phi(1) = 1.$$
したがって，Φ は $K[X,Y]$ から $K[X]$ への準同型写像である．また，$K[X]$ の任意の元 $f(X)$ は $K[X,Y]$ の元と考えられ，$\Phi(f(X)) = f(X)$ であるので，Φ は全射である．次に，Φ の核を調べる．
$$f(X,Y) \in \ker \Phi \iff \Phi\bigl(f(X,Y)\bigr) = 0 \iff f_1(X) = 0$$
$$\iff f(X,Y) \equiv 0 \pmod{(Y)} \iff f(X,Y) \in (Y).$$
ゆえに，$\ker \Phi = (Y) = YK[X,Y]$ であるから，準同型定理 3.5 によって
$$K[X,Y]/YK[X,Y] = K[X,Y]/\ker \Phi \simeq K[X].$$
K は体であるから，$K[X]$ は整域 (定理 4.2) である．したがって，定理 2.6 によって (Y) は素イデアルである．

(2) (X,Y) が $K[X,Y]$ の極大イデアルであることを示す．
多項式環 $K[X,Y]$ の任意の多項式を $f(X,Y)$ とすると，
$$f(X,Y) = f(0,0) + f_3(X,Y), \quad f(0,0) \in K, \ f_3(X,Y) \in (X,Y)$$
と一意的に表される．イデアル (X,Y) を用いて合同式で表現すると
$$f(X,Y) \equiv f(0,0) \pmod{(X,Y)}$$

である．そこで，$f(X,Y)$ に対して $f(0,0)$ を対応させる写像を Φ とする．
$$\Phi : K[X,Y] \longrightarrow K \quad (f(X,Y) \longmapsto \Phi(f(X,Y)) = f(0,0)).$$
もう1つの多項式を $g(X,Y)$ として
$$g(X,Y) = g(0,0) + Y g_3(X,Y), \quad g(0,0) \in K, \ g_3(X,Y) \in (X,Y)$$
と表す．すなわち，$g(X,Y) \equiv g(0,0) \pmod{(Y)}$ であるとする．簡単のため $f(0,0) = a \in K$，$g(0,0) = b \in K$ とおく．このとき，(X,Y) はイデアルであるから
$$f(X,Y) + g(X,Y) \equiv a + b \pmod{(X,Y)},$$
$$f(X,Y) \cdot g(X,Y) \equiv a \cdot b \pmod{(X,Y)}.$$
このことより，
$$\Phi(f(X,Y) + g(X,Y)) = a + b = \Phi(f(X,Y)) + \Phi(g(X,Y)),$$
$$\Phi(f(X,Y) \cdot g(X,Y)) = a \cdot b = \Phi(f(X,Y)) \cdot \Phi(g(X,Y)),$$
$$\Phi(1) = 1.$$
したがって，Φ は $K[X,Y]$ から K への準同型写像である．また，K の任意の元 a は $K[X,Y]$ の元と考えられ，$\Phi(a) = a$ であるので，Φ は全射である．

次に，Φ の核を調べる．
$$f(X,Y) \in \ker \Phi \iff \Phi(f(X,Y)) = 0 \iff f(0,0) = 0$$
$$\iff f(X,Y) \equiv 0 \pmod{(X,Y)} \iff f(X,Y) \in (X,Y),$$
$$\therefore \quad \ker \Phi = (X,Y) = XK[X,Y] + YK[X,Y].$$
よって，準同型定理 3.5 によって
$$K[X,Y]/(X,Y) = K[X,Y]/\ker \Phi \simeq K.$$
K は体であるから，定理 2.6 によって (X,Y) は $K[X,Y]$ の極大イデアルである．

10. $\mathbb{Z}[X]$ のイデアル $(2,X)$ は単項イデアルではないことを証明せよ．

(証明) $(2,X)$ がある多項式 $f(X,Y) \in \mathbb{Z}[X]$ によって生成されている，すなわち
$$(2,X) = (f(X)), \quad f(X) \in \mathbb{Z}[X]$$
と仮定する．$2 \in (2,X) = (f(X))$ であるから，$2 = f(X) \cdot g(X) \ (\exists g(X) \in \mathbb{Z}[X])$．ここで，$\mathbb{Z}$ は整域であるから，定理 4.1 より
$$\deg f + \deg g = \deg 2 = 0.$$
ここで，$f(X) \neq 0$，$g(X) \neq 0$ であるから $0 \leq \deg f(X)$，$0 \leq \deg g(X)$ である．したがって，$\deg f(X) = \deg g(X) = 0$ でなければならない．すなわち，$f(X)$ と $g(X)$ は定数である．そこで，
$$f(X) = a \in \mathbb{Z}^*, \quad g(X) = b \in \mathbb{Z}^*$$
とおく．一方，
$$X \in (2,X) = (f(X)) = (a) = a\mathbb{Z}[X]$$
であるから
$$X = a \cdot h(X), \quad h(X) \in \mathbb{Z}[X] \quad \cdots\cdots\cdots ①$$

と表される．両辺の次数を比較すると $\deg h(X) = 1$ である．したがって，
$$h(X) = bX + c, \quad b, c \in \mathbb{Z}$$
と表される．ゆえに，これを ① 式に代入すると
$$X = a(bX + c) = abX + ac.$$
これより，$ab = 1$, $ac = 0$ を得る．$a \neq 0$ であるから $c = 0$. また，a, b は整数で $ab = 1$ より，$a = b = 1$ かまたは $a = b = -1$ である．したがって，$a = \pm 1$. このとき，
$$(2, X) = (f(X)) = (a) = (1) = \mathbb{Z}[X].$$
ゆえに，
$$2 \cdot \xi(X) + X \cdot \eta(X) = 1, \quad \xi(X), \eta(X) \in \mathbb{Z}[X]$$
なる関係がある．ここで，$X = 0$ とすると，$2 \cdot \xi(0) = 1$. これは，$\xi(0) \in \mathbb{Z}$ であるから矛盾である．したがって，$(2, X)$ は単項イデアルではない．

---

11. R を整域とする．R^* で定義された負でない整数の値をとる関数 φ で，次の条件を満足するものが存在するとき，R を**ユークリッド環**という．
(i) $b \in R^*, a \in R$ ならば，R の元 q, r が存在して
$$a = bq + r, \quad r = 0 \text{ または } \varphi(r) < \varphi(b).$$
(ii) $a, b \in R, a \neq 0, b \neq 0 \Longrightarrow \varphi(a) \leq \varphi(ab)$.
このとき，次を示せ．
(1) 有理整数環 $\mathbb{Z}$ と体 K 上の多項式環 $K[X]$ はユークリッド環である．
(2) ユークリッド環は単項イデアル整域である．

（証明）(1) (a) 有理整数環 $\mathbb{Z}$ がユークリッド環であることを示す．整数 a に対してその絶対値を対応させる写像 $\varphi(a) = |a|$ を考える．
$$\varphi : \mathbb{Z} \longrightarrow \{0\} \cup \mathbb{N} \quad (a \longmapsto |a|).$$
(i) $a \in \mathbb{Z}, b \in \mathbb{Z}^*$ に対して，第 1 章除法の定理 1.5（これは $b < 0$ のときにも成り立つことが確かめられる）によって $a = qb + r$（$\exists q, r \in \mathbb{Z}$, $0 \leq |r| < |b|$）が成り立つ．
(ii) $a, b \in \mathbb{Z}^*$ に対して，$|b| \geq 1$ であるから $|ab| - |a| = |a|(|b| - 1) \geq 0$. ゆえに，$|a| \leq |ab|$ より $\varphi(a) \leq \varphi(ab)$ を得る．

(b) 体 K 上の多項式環 $K[X]$ がユークリッド環であることを示す．多項式 $f(X) \in K[X]$ に対してその次数を対応させる写像 $\varphi(f(X)) = \deg f(X)$ を考える．
$$\varphi : K[X] \longrightarrow \{0\} \cup \mathbb{N} \quad (f(X) \longmapsto \deg f(X)).$$
(i) $f(X) \in K[X], g(X) \in K[X]^*$ とする．除法の定理 4.5 によって，ある多項式 $q(X), r(X) \in K[X]$ が存在して，次が成り立つ．
$$f(X) = q(X)g(X) + r(X), \ r(X) = 0 \text{ または } \deg r(X) < \deg g(X)$$
(ii) $f(X), g(X) \in K[X]^*$ に対して，定理 4.1 より
$$\deg f(X) \leq \deg f(X) + \deg g(X) = \deg g(X)f(X).$$

ゆえに, $\varphi(X) \leq \varphi(f(X)g(X))$ が成り立つ.

(2) ユークリッド環 R は単項イデアル環であることを示す. 証明は定理 4.7 と同様である. I を R のイデアルとする. $n = \min\{\varphi(a) \mid a \in I, a \neq 0\}$ とおく. このとき, ある 0 でない I の元 b があって, $\varphi(b) = n$ を満たす. このとき, イデアル I は b によって生成されることを示す. はじめに, $b \in I$ であるから $(b) \subset I$ である. R はユークリッド環であるから, I の任意の元 a に対して,
$$\exists q, r \in R, \ a = bq + r, \ r = 0 \ \text{または} \ \varphi(r) < \varphi(b).$$
ここで, I はイデアルで, $a, b \in I$ であるから, $r \in I$ である. $r \neq 0$ のときは, b の決め方より $\varphi(b) \leq \varphi(r)$ となる. これは矛盾である. したがって, $r = 0$ でなければならない. ゆえに, $a = bq \in (b) = bR$. すなわち, $I \subset bR$ であるから $I = bR$ を得る.

§5 商体，一意分解整域

定義と定理のまとめ

定義 5.1 環 R を可換体 K の部分環とする．K のすべての元が R の元 a,b によって ab^{-1} と表せるとき，K は R の**商体**であるという．

定理 5.1 整域 R の商体が存在し，それらはすべて同型である．

定理 5.1 の証明の概略は次のようである．R を整域とし，$S = R \times R^* = \{(a,b) \in R \times R \mid a,b \in R, b \neq 0\}$ なる集合を考える．$(a,b), (c,d) \in S$ について，$(a,b) \sim (c,d) \iff ad = bc$ なる関係を考えると，これは S の同値関係である．この同値関係によって集合 S を類別することができる．(a,b) を含んでいる同値類を $\overline{(a,b)}$ と書くことにする．この類別による同値類の集合を $Q(R)$ と書く．このとき，
$$\overline{(a,b)} + \overline{(c,d)} = \overline{(ad+bc,\ bd)}, \quad \overline{(a,b)} \cdot \overline{(c,d)} = \overline{(ac,bd)}$$
によって，$Q(R)$ に加法と乗法を定義する．

$Q(R)$ はこれらの演算に関して体である．$\overline{(0,1)} = \overline{(0,b)}\ (b \neq 0)$ がゼロ元であり，$\overline{(a,b)}$ の加法逆元は $-\overline{(a,b)} = \overline{(-a,-b)}$，また乗法単位元は $\overline{(1,1)} = \overline{(a,a)}\ (a \neq 0)$ である．

R の元 a を $\overline{(a,1)}$ と同一視することによって，体 $Q(R)$ は R を部分環として含んでいると考えられ，$Q(R)$ は R の商体の 1 つになる．

定理 5.2 R と R' を整域とし，その商体をそれぞれ K と K' とする．R から R' への環の単準同型写像 f は，K から K' への体の単準同型写像 $\tilde{f}$ に一意的に拡張することができる．

特に，f が同型写像であれば，$\tilde{f}$ も同型写像である．

以下，特に断らない限り R は整域を表すものとする．

定義 5.2 R を整域とする．R の元 a,b に対して，$a = b \cdot q$ となるような元 $q \in R$ が存在するとき，a を b の**倍元**，b を a の**約元**といい，$b|a$ と書く．またこのとき，a は b で**割り切れる**という．

定義 5.3 R を整域とする．$b|a$ かつ $a|b$ のとき，ある可逆元 $u \in R$ が存在して，
$$a = u \cdot b$$
となっている．このとき，a と b は**同伴**であるといい，$a \sim b$ で表す．

定義 5.4 R を整域とする．R の可逆元でも 0 でもない元を a とする．$a = bc\ (b,c \in R)$ ならば，b または c が R の可逆元でなければならないとき，a を R の

既約元という．また，R の元 b,c に対して，$a\,|\,bc$ であるとき，$a\,|\,b$ かまたは $a\,|\,c$ の少なくとも一方が成り立つ，という条件を満足するとき a を素元という．

定理 5.3 R を整域とし，p を R の元とする．p が素元であれば，p は既約元である．

定義 5.5 整域 R において**素元分解の一意性**が成立するとは，R の可逆元でも 0 でもない元は素元の積として分解でき，2 つの素元分解は因子の順序と可逆元の積を除いて一意的に定まることをいう．素元分解の一意性が成立する環を**一意分解整域**，または簡単に **UFD** という．

定義 5.6 整域 R の元を $a_1,\cdots,a_n$ とする．$a_1,\cdots,a_n$ をすべて割り切る R の元 d は $a_1,\cdots,a_n$ の**公約元**と呼ばれる．R の元 d が $a_1,\cdots,a_n$ の公約元でかつ $a_1,\cdots,a_n$ の任意の公約元 d' に対して，$d'\,|\,d$ が成り立つとき，d を $a_1,\cdots,a_n$ の**最大公約元**という．

定理 5.4 R を一意分解整域とする．このとき，R の元 $a_1,a_2,\cdots,a_n$ の最大公約元がつねに存在する．

定義 5.7 R を一意分解整域とする．R 係数の多項式
$$f(X) = a_0 + a_1 X + \cdots + a_n X^n \quad (a_i \in R)$$
に対して，$a_0,a_1,\cdots,a_n$ の最大公約元が 1 であるとき，$f(X)$ を**原始多項式**という．

定理 5.5 (ガウスの補題) $f(X), g(X) \in R[X]$ とする．$f(X)$ と $g(X)$ が共に原始多項式ならば，$f(X)g(X)$ も原始多項式である．

補題 一意分解整域 R の商体を K とする．このとき次が成り立つ．
(1) $K[X]$ の多項式 $f(X)$ は K の元 u と $R[X]$ の原始多項式 $F(X)$ によって $f(X) = u \cdot F(X)$ と表される．
(2) (1) の表現において，原始多項式 $F(X)(\in R[X])$ は R の可逆元の因子を除いて一意的に定まる．特に，$f(X) \in R[X]$ であれば $u \in R$ である．

定理 5.6 一意分解整域 R の商体を K とし，$f(X) \in R[X]$ とする．
$f(X)$ が $K[X]$ において多項式の積に分解すれば，$R[X]$ においても同じ次数の多項式に分解する．すなわち，$f(X)$ は $K[X]$ で可約であれば，$R[X]$ においても可約である．また，この逆も成り立つ．

定理 5.7 一意分解整域 R の商体を K とする．$F(X) \in R[X]$ を原始多項式とし
$$F(X) = f_1(X) \cdots f_r(X), \quad f_i(X) \in K[X], \quad 1 \leq \deg f_i$$

とする．このとき，ある原始多項式 $F_i(X)$ があって $f_i(X) = u_i F_i(X)$ $(u_i \in K)$ と表され，$F(X) = F_1(X) \cdots F_r(X)$ となる．

定理 5.8 一意分解整域 R の商体を K とする．$f(X) \in K[X]$ とすると，ある原始多項式 $F(X) \in R[X]$ があって $f(X) = uF(X)$ と表せる．このとき，$f(X)$ が $K[X]$ の素元であれば，$F(X)$ は $R[X]$ の素元である．

特に，原始多項式 $F(X)$ が $K[X]$ の素元であれば，$F(X)$ は $R[X]$ の素元である．

定理 5.9 R が一意分解整域ならば，$R[X_1, \cdots, X_n]$ も一意分解整域である．特に，K が体であれば $K[X_1, \cdots, X_n]$ も一意分解整域である．

定理 5.10 (アイゼンシュタインの既約判定法) R を一意分解整域，K をその商体とする．このとき $R[X]$ の元 $f(X) = a_n X^n + a_{n-1} X^{n-1} + \cdots + a_0$ に対し，
$$p \nmid a_n,\ p \mid a_{n-1},\ \cdots,\ p \mid a_1,\ p \mid a_0,\ p^2 \nmid a_0$$
を満たす R の素元 p が存在するならば，$f(X)$ は $K[X]$ における既約多項式である．

問題と解答

> **問 5.1** 定理 5.1 において定義した $Q(R)$ が，演算
> $$\overline{(a,b)} + \overline{(c,d)} = \overline{(ad+bc, bd)}, \quad \overline{(a,b)} \cdot \overline{(c,d)} = \overline{(ac, bd)}$$
> に関して実際に環であること，さらに，体であることを確かめよ．

(証明) (1) $Q(R)$ が環であることを示す．
(i) $Q(R)$ が加法に関して群であること：
(G1) 加法群の結合律：
$$\overline{(a,b)} + \{\overline{(c,d)} + \overline{(f,g)}\} = \overline{(a,b)} + \overline{(cg+df, dg)}$$
$$= \overline{(a(dg) + b(cg+df), b(dg))}$$
$$= \overline{(adg + bcg + bdf, bdg)},$$
$$\{\overline{(a,b)} + \overline{(c,d)}\} + \overline{(f,g)} = \overline{(ad+bc, bd)} + \overline{(f,g)}$$
$$= \overline{((ad+bc)g + (bd)f, (bd)g)}$$
$$= \overline{(adg + bcg + bdf, bdg)}.$$
よって，$\overline{(a,b)} + \{\overline{(c,d)} + \overline{(f,g)}\} = \{\overline{(a,b)} + \overline{(c,d)}\} + \overline{(f,g)}$ が成り立つ．
(G2) ゼロ元の存在：$\overline{(a,b)} \in Q(A)$ に対して，
$$\overline{(a,b)} + \overline{(0,c)} = \overline{(ac+0, bc)} = \overline{(ac, bc)} = \overline{(a,b)}$$
であるから，$\overline{(0,c)} \in Q(R)$ $(b \neq 0)$ が $Q(R)$ のゼロ元である．

(G3) 逆元の存在: $\overline{(a,b)} \in Q(R)$ に対して,
$$\overline{(a,b)} + \overline{(-a,b)} = \overline{(ab+b(-a), b \cdot b)} = \overline{(0, b^2)} = 0$$
であるから, $\overline{(-a,b)} \in Q(R)$ が $\overline{(a,b)}$ の逆元である.

以上で, $Q(R)$ は加法に関して群であることがわかった.

(ii) 乗法結合律を満足する.
$$\overline{(a,b)} \cdot \{\overline{(c,d)} \cdot \overline{(f,g)}\} = \overline{(a,b)} \cdot \overline{(cf,dg)} = \overline{(a(cf), b(dg))}$$
$$= \overline{((ac)f, (bd)g)} = \overline{(ac,bd)} \cdot \overline{(f,g)}$$
$$= \{\overline{(a,b)} \cdot \overline{(c,d)}\} \cdot \overline{(f,g)}.$$

(iii) $\overline{(1,1)}$ は乗法単位元である: $\overline{(a,b)} \in Q(R)$ に対して,
$$\overline{(a,b)} \cdot \overline{(1,1)} = \overline{(a1,b1)} = \overline{(a,b)} = \overline{(1a,1b)} = \overline{(1,1)} \cdot \overline{(a,b)}.$$

(iv) 分配律が成り立つ:
$$\overline{(a,b)} \cdot \{\overline{(c,d)} + \overline{(f,g)}\} = \overline{(a,b)} \cdot \overline{(cg+df, dg)} = \overline{(acg+adf, bdg)},$$
$$\overline{(a,b)} \cdot \overline{(c,d)} + \overline{(a,b)} \cdot \overline{(f,g)} = \overline{(ac,bd)} + \overline{(af,bg)}$$
$$= \overline{((ac)(bg) + (bd)(af), (bd)(bg))}$$
$$= \overline{(b(acg+adf), b(bdg))}$$
$$= \overline{(acg+adf, bdg)}.$$
$$\therefore \quad \overline{(a,b)} \cdot \{\overline{(c,d)} + \overline{(f,g)}\} = \overline{(a,b)} \cdot \overline{(c,d)} + \overline{(a,b)} \cdot \overline{(f,g)}.$$

以上より, $Q(R)$ は可換環になることがわかった.

(2) 次に, $Q(R)$ が体であることをみよう.

$\overline{(a,b)} \in Q(R)$ が $\overline{(a,b)} \neq 0$ とすると, $a \neq 0$. ゆえに, $\overline{(b,a)} \in Q(R)$ が存在する. $\overline{(a,b)} \cdot \overline{(b,a)} = \overline{(ab,ab)} = \overline{(1,1)}$ であるから, $\overline{(b,a)}$ は $\overline{(a,b)}$ の逆元である.

以上で集合 $Q(R)$ は体になることがわかった. 体 $Q(R)$ において, ゼロ元は $\overline{(0,1)} = \overline{(0,b)}$ ($b \neq 0$) であり, 乗法単位元は $\overline{(1,1)} = \overline{(b,b)}$ ($b \neq 0$) であることに注意しよう.

問 5.2 R の元 a に対して $\overline{(a,1)}$ を対応させる写像は, R から $Q(R)$ への単準同型写像になることを確かめよ.

(証明) $\varphi(a) = \overline{(a,1)}$ として, 環 R から体 $Q(R)$ への写像が定義される.
$$\varphi : R \longrightarrow Q(R) \quad (a \longmapsto \overline{(a,1)}).$$
φ は環の準同型写像となることをみよう. すなわち,
$$\varphi(a+b) = \varphi(a) + \varphi(b), \quad \varphi(ab) = \varphi(a)\varphi(b)$$
が成立していることを確かめる. 何故ならば,
$$\varphi(a+b) = \overline{(a+b,1)} = \overline{(a,1)} + \overline{(b,1)} = \varphi(a) + \varphi(b),$$
$$\varphi(ab) = \overline{(ab,1)} = \overline{(a,1)(b,1)} = \overline{(a,1)} \cdot \overline{(b,1)} = \varphi(a)\varphi(b).$$

$a \in \ker\varphi$ とすると, $\varphi(a) = 0$. すなわち, $\overline{(a,1)} = 0$. ゆえに, $a = 0$ を得る. したがって, $\ker\varphi = 0$ であるから, 定理 3.3 より φ は単射である.

> **問 5.3** 整域 R の任意の商体 K は定理 5.1 で定義した体 $Q(R)$ と同型であることを確かめよ.

(証明) R の商体 K の任意の元は, R の元 a,b によって ab^{-1} と表される. K の元 ab^{-1} に対して, $Q(R)$ の元 $\overline{(a,b)}$ を対応させると,

$$ab^{-1} = cd^{-1} \iff ad = bc \quad (商体\ K\ の演算)$$
$$\iff (a,b) \sim (c,d) \quad (同値関係の定義)$$
$$\iff \overline{(a,b)} = \overline{(c,d)}. \quad (同値類の性質)$$

が成り立つので, この対応は写像となる. この写像を f で表す.

$$f: K \longrightarrow Q(R)$$
$$ab^{-1} \longmapsto f(ab^{-1}) = \overline{(a,b)}$$

(1) 写像 f が準同型写像であることを示す.

$$f(ab^{-1} + cd^{-1}) = f\big((ad+bc)(bd)^{-1}\big) = \overline{(ad+bc, bd)}$$
$$= \overline{(a,b)} + \overline{(c,d)} = f(ab^{-1}) + f(cd^{-1}),$$
$$f(ab^{-1} \cdot cd^{-1}) = f\big((ac)(bd)^{-1}\big) = \overline{(ac, bd)}$$
$$= \overline{(a,b)} \cdot \overline{(c,d)} = f(ab^{-1}) \times f(cd^{-1}).$$
$$f(1) = f(1 \cdot 1^{-1}) = \overline{(1,1)}.$$

(2) 写像 f が全射であることを示す. $Q(R)$ の任意の元は $\overline{(a,b)}$ $(a,b \in R)$ と表される. この元に対し, K の元 ab^{-1} の元を考えると, $f(ab^{-1}) = \overline{(a,b)}$ であるから, f は全射である.

(3) 写像 f が単射であることを示す. $ab^{-1} \in K$ $(b \neq 0)$ について,

$$f(ab^{-1}) = 0 \iff \overline{(a,d)} = \overline{(0,1)} \iff (a,b) \sim (0,1)$$
$$\iff a = 0 \iff ab^{-1} = 0.$$

よって, $\ker f = (0)$ である. f は準同型写像であるから, 定理 3.3 によって f は単射である (または, 写像 f の定義より単射と言ってもよい).

以上 (1),(2),(3) によって, 写像 f は同型写像となるので, R の商体 K と $Q(R)$ は同型である.

> **問 5.4** 整域 R の元 a,b,c について次のことを示せ.
> (1) $a \mid b$, $b \mid c \Longrightarrow a \mid c$,
> (2) $c \mid a$, $c \mid b \Longrightarrow c \mid a+b$,
> (3) $b \mid a \iff (a) \subset (b)$.

(証明) (1) $a \mid b$, $b \mid c$ よりある R の元 r,s が存在して $b = ar$, $c = bs$ $(r, s \in R)$

と表される．ゆえに，$c = bs = (ar)s = a(rs)$．ここで，$rs \in R$ であるから $a \mid c$ を得る．

(2) $c \mid a$, $c \mid b$ よりある R の元 r, s が存在して $a = cr$, $b = cs$ $(r, s \in R)$ と表される．ゆえに，$a + b = cr + cs = c(r + s)$．ここで，$r + s \in R$ であるから $c \mid a + b$ を得る．

(3) $b \mid a \iff \exists q \in R, a = qb \iff a \in (b) \iff (a) \subset (b)$.

> **問 5.5** R を整域とし，a と b を R の元とするとき，$a \sim b$ によって a と b が同伴であることを表す．このとき，$a \sim b \iff (a) = (b)$ を示せ．

(解答) $a \sim b \implies (a) = (b)$ を示す：a と b が同伴であれば，定義によって R の可逆元 u が存在して，$a = ub$ という関係がある．これより，$(a) \subset (b)$．また，u は R の可逆元であるから，ある R の元 v があって $uv = vu = 1$ を満たしている．ゆえに，$b = va$ なる関係が得られるので $(b) \subset (a)$．したがって，$(a) = (b)$ を得る．

$(a) = (b) \implies a \sim b$ を示す：$(a) \subset (b)$ より $a = bc$ $(\exists c \in R)$ と表される．同様に $(b) \subset (a)$ より $b = ad$ $(\exists d \in R)$ と表される．このとき，
$$a = bc = (ad)c = a(dc), \quad b = ad = (bc)d = b(cd).$$
R は整域であるから，$cd = dc = 1$ である．よって，c, d は R の可逆元であるから，定義 5.3 によって，a と b は同伴である．

> **問 5.6** 次の問に答えよ．
> (1) 有理整数環 $\mathbb{Z}$ の可逆元は何か．
> (2) 有理整数環 $\mathbb{Z}$ の元 a, b について，a と b が同伴であることと $a = \pm b$ は同値であることを示せ．

(解答) (1) $\mathbb{Z}$ の単位元は 1 であることに注意する．$a \in \mathbb{Z}$ とする．
$$a \text{ が } \mathbb{Z} \text{ において可逆元} \iff \exists b \in \mathbb{Z}, ab = 1 \iff a = \pm 1.$$
よって，有理整数環 $\mathbb{Z}$ の可逆元は $\{1, -1\}$．

(2) (1) より $U(\mathbb{Z}) = \{1, -1\}$ であるから，
$$a \text{ と } b \text{ が同伴} \iff \exists u \in U(\mathbb{Z}), a = ub \iff a = \pm b.$$

> **問 5.7** 整域 R の元 a, b が同伴であるとき，$a \sim b$ と表す．この関係は同値関係であることを示せ．

(証明) (i) 問 5.5 で，「$a \sim b \iff (a) = (b)$」を示した．これを使うと，次のように確かめられる．

(i) 反射律：$a \sim a \iff (a) = (a)$．

(ii) 対称律：$a \sim b \iff (a) = (b) \iff (b) = (a) \iff b \sim a$．

(ii) 推移律：$(a) = (b), (b) = (c) \implies (a) = (c)$ より $a \sim b, b \sim c \implies a \sim c$．

> 問 5.8　R を整域とするとき，次の問に答えよ．
> (1) $R[X]$ の可逆元は何か．
> (2) K が体のとき，$K[X]$ の可逆元は何か．
> (3) $K[X]$ の 2 つの多項式 $f(X)$ と $g(X)$ が同伴である，ということはどんなことか．

(証明) (1) 多項式環 $R[X]$ の元 $f(X)$ が可逆元であるとする．このとき，ある多項式 $g(X) \in R[X]$ が存在して $f(X) \cdot g(X) = 1$ を満たしている．このとき，$f(X) \neq 0, g(X) \neq 0$ であるから，$0 \leq \deg f(X), 0 \leq \deg g(X)$. 定理 4.1 より，
$$\deg f(X) + \deg g(X) = \deg f(X)g(X) = \deg 1 = 0.$$
ゆえに，$\deg f(X) = \deg g(X) = 0$ であるから，$f(X), g(X) \in R$ となる．したがって，$R[X]$ の可逆元は R の元であって，かつ R の可逆元である．逆に，$a \in R$ を R における可逆元とすると，a は $R[X]$ においても可逆元となることは容易にわかる．

以上より，$U(R[X]) = U(R)$ であることが示された．

(2) $R = K$ として，(1) の結果を使えば $U(K[X]) = U(K) = K^*$.

(3) $f(X), g(X) \in K[X]$ とする．このとき，(2) を使うと
$$f(X) \text{ と } g(X) \text{ が同伴} \iff \exists u \in U(K[X]), f(X) = ug(X)$$
$$\iff \exists u \in K^*, f(X) = ug(X).$$
したがって，多項式 $f(X)$ と $g(X)$ が同伴であるということは，$f(X)$ と $g(X)$ が定数倍しか違わないということである．

> 問 5.9　体 K 上の多項式環 $K[X]$ において，多項式 $f(X)$ が $K[X]$ の既約多項式であることと，$K[X]$ の既約元であることは同値であることを確かめよ．

(証明) 「$f(X)$: $K[X]$ の既約多項式 $\iff f(X) : K[X]$ の既約元」を示す．

($\Longrightarrow$): $f(X) = g(X)h(X), g(X), h(X) \in K[X]$ とする．既約多項式の定義 4.6 より，$g(X)$ または $h(X)$ は次数 0 である．次数 0 の多項式は K^* の元であり，これは $K[X]$ の可逆元である．よって，定義 5.4 より $f(X)$ は $K[X]$ の既約元である．

($\Longleftarrow$): $f(X) = g(X)h(X), g(X), h(X) \in K[X]$ とする．既約元の定義 5.4 より，$g(X)$ または $h(X)$ は $K[X]$ の可逆元である．ここで，問 5.8 (2) より，$K[X]$ の可逆元は 0 でない体 K の元である．よって，定義 4.6 より $f(X)$ は $K[X]$ の既約多項式である．

> 問 5.10　R を整域とし，p を R の元とするとき，次を示せ．
> $$p : 素元 \iff (p) : 素イデアル.$$

(証明) (1) 「$p : 素元 \Longrightarrow (p) : 素イデアル$」を示す．

$ab \in (p)$ $(a, b \in R)$ とする．$ab = pc$ $(c \in R)$ であるから，$p \mid ab$．ここで，p は R の素元であるから，$p \mid a$ または $p \mid b$ である．これは，$a \in (p)$，または $b \in (p)$ を意味している．ゆえに，定義 2.4 より (p) は R の素イデアルである．

(2) 「p：素元 $\Longleftarrow$ (p)：素イデアル」を示す．

$p \mid ab \, (a, b \in R)$ と仮定すると，$ab \in (p)$．定義 2.4 より，$a \in (p)$，または $b \in (p)$ である．言いかえると，$p \mid a$ または $p \mid b$ である．したがって，定義 5.4 より p は R の素元である．

問 5.11 R を整域とし，p と q を R の素元とするとき，次を示せ．
$$p \text{ と } q \text{ は同伴 } (p \sim q) \Longleftrightarrow p \mid q.$$

(証明) (1) $p \sim q \Longrightarrow p \mid q$ を示す：p と q が同伴であると仮定すると，R の可逆元 u があって，$p = uq$ と表される．このとき，$q = u^{-1}p$ $(u^{-1} \in R)$ であるから，$p \mid q$ を得る．

(2) $p \sim q \Longleftarrow p \mid q$ を示す：$p \mid q$ と仮定すると，R の元 c があって，$q = cp$ と表される．このとき，$q \mid cp$ である．q は R の素元であるから，$q \mid c$ または $q \mid p$ である．$q \mid c$ のとき，R の元 d があって，$c = qd$ と表される．すると，$q = qdp$ となるから，$dp = 1$．すなわち，p は R の可逆元となり矛盾である．ゆえに，$q \mid p$ でなければならない．$q \mid p$ のとき，R の元 f があって，$p = qf$ と表される．すると，$q = cqf$ となるから，$cf = 1$ となり c は R の可逆元である．ゆえに，p と q は同伴である．

問 5.12 有理整数環 $\mathbb{Z}$ と有理数体 $\mathbb{Q}$ の素元は何か．

(解答) (1) p を整数環 $\mathbb{Z}$ の素数とすると，第 1 章問 1.21 より「$p \mid ab \Longrightarrow p \mid a$ または $p \mid b$」が成り立つので，素数は $\mathbb{Z}$ の素元である．

$q(>0)$ が素数でないとすると，q は合成数であるから，ある整数 a, b が存在して $q = ab$ $(1 < a, b < q)$ と分解される．このとき，$q \mid ab$ であるが，$q \nmid a$ かつ $q \nmid b$ である．したがって，定義により q は素元ではない．対偶によって，素元ならば素数である．

以上によって，有理整数環 $\mathbb{Z}$ における素元は素数のことである．

(2) $\mathbb{Q}$ は体であるから，$\mathbb{Q}$ の 0 でない元はすべて可逆元である．したがって，定義によって，$\mathbb{Q}$ の素元は存在しない．

問 5.13 K を体とするとき，多項式環 $K[X]$ の素元は何か．

(解答) 問 5.12 と同様にできる．$f(X)$ を既約多項式として $f(X) \mid g(X)h(X)$ と仮定する．$(f(X), g(X)) \neq 1$ とすると，$f(X)$ の約数は 1 か $f(X)$ であるから，$(f(X), g(X)) = f(X)$ でなければならない．このとき，$f(X) \mid g(X)$ である．

$(f(X), g(X)) = 1$ のとき,定理 4.9 より $f(X) \mid h(X)$ である.したがって,$f(X)$ は素元である.

$f(X)$ が既約多項式でないとすると,ある多項式 $g(X), h(X)$ が存在して
$$f(X) = g(X)h(X) \quad (1 \leq \deg g(X), \deg h(X) < \deg f(X))$$
と分解される.このとき,$f(X) \mid g(X)h(X)$ であるが,$f(X) \nmid g(X)$ かつ $f(X) \nmid h(X)$ である.したがって,定義によって,$f(X)$ は素元ではない.対偶によって,素元ならば既約多項式であることが示された.

以上によって,体 K 上の 1 変数の多項式環 $K[X]$ における素元は既約多項式のことである.

> **問 5.14** 一意分解整域においては,既約元と素元は同値な概念であることを示せ.

(証明) 定理 5.3 より,素元ならば既約元であるので,逆を証明する.

(1) はじめに,p_1 と p_2 が素元であれば,積 $p_1 p_2$ は可逆元ではないことを示す.p_1, p_2 が素元として,積 $p_1 p_2$ が可逆元であると仮定する.このとき,ある R の元 a が存在して,$a p_1 p_2 = 1$ という関係がある.すると,p_1 も p_2 も可逆元となり,素元であることに矛盾する.よって,$p_1 p_2$ は可逆元ではない.

(2) q を既約元とする.R は一意分解整域であるから,q は $q = p_1 p_2 \cdots p_n$ のように有限個の素元の積に分解される.ここで,$n > 1$ と仮定する.q は既約元であるから,p_1 または $p_2 \cdots p_n$ は可逆元である.ところが,素元 p_1 は可逆元ではない.また (1) で見たように,素元の積 $p_2 \cdots p_n$ も可逆元ではないので,矛盾である.よって,$n = 1$ で $q = p_1$,すなわち,q は素元である.

> **問 5.15** 整域 $\mathbb{Z}[\sqrt{-5}]$ において,$1 - \sqrt{-5}$ と 3 が既約元であることを示せ.

(証明) 例 5.1* と同様にすればよい.

(1) $1 - \sqrt{-5}$ が既約元であることを示す.$x = a + b\sqrt{-5}$ に対して,ノルムを $N(\alpha) = a^2 + 5b^2$ として定義する.このとき,$\mathbb{Z}[\sqrt{-5}]$ の元 α, β に対して $N(\alpha\beta) = N(\alpha)N(\beta)$ が成り立つ.

$1 - \sqrt{-5}$ は環 $\mathbb{Z}[\sqrt{-5}]$ において,既約元であるが素元ではないことを示す.

(i) $1 - \sqrt{-5}$ は環 $\mathbb{Z}[\sqrt{-5}]$ において,既約元であること:
$$1 - \sqrt{-5} = (a + b\sqrt{-5})(c + d\sqrt{-5}) \quad (a, b, c, d \in \mathbb{Z})$$
とする.両辺のノルムをとると,$6 = (a^2 + 5b^2)(c^2 + 5d^2)$.ここで,$a^2 + 5b^2, c^2 + 5d^2$ は正の整数で 6 の約数であるから
$$a^2 + 5b^2 = 1, 2, 3 \text{ または } 6$$
である.この式より,$b = 0$ または $b = \pm 1$ でなければならないことがわかる.

(a) $b = 0$ のとき,$a^2 = 1$ より $a = \pm 1$.ゆえに,$a + b\sqrt{-5} = \pm 1$.

(b) $b = \pm 1$ のとき, $a^2 + 5b^2 = 6$. このとき, $c^2 + 5d^2 = 1$ であるから $d = 0, c^2 = 1$. ゆえに, $c + d\sqrt{-5} = \pm 1$. いずれの場合も一方は可逆元になるので, $1 - \sqrt{-5}$ は既約元であることがわかる.

(ii) $1 - \sqrt{-5}$ は環 $\mathbb{Z}[\sqrt{-5}]$ において, 素元ではないこと:
$$(1 + \sqrt{-5})(1 - \sqrt{-5}) = 6 = 2 \cdot 3$$
であるから, $(1 - \sqrt{-5}) \mid 2 \cdot 3$. ここで, もし $(1 - \sqrt{-5}) \mid 2$ とすると,
$$2 = (1 - \sqrt{-5})(a + b\sqrt{-5}) \quad (a, b \in \mathbb{Z})$$
と表される. この両辺のノルムをとると $4 = 6(a^2 + 5b^2)$. ここで, $a^2 + 5b^2$ は整数であるから, これは矛盾である. ゆえに, $(1 - \sqrt{-5}) \nmid 2$. 同様にして, $(1 - \sqrt{-5}) \nmid 3$ を示すことができる. したがって, $1 + \sqrt{-5}$ は素元ではない.

(2) 3 が既約元であることを示す.
$$3 = (a + b\sqrt{-5})(c + d\sqrt{-5}) \quad (a, b, c, d \in \mathbb{Z}) \qquad \cdots\cdots\cdots \text{①}$$
とする. 簡単のため, $\alpha = a + b\sqrt{-5}$, $\beta = c + d\sqrt{-5}$ とおく. ① よりノルムをとると
$$9 = N(\alpha) \cdot N(\beta). \qquad \cdots\cdots\cdots \text{②}$$
$N(\alpha), N(\beta)$ は整数であるから $N(\alpha) = 1, 3, 9$ である.

(i) $N(\alpha) = 1$ のとき, α は可逆元である.
$a^2 + 5b^2 = 1 \Longrightarrow a^2 = 1, b^2 = 0 \Longrightarrow a = \pm 1, b = 0 \Longrightarrow \alpha = a + b\sqrt{-5} = \pm 1$.

(ii) $N(\alpha) = a^2 + 5b^2 \neq 3$.

(iii) $N(\alpha) = 9$ のとき, ② より $N(\beta) = 1$ である. このとき, (i) より β は可逆元である.

以上 (i), (ii), (iii) より, $\alpha \cdot \beta = 3$ とすると α か β のどちらかは可逆元であるから, 定義より 3 は $\mathbb{Z}[\sqrt{-5}]$ において既約元である.

問 整域 R の元を a, b, c とし, a と b は同伴である $(a \sim b)$ とする. このとき, 次のことを示せ.   (1) $c \mid a \Longleftrightarrow c \mid b$,   (2) $a \mid c \Longleftrightarrow b \mid c$.

(証明) 問 5.5 で「$a \sim b \Longleftrightarrow (a) = (b)$」であることを示した. このことに注意すれば, 次のように示される.
(1) $c \mid a \Longleftrightarrow \exists d \in R, a = cd \Longleftrightarrow a \in (c)$
$\Longleftrightarrow (a) \subset (c) \Longleftrightarrow (b) \subset (c) \Longleftrightarrow b \in (c) \Longleftrightarrow c \mid b$.
(2) $a \mid c \Longleftrightarrow c \in (a) \Longleftrightarrow c \in (b) \Longleftrightarrow b \mid c$.

問 5.16 $a_1, \cdots, a_n \in R$ の最大公約元を $d \in R$ とする. このとき, 次のことを示せ.
(1) d に同伴な元 d' はまた $a_1, \cdots, a_n$ の最大公約元である.
(2) $a_1, \cdots, a_n$ の最大公約元を d' とすると, d' は d と同伴である.

(証明) (1) d と d' が同伴であるとする.

(i) d' が $a_1, \cdots, a_n$ の公約元であることを示す. d は $a_1, \cdots, a_n$ の公約元であるから $d \mid a_1, \cdots, d \mid a_n$. ところが, d' は d と同伴であるから, 上の問を使って, $d' \mid a_1, \cdots, d' \mid a_n$ となっている. すなわち, d' は $a_1, \cdots, a_n$ の公約元である.

(ii) 最大であることを示す.

b が $a_1, \cdots, a_n$ の公約元であるとする. d は $a_1, \cdots, a_n$ の最大公約元であったから, $b \mid d$ である. ところが, d' は d と同伴であるから, 前問を使って $b \mid d'$ である.

以上 (i), (ii) より 定義によって, d' も $a_1, \cdots, a_n$ の最大公約元である.

(2) d は $a_1, \cdots, a_n$ の公約元であるから, d' が $a_1, \cdots, a_n$ の最大公約元であることより $d \mid d'$ である. また, d' は $a_1, \cdots, a_n$ の公約元であるから, d が $a_1, \cdots, a_n$ の最大公約元であることより $d' \mid d$ である. したがって, d と d' は定義によって同伴である.

問 5.17 次の多項式は $\mathbb{Q}[X]$ で既約であることを示せ.
(1) $X^3 + 3X^2 - 8$, (2) $X^4 - 22X^2 + 1$.

(証明) (1) $\mathbb{Q}[X]$ で可約とすると, 定理 5.6 より $\mathbb{Z}[X]$ で可約である. 3 次式のとき, $f(X)$ が可約であれば $f(X)$ は $\mathbb{Z}$ に根 a をもつ (§4, 演習問題 3 参照). a は 8 の約数であるから, $a = \pm 1, \pm 2, \pm 4, \pm 8$. そこで, これらが根であるかどうか調べると,
$$f(1) = -4, \; f(2) = 12, \quad f(4) = 104,$$
$$f(-1) = -6, f(-2) = 4, f(-4) = -24.$$
したがって, $f(X)$ は $\mathbb{Z}$ に根をもたないので, $\mathbb{Q}[X]$ において既約である.

(2) $\mathbb{Q}[X]$ で可約とすると, 定理 5.6 より $\mathbb{Z}[X]$ で可約である.

(i) $f(X)$ が $\mathbb{Q}[X]$ で 1 次因数をもてば, $\mathbb{Z}[X]$ でも 1 次因数をもつ. $f(X)$ はモニックであるから, $f(X)$ は $\mathbb{Z}$ に根 a をもつ. a は $f(X)$ の定数項 1 の約数であるから, $a = \pm 1$ である. ところが, $f(\pm 1) = -20 \neq 0$ であるから, $f(X)$ は 1 次因数をもたない.

(ii) $f(X)$ が $\mathbb{Q}[X]$ で 2 次因数をもてば, $\mathbb{Z}[X]$ でも 2 次因数をもつ. そこで,
$$X^4 - 22X^2 + 1 = (X^2 + aX + b)(X^2 + cX + d) \quad (a, b, c, d \in \mathbb{Z})$$
と分解されたとする. 右辺を展開すると
$$X^4 - 22X^2 + 1 = X^4 + (a+c)X^3 + (b + ac + d)X^2 + (ad + bc)X + bd.$$
係数を比較すると
① $a + c = 0$, ② $ac + b + d = -22$, ③ $ad + bc = 0$, ④ $bd = 1$.
b, d は整数であるから, ④ より $b = d = 1$ かまたは $b = d = -1$ である.

● $b = d = 1$ のとき: ② より $ac = -24$. 一方, ① より $c = -a$. これを代入すると, $a^2 = 24$. これは整数では成り立たない.

・$b = d = -1$ のとき: ② より $ac = -20$. 一方, ① より $c = -a$. これを代入すると, $a^2 = 20$. これは整数では成り立たない.

したがって, $f(X)$ は $\mathbb{Z}[X]$ で既約なので $\mathbb{Q}[X]$ においても既約である.

問 5.18 次の多項式が既約であることを確かめよ.
(1) $X^3 - 6X + 2$, (2) $X^4 - 3X^3 + 6X^2 - 3X + 3$.

(証明) (1) $a_0 = 2$, $a_1 = -6$, $a_2 = 0$, $a_3 = 1$ であるから
$$2 \mid a_0,\ 2^2 \nmid a_0,\ 2 \mid a_1,\ 2 \mid a_2,\ 2 \nmid a_3.$$
したがって, アイゼンシュタインの既約判定法 (定理 5.10) より (1) の多項式は既約である.

(2) $a_0 = 3$, $a_1 = -3$, $a_2 = 6$, $a_3 = -3$, $a_4 = 1$ であるから
$$3 \mid a_0,\ 3^2 \nmid a_0,\ 3 \mid a_1,\ 3 \mid a_2,\ 3 \mid a_3,\ 3 \nmid a_4.$$
(1) と同様, 定理 5.10 より (2) の多項式は既約である.

第3章 §5 演 習 問 題

---

1. $f(X) = X^n + a_{n-1}X^{n-1} + \cdots + a_1 X + a_0 \in \mathbb{Z}[X], a_0 \neq 0$ とする. $f(X)$ が $\mathbb{Q}$ に根をもてば, $f(X)$ は $\mathbb{Z}$ に根 α をもち, a_0 は α で割り切れることを示せ.

(証明) この問題は第1章 §1 演習問題3で示したが, ここでは別の解答を与える.
$f(X)$ が $\mathbb{Q}$ に根 $\alpha = a/b$ $((a,b)=1)$ をもてば, 定理 4.5 の系より
$$f(X) = (X - \alpha)g(X), \quad g(X) \in \mathbb{Q}[X]$$
と分解される. $X - \alpha$ の原始多項式は $bX - a$ である. また, $f(X)$ は $\mathbb{Z}[X]$ の原始多項式であるから, $g(X)$ の原始多項式を $G(X) \in \mathbb{Z}[X]$ とすれば, 定理 5.7 より
$$f(X) = (bX - a)G(X)$$
と表される. $G(X) = c_{n-1}X^{n-1} + \cdots + c_1 X + c_0 \in \mathbb{Z}[X]$ とし, 最高次の係数を比較すると $1 = bc_{n-1}$ であるから $b = \pm 1$. ゆえに, $\alpha = \pm a \in \mathbb{Z}$. また, 定数項を比較すると, $a_0 = -ac_0$ であるから $a \mid a_0$. したがって, $\alpha \mid a_0$ を得る.

---

2. $f(X) = X^4 - 2X^2 + 8X + 1$ とおくとき, $f(X)$ は $\mathbb{Q}[X]$ で既約であることを示せ.

(証明) $\mathbb{Q}[X]$ で可約とすると, 定理 5.6 より $\mathbb{Z}[X]$ で可約である.
(i) $f(X)$ が $\mathbb{Q}[X]$ で1次因数をもてば, $\mathbb{Z}[X]$ でも1次因数をもつ. $f(X)$ の最高次の係数は1であるから, $f(X)$ は $\mathbb{Z}$ に根 a をもつ. a は $f(X)$ の定数項 1 の

約数であるから，$a = \pm 1$ である．ところが
$$f(1) = 8 \neq 0, \quad f(-1) = -8 \neq 0$$
であるから，$f(X)$ は 1 次因数をもたない．

(ii) $f(X)$ が $\mathbb{Q}[X]$ で 2 次因数をもてば，$\mathbb{Z}[X]$ でも 2 次因数をもつ．そこで，
$$X^4 - 22X^2 + 1 = (X^2 + aX + b)(X^2 + cX + d) \quad (a, b, c, d \in \mathbb{Z})$$
と分解されたとする．右辺を展開すると
$$X^4 - 2X^2 + 8X + 1 = X^4 + (a+c)X^3 + (b+ac+d)X^2 + (ad+bc)X + bd.$$
係数を比較すると
$$\text{①}\ a+c = 0, \quad \text{②}\ ac+b+d = -2, \quad \text{③}\ ad+bc = 8, \quad \text{④}\ bd = 1.$$
a, c は整数であるから，④ より $b = d = 1$ かまたは $b = d = -1$ である．このとき，③ より $a + c = \pm 8$．これは ① $a + c = 0$ に矛盾する．したがって，$f(X)$ は 2 次因数をもたない．

(i), (ii) より，$f(X)$ は $\mathbb{Z}[X]$ で既約なので $\mathbb{Q}[X]$ においても既約である．

---

3. 複素数 $\alpha = a + bi$ $(a, b \in \mathbb{R})$ に対して，
$$N(\alpha) = \alpha \cdot \bar{\alpha} = |\alpha|^2 = a^2 + b^2, \quad T(\alpha) = \alpha + \bar{\alpha} = 2a$$
とおく．$N(\alpha)$ を α の**ノルム**といい，$T(\alpha)$ を α の**トレース**という．このとき，α, β に対して次が成り立つことを示せ．
$$N(\alpha\beta) = N(\alpha)N(\beta), \quad T(\alpha + \beta) = T(\alpha) + T(\beta).$$

(証明) 複素数 α, β を $\alpha = a + bi, \beta = c + di$ $(a, b, c, d \in \mathbb{R})$ とすると，
$$\alpha + \beta = (a+c) + (b+d)i, \quad \alpha \cdot \beta = (ac - bd) + (ad + bc)i$$
である．このとき，
$$\begin{aligned}
N(\alpha \cdot \beta) &= (ac - bd)^2 + (ad + bc)^2 \\
&= a^2c^2 - 2abcd + b^2d^2 + a^2d^2 + 2abcd + b^2c^2 \\
&= a^2c^2 + b^2d^2 + a^2d^2 + b^2c^2 \\
&= (a^2 + b^2)(c^2 + d^2) = N(\alpha) \cdot N(\beta).
\end{aligned}$$
さらに，
$$T(\alpha + \beta) = 2(a + c) = 2a + 2c = T(\alpha) + T(\beta).$$

---

4. $\alpha, \beta \in \mathbb{Z}[i]$ で $\beta \neq 0$ とする．このとき，
$$\alpha = \beta\gamma + \delta, \quad N(\delta) < N(\beta)$$
となるような γ, δ が $\mathbb{Z}[i]$ に存在することを示せ．

(証明) $\alpha/\beta = a + bi$ $(a, b \in \mathbb{Q})$ とおく．

(i) $\alpha/\beta \in \mathbb{Z}[i]$ のときは，$\alpha/\beta = \gamma \in \mathbb{Z}[i]$ とおけば $\alpha = \beta\gamma + 0$ とすればよい．

(ii) $\alpha/\beta \notin \mathbb{Z}[i]$ のときは，$|a-c| \leq 1/2$, $|b-d| \leq 1/2$ を満たす整数 c,d が存在する．このとき，$\gamma = c+di$, $\delta = \alpha - \beta\gamma$ とおけば，$\gamma, \delta \in \mathbb{Z}[i]$ である．すると，
$$N(\alpha/\beta - \gamma) = N((a-c)+(b-d)i)$$
$$= (a-c)^2 + (b-d)^2$$
$$\leq 1/4 + 1/4 = 1/2 < 1.$$
この不等式を使うと，
$$N(\delta) = N(\alpha - \beta\gamma) = N(\beta)(\alpha/\beta - \gamma) < N(\beta).$$

5. $\mathbb{Z}[i]$ は単項イデアル整域であることを示せ．

(証明) 証明は定理 4.7 と同様である．$\mathbb{Z}[i]$ が整域であることは，§1 演習問題 3 で示した．I を $\mathbb{Z}[i]$ の (0) でないイデアルとする．I の元の中で 0 と異なる，ノルムが最小である元を β とする．このとき，$(\beta) \subset I$ である．

逆に，α を I の任意の元とする．このとき，演習問題 4 より $\alpha = \beta\gamma + \delta$, $N(\delta) < N(\beta)$ となるような $\gamma, \delta \in \mathbb{Z}[i]$ が存在する．ここで，$\beta, \alpha \in I$ であるから，$\delta = \alpha - \beta\gamma \in I$. したがって，$\beta$ の選び方より $\delta = 0$ でなければならない．ゆえに，$\alpha = \beta\gamma \in (\beta)$ となるので，$I = (\beta)$ である．以上より，$\mathbb{Z}[i]$ は単項イデアルである．

6. 整域 $\mathbb{Z}[i]$ の可逆元をノルムを用いて求めよ (§1 演習問題 3 参照).

(証明) α を $\mathbb{Z}[i]$ の元とするとき，
$$\alpha \text{ が可逆元} \iff \exists \beta \in \mathbb{Z}[i], \alpha \cdot \beta = 1.$$
$\alpha = a + bi$ $(a, b \in \mathbb{Z})$ としておく．$\alpha \cdot \beta =$ のノルムをとると，$N(\alpha)N(\beta) = 1$ を得る．ここで，$N(\alpha)$ と $N(\beta)$ は正の整数であるから $N(\alpha) = N(\beta) = 1$ である．$N(\alpha) = 1$ より $a^2 + b^2 = 1$. したがって，$a = \pm 1, b = 0$ かまたは $a = 0, b = \pm 1$ である．すなわち，$\mathbb{Z}[i]$ の可逆元は $\pm 1, \pm i$ である．

7. p を単項イデアル整域 R の元とする．このとき，次は同値であることを示せ．
(1) p は R の既約元である．
(2) $(p) = pR$ は R の極大イデアルである．
(3) p は R の素元である．

(証明) (1) $\Longrightarrow$ (2): $(p) \subset I \subset R$ と仮定する．R は単項イデアル整域だから，$I = (a)$ $(a \in R)$ と表される．ゆえに，$(p) \subset I = (a)$ より $p = ab$ $(\exists b \in R)$ と表される．p は既約だから，a または b は R の可逆元である．a が R の可逆元のとき，$I = (a) = R$ である (定理 2.2). b が R の可逆元のとき，p と a は同伴だから，$(p) = (a) = I$ (問 5.5). ゆえに，(p) は極大イデアルである．

(2) $\Longrightarrow$ (3): $p \mid ab$ $(a, b \in R)$ と仮定する．このとき，$ab = pc$ $(c \in R)$ と表され

るから, $ab \in pR = (p)$ である. (p) は仮定より極大イデアルだから素イデアルである (定理 2.6 (3)). よって, $a \in (p)$ または $b \in (p)$. すなわち, $p \mid a$ または $p \mid b$. これは, p が素元であることを意味している.

(3) $\Longrightarrow$ (1): 定理 5.3 より得られる. ∎

8. 単項イデアル整域 R において, 与えられた元 $a_1, \cdots, a_n$ の最大公約元が常に存在することを示せ.

(証明) R は単項イデアルであるから, $a_1, \cdots, a_n$ によって生成されたイデアル $(a_1, \cdots, a_n)$ は R のある 1 つの元 d によって生成される.
$$(a_1, \cdots, a_n) = a_1 R + \cdots + a_n R = dR.$$
このとき, d は $a_1 r_1 + \cdots + a_n r_n = d$ $(r_i \in R) \cdots (*)$ と表される. この d が $a_1, \cdots, a_n$ の最大公約元であることを以下で示す.

(i) $a_i \in (a_1, \cdots, a_n) = (d)$ であるから $a_i \in (d)$. ゆえに, d は a_i の約元である. d は a_1 から a_n の約元であるから, $a_1, \cdots, a_n$ の公約元である.

(ii) d' を $a_1, \cdots, a_n$ の任意の公約元であるとする. このとき, $d' \mid a_1, \cdots, d' \mid a_n$ であるから $a_1 = a_1' d', \cdots, a_n = a_n' d'$ と表される. これらを $(*)$ 式に代入すると,
$$(a_1' r_1 + \cdots + a_n' r_n) d' = d.$$
ゆえに, $d' \mid d$ を得る.

以上 (i), (ii) より, d は $a_1, \cdots, a_n$ の最大公約元である. ∎

9. $\mathbb{Z}[\sqrt{-5}]$ において, 次を示せ.
(1) $(2), (3)$ は素イデアルではない.
(2) $(2, 1 + \sqrt{-5})$ は極大イデアルである.

(証明) (1) (i) (2) は素イデアルでないことを証明する.
$$(1 + \sqrt{-5})(1 - \sqrt{-5}) = 1 - (-5) = 6$$
であるから, $2 \mid (1 + \sqrt{-5})(1 - \sqrt{-5})$. しかし, $2 \nmid (1 + \sqrt{-5})$ かつ $2 \nmid (1 - \sqrt{-5})$ である. 何故ならば, もし $2 \mid (1 + \sqrt{-5})$ と仮定すると
$$1 + \sqrt{-5} = 2(a + b\sqrt{-5}) \quad (a, b \in \mathbb{Z})$$
と表される. ノルムをとると, $N(1 + \sqrt{-5}) = N\big(2(a + b\sqrt{-5})\big)$. したがって,
$$6 = N(2) N(a + b\sqrt{-5}) \Longrightarrow 6 = 4(a^2 + 5b^2) \Longrightarrow 3 = 2(a^2 + 5b^2).$$
これは矛盾である. $2 \nmid (1 - \sqrt{-5})$ についても同様に証明される.

以上によって, $(1 + \sqrt{-5})(1 - \sqrt{-5}) \in (2)$ であるが, $(1 + \sqrt{-5}) \notin (2)$ かつ $(1 - \sqrt{-5}) \notin (2)$ である. よって, (2) は素イデアルではない.

(ii) (3) は素イデアルでないことを証明する.
$$(1 + \sqrt{-5})(1 - \sqrt{-5}) = 1 - (-5) = 6$$

であるから，$3 \mid (1+\sqrt{-5})(1-\sqrt{-5})$．しかし，$3 \nmid (1+\sqrt{-5})$ かつ $3 \nmid (1-\sqrt{-5})$ である．何故ならば，もし $3 \mid (1+\sqrt{-5})$ と仮定すると
$$1+\sqrt{-5} = 3(a+b\sqrt{-5}) \quad (a,b \in \mathbb{Z})$$
と表される．ノルムをとると，$N(1+\sqrt{-5}) = N(3(a+b\sqrt{-5}))$．したがって，
$$6 = N(3)N(a+b\sqrt{-5}) \Longrightarrow 6 = 9(a^2+5b^2) \Longrightarrow 2 = 3(a^2+5b^2).$$
これは矛盾である．$3 \nmid (1-\sqrt{-5})$ についても同様に証明される．

以上によって，$(1+\sqrt{-5})(1-\sqrt{-5}) \in (3)$ であるが，$(1+\sqrt{-5}) \notin (3)$ かつ $(1-\sqrt{-5}) \notin (3)$ である．よって，(3) は素イデアルではない．

(2) $(2, 1+\sqrt{-5})$ は極大イデアルであることを示す．

I を $\mathbb{Z}[\sqrt{-5}]$ のイデアルで $(2, 1+\sqrt{-5}) \subsetneq I \subset \mathbb{Z}[\sqrt{-5}]$ と仮定する．このとき
$$a+b\sqrt{-5} \in I, \quad a+b\sqrt{-5} \notin (2, 1+\sqrt{-5})$$
なる元 $a+b\sqrt{-5}$ が存在する．すると，
$$a+b\sqrt{-5} = (a-b) + b(1+\sqrt{-5}) \notin (2, 1+\sqrt{-5})$$
であるから，$a-b$ は 2 で割り切れない．ゆえに，$a-b = 2n+1$ $(n \in \mathbb{Z})$ と表せる．このとき，
$$2n + b(1+\sqrt{-5}) \in (2, 1+\sqrt{-5}) \subset I$$
であるから
$$1 = (a+b\sqrt{-5}) - (2n + b(1+\sqrt{-5})) \in I.$$
これより，定理 2.2 によって $I = \mathbb{Z}[\sqrt{-5}]$ を得る．

---

10. R が単項イデアル整域であるとする．このとき，R の 0 でない単項イデアルの無限列
$$(a_1) \subset (a_2) \subset \cdots \subset (a_i) \subset (a_{i+1}) \subset \cdots$$
が存在したとすると，ある番号 n があって $(a_n) = (a_{n+1}) = \cdots$ となることを示せ．この条件を満たすとき，環 R は**昇鎖律**を満足するという．

(証明) (1) $I = \bigcup_{i=1}^{\infty} (a_i)$ なる R の部分集合を考えると，I は R のイデアルであることを示す．

(i) $x, y \in I$ とする．このとき，ある番号 i と j が存在して $x \in (a_i), y \in (a_j)$ となっている．ここで，$i \leq j$ としてよい．このとき，$(a_i) \subset (a_j)$ であるから，$x, y \in (a_j)$．今，(a_j) はイデアルであるから，$x - y \in (a_j)$ である．ゆえに，$x - y \in I$．

(ii) $r \in R, x \in I$ とする．このとき，ある番号 i が存在して $x \in (a_i)$ となっている．すると，(a_i) はイデアルであるから，$rx \in (a_i)$ である．ゆえに，$rx \in I$．

(2) I は R のイデアルであり，R は単項イデアル環であるから，ある R の元 a が存在して $I = (a)$ と表される．ところが，
$$a \in I = \bigcup_{i=1}^{\infty} (a_i)$$

であるから，ある番号 n があって $a \in (a_n)$ である．このとき，$I = (a) \subset (a_n) \subset I$. ゆえに，$I = (a_n)$. したがって，$(a_n) = (a_{n+1}) = \cdots$ となる．

11. R が単項イデアル整域であれば，R は一意分解整域であることを証明せよ．

(証明) 単項イデアル整域では既約元と素元は同値な概念であることに注意しよう (演習問題 7).

(1) 0 でも R の可逆元でもない元は，すべて素元の積として表されることを示す．

0 でも R の可逆元でもない元で，素元の積として表されないものが存在したと仮定する．そのような元の 1 つを a_1 とする．a_1 は素元ではないから，a_1 と同伴でない 2 つの元の積として $a_1 = bc$ ($b, c \in R$ は可逆元ではない) と分解される．ここで，b, c が共に素元の積であれば，a_1 も素元の積として表されることになる．したがって，b, c の少なくとも一方は素元の積ではない．今，b が素元の積に表されないとする．このとき，$a_2 = b$ とおく．

a_2 は 0 でも R の可逆元でもない元で，素元の積として表されない．ゆえに，a_1 と全く同じ条件を満たしている．また，このとき $(a_1) \subsetneq (a_2)$ となっている．何故ならば，もし $(a_1) = (a_2)$ とすると，a_1 と $a_2 = b$ は同伴となり，したがって，c は可逆元となるからである．

このようにして，単項イデアルの無限列 $(a_1) \subsetneq (a_2) \subsetneq \cdots \subsetneq (a_i) \subsetneq \cdots$ ができる．ところが，これは演習問題 10 によって矛盾である．

以上により，0 でも R の可逆元でもない元は，すべて素元の積として表されることが示された．

(2) 一意性の証明: a を R の元とする．a が
$$a = p_1 p_2 \cdots p_r, \quad a = q_1 q_2 \cdots q_s \quad (p_i, q_i \text{ は素元})$$
と 2 通りに表されたとする．$p_1 \mid (q_1 q_2 \cdots q_s)$ であるから，ある i $(1 \leq i \leq s)$ が存在して，$p_1 \mid q_i$ である．ここで，必要があれば番号を付けかえて $p_1 \mid q_1$ としてよい．このとき，q_1 も素元であるから，p_1 と q_1 は同伴である．そこで，$q_1 = \epsilon_1 p_1$ (ϵ_1 は可逆元) とおけば
$$p_1 p_2 \cdots p_r = \epsilon_1 p_1 q_2 \cdots q_s$$
となる．同様にすれば，$q_2 \cdots q_r$ の中に p_2 と同伴である元があることがわかる．以下，これを繰り返せば (適当に番号を付けかえて)
$$q_1 = \epsilon_1 p_1, \cdots, q_r = \epsilon_r p_r \quad (\epsilon_i \text{ は可逆元})$$
となり，$r \leq s$ である．ゆえに，
$$p_1 p_2 \cdots p_r = \epsilon_1 \cdots \epsilon_r p_1 \cdots p_r q_{r+1} \cdots q_s.$$
したがって，$1 = \epsilon_1 \cdots \epsilon_r q_{r+1} \cdots q_s$ なる関係が得られる．ここで，$r < s$ であれば，q_{r+1} は可逆元になり矛盾である．よって，$r = s$ であって $p_1 \sim q_1, \cdots, p_r \sim q_r$ を得る ($p_i \sim q_i$ は p_i と q_i が同伴であることを表す).

12. R が単項イデアル整域であるとする．R のイデアル $(p) = pR$ $(p \in R)$ について，次の条件は同値であることを証明せよ．
(1) p は R の素元である．
(2) (p) は R の素イデアルである．
(3) (p) は R の極大イデアルである．

(証明) (1) $\Longrightarrow$ (2)：$ab \in (p)$ $(a, b \in R)$ と仮定する．このとき，ある R の元 r があって $ab = pr$ と表されるから，$p \mid ab$ である．p は素元であるから $p \mid a$ または $p \mid b$．ゆえに，$a \in (p)$ または $b \in (p)$．これは (p) が素イデアルであることを示している．

(2) $\Longrightarrow$ (3)：(p) を含む R のイデアルを (a) とする．すなわち，$(p) \subset (a) \subset R$ となっている．$p \in (a)$ より，ある R の元 b があって $p = ab$ と表される．$ab \in (p)$ であり，(p) は素イデアルであるから $a \in (p)$ または $b \in (p)$．

(i) $a \in (p)$ のとき，$a = pr$ $(r \in R)$ であるから，$p = ab = prb$．ゆえに，$1 = br$．このとき，b は可逆元になるので，$(p) = (a)$ である．

(ii) $b \in (p)$ のとき，$b = ps$ $(s \in R)$ であるから，$p = ab = aps$．ゆえに，$1 = as$．このとき，a は可逆元になるので，$(a) = R$ である．

以上より，「$(p) \subset (a) \subset R \Longrightarrow (p) = (a)$ または $(a) = R$」が示された．したがって，(p) は R の極大イデアルである．

(3) $\Longrightarrow$ (1)：$p \mid ab$, $p \nmid b$ $(a, b \in R)$ と仮定する．このとき，当然 $(p) \subset (p) + (b)$ であるが $(p) \neq (p) + (b)$ である．何故ならば，もし $(p) = (p) + (b)$ とすると，$b \in (p) + (b) = (p)$ であるから $b = pr$ $(r \in R)$．よって，$p \mid b$ で矛盾である．

そこで，$(p) \neq (p) + (b)$ であるから，(p) は極大イデアルという仮定より $(p) + (b) = R$ でなければならない．ゆえに，次の関係がある．
$$pc + bd = 1 \quad (c, d \in R).$$
ここで，仮定 $p \mid ab$ より $ab \in (p)$ である．ゆえに，$a = apc + abd \in (p)$．したがって，$a \in (p)$ であるから $p \mid a$．

以上より，「$p \mid ab \Longrightarrow p \mid a$ または $p \mid b$」が示されたので，(p) は素元である．

§6 有限体

定義と定理のまとめ

有限個の元からなる体を**有限体**という．K を有限体とし，K の単位元を 1 で表す．$\tau(n) = n \cdot 1$ により定義される準同型写像 $\tau : \mathbb{Z} \longrightarrow K$ に対して，準同型定理 3.5 を適用すると $\mathbb{Z}/\ker\tau \simeq \tau(\mathbb{Z})$ なる同型を得る．$\tau(\mathbb{Z})$ は K の部分環だから整域となるので，定理 2.6 によって $\ker\tau$ は $\mathbb{Z}$ の素イデアルである．K が有限体であることより，$\ker\tau$ は $\mathbb{Z}$ の素数を p として，$\ker\tau = (p)$ と表される．ゆえに，$\mathbb{Z}_p = \mathbb{Z}/(p) \simeq \tau(\mathbb{Z}) \subset K$ となる．この p を体 K の**標数**という．標数が p である体 K は体 $\mathbb{Z}/(p)$ と同型な体を部分体として含むことになる．この体は K に含まれる最小の体であり，K の**素体**と呼ばれる．この節では，標数 p の体の素体 $\mathbb{Z}_p$ を $\mathbb{F}_p$ により表すことにする．

定理 6.1 有限体 K の 0 以外の元からなる乗法群 K^* は巡回群である．

K^* の生成元を有限体 K の**原始根**という．

有限体 K の部分体 F が与えられたとき，$F \subset K$ と書き，体 K は体 F の**拡大体**であるという．このとき，K は F 上のベクトル空間になっている．F 上 K のベクトル空間としての次元 $\dim_F K$ を $[K : F]$ で表す．

定理 6.2 L を有限体，K を L の部分体でさらに F は K の部分体とする．このとき，次の等式が成り立つ．
$$[L : F] = [L : K][K : F].$$

体 L が体 K の拡大体であり，α は L の元であるとする．α が K の元を係数とするゼロではない多項式の根になっているとき，α は K 上**代数的**であるという．α が K 上代数的でないとき，α は K 上**超越的**であると言われる．α が K 上代数的であるとき，α を根とする次数最小のモニックな既約多項式 $f(X)$ が存在する．この $f(X)$ を α の K 上の**最小多項式**という．

一般に拡大体 $K \subset L$ において，L のすべての元が K 上代数的であるとき，体 L は K 上**代数的**と言われる．

$K \subset L$ であり，$\alpha \in L$ であるとき，L の部分体であって K と α を含むものすべての共通部分を記号 $K(\alpha)$ で表し，K に α を**添加した体**という．これは K と α を含む L の部分体のうちで最小のものである．L の元 $\alpha_1, \alpha_2, \cdots, \alpha_n$ に対して K と $\alpha_1, \alpha_2, \cdots, \alpha_n$ を含む最小の部分体を $K(\alpha_1, \alpha_2, \cdots, \alpha_n)$ で表し，K に $\alpha_1, \alpha_2, \cdots, \alpha_n$ を添加した体という．α が K 上代数的であっても超越的であっても $K(\alpha)$ のようにただ 1 個の元を添加して得られる K の拡大体を K の**単純拡大**という．

定理 6.3 体の拡大 $K \subset L$ で α は L の元とするとき,次のことが成り立つ.
(1) α が K 上超越的であれば,
$$\sigma : K[X] \longrightarrow K[\alpha] \subset L \quad (X \longmapsto \alpha)$$
は環同型写像であり,$K[\alpha]$ の商体 $K(\alpha)$ は K 上の有理関数体 $K(X)$ と同型である.
(2) α が K 上代数的であり,α の K 上の最小多項式を $f(X)$ とすると,写像
$$K[X]/(f(X)) \longrightarrow K[\alpha] \subset L \quad (\overline{X} \longmapsto \alpha)$$
は同型写像であり,$K[\alpha]$ は体になる.すなわち,$K[\alpha] = K(\alpha)$ となる.

定理 6.4 $K \subset L$, $\alpha \in L$ として,α を体 K 上代数的な元とする.α の K 上の最小多項式を $p(X)$ とし,$p(X)$ の次数が n であるとする.このとき,$\{1, \alpha, \alpha^2, \cdots, \alpha^{n-1}\}$ は体 $K(\alpha)$ の K 上のベクトル空間としての基底である.したがって,$[K(\alpha) : K] = n$ である.

補題 1 K を有限体,$f(X)$ を多項式環 $K[X]$ に属する既約多項式とする.そのとき,環 $L = K[X]/(f(X))$ は K の拡大体であり,X の剰余類 $\overline{X}$ は $f(X)$ の L における根である.

定理 6.5 K を有限体,$f(X)$ を多項式環 $K[X]$ に属するモニックな多項式で $\deg f(X) > 0$ とする.このとき $f(X)$ が,その中では1次式の積に分解するような K の拡大体 L が存在する.

補題 2 K を体,α を K の拡大体 L の元であって,$K[X]$ に属する既約多項式 $f(X)$ の根であるとする.このとき,$K[X]$ の多項式 $g(X)$ が $g(\alpha) = 0$ を満たせば,$g(X)$ は $f(X)$ で割り切れる.

補題 3 $K[X]$ を体 K 上の多項式環とし,$f(X) \in K[X]$ とする.また,α を K のある拡大体 L の元で $f(\alpha) = 0$ であるとする.このとき,次の命題が成立する.
(1) α が $f(X)$ の重根である $\Longleftrightarrow$ α が $f(X)$ と $f'(X)$ の共通根である.
(2) $f(X)$ が既約であるとき,α が $f(X)$ の重根であることと,$f'(X) = 0$ であることは同値である.

定理 6.6 K を q 個 ($q = p^r$, $r \geq 1$) の元からなる体とすると,K は多項式 $X^q - X$ の互いに異なる q 個の根で構成されている.したがって,$X^q - X$ は $K[X]$ の中で1次式の積に分解される.

定理 6.7 p を素数,$q = p^r$ ($r \geq 1$) とすると,元の個数が q である体が存在する.

補題 4 K を標数 p の体で，α, β を K の元，$q = p^r$ $(r \geq 1)$ とすると次の式が成り立つ．
$$(\alpha + \beta)^q = \alpha^q + \beta^q, \quad (\alpha - \beta)^q = \alpha^q - \beta^q.$$

定理 6.8 同じ個数の元からなる 2 つの有限体は同型である．

体 K とその部分体 F に対して，σ を K から K への同型写像であって，その F への制限 $\sigma|_F$ が F の恒等写像であるような σ を体 K の **F-自己同型写像** という．また，単に K から K への同型写像を K の **自己同型写像** という．

定理 6.9 $q = p^r$ $(r \geq 1)$ とし，$f(X)$ を $\mathbb{F}_p[X]$ の次数が k である既約多項式とする．このとき，$k \mid r$ であることと $f(X) \mid X^q - X$ であることは同値である．

補題 5 $k \mid r$ つまり $r = ks$ とし，さらに $q' = p^k$ とする．このとき，$X^{q'} - X$ は $X^q - X$ を割り切る．

定理 6.10 $q = p^r$ $(r \geq 1)$ とし，K を q 個の元からなる体とする．さらに $0 < k < r$，$q' = p^k$ とする．このとき，K が q' 個の元からなる部分体を含むための必要十分条件は $k \mid r$ となることである．

問題と解答

> **問 6.1** 体 K の標数を p (> 0) とするとき，K の任意の元 a に対して $pa = 0$ であることを示せ．

(証明) 体 K の標数を p (> 0) とするとき，$\tau : \mathbb{Z} \longrightarrow K$ $(n \longmapsto \tau(n) = n1_K)$ なる写像に対して $\ker \tau = (p) = p\mathbb{Z}$ である．ゆえに，$p \in \ker \tau$ であるから，$\tau(p) = 0$．すなわち，$p1_K = 0$ である．したがって，定理 1.2 (5) に注意すれば，
$$pa = p(1_K \cdot a) = (p1_K) \cdot a = 0_K \cdot a = 0_K.$$

実際，次は同値である．
(1) 体 K の標数が p (> 0) である．
(2) p は $n1_K = 0$ を満たす正の整数 n の中で最小のものである．

(証明) (1) $\Longrightarrow$ (2): $\ker \tau = (p)$ ということは，$n1_K = 0_K$ を満たす整数はすべて p で割り切れるということを意味している．したがって，p は $n1_K = 0$ を満たす最小の正の整数である．

(2) $\Longrightarrow$ (1): $\ker\tau = (p)$ を示せばよい. $p1_K = 0$ であるから, $p \in \ker\tau$ すなわち, $(p) \subset \ker\tau$ である. 逆に, $a \in \ker\tau$ とする. $\tau(a) = 0_K$ より $a1_K = 0_K$ である. 整数 a を p で割ると $a = qp + r$, $(\exists q, r \in \mathbb{Z}, 0 \le r < p)$ と表される. このとき,
$$0_K = a1_K = (qp+r)1_K = qp1_K + r1_K = r1_K.$$
したがって, $r1_K = 0_K$ である. p についての仮定より, $r = 0$ でなければならない. ゆえに, $a = qp \in (p)$ が示された.

以上によって, $\ker\tau \subset (p)$ であるから $\ker\tau = (p)$ を得る.

問 6.2 $\mathbb{F}_{13}$ において, 2 と異なる原始根をすべて求めよ.

(証明) 定理 6.1 より $\mathbb{F}_{13}^*$ は巡回群である. この巡回群の生成元を求めればよい. 例題 6.1* より 2 がその巡回群の生成元の 1 つである.
$$|\mathbb{F}_{13}^*| = 12, \quad \mathbb{F}_{13}^* = <2>.$$
第 2 章定理 3.6 の系 2 より「2^k が $\mathbb{F}_{13}^*$ の生成元 $\Longleftrightarrow$ $(12,k) = 1$」. このような k は $k = 1, 5, 7, 11$ である. したがって, $\mathbb{F}_{13}$ のすべての原始根は次のようである.
$$2^1 = 2, \ 2^5 = 6, \ 2^7 = 11, \ 2^{11} = 7.$$

問 6.3 $\mathbb{F}_8$ の素体は $\mathbb{F}_2$ であり, $[\mathbb{F}_8 : \mathbb{F}_2] = 3$ であることを示せ.

(証明) $\mathbb{F}_8$ は元の個数が 8 である体を表している. $\mathbb{F}_p$ を素体とすれば $\mathbb{F}_p^r \simeq \mathbb{F}_8$ であるから, $p^r = 8$ となる素数 p と正の整数 r を見つければよい. これが成り立つのは $p = 2, r = 3$ の場合だけである. よって, $\mathbb{F}_8$ の素体は $\mathbb{F}_2$ であり拡大次数は $[\mathbb{F}_8 : \mathbb{F}_2] = 3$ である.

問 6.4 体 K と K の拡大体 L の元 α に対して, $K(\alpha)$ は K と α を含む L の部分体のうちで最小のものであることを示せ.

(証明) (1) $K(\alpha)$ が体であることを示す. このためには, 2 つの L の部分体 K_1, K_2 に対して, $K_1 \cap K_2$ が L の部分体であることを示せば十分である.

$K_1 \cap K_2$ が加法群 L の部分群であること, 及び, $(K_1 \cap K_2)^* = K_1^* \cap K_2^*$ が乗法群 L^* の部分群であることは, 第 2 章定理 2.2 よりわかる. したがって, 定理 1.6 より $K_1 \cap K_2$ は L の部分体である.

(2) 定義によって, $K(\alpha)$ は K と α を含む L の部分体のすべての共通部分である. ゆえに, M を K と α を含む L の任意の部分体とすれば $K(\alpha) \subset M$ である. したがって, $K(\alpha)$ は K と α を含む L の部分体のうちで最小のものである.

問 6.5 体 K の拡大体を L とし，α と β を L の元とする．α が K 上代数的であり，α の K 上の最小多項式を $f(X)$ とする．β が $f(X)$ の根であれば $K(\alpha) \simeq K(\beta)$ であることを示せ．

(証明) (1) $f(X)$ は K 上 β の最小多項式であることを示す．
$$\sigma_\beta : K[X] \longrightarrow K[\beta] \quad (X \longmapsto \beta)$$
なる準同型写像 σ_β を考える．$\sigma_\beta(1) = 1$ であるから，$\ker \sigma_\beta \neq K[X]$．また，$\sigma_\beta(f(X)) = f(\beta) = 0$ より $f(X) \in \ker \sigma_\beta$．ゆえに，
$$(f(X)) \subset \ker \sigma_\beta \subsetneq K[X].$$
ここで，$f(X)$ は $K[X]$ の既約多項式であるから，定理 4.11 によって，$(f(X))$ は $K[X]$ の極大イデアルである．ゆえに，$(f(X)) = \ker \sigma_\beta$．したがって，$g(\beta) = 0$ ($g(x) \in K[X]$) とすると，$g(x) \in \ker \sigma_\beta = (f(x))$．よって，$f(x) | g(x)$ であるから，$f(x)$ は β を代入したとき 0 になる $K[X]$ の次数最小の多項式である．よって，$f(X)$ は K 上 β の最小多項式である．

(2) $f(X)$ が K 上 α と β の最小多項式であるから，定理 6.3(2) より
$$K(\alpha) \simeq K[X]/(f(X)), \quad K(\beta) \simeq K[X]/(f(X)).$$
したがって，$K(\alpha) \simeq K[X]/(f(X)) \simeq K(\beta)$ を得る．

問 6.6 体 K 上の多項式環 $K[X]$ の元
$$f(X) = a_n X^n + a_{n-1} X^{n-1} + \cdots + a_2 X^2 + a_1 X + a_0$$
を形式的に微分した多項式を $f'(X)$ で表し，$f(X)$ の **導関数** ということにする．
$$f'(X) = n a_n X^{n-1} + (n-1) a_{n-1} X^{n-2} + \cdots + 2 a_2 X + a_1.$$
このとき，$(f(X) + g(X))' = f'(X) + g'(X)$ と
$$(f(X) \cdot g(X))' = f'(X) \cdot g(X) + f(X) \cdot g'(X) \quad \cdots\cdots\cdots (*)$$
が成り立つことを証明せよ．

(証明) もう 1 つの $K[X]$ の元を
$$g(X) = b_n X^n + b_{n-1} X^{n-1} + \cdots + b_2 X^2 + b_1 X + b_0$$
とする．このとき，$f(X)$ と $g(X)$ の次数は共通に n としてよい．定義によって
$$f'(X) = \sum_{i=1}^n i a_i X^{i-1}, \quad g'(X) = \sum_{i=1}^n i b_i X^{i-1}.$$
特に，$(c)' = 0$ $(c \in K)$, $(X^n)' = n X^{n-1}$ であることに注意しよう．

(1) $\displaystyle (f(X) + g(X))' = \left(\sum_{i=0}^n (a_i + b_i) X^i \right)' = \sum_{i=1}^n i(a_i + b_i) X^{i-1}$
$\displaystyle = \sum_{i=1}^n (i a_i X^{i-1} + i b_i X^{i-1}) = \sum_{i=1}^n i a_i X^{i-1} + \sum_{i=1}^n i b_i X^{i-1}$
$= f'(X) + g'(X).$

(2) $c \in K$ とするとき,
$$(cf(X))' = \Bigl(\sum_{i=0}^{n}(ca_i)X^i\Bigr)' = \sum_{i=1}^{n} i(ca_i)X^{i-1}$$
$$= c\sum_{i=1}^{n} ia_i X^{i-1} = cf'(X).$$

(3) 次に, $g(X) = X^m$ のときに, (*) が成り立つことを示す.
$$(f(X)X^m)' = \Bigl(\Bigl(\sum_{i=0}^{n} a_i X^i\Bigr)X^m\Bigr)' = \Bigl(\sum_{i=1}^{n} a_i X^{m+i}\Bigr)'$$
$$= \sum_{i=1}^{n}(m+i)a_i X^{m+i-1} = \sum_{i=1}^{n} ia_i X^{m+i-1} + \sum_{i=1}^{n} ma_i X^{m+i-1}$$
$$= \Bigl(\sum_{i=1}^{n} ia_i X^{i-1}\Bigr)X^m + \Bigl(\sum_{i=1}^{n} a_i X^i\Bigr)(mX^{m-1})$$
$$= f'(X)X^m + f(X)(X^m)'.$$

(4) 最後に, 一般の場合に (*) が成り立つことを示す.
$$(f(X)g(X))'$$
$$= \Bigl\{f(X)\Bigl(\sum_{i=0}^{n} b_i X^i\Bigr)\Bigr\}' = \Bigl(\sum_{i=1}^{n} b_i f(X)X^i\Bigr)' = \sum_{i=1}^{n}(b_i f(X)X^i)'$$
$$= \sum_{i=1}^{n} b_i (f(X)X^i)' = \sum_{i=1}^{n} b_i \Bigl(f'(X)X^i + f(X)(X^i)'\Bigr)$$
$$= \sum_{i=1}^{n} b_i f'(X)X^i + \sum_{i=1}^{n} b_i f(X)(iX^{i-1})$$
$$= f'(X)\Bigl(\sum_{i=1}^{n} b_i X^i\Bigr) + f(X)\Bigl(\sum_{i=1}^{n} ib_i X^{i-1}\Bigr)$$
$$= f'(X)g(X) + f(X)g'(X).$$

第3章 §6 演 習 問 題

1. $\mathbb{F}_2[X]$ に属する4次既約多項式をすべて求めよ.

(解答) $\mathbb{F}_2[X]$ に属する4次の多項式は一般に
$$aX^4 + bX^3 + cX^2 + dX^1 + e \quad (a,b,c,d \in \mathbb{F}_2 = \{0,1\})$$
と表されるので, 全部で $1 \cdot 2^4 = 16$ 通りある.

それらは, 次のようである.

$$X^4,$$
$$X^4+X^3,\ X^4+X^3+X^2,\ X^4+X^3+X^2+X,\ X^4+X^3+X^2+X+1,$$
$$X^4+X^3+X^2+1,$$
$$X^4+X^3+X,\ \ X^4+X^3+X+1,$$
$$X^4+X^3+1,$$
$$X^4+X^2,\ X^4+X^2+X,\ \ X^4+X^2+X+1,$$
$$X^4+X^2+1,$$
$$X^4+X,\ \ X^4+X+1,$$
$$X^4+1.$$

これらの中から容易に因数分解できる可約な多項式を除くと，表 6.1 のようになる．

表 6.1

$X^4+X^3+X^2+X+1$	$X^4+X^3+X^2+1$	X^4+X^3+1
X^4+X^2+X+1	X^4+X^2+1	X^4+X+1

さらに，これらの残った多項式が既約かどうかを，エラトステネスのふるいの方法で調べていく．例 6.2* で 3 次以下の既約多項式は
$$X,\ X+1,\ X^2+X+1,\ X^3+X^2+1,\ X^3+X+1$$
であることがわかっている．これらの多項式によって割り切れなければ既約多項式である．はじめに，$X=1$ を代入したとき，その値が 0 になるものは，次の 2 つで，
$$X^4+X^3+X^2+1 = X^3(X+1)+(X+1)^2 = (X+1)(X^3+X+1),$$
$$X^4+X^2+X+1 = X^2(X^2+1)+(X+1)^2 = (X+1)(X^3+X^2+1).$$
表 6.1 の残りの多項式は $X,\ X+1$ では割り切れない．ゆえに，3 次式でも割り切れない．したがって，あとは 2 次式 X^2+X+1 で割り切れるかどうかを調べればよい．実際に割り算を実行すると X^4+X^2+1 は X^2+X+1 で割り切れることがわかる．すなわち，標数が 2 だから補題 4 より $X^4+X^2+1=(X^2+X+1)^2$．その他の多項式は割り切れないことが確かめられる．

以上の考察によって，$\mathbb{F}_2[X]$ に属する 4 次既約多項式は次の 3 つである．
$$X^4+X^3+1,\ \ X^4+X+1,\ \ X^4+X^3+X^2+X+1.$$

2. 有限体 $\mathbb{F}_{13}$ の中で 3 の 13 乗根を求めよ．

(解答) 13 は素数であって，$\mathbb{F}_{13}=\mathbb{Z}_{13}$ であるから，$X^{13}-13=0$ の根を $\mathbb{Z}_{13}$ の中で求めればよい．定理 2.11 の系 2 によって，
$$a^{13}\equiv a\ \pmod{13}\ \ (0\leq \forall a<13).$$
したがって，$X^{13}=3$ となる $\mathbb{Z}_{13}$ の元は 3 のみである．

3. $\mathbb{F}_3[X]$ に属する次数が 3 以下の既約多項式をすべて求めよ．

(解答) $\mathbb{F}_3 = \mathbb{Z}_3 = \{0, 1, 2\}$．
(1) 1次の多項式 $aX + b$ は形式的に $6(= 2 \cdot 3)$ 個考えられる．
$$\{X, X+1, X+2, 2X, 2X+1, 2X+2\}.$$
しかし，$2 = -1$ であることに注意すれば，可逆元を除いて 3 個で，これらはすべて既約である．ゆえに，1 次のモニックな既約多項式は $\{X, X+1, X+2\}$ である．

(2) 2 次の多項式 $aX^2 + bX + c$ は形式的に $18(= 2 \cdot 3 \cdot 3)$ 個考えられるが，$a = 1$ の場合を考えれば十分である．何故ならば，$2X^2 + bx + c = -(X^2 - bX - c)$ であるから，$2X^2 + bx + c$ は可逆元を除いて $a = 1$ の場合の多項式のどれかになる．この場合，次の 9 個の多項式が考えられる．

$$\begin{array}{lll} X^2, & X^2 + X, & X^2 + 2X, \\ X^2 + 1, & X^2 + X + 1, & X^2 + 2X + 1, \\ X^2 + 2, & X^2 + X + 2, & X^2 + 2X + 2. \end{array}$$

上の式の中から 容易に因数分解できる可約な多項式を除くと，次のようになる．
$$X^2 + 1,\ X^2 + X + 1,\ X^2 + 2X + 1,\ X^2 + X + 2,\ X^2 + 2X + 2.$$
これらは 2 次式であるから，$X = 1, 2$ を代入して 0 になれば，その多項式は可約である．

- $X = 1$ のとき：$X^2 + X + 1 = 1 + 1 + 1 = 0$ であるから，$X^2 + X + 1$ は $X - 1 = X + 2$ で割り切れる．このとき，$X^2 + X + 1 = (X + 2)^2$．
- $X = 2$ のとき：$X^2 + 2X + 1 = 2^2 + 2 \cdot 2 + 1 = 9 = 0$ であるから，$X^2 + 2X + 1$ は $X - 2 = X + 1$ で割り切れる．このとき，$X^2 + 2X + 1 = (X + 1)^2$．

この他の多項式は $X = 1, 2$ を代入しても 0 にはならない．したがって，$\mathbb{F}_3[X]$ における 2 次の既約多項式は次の 3 個である．
$$X^2 + 1,\ X^2 + X + 2,\ X^2 + 2X + 2.$$

(3) 3 次の多項式 $aX^3 + bX^2 + cX + d$ は形式的に $54(= 2 \cdot 3 \cdot 3 \cdot 3)$ 個考えられるが，$a = 1$ の場合を考えれば十分である．何故ならば，$2X^3 + bx^2 + cX + d = -(X^3 - bX^2 - cX - d)$ であって，$2X^3 + bx^2 + cX + d$ は可逆元を除いて $a = 1$ の場合の多項式のどれかになるからである．この場合 27 個の多項式が考えられる．

$$\begin{array}{lll} X^3, & X^3 + X, & X^3 + 2X, \\ X^3 + 1, & X^3 + X + 1, & X^3 + 2X + 1, \\ X^3 + 2, & X^3 + X + 2, & X^3 + 2X + 2, \end{array}$$

$$X^3 + X^2, \qquad X^3 + X^2 + X, \qquad X^3 + X^2 + 2X,$$
$$X^3 + X^2 + 1, \qquad X^3 + X^2 + X + 1, \qquad X^3 + X^2 + 2X + 1,$$
$$X^3 + X^2 + 2, \qquad X^3 + X^2 + X + 2, \qquad X^3 + X^2 + 2X + 2,$$

$$X^3 + 2X^2, \qquad X^3 + 2X^2 + X, \qquad X^3 + 2X^2 + 2X,$$
$$X^3 + 2X^2 + 1, \qquad X^3 + 2X^2 + X + 1, \qquad X^3 + 2X^2 + 2X + 1,$$
$$X^3 + 2X^2 + 2, \qquad X^3 + 2X^2 + X + 2, \qquad X^3 + 2X^2 + 2X + 2.$$

これらの中から容易に因数分解できる可約な多項式を除くと，表6.2のようになる．3次式は1次因数をもたなければ既約である．ゆえに，$X = 1, 2$ を代入して1次因数をもつかどうか調べる．

表6.2

X	1	2	X	1	2	X	1	2
$X^3 + 2$	0	1	$X^3 + X + 1$	0	2	$X^3 + 2X + 1$	1	1
			$X^3 + X + 2$	1	0	$X^3 + 2X + 2$	2	2
$X^3 + X^2 + 1$	0	1				$X^3 + X^2 + 2X + 1$	2	1
$X^3 + X^2 + 2$	1	2	$X^3 + X^2 + X + 2$	2	1	$X^3 + X^2 + 2X + 2$	0	2
$X^3 + 2X^2 + 1$	1	2	$X^3 + 2X^2 + X + 1$	2	1	$X^3 + 2X^2 + 2X + 1$	0	0
$X^3 + 2X^2 + 2$	2	0	$X^3 + 2X^2 + X + 2$	0	1	$X^3 + 2X^2 + 2X + 2$	1	1

この表より，$X = 1, 2$ を代入して，どちらも 0 にならないものは次のようである．
$$X^3 + 2X + 1, \qquad X^3 + 2X + 2,$$
$$X^3 + X^2 + 2, \qquad X^3 + X^2 + X + 2, \qquad X^3 + X^2 + 2X + 1,$$
$$X^3 + 2X^2 + 1, \qquad X^3 + 2X^2 + X + 1, \qquad X^3 + 2X^2 + 2X + 2.$$

これらが $a = 1$ のときの，3次である $\mathbb{F}_3[X]$ の既約多項式である．したがって，$\mathbb{Z}_3[X]$ におけるモニックな3次の既約多項式は可逆元を除いて上記の 8 個で全部である．

4. $X^9 - X$ を $\mathbb{F}_3[X]$ の中で既約分解せよ．

(解答) はじめに，普通のように因数分解する．
$$\begin{aligned} X^9 - X &= X(X^8 - 1) = X(X^4 - 1)(X^4 + 1) \\ &= X(X^2 - 1)(X^2 + 1)(X^4 + 1) \\ &= X(X - 1)(X + 1)(X^2 + 1)(X^4 + 1). \end{aligned}$$

ここで，1次式 $X, X - 1, X + 1$ は既約である．また，演習問題3で見たように $\mathbb{F}_3[X]$ において，2次式 $X^2 + 1$ は既約である．

次に，4 次式 $f(X) = X^4 + 1$ を調べる．$f(0) = 1 \neq 0$, $f(1) = 2 \neq 0$, $f(2) = 17 = 2 \neq 0$. よって，定理 4.5 系によって $f(X)$ は 1 次因数をもたない．すると，$f(X)$ は次数が 4 であるから，もし，$f(X)$ が分解するとすれば，2 次の多項式と 2 次の多項式の積である．$\mathbb{F}_3[X]$ における 2 次のモニック既約多項式は，演習問題 3 で求めたように $X^2 + 1$, $X^2 + X + 2$, $X^2 + 2X + 2$ である．$f(X)$ が分解されたとして，定数項に着目すると $1 = 1 \times 1$ かまたは $1 = 2 \times 2$ である．実際に割り算を実行すると，
$$X^4 + 1 = (X^2 + X + 2)(X^2 + 2X + 2).$$
ここに現れた 2 次の多項式は，演習問題 3 で調べたように既約である．以上により，$\mathbb{F}_3[X]$ における多項式 $X^9 - X$ の既約分解は次のようである．
$$X^9 - X = X(X+1)(X-1)(X^2+1)(X^2+X+2)(X^2+2X+2).$$

5. K を標数 p の体とするとき，$K[X]$ において，$X^p + 1$ を既約多項式の積に分解せよ．

(解答) 補題 4 より $X^p + 1 = (X+1)^p$.

6. p を素数とし，$q = p^r$ $(r \geq 1)$ とする．このとき，次のことを示せ．
(1) $\mathbb{F}_q$ のすべての元の和は 0 に等しい．
(2) $\mathbb{F}_q$ の 0 以外の元すべての積は -1 に等しい．

(証明) 定理 6.6 より，$\mathbb{F}_q$ は多項式 $X^q - X$ の根の全体と一致している．したがって，$\mathbb{F}_q = \{a_0 = 0, a_1, a_2, \cdots, a_{q-1}\}$ とおけば
$$X^q - X = (X - a_0)(X - a_1) \cdots (X - a_{q-1})$$
が成り立つ．ここで右辺を展開すると，
$$X^q - X = X^q - (a_0 + a_1 + \cdots + a_{q-1})X^{q-1} + \cdots + (-1)^{q-1}(a_1 \cdots a_{q-1})X.$$
(1) 両辺の X^{q-1} の係数を比較すると，$0 = a_0 + a_1 + \cdots + a_{q-1}$.
(2) 両辺の X の係数を比較すると，$-1 = (-1)^{q-1}(a_1 \cdots a_{q-1})$.
 • $p = 2$ のとき，$-1 = 1$ であり $q = p^r$ は偶数であるから，$q - 1$ は奇数である．ゆえに，$-1 = -1(a_1 \cdots a_{q-1})$ より $a_1 \cdots a_{q-1} = 1 = -1$.
 • $p \neq 2$ のとき，$q = p^r$ は奇数であるから，$q - 1$ は偶数である．ゆえに，$a_1 \cdots a_{q-1} = -1$ である．したがって，任意の素数 p に対して $a_1 \cdots a_{q-1} = -1$ が成り立つ．

7. K を標数 p の有限体, K のすべての元の p 重根を含む体を $\widetilde{K}$,
$$K^p = \{a^p \mid a \in K\}, \qquad K^{1/p} = \{a^{1/p} \in \widetilde{K} \mid a \in K\}$$
とする. このとき, 次の事を証明せよ.
(1) K^p と $K^{1/p}$ は体で, $K^p \subset K \subset K^{1/p}$ を満たしている.
(2) $K^p = K$,
(3) $K^{1/p} = K$.

(証明) (1) (i) K^p は K の部分体であることを示す. $1 = 1^p \in K^p$ であるから, $K^p \neq \phi$ である. $x, y \in K^p$ とする. このとき, x と y はある K の元 a, b が存在して $x = a^p \in K$, $y = b^p \in K$ と表される. すると, 補題 4 によって

- $x - y = a^p - b^p = (a - b)^p \in K^p$.

$x, y \neq 0$ ならば $a, b \neq 0$ であるから,

- $x \cdot y^{-1} = a^p \cdot (b^p)^{-1} = a^p \cdot (b^{-1})^p = (ab^{-1})^p \in (K^p)^*$.

したがって, 定理 1.6 より K^p は K の部分体である.

(ii) $K^{1/p}$ は $\widetilde{K}$ の部分体であることを示す.
$1^p = 1 \in K$ であるから, $1 \in K^{1/p}$. ゆえに, $K^{1/p} \neq \phi$ である. $x, y \in K^{1/p}$ とする. このとき, x と y は $x^p \in K$, $y^p \in K$ であるから $x^p = a \in K$, $y^p = b \in K$ とおく. すると, $K^{1/p}$ の定義によって

- $(x - y)^p = x^p - y^p = a - b \in K \Longrightarrow x - y \in K^{1/p}$,

$x, y \neq 0$ ならば $a, b \neq 0$ であるから,

- $(x \cdot y^{-1})^p = x^p \cdot (y^{-1})^p = x^p \cdot (y^p)^{-1} = a \cdot b^{-1} \in K^* \Longrightarrow x \cdot y \in (K^{1/p})^*$.

したがって, 定理 1.6 によって $K^{1/p}$ は $\widetilde{K}$ の部分体である.

(iii) $K^p \subset K \subset K^{1/p}$ を示す.
$K^p \subset K$ であること: $x \in K^p$ とする. このとき, x は $x = a^p$ $(a \in K)$ と表される. $a \in K$ で, K は体であるから $x = a^p \in K$.
$K \subset K^{1/p}$ であること: $x \in K$ とすると, $x^p \in K$ であるから, $K^{1/p}$ の定義によって $x \in K^{1/p}$ である.

(2) $K^p = K$ を示す. $a \in K$ ならば $a^p \in K^p$ であるから,
$$f : K \longrightarrow K^p \quad (a \longmapsto f(a) = a^p)$$
なる全射を考えることができる. このとき, $f(1) = 1$ である. また, $a, b \in K$ に対して, 補題 4 により,
$$f(a + b) = (a + b)^p = a^p + b^p = f(a) + f(b),$$
$$f(a \cdot b) = (a \cdot b)^p = a^p \cdot b^p = f(a) \cdot f(b)$$
であるから, f は全準同型写像である. ここで, K は体であるから, 定理 3.4 より f は単射, ゆえに, f は同型写像である. 以上より, K と K^p は同型であるから, それらの濃度, すなわち個数は一致する. したがって, K と K^p は包含関係 $K^p \subset K$

があって個数が一致するから，集合として一致する，すなわち $K = K^p$.

(3) (2) の証明と同じ方法を用いる．$x \in K^{1/p}$ とすると，$x^p \in K$ であるから，
$$g : K^{1/p} \longrightarrow K \quad (x \longmapsto g(x) = x^p)$$
なる全射を考えることができる．$x, y \in K^{1/p}$ に対して，補題 4 より
$$g(x+y) = (x+y)^p = x^p + y^p = g(x) + g(y),$$
$$g(x \cdot y) = (x \cdot y)^p = x^p \cdot y^p = g(x) \cdot g(y).$$
さらに，$f(1) = 1$ であるから，g は全準同型写像である．ここで，$K^{1/p}$ は体であるから定理 3.4 より g は単射，ゆえに g は同型写像である．したがって，$K^{1/p}$ と K は同型であるから，それらの濃度，すなわち個数は一致する．

以上より，K と $K^{1/p}$ は包含関係 $K \subset K^{1/p}$ があって個数が一致するから，集合として一致する，すなわち $K = K^{1/p}$.

8. 有限体 K 上の既約多項式は重根をもたないことを証明せよ．

(証明) 有限体 K の標数を $p(>0)$ とする．$f(X)$ を有限体 K 上の既約多項式とし，$f(X)$ が K に重根をもつと仮定する．すると，補題 3 より $f'(X) = 0$ である．
$$f(X) = a_0 + a_1 X + a_2 X^2 + \cdots + a_n X^n \quad (a_i \in K)$$
とおけば，
$$f'(X) = a_1 + 2a_2 X^1 + 3a_3 X^2 \cdots + na_n X^{n-1} = 0$$
である．ゆえに，
$$a_1 = 0, \ 2a_2 = 0, \ \cdots, \ ia_i = 0, \cdots, \ na_n = 0.$$
ここで，K は体であるから
$$ia_i = i1_K \cdot a_i = 0 \Longrightarrow i1_K = 0 \ \text{または} \ a_i = 0.$$
よって，
$$a_i \neq 0 \Longrightarrow i1_K = 0.$$
$i1_K = 0$ ということは，K の素体 $\mathbb{F}_p = \mathbb{Z}_p$ の中で 0 ということであるから，$i \equiv 0 \pmod{p}$(問 6.1 解答参照)．すなわち，$i1_K = 0 \Longleftrightarrow p \mid i$.

このことを多項式 $f(X)$ にもどって考えると，$f(X)$ の 0 でない項の次数はすべて p で割り切れるということを意味している．ゆえに，$f(X)$ は
$$f(X) = \sum a_i X^{pi} \quad (a_i \in K)$$
と表される．また，演習問題 7 で示したように $K = K^p$ であるから，係数 a_i はある K の元 b_i があって $a_i = b_i^p$ と表される．したがって，
$$f(X) = \sum a_i X^{pi} = \sum b_i^p X^{pi} = \left(\sum b_i X^i \right)^p.$$
これは，$f(X)$ が可約となることを表しているので，$f(X)$ が既約であることに矛盾している．

以上によって，有限体 K 上の既約多項式は重根をもたないことが証明された．

9. K を体とする．K^* が巡回群ならば，K は有限体となることを証明せよ．

(証明) K^* が巡回群であると仮定する．その生成元を a とすると，
$$K^* = <a>, \quad \exists a \in K^*$$
と表せる．このとき，体 K の 0 でない元はすべて a の累乗で表せる．

(1) 体 K の標数が 2 でないとする．体 K の単位元を 1 とすると，$1 \neq -1$ である．$-1 \in K^*$ であるから，ある整数 k が存在して
$$-1 = a^k \quad (k \in \mathbb{Z}, \ k \neq 0)$$
と表せる．すると，
$$a^{2k} = (a^k)^2 = (-1)^2 = 1 \quad (2k \neq 0).$$
ここで，もし $k < 0$ であれば
$$a^{-2k} = (a^{2k})^{-1} = 1^{-1} = 1 \ (-2k \neq 0)$$
であるから，$a^i = 1$ となる最小の自然数 n が存在する．すなわち，
$$n = \min\{ k \in \mathbb{N} \mid a^k = 1 \}.$$
このとき，n は乗法群 K^* における元 a の位数であって
$$K^* = \{ 1, a, \cdots, a^{n-1} \}$$
となるので，$K = \{ 0, 1, a, \cdots, a^{n-1} \}$ となる (第 2 章定理 3.4 の証明参照)．したがって，K は有限体である．

(2) 体 K の標数が 2 のとき，K は素体 $\mathbb{F}_2$ を含んでいる．このとき，a は体 $\mathbb{F}_2$ 上超越的ではない．もし a が超越的であれば，定理 6.3 より $K = \mathbb{F}_2(a) \simeq \mathbb{F}_2(X)$．ここで，$X$ は不定元である．ゆえに，$\mathbb{F}_2(X)^*$ は X を生成元とする巡回群となる．すると，$X+1 \in \mathbb{F}_2(X)^* = <X>$ であるから，ある整数 k が存在して，$X+1 = X^k$ が成り立つ．したがって，X は $\mathbb{F}_2$ 上代数的になり矛盾である．以上より，a は $\mathbb{F}_2$ 上代数的である．a の $\mathbb{F}_2$ 上の最小多項式の次数を n とすれば定理 6.4 によって，$[K : \mathbb{F}_2] = n$．ゆえに，$|K| = 2^n$ となるので K は有限体である．

10. $\mathbb{F}_8$ と $\mathbb{F}_{16}$ の自己同型の個数を求めよ．

(解答) (1) $\mathbb{F}_8$ の素体は $\mathbb{F}_2$ である．例 6.7^* で見たように，$\mathbb{F}_8$ の自己同型写像はすべて $\mathbb{F}_2$ 同型である．また例 6.3^* で見たように，$\mathbb{F}_8$ はその部分体である素体 $\mathbb{F}_2$ の単純拡大である．ゆえに，ある $\mathbb{F}_8$ の元 α があって $\mathbb{F}_8 = \mathbb{F}_2(\alpha)$ と表される．拡大次数は $[\mathbb{F}_8 : \mathbb{F}_2] = 3$ であるから，α は $\mathbb{F}_2$ 上 3 次の既約多項式が最小多項式である．$\mathbb{F}_2[X]$ の 3 次既約多項式は $X^3 + X^2 + 1$, $X^3 + X + 1$ である (例 6.2^*)．今，元の個数が同じ有限体は同型であるから (定理 6.8)，
$$\mathbb{F}_8 = \mathbb{F}_2(\alpha) = \mathbb{F}_2[X]/(X^3 + X + 1)$$
と考えてよい．したがって，$f(X) = X^3 + X + 1$ とおき，α は多項式 $X^3 + X + 1$

の根であるとする．すなわち，$\alpha^3 + \alpha + 1 = 0$ となっている．例 6.8* で見たように
$$\mathbb{F}_2(\alpha) = \{\, 0,\ 1,\ \alpha,\ 1+\alpha,\ \alpha^2,\ 1+\alpha^2,\ \alpha+\alpha^2,\ 1+\alpha+\alpha^2 \,\}.$$
また，
$$\alpha^3 = -\alpha - 1 = \alpha + 1,$$
$$\alpha^4 = \alpha \cdot \alpha^3 = \alpha(\alpha+1) = \alpha^2 + \alpha,$$
$$\alpha^5 = \alpha^4 \cdot \alpha = (\alpha^2 + \alpha)\alpha = \alpha^3 + \alpha^2 = 1 + \alpha + \alpha^2,$$
$$\alpha^6 = \alpha^5 \cdot \alpha = (1 + \alpha + \alpha^2)\alpha = \alpha + \alpha^2 + \alpha^3 = \alpha + \alpha^2 + 1 + \alpha = \alpha^2 + 1.$$
したがって，$(\mathbb{F}_2(\alpha))^* = \{\, 1,\ \alpha,\ \alpha^3,\ \alpha^2,\ \alpha^6,\ \alpha^4,\ \alpha^5 \,\} = <\alpha>$．すなわち，$\mathbb{F}_2(\alpha)$ から 0 を除いた集合は位数 7 の巡回群になっている．

σ を $\mathbb{F}_2(\alpha)$ から $\mathbb{F}_2(\alpha)$ への自己同型写像とする．このとき，$\alpha^3 + \alpha + 1 = 0$ より，
$$\{\sigma(\alpha)\}^3 + \sigma(\alpha) + 1 = 0.$$
$\mathbb{F}_2(\alpha)$ の元 $\sigma(\alpha)$ は再び多項式 $f(X) = X^3 + X + 1$ の根である．そこで，$\mathbb{F}_2(\alpha)$ の元で $f(X)$ の根になっているものを調べる．実際に計算すると，
$$f(0) = 1,$$
$$f(1) = 1,$$
○ $\quad f(\alpha) = \alpha^3 + \alpha + 1 = 0,$
○ $\quad f(\alpha^2) = \alpha^6 + \alpha^2 + 1 = \alpha^2 + 1 + \alpha^2 + 1 = 0,$
$\quad f(\alpha^3) = \alpha^9 + \alpha^3 + 1 = \alpha^2 + 1 + \alpha + 1 + 1$
$\quad\quad\quad\quad = \alpha^2 + \alpha,$
○ $\quad f(\alpha^4) = \alpha^{12} + \alpha^4 + 1 = \alpha^5 + \alpha^2 + \alpha + 1$
$\quad\quad\quad\quad = \alpha^2 + \alpha + 1 + \alpha^2 + \alpha + 1 = 0,$
$\quad f(\alpha^5) = \alpha^{15} + \alpha^5 + 1 = \alpha + \alpha^2 + \alpha + 1$
$\quad\quad\quad\quad = \alpha^2 + 1 = 1,$
$\quad f(\alpha^6) = \alpha^{18} + \alpha^6 + 1 = \alpha^4 + \alpha^2 + 1 + 1$
$\quad\quad\quad\quad = \alpha^2 + \alpha + \alpha^2 = \alpha.$

したがって，$\mathbb{F}_2(\alpha)$ の元で多項式 $f(X) = X^3 + X + 1$ の根になっているものは $\alpha,\ \alpha^2,\ \alpha^4$ である．

(i) $\sigma_0(x) = x$ によって定まる $\mathbb{F}_2(\alpha)$ から $\mathbb{F}_2(\alpha)$ への恒等写像 $\sigma_0 = 1$ は同型写像である．これは確かに，$\sigma_0(\alpha) = \alpha$ を満たしている．

(ii) σ_1 を $\sigma_1(x) = x^2$ によって定まる $\mathbb{F}_2(\alpha)$ から $\mathbb{F}_2(\alpha)$ への写像とする．体 $\mathbb{F}_2(\alpha)$ の標数が 2 であるから，補題 4 を使うと，
$$\sigma_1(x+y) = (x+y)^2 = x^2 + y^2 = \sigma_1(x) + \sigma_1(y),$$
$$\sigma_1(x \cdot y) = (x \cdot y)^2 = x^2 \cdot y^2 = \sigma_1(x) \cdot \sigma_1(y),$$
$$\sigma_1(1) = 1^2 = 1.$$
よって，σ_1 は準同型写像である．$\mathbb{F}_2(\alpha)$ は体であるから，σ_1 は単射である (定理 3.4)．また，演習問題 7 (1) で見たように，$K = \mathbb{F}_2(\alpha),\ q = 2$ と考えれば $K^2 = K$

であるから，σ_1 は全準同型写像である．したがって，σ_1 は $\mathbb{F}_2(\alpha)$ の同型写像であって，$\sigma_1(\alpha) = \alpha^2$ を満たしている．

(iii) σ_2 を $\sigma_2(x) = x^4$ によって定まる $\mathbb{F}_2(\alpha)$ から $\mathbb{F}_2(\alpha)$ への写像とする．補題 4 を使うと，
$$\sigma_2(x+y) = (x+y)^4 = x^4 + y^4 = \sigma_2(x) + \sigma_2(y),$$
$$\sigma_2(x \cdot y) = (x \cdot y)^4 = x^4 \cdot y^4 = \sigma_2(x) \cdot \sigma_2(y),$$
$$\sigma_2(1) = 1^4 = 1.$$
よって，σ_2 は $\mathbb{F}_2(\alpha)$ の準同型写像である．$F(\alpha)$ は体であるから $\mathbb{F}_2(\alpha)$ は単射である (定理 3.4)．また，演習問題 7 (1) を 2 回使えば，$K = \mathbb{F}_2(\alpha)$ として $K^4 = K$ であるから，σ_2 は $\mathbb{F}_2(\alpha)$ の全準同型写像である．したがって，σ_2 は同型写像であって，$\sigma_2(\alpha) = \alpha^4$ を満たしている．

(iv) これまでの考察によって，$\mathbb{F}_2(\alpha)$ の自己同型写像の集合は
$$\{\sigma_0, \sigma_1, \sigma_2\}$$
であることがわかった．さらに，
$$\sigma_1 \circ \sigma_1(x) = \sigma_1\big(\sigma_1(x)\big) = \sigma_1(x^2) = (x^2)^2 = x^4 = \sigma_2(x).$$
したがって，$\mathbb{F}_2(\alpha)$ の自己同型写像の全体は群をなし，それは σ_1 を生成元とする位数 3 の巡回群である．

(2) $\mathbb{F}_{16}$ の素体は $\mathbb{F}_2$ である．例 6.7* で見たように，$\mathbb{F}_{16}$ の自己同型写像はすべて $\mathbb{F}_2$ 同型である．また例 6.3* で見たように，$\mathbb{F}_{16}$ はその部分体である素体 $\mathbb{F}_2$ の単純拡大である．ゆえに，ある $\mathbb{F}_{16}$ の元 α があって $\mathbb{F}_{16} = \mathbb{F}_2(\alpha)$ と表される．拡大次数は $[\mathbb{F}_{16} : \mathbb{F}_2] = 4$ であるから，$\mathbb{F}_2$ 上 4 次の既約多項式 $f(X)$ が α の最小多項式である．演習問題 1 で見たように，$\mathbb{F}_2[X]$ の 4 次既約多項式は
$$X^4 + X^3 + 1, \quad X^4 + X + 1, \quad X^4 + X^3 + X^2 + X + 1$$
である．今，元の個数が同じ有限体は同型であるから (定理 6.8)，
$$\mathbb{F}_{16} = \mathbb{F}_2(\alpha) = \mathbb{F}_2[X]/(X^4 + X^3 + 1)$$
と考えてよい．したがって，$f(X) = X^4 + X^3 + 1$ とおき，多項式 $X^4 + X^3 + 1$ は α の最小多項式であるとする．このとき，$\alpha^4 + \alpha^3 + 1 = 0$ となっている．$\mathbb{F}_{16}$ は $\{1, \alpha, \alpha^2, \alpha^3\}$ を基底とする $\mathbb{F}_2$ 上の 4 次元のベクトル空間である．

$\mathbb{F}_{16} = \mathbb{F}_2(\alpha) = \{0, 1, \alpha, 1+\alpha,$
$\quad \alpha^2, 1+\alpha^2, \alpha+\alpha^2, 1+\alpha+\alpha^2,$
$\quad \alpha^3, 1+\alpha^3, \alpha+\alpha^3, \alpha^2+\alpha^3,$
$\quad 1+\alpha+\alpha^3, 1+\alpha^2+\alpha^3, \alpha+\alpha^2+\alpha^3, 1+\alpha+\alpha^2+\alpha^3\}.$

また，
$$\alpha^4 = 1+\alpha^3, \qquad \alpha^8 = \alpha+\alpha^2+\alpha^3, \alpha^{12} = 1+\alpha,$$
$$\alpha^5 = 1+\alpha+\alpha^3, \qquad \alpha^9 = 1+\alpha^2, \qquad \alpha^{13} = \alpha+\alpha^2,$$
$$\alpha^6 = 1+\alpha+\alpha^2+\alpha^3, \alpha^{10} = \alpha+\alpha^3, \qquad \alpha^{14} = \alpha^2+\alpha^3,$$
$$\alpha^7 = 1+\alpha+\alpha^2, \qquad \alpha^{11} = 1+\alpha^2+\alpha^3, \alpha^{15} = 1.$$

したがって，$\mathbb{F}_{16} = \mathbb{F}_2(\alpha) = \{0, 1, \alpha, \alpha^2, \cdots, \alpha^{14}\}$，$\mathbb{F}_2(\alpha)^* = <\alpha>$．すなわち，$\mathbb{F}_2(\alpha)$ から 0 を除いた集合は位数 15 の巡回群になっている．

σ を $\mathbb{F}_2(\alpha)$ から $\mathbb{F}_2(\alpha)$ への自己同型写像とする．このとき，$\alpha^4 + \alpha^3 + 1 = 0$ より，
$$\{\sigma(\alpha)\}^4 + \sigma(\alpha)^3 + 1 = 0.$$
$\mathbb{F}_2(\alpha)$ の元 $\sigma(\alpha)$ は再び多項式 $f(X) = X^4 + X^3 + 1$ の根である．そこで，(1) と同様にして $\mathbb{F}_2(\alpha)$ の元で $f(X)$ の根になっているものを調べると
$$f(\alpha) = 0,\ f(\alpha^2) = 0,\ f(\alpha^4) = 0,\ f(\alpha^8) = 0$$
であることがわかる．

σ_i $(0 \leq i \leq 3)$ を $\sigma_2(x) = x^{2^i}$ によって定まる $\mathbb{F}_2(\alpha)$ から $\mathbb{F}_2(\alpha)$ への写像とすると，$\sigma(\alpha) = \alpha^{2^i}$ を満たしている．各 σ_i は $\mathbb{F}_2(\alpha)$ の自己同型写像であることが (1) と同様にわかる．

さらに，$\sigma_1^2 = \sigma_2(x)$，$\sigma_1^3 = \sigma_3(x)$ である．したがって，$\mathbb{F}_2(\alpha)$ の自己同型写像の全体 $\{\sigma_0,\ \sigma_1,\ \sigma_2,\ \sigma_3\}$ は群をなし，それは σ_1 を生成元とする位数 4 の巡回群である．

---

11. $q = p^r$ $(r \geq 1)$ とし，$f(X) \in \mathbb{F}_q[X]$ を次数 m の既約多項式とする．そのとき，次のことを証明せよ (定理 6.9 の拡張)．
$$f(X) \mid X^{q^n} - X \iff m \mid n.$$

(証明) 「$f(X) \mid X^{q^n} - X \Longrightarrow m \mid n$」を示す：$\alpha$ を $\mathbb{F}_q$ のある拡大体における $f(X) = 0$ の根とする．そのとき，$\alpha^{q^n} = \alpha$ であるから，$\alpha \in \mathbb{F}_{q^n}$ である．それで，$\mathbb{F}_q(\alpha)$ は $\mathbb{F}_{q^n}$ の部分体と考えられる．ゆえに，
$$[\mathbb{F}_{q^n} : \mathbb{F}_q] = [\mathbb{F}_{q^n} : \mathbb{F}_q(\alpha)] \cdot [\mathbb{F}_q(\alpha) : \mathbb{F}_q]$$
が成り立つ．ここで，$f(X)$ が α の最小多項式であるから $[\mathbb{F}_q(\alpha) : \mathbb{F}_q] = m$．一方，$[\mathbb{F}_{q^n} : \mathbb{F}_q] = n$ であるので，$m \mid n$ が得られる．

「$f(X) \mid X^{q^n} - X \Longleftarrow m \mid n$」を示す：$\mathbb{F}_{q^n}$ は部分体として $\mathbb{F}_{q^m}$ を含む (定理 6.10)．α を $\mathbb{F}_q$ のある拡大体における $f(X) = 0$ の根とする．このとき，$[\mathbb{F}_q(\alpha) : \mathbb{F}_q] = m$ であり，$\mathbb{F}_q(\alpha) = \mathbb{F}_{q^m} \subset \mathbb{F}_{q^n}$ であるから，$\alpha \in \mathbb{F}_{q^n}$ である．したがって，$\alpha^{q^n} = \alpha$ が成り立ち，α は $X^{q^n} - X \in \mathbb{F}_q[X]$ の根である．よって，$f(X)$ は $X^{q^n} - X$ を割り切る (補題 2)．

12. $q = p^r$ $(r \geq 1)$ とし,n を自然数とする.次のことを証明せよ.

(1) $\mathbb{F}_q[X]$ に属する次数が n の約数であるようなモニック既約多項式すべての積は $X^{q^n} - X$ である.

(2) $\mathbb{F}_q[X]$ に属する次数が d であるようなモニック既約多項式の個数を $N_q(d)$ とすれば $q^n = \sum_{d|n} d N_q(d)$.

(3) $N_q(n) = \dfrac{1}{n} \sum_{d|n} \mu\left(\dfrac{n}{d}\right) q^d = \dfrac{1}{n} \sum_{d|n} \mu(d) q^{\frac{n}{d}}$.

(証明) (1) $g(X) = X^{q^n} - X$ とおく.演習問題 11 によれば,$g(X)$ のモニック既約多項式である因子は次数が n の約数である.逆に,次数が n の約数である $\mathbb{F}_q[X]$ のモニック既約多項式は $g(X)$ を割り切る.

また,$g'(X) = -1$ であるから,$g(X) = 0$ は重根をもつことはない (補題 3).したがって,n の約数を次数とする $\mathbb{F}_q[X]$ のモニック既約多項式は $g(X)$ の既約分解の中に一度だけ現れる.

(2) (1) より $g(X) = X^{q^n} - X$ の次数と,$g(X)$ の既約分解の次数を比較すれば得られる.

(3) (2) で得られた式 $q^n = \sum_{d|n} d N_q(d)$ において,$f(d) = d N_q(d)$,$F(n) = q^n$ として第1章 定理 3.7 (メビウスの反転公式) を使えば

$$n N_q(n) = \sum_{d|n} \mu\left(\frac{n}{d}\right) q^d = \sum_{d|n} \mu(d) q^{\frac{n}{d}}.$$

これより,

$$N_q(n) = \frac{1}{n} \sum_{d|n} \mu\left(\frac{n}{d}\right) q^d = \frac{1}{n} \sum_{d|n} \mu(d) q^{\frac{n}{d}}.$$

あ と が き

　本書は東京理科大学理学部数学科の，代数学 II の群・環・体演習の中から生まれたものである．本来は数学科の学生に向けての内容であるが，最近ではこれらの応用もさかんに研究されており，他の分野の学生等にとってもその必要性は著しく高まってきている．このような情勢を考えて，筆者は数学科の学生ではない読者にとっても群・環・体の内容を自分で勉強し，演習できるように考えて本書を著した．

　数学は抽象的な概念や記号を用いて数理的な法則を見いだす学問である．数学を学ぶためには，まずこれらの概念や記号の使用法に慣れる必要がある．原テキスト「群・環・体入門」に載せてある問題は定義を確認する問題から，さらに定理を組み合わせて解けば面白いと感じられるような問題まで載せてある．したがって，願わくば読者が興味をもって基本的な問題を自分で考えて解き，少しでも面白いと感じていただければ幸いである．そうすれば，自然に抽象的な概念や記号に慣れていく．

　また，これらの問題を自分自身である程度理解できるようになれば，一応代数を学ぶ基礎はできたことになる．さらに，これらをもとに，より高度な数学，ガロア理論（体論），可換代数学，代数的整数論，符号論等へと発展して数学を学ぶことができる．

参 考 文 献

[1] 稲葉栄次：『整数論』共立出版（基礎数学講座 2）1963.
[2] 高木貞治：『初等整数論講義』共立出版 1971（第 2 版）.
[3] 遠山啓：『初等整数論』日本評論社 1996.
[4] 稲葉栄次：『群論入門』培風館（新数学シリーズ 7） 1957.
[5] 大島勝：『群論』共立全書 1965.
[6] 永尾汎，浅野啓三：『群論』岩波全書 1965.
[7] 鈴木通夫：『群論 上下』岩波書店 1978.
[8] ファン・デル・ヴェルデン，銀林浩訳：『現代代数学 1』東京図書 1966.
[9] 成田正夫：『初等代数学』(共立数学講座 7) 1967.
[10] 永田雅宜：『可換体論』裳華房（数学選書 6）1968（第 2 版）.
[11] 松阪和夫：『代数系入門』岩波書店 1976.
[12] 守屋美賀雄：『代数学教程』帝国書院 1984.
[13] 永尾汎：『代数学』朝倉書店 1990.
[14] 倉田吉喜：『代数学』近代科学社 1992.
[15] 渡辺敬一，草場公邦：『代数の世界』 朝倉書店 1994.
[16] 永田雅宜，吉田憲一：『代数学入門』培風館 1996.
[17] John B. Fraleigh : *A First Course in Abstract Algebra*, Addison-Wesley Publishing Co., 1978.
[18] Michael Artin : *Algebra*, Printice Hall Englewood Cliffs, New Jersey., 1991.
[19] O. Zariski, P. Samuel : *Commutative Algebra I*, D. Van Nostrand Co., Inc., Princeton, New Jersey., 1965.
[20] Irving Kaplansky : *Commutative Rings*, The University of Chicago Press 1974.
[21] J. Rotman : *Galois Theory (second edition)*, Springer, 1998.
[22] R. Lindl, H. Niederreiter : *Finite Fields*, Addison-Wesley Publishing Co., 1983.
[23] ファン・デル・ヴェルデン，山崎三郎監修，銀林浩 訳編：『演習現代代数学 1』東京図書 1966.
[24] 渡辺哲雄：『群論演習 I, II』槙書店 1975.
[25] 横井英夫，硲野敏博：『代数演習』サイエンス社 1997.

[1] から [3] は初等整数論，[4] から [7] は群論，[8] から [16] は群・環・体全般について書かれている．また，これらの中で [2], [7], [10] は特に高度の内容が含まれている．さらに，[23], [24], [25] は演習の本として，参考にあげておいた．

索　引

k 進表示, *14*
PID, *151*
UFD, *204*

【あ行】

アーベル群, *37*
一意分解整域 (UFD), *204*
1 変数多項式環, *135, 187*
イデアル
　極大——, *151*
　自明な——, *150*
　真の——, *150*
　生成された——, *151*
　素——, *151*
　単項——, *151*
　左——, *150*
　右——, *150*
　両側——, *150*
因子群, *93*
因数定理, *188*
ウィルソンの定理, *164*
オイラーの関数, *30*
オイラーの定理, *152*

【か行】

外部直積, *122*
ガウスの記号, *13*
ガウスの整数環, *140*
ガウスの補題, *204*
可換, *37*
可換環, *133*
可換群, *37*
可換体, *134*
可逆元, *134*

核
　——(環について), *169*
　——(群について), *102*
拡大体, *221*
可約, *189*
環, *133*
完全代表系, *16*
既約, *189*
逆演算可能性, *38*
既約元, *204*
逆元, *37*
既約剰余群, *152*
既約剰余類, *16*
既約多項式, *189*
共役部分群, *61*
共役, *86, 87*
共役類, *87*
局所環, *166*
極大イデアル, *151*
位数
　——(群の), *68*
　——(元の), *68*
クラインの 4 元群, *41*
群, *37*
結合律, *37*
原始根, *221*
原始多項式, *204*
交換子, *99*
交換子群, *99*
合成数, *3*
合同
　——(群の), *93*
　左——, *80*

右——, 80
　——(整数の), 15
合同式, 15
公約元, 204
公約数, 2, 188
根, 188
根基
　——(イデアルの), 162
　——(環の), 152

【さ行】

最小多項式, 221
最大公約元, 204
最大公約数
　——(整数の), 2
　——(多項式の), 188
自己準同型環, 148
自己同型群, 103
自己同型写像
　——(環の), 223
　——(群の), 101
　F-——, 223
指数, 80
次数, 187
自然な準同型写像
　——(環の), 169
　——(群の), 101
自明なイデアル, 150
斜体, 134
巡回群, 68
巡回部分群, 68
準同型写像 (環の), 169
　全——, 169
　単——, 169
準同型写像 (群の), 101
　全——, 101

単——, 101
準同型定理
　——(環の), 169
　——(群の), 102
消去律, 38
昇鎖律, 167, 218
商体, 203
剰余環, 150
剰余群, 93
剰余類 (群の), 93
　左——, 80
　右——, 80
剰余類 (整数の), 16
　——の性質, 16
真のイデアル, 150
真部分群, 58
整域, 134
正規化群, 66
正規部分群, 93
整除, 2
生成系
　——(イデアルの), 151
　——(群の), 68
生成元, 68
ゼロ元, 37
全行列環, 135
線型群 (一般，特殊), 38
素イデアル, 151
素因数分解の一意性, 3
素元, 204
素元分解の一意性, 204
素数, 3
素体, 221

【た行】

体, 134

第 1 同型定理
　——(環の), *184*
　——(群の), *118*
代数的, *221*
第 2 同型定理
　——(環の), *184*
　——(群の), *119*
代入, *188*
　——の原理, *188*
互いに素
　——(イデアル), *165*
　——(整数), *2*
　——(多項式), *188*
多項式, *187*
単位元
　——(環の), *133*
　——(群の), *37*
単元, *134*
単項イデアル, *151*
単項イデアル整域 (PID), *151*
単項式, *187*
単純拡大, *221*
単純群, *93*
中国式剰余の定理
　——(環の), *184*
　——(整数の), *15, 28*
中心化群, *64*
超越的, *221*
直積
　——(環の), *142*
　——(群の), *122*
ツォルンの補題, *168*
添加, *221*
導関数, *225*
同型, *101, 169*
同型写像
　——(環の), *169*
　——(群の), *101*
同伴, *203*
閉じている, *58*
トレース, *215*

【な行】

内部自己同型写像, *101*
内部直積, *122*
2 項演算, *37*
2 面体群, *39*
ネーター環, *167*
ノルム, *215*

【は行】

倍数, *2*
半群, *45*
左イデアル, *150*
左零因子, *133*
標数, *221*
フェルマーの小定理, *152*
フェルマーの素数, *12*
不定元, *187*
部分環, *134*
部分群, *58*
部分体, *134*
不変部分群, *93*
ブール環, *144*
ベキ零元, *152*
ベキ等元, *142*
変数, *187*

【ま行】

右イデアル, *150*
右零因子, *133*
ハミルトンの 4 元数体, *145*
無限群, *38*

メビュースの関数, 30
メビュースの反転公式, 30
メルセンヌ数, 12
モニック, 188

【や行】

約元, 203
約数, 2, 188
有限群, 38
有限生成, 151
有限体, 221
有理関数体, 187
有理式, 187

ユークリッド環, 201

【ら行】

ラグランジュ, 81
リウビィルの関数, 36
両側イデアル, 150
類等式, 87
類別, 16
零因子, 134
　右——, 133
　左——, 133

【わ行】

割り切れる, 2, 203

索引　243

〈著 者〉

新妻　弘（にいつま　ひろし）
東京理科大学理学部数学科教授を経て，
東京理科大学名誉教授　理学博士
e-mail：niitsuma@rs.kagu.tus.ac.jp

演習　群・環・体　入門	著　者　新妻　弘　© 2000
	発行者　南　條　光　章
	発行所　共立出版株式会社
	東京都文京区小日向 4-6-19
	電話　03-3947-2511（代表）
2000 年 2 月 25 日　初版 1 刷発行	郵便番号　112-0006
2024 年 9 月 15 日　初版 17 刷発行	振替口座　00110-2-57035
	www.kyoritsu-pub.co.jp
	印　刷　啓文堂
	製　本　協栄製本

検印廃止
NDC 411.6, 411.7
ISBN 978-4-320-01651-4

一般社団法人
自然科学書協会
会員

Printed in Japan

JCOPY ＜出版者著作権管理機構委託出版物＞
本書の無断複製は著作権法上での例外を除き禁じられています．複製される場合は，そのつど事前に，
出版者著作権管理機構（ＴＥＬ：03-5244-5088，ＦＡＸ：03-5244-5089，e-mail：info@jcopy.or.jp）の
許諾を得てください．

◆ 色彩効果の図解と本文の簡潔な解説により数学の諸概念を一目瞭然化！

ドイツ Deutscher Taschenbuch Verlag 社の『dtv-Atlas事典シリーズ』は，見開き２ページで１つのテーマが完結するように構成されている．右ページに本文の簡潔で分り易い解説を記載し，かつ左ページにそのテーマの中心的な話題を図像化して表現し，本文と図解の相乗効果で理解をより深められるように工夫されている．これは，他の類書には見られない『dtv-Atlas 事典シリーズ』に共通する最大の特徴と言える．本書は，このシリーズの『dtv-Atlas Mathematik』と『dtv-Atlas Schulmathematik』の日本語翻訳版．

カラー図解 数学事典

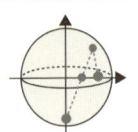

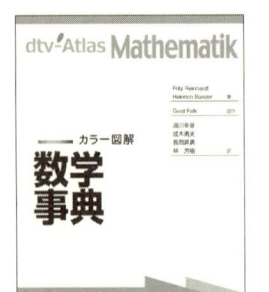

Fritz Reinhardt・Heinrich Soeder [著]
Gerd Falk [図作]
浪川幸彦・成木勇夫・長岡昇勇・林 芳樹 [訳]

数学の最も重要な分野の諸概念を網羅的に収録し，その概観を分り易く提供．数学を理解するためには，繰り返し熟考し，計算し，図を書く必要があるが，本書のカラー図解ページはその助けとなる．

【主要目次】 まえがき／記号の索引／序章／数理論理学／集合論／関係と構造／数系の構成／代数学／数論／幾何学／解析幾何学／位相空間論／代数的位相幾何学／グラフ理論／実解析学の基礎／微分法／積分法／関数解析学／微分方程式論／微分幾何学／複素関数論／組合せ論／確率論と統計学／線形計画法／参考文献／索引／著者紹介／訳者あとがき／訳者紹介

■菊判・ソフト上製本・508頁・定価6,050円(税込)■

カラー図解 学校数学事典

Fritz Reinhardt [著]
Carsten Reinhardt・Ingo Reinhardt [図作]
長岡昇勇・長岡由美子 [訳]

『カラー図解 数学事典』の姉妹編として，日本の中学・高校・大学初年級に相当するドイツ・ギムナジウム第５学年から13学年で学ぶ学校数学の基礎概念を１冊に編纂．定義は青で印刷し，定理や重要な結果は緑色で網掛けし，幾何学では彩色がより効果を上げている．

【主要目次】 まえがき／記号一覧／図表頁凡例／短縮形一覧／学校数学の単元分野／集合論の表現／数集合／方程式と不等式／対応と関数／極限値概念／微分計算と積分計算／平面幾何学／空間幾何学／解析幾何学とベクトル計算／推測統計学／論理学／公式集／参考文献／索引／著者紹介／訳者あとがき／訳者紹介

■菊判・ソフト上製本・296頁・定価4,400円(税込)■

www.kyoritsu-pub.co.jp　　共立出版　　(価格は変更される場合がございます)